国家级一流本科专业建设成果教材

 石油和化工行业"十四五"规划教材

制药工艺学

姚日生　主编

赵建宏　肖　丹　栗进才　副主编

U0230941

 化学工业出版社

·北京·

内容简介

《制药工艺学》围绕原料药生产过程的工艺技术，介绍基于化学反应原理、生物发酵工艺原理和中药制药原理的制药技术与工艺操作过程技术，以及制药工艺研究内容与利用原理和技术进行工艺研究的方法，同时，引入了连续和先进制药技术内容。学生通过学习本书的知识点及其编写顺序与逻辑能够厘清类别不同的制药工艺技术的异同性并理解其内涵。为了使学生对制药工艺技术有较完整的了解，并强化学以致用的效果，书中列出了一些制药工艺典型实例并安排有课外设计作业。此外，本书配有数字资源，读者可扫描二维码获取。

本书主要用作高等学校制药工程生物制药、中药制药等专业教材，还可作为生物与医药领域专业研究生和制药企业科技人员的参考书。

图书在版编目（CIP）数据

制药工艺学 / 姚日生主编；赵建宏，肖丹，栗进才
副主编 . —北京：化学工业出版社，2024. 3
　　ISBN 978-7-122-44683-1

　　Ⅰ. ①制… Ⅱ. ①姚… ②赵… ③肖… ④栗… Ⅲ. ①制药
工业-工艺学-教材　Ⅳ. ①TQ460. 1

　　中国国家版本馆 CIP 数据核字（2024）第 000237 号

责任编辑：马泽林　杜进祥　徐雅妮　　　文字编辑：张瑞霞
责任校对：王　静　　　　　　　　　　　装帧设计：关　飞

出版发行：化学工业出版社
　　　　　（北京市东城区青年湖南街 13 号　邮政编码 100011）
印　　刷：北京云浩印刷有限责任公司
装　　订：三河市振勇印装有限公司
787mm×1092mm　1/16　印张 18　字数 446 千字
2024 年 6 月北京第 1 版第 1 次印刷

购书咨询：010-64518888　　　　　售后服务：010-64518899
网　　址：http://www.cip.com.cn
凡购买本书，如有缺损质量问题，本社销售中心负责调换。

定　　价：　49. 00 元

《制药工艺学》编写人员

主　编：姚日生

副主编：赵建宏　肖　丹　粟进才

编　者（按姓氏笔画顺序）

王　淮（合肥工业大学）

叶金星（广东工业大学）

史建俊（黄山学院）

朱　强（安徽济人药业股份有限公司）

朱慧霞（合肥工业大学）

刘鹏举（安徽省医药设计院）

许华建（合肥工业大学）

李凤和（安徽医科大学）

李传润（安徽中医药大学）

肖　丹（吉林省农业科学院）

肖　华（合肥工业大学）

邹　祥（西南大学）

邹国勇（南京药石科技股份有限公司）

张月成（河北工业大学）

陈乃东（皖西学院）

周中流（岭南师范学院）

赵建宏（华东理工大学）

姚日生（合肥工业大学）

粟进才（亳州学院）

琚泽亚（安徽省医药设计院）

喻明军（亳州学院）

裴　科（山西中医药大学）

前 言

  "制药工艺学"课程内容涉及药物生产工艺原理、方法及其应用，包括工艺路线与原辅料选择、反应或分离或混合工艺参数与过程控制、中试放大与工艺验证，以及相关影响因素。本课程的教学旨在使学生能够利用自然科学、药学和工程学的基础知识，对药物研发和生产过程中与工艺相关的复杂工程问题进行识别、分析；能够结合文献调研提出合理的工艺设计和研究开发的技术解决方案，并能够在制药工艺研究及制药工程专业工程实践中，考虑质量、经济、社会、健康、安全、法律、文化以及环境等因素，全面理解制药工程师应承担的责任。"制药工艺学"是《化工与制药类教学质量国家标准》（制药工程）规定的制药工程专业的核心课程，本课程系专业技术类课程，为后续制药工程工艺车间设计和毕业设计（论文）提供理论和技术基础。

  本书围绕"制药工艺学"课程教学的主要目标选取知识点，以认知和分析解决复杂工程问题能力的形成规律进行知识点的关联，按照工艺研究工作流程和技术应用的顺序组织内容编写。为帮助本专业学生系统了解和深入理解制药工艺技术并学以致用，对每个知识点的内容组织尽可能做好技术原理与科学知识相结合、通用性与特殊性相结合。

  本书内容聚焦原料药生产工艺相关的共性技术，按照化学制药、生物制药和中药制药技术三大模块分类表述，用典型药物生产实例展示完整的生产工艺，并在影响产品工艺与质量的工艺技术分析中，融入了工业化实现过程的环境、健康与安全（EHS）及文化社会和伦理等非技术约束因素。同时，将工艺技术分为基于方法的技术、基于装置的过程（操作）技术，将知识分为原理和应用技术，将工艺研究分为基于方法和操作的小试研究，基于质量和环境、卫生与安全风险的过渡试验和工艺放大的研究；并将现实性和前沿性结合，引入了包括基于微通道装置技术的连续反应和连续结晶等在内的先进制药工艺。

  全书共分八章，包括第一章绪论、第二章和第三章化学制药工艺、第四章和第五章生物制药工艺、第六章和第七章中药制药工艺以及第八章制药工艺放大。其中，第二章中的化学制药工艺路线设计突出的是基于原料的合成工艺路线设计、第四章中的生物制药工艺路线设计重点介绍的是基于生物活体的生物发酵工艺路线设计、第六章的中药制药工艺路线设计聚焦的是基于提取方法的中药提取工艺路线设计，并在介绍工艺实例的第三章、第五章、第六章和第七章均安排有课外设计作业以期提升学生分析解决制药工程中的复杂工程问题的能力。

  本书可作为分别以化学制药、生物制药或中药制药为特色的，以及它们组合或融合而成的宽口径、应用型以及研究型制药工程专业人才培养的教材，也可作为生物制药专业和中药制药专业等的教材或参考书，还可以作为生物与医药领域研究生和从事制药工艺技术工作的专业技术人员学习的参考书。

本书是合肥工业大学国家级特色专业、教育部工程教育专业认证专业、首批国家级一流本科专业"制药工程"建设成果教材。编写团队成员分别来自制药工程专业的高校教师，以及制药企业和工程设计院的技术专家，他们在已有教材知识结构和相关产品技术成果的基础上，结合各自教学工作和技术实践的累积与科研成果，编写完成这本风格不同以往的教材。其中，对于项目案例，或者用于工艺实例的工艺技术与企业实际现状相差大的，或企业能够提供的是不完全的情况，则由编者自己开展实验研究获取相关结果并用于内容的完善或修订，以符合作为本科教材的要求。具体编写分工为：第一章绪论由姚日生、赵建宏编写；第二章化学制药工艺技术与研究由叶金星、赵建宏、肖华和邹国勇编写；第三章化学制药典型工艺实例由周中流、史建俊、张月成和赵建宏编写；第四章生物制药工艺技术与研究由肖丹、朱慧霞和李凤和编写；第五章生物制药典型工艺实例由肖丹、邹祥、王淮和琚泽亚编写；第六章中药制药工艺技术与研究由栗进才、裴科、陈乃东和姚日生编写；第七章中药和天然药物加工典型工艺实例由栗进才、朱强、刘鹏举编写；第八章制药工艺放大研究由许华建、邹祥、李传润和喻明军编写；最后由姚日生和赵建宏统稿。在此向为本教材编写付出劳动的全体编者和奉献知识的专家学者们深表谢意。希望本书能够发挥"培根铸魂，启智增慧"的作用。

由于制药技术涉及多学科和多个工程领域且发展迅速，而编者自身学识和经验有限以及作为教材的篇幅限制，本书编写难免存在疏漏，恳请各位读者批评指正。

姚日生
2024 年于合肥

目录

第一章

绪 论

在制药工业中，制药工程师不仅要担负确保药物生产的操作按工艺规范执行且产品质量符合临床用药要求的责任，还要承担将药物科学家创造的药物及其制备方法转化为规模化、合法化生产所需要的工艺和工程的技术工作。

制药工艺是目标产物导向的系列单元操作及其条件优化集成的结晶，是能够进行产业化的创新成果，但对特定的药物或药品来说，其工艺不是唯一的。对制药工艺的优化与绿色改进除了受药物分子结构、产品质量、生产成本的限制外，还受环境、健康、安全和法律以及法规、社会与文化的制约，并受过程装置与控制系统的影响。

第一节 概 述

一、制药工艺学的定义与分类

1. 定义

制药工艺即药物制造技术，具体地，是指将原料经过化学反应和/或生物转化以及物理加工成为产品的方法和过程，包括实现这种转变的化学的、生物的和物理的措施。或者说，制药工艺包含制备路线、工艺原理和生产过程。它一方面要为创新药物积极研发易于组织生产、成本低廉、操作安全、不污染环境的生产工艺；另一方面要为已投产的药物，特别是产量大、应用范围广的品种，研发更先进的技术路线和生产工艺。因此，制药工艺是路线以及操作方式和参数条件的组合，其中，工艺路线包括由产物导向的反应合成路线，以及与生产装置相协调的操作工序所决定的过程路线-工艺流程。

工艺学是研究加工技艺的科学，工艺则是由设备等构成的平台设施要素、原理贯穿的过程要素、智能化的软硬件要素、标准化的执行要素、流程的操作要素等构成的用于生产产品的方法与过程的系统。相应地，制药工艺是为了生产满足临床用药要求、实现上市药品商业价值的药物生产技术，即如何运用科学的方法、设备装置和原材料等要素。它贯穿整个药物研发到药品生产过程，为生产质量可控的药物提供技术保证，既是药物产业化的桥梁，也是瓶颈。

制药工艺学是制药工程学的分支学科，是研究药物规模化生产的方法和最优化工艺条件，体现药品质量价值、技术经济价值和环境友好价值的生产工艺。内容包括药物制备方法、工艺流程（路线）和过程控制、药品质量控制；知识涉及药物生产过程共性规律及其应用。

2. 分类

根据药典对药物和药品的定义可将制药工艺学分为：使原料药产业化的原料药工艺学和使原料药剂型化的制剂工艺学。

原料药指的是药物制剂中活性药物成分（active pharmaceutical ingredient，API）。因此，对 API 而言，制药工艺学因其工艺技术方法的不同而分为：经多步化学反应/分离纯化得到 API 的化学制药工艺学；由生物机体、组织及细胞生产/分离纯化获得 API 或生物制剂的生物制药工艺学；将中药材经洗、切、炮制等前处理和浸提、浓缩获得含 API 或含有效成分组合物的中药制药工艺学。

二、制药工艺的特殊性

药物生产工艺与一般精细化学品和功能材料制品的生产工艺相似，它是系列单元操作及其最优条件的优化集成。通常需要经过一系列化学、生物和物理的加工过程以改变初始物料的分子结构及其组成和织态结构。多数情况下，其生产产量小、工艺路线长且复杂。

由于原料药和药品的特殊性，制药企业生产的药品和执行的产品质量标准必须是经行政许可的，相应的制药过程所用工艺必须是在国家监管部门登记注册的并受（政府）监督的，其生产过程要求原料的取用、产品的入库和出库均须通过质量检测认可放行。

绝大多数国家对药物药品研发生产使用的监管都遵循"You are what you claim you are""产品的级别是由其质量标准决定的"原则。比如，葡萄糖：

① 它被用作烘焙食品的甜味剂时，它是食品原料（成分）并符合食品的要求。

② 它被用作片剂、胶囊或液体制剂的甜味剂或稀释剂的时候，它是一个辅料。

③ 它用于无菌葡萄糖注射剂的时候，它是活性药物成分，就必须通过内毒素和 5-羟甲基呋喃含量的检测。

就某一药品而言，从开发到生产流通与应用，其中间过程涉及药物设计与筛选、合成或制备、临床前研究、制药工艺、临床研究、原料药生产线设计与建立、辅料生产线设计与建立、制剂生产线设计与建立等，这一切都必须依赖于药学、化学、生物学、信息学和工程学等不同学科和工程技术的交叉、渗透、融合和配合。此外，《药品生产质量管理规范》（GMP）要求制药企业采用洁净技术消除污染，采取严格的人流、物流和其他技术措施消除混淆、差错、污染和交叉污染，因此，清洗灭菌工艺不可或缺。并且，要求采用经过验证的制造过程工程技术和在线监控技术，以确保药品质量的稳定和均一。

因此，制药工艺研究的内容与一般精细化学品和功能材料制品有相同之处，但又有其特殊性。对制药工艺的研究不仅要研究其技术经济和安全环保问题，还需要研究药物的晶型及其粒度，以及杂质数和量的产生原因（包括原料、工艺参数和投料操作等），另外，要从化学、生物学、物理和机械因素出发研究药品包装材料与制药工艺设备的结构和材质对药品质量的影响，要针对关键工序的设备装置和设施系统等（灭菌）清洗开展洁净工艺与影响因素研究。同时，研究制药工艺与法规的契合度。

第二节 制药基本工艺过程

制药工业的主要任务是将简单的原料转化为原料药（API）以及将原料药与辅料混合加工为制剂以保证医疗用药需求。其中原料药涉及化学药物合成工业、生物制药工业和中药浸提加工业，对应的有药物化学合成过程、生物转化过程和中药提取分离过程。

按照工艺过程中的物料投加与产出操作方式，可将制药工艺过程分为：间歇式和连续式生产工艺过程。通常，对用量较小的药物和药品以及许多新的活性药物成分的生产，多数采用的是间歇生产工艺；对用量大的原料药和药用辅料生产工艺会采用连续工艺。但是，连续制药工艺技术是近几年才被制药工业及其监管机构认可的。

通常，相同的制备方法因生产中采用不同的设备装置会影响各单元操作步骤先后次序安排，反之亦然。

一、化学制药基本工艺过程

一般地，化学合成原料药生产过程包含：原料准备与预处理过程、合成反应过程、分离过程、精制干燥和包装过程。图 1-1 所示为一步制得原料药的化学药物合成工艺流程图。

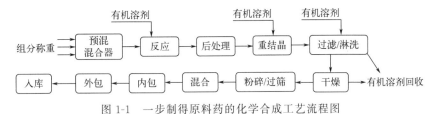

图 1-1 一步制得原料药的化学合成工艺流程图

其中，预处理包括固体原料的溶解、定比例配料以及预热等操作，所标有机溶剂也可以根据工艺要求为水；后处理包括淬灭、萃取、萃洗、浓缩得到粗品；干燥过程添加成分可以是惰性气体、（适量的）分散助剂或抗氧剂等。对原料药生产来说，从重结晶至内包等工艺过程须安排在净化区（一般在 D 级）进行。另外，在图中未标出的还有原料和溶剂等的回收工艺过程。需要指出的是，多数药物是经多步反应才能完成合成的，相应地，由多个反应工艺过程与分离工艺过程构成。

化学制药的反应工艺过程常用的合成反应技术主要有：手性合成技术、以天然产物为片段或母核的半合成技术、金属催化还原反应或氧化及氧化偶联反应合成技术。基于反应工程的化学合成技术主要有：非均相反应合成技术、相转移催化反应合成技术、反应蒸馏（精馏）和反应结晶（沉淀）等反应分离耦合技术、微波和超声波促进有机反应合成技术以及现代微流体反应合成技术等。其中产物分离工艺过程常用分离技术是结晶分离纯化技术，对有些原料或中间体的分离纯化可借助物质的化学反应活性差异进行反应分离除杂。

二、生物制药基本工艺过程

借助生物机体、组织及细胞生长获得 API 或生物制剂的典型生物制药工艺过程包含：

原料准备与灭菌过程、生物发酵（转化）过程、分离过程、（减毒）灭活过程、纯化和封装过程。图 1-2 是单一发酵的典型生物制药工艺流程图。

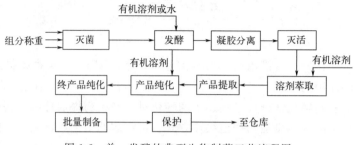

图 1-2　单一发酵的典型生物制药工艺流程图

其中，灭菌处理是生物制药工艺过程必需的前处理，它不仅是对底物（基质）的，而且要做好发酵罐及其管路系统的消毒与清洗；疫苗和抗体类药物等生物技术药物的生产工艺过程全部在一定净化和防护下进行。而对于传统的抗生素的生产工艺过程，仅需要将产品结晶纯化、烘干和包装过程安排在一定净化和防护下进行。

生物制药过程常用生物技术有：生物反应技术（生物发酵）、酶催化反应技术以及酶法拆分技术。其中，生物反应技术是利用微生物或动植物细胞内的特定酶系经过系列复杂代谢反应将原料转化为产品的技术；与发酵过程相比，酶的专一性使得基于酶催化反应技术的药物合成过程几乎不产生副产物，在很多情况下能够用于传统有机化学合成方法难以进行的反应，并且它无须高压和极端条件，酶催化反应的制药技术是一项相对"绿色"的技术。为了提高生产效率，应用于化工领域的现代反应分离耦合工程技术同样适用于制药领域，已经出现的有：基于油水两相、双水相或三水相体系的生化反应-萃取分离耦合技术，利用原料和产品溶解度差异构建的酶催化反应-结晶分离耦合技术，基于固定化细胞以及固定化酶的生化反应-沉降或膜过滤等分离耦合技术。

其中分离过程常用的是萃取过程。由于大多数生物制品的原液是低浓度的和有生物活性的，需要在低温或室温下进行富集、分离；而有机溶剂易引起蛋白质变性，使得传统的溶剂萃取难有作为；另外，蛋白质表面电荷的存在使得一般离子缔合型萃取剂无法发挥作用。因此，对于生物酶等具生物活性蛋白质、菌体、细胞、细胞器和亲水性生物大分子以及氨基酸、抗生素等小分子的分离、纯化，优先采用的是双水相、三水相萃取技术或多相水相萃取技术。双水相体系是指某些有机物之间或有机物与无机盐之间，在水中以适当的浓度溶解后形成互不相溶的两相或多相水相体系。许多高聚物都能形成用于生物分离的双水相体系，变性淀粉、聚乙烯醇（PVA）等廉价高聚物构建的双水相体系，聚乙二醇（PEG）/Dextran 和 PEG/无机盐体系。如：PEG/无机盐体系分离含胆碱受体的细胞；从牛奶中分离纯化蛋白；PEG/K_2HPO_4 双水相体系处理青霉素 G 发酵液等；中药有效成分的提取等。双水相萃取需要考虑生物催化剂，底物和产物的分配效应、酶的活性和稳定性，以及过程的成本等因素。实际操作中，将聚合物和盐直接加到细胞匀浆液中，同时，进行机械搅拌使成相物质溶解形成双水相；溶质在两相中发生物质的传递，达到分配平衡。然后，借助离心或重力沉降分离。

三、中药制药基本工艺过程

现代中药依据传统中药制作工艺利用工业设备进行规模化（煎煮）浸提、浓缩，或用现代分离纯化工艺将浸提液分离纯化、浓缩（干燥），以获得中药浸膏或有效成分（部位）。图 1-3 为典型的中药浸膏生产工艺流程图。

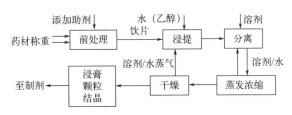

图 1-3 典型的中药浸膏生产工艺流程图

其中，药材的前处理主要是按照质量控制要求进行净洗、碎切，和/或按照中药对药性的要求进行炮制，然后计量投料浸提，分离过程多包括机械过滤、沉降分离或膜分离过程，生产的浸膏随即转入制剂车间。对中药配方颗粒以及单味单一成分的提取，其分离过程除了安排过滤沉降和膜分离外，还常用大孔树脂和色谱柱装置分离。对中药的提取物的干燥多用真空干燥、喷雾干燥工艺，个别会用冷冻干燥工艺。自浓缩出料、干燥到包装等工艺过程均安排在一定洁净级别的区域进行。

中药及天然产物的提取过程为液-固萃取（也称为提取或浸取）过程，就是应用溶液将固体原料中的可溶组分提取出来的操作。大多数天然药物和中药的提取是用一种适当的溶剂（一般为水或乙醇）从固体状中药材中把可溶性的有效成分溶解出来，被溶解的有效成分向溶剂中的扩散过程遵循 Fick 定律。常见的浸取方法可分为静态浸出和动态浸出。静态浸出是间歇地加入溶剂和一定时间的浸渍后，放出溶液；动态浸出是溶剂不断地流入和流出系统或溶剂与药材同时不断地进入和离开系统。静态浸出间歇式包括：单级浸取法、煎煮法、单级重复浸取法、多级逆流。动态浸出连续式包括：（单级浸取的）渗漉法、多级逆流。

为了提高浸提效率，可采用超临界流体萃取，微波、超声、电磁场等物理场强化的以及生物酶催化水解和化学反应介导的萃取或浸提技术。制药工业常用的浸提技术方法有：水提、醇提、超临界流体萃取、超声波萃取、微波萃取，以及组合工程技术（如萃取-膜分离）、生物酶法提取分离、反应萃取分离等。

微波萃取过程利用高频电磁波穿透萃取介质到达物料的内部微管束和腺胞系统，使其中水分子（等极性分子）高速转动成为激发态并产生热效应，从而加快萃取组分的溶解和运动速度，由此缩短萃取组分的分子由物料内部扩散到萃取溶剂界面的时间。超临界萃取利用兼有气体和液体的双重特性进行药物萃取，并同步具有分离纯化的功能，超临界流体是指超过临界温度与临界压力状态的流体。目前，常用的是二氧化碳（CO_2）超临界流体。与普通有机溶剂提取法相比，CO_2 超临界流体具有无毒、常温、不易燃、无污染等特点，可确保品质不因受热破坏，已用于天然药物和鲜药或多肽等活性成分的提取分离。但是，超高压可以使蛋白质结晶结构破坏而变性。

另外，还可以通过化学反应实现分离。如，从槐米或大枣（3385mg/100g）中提取芦丁的工艺之一就是碱水提取、酸沉析。事实上，我们祖先早就研发出复方工艺，有效地提高了难溶或不溶性的药物有效成分的溶出量，成功避免或减少毒害成分进入复方煎剂，确保了药品的有效性和安全性。

四、清洗灭菌过程

《药品 GMP 指南》（2010 版）中规定设备和器具应当清洁，必要时进行消毒或灭菌，妥善存放，以防止污染或残留物质影响中间体或原料药的质量导致其超出法定或其他质量标准的限度。制药设备与器件在生产使用前后进行清洗或灭菌等洁净操作可以降低或消除颗粒物和污染物的水平。

1. 清洗灭菌目的

（1）清洗的目的　为了防止多品种公用设备或工器具中某品种的残留及其降解物对后续其他品种生产产生交叉污染，防止品种专用设备与工器具中污染物（如降解产物）的累积对下一批次生产产生污染，防止设备与工器具中微生物的累积产生污染，特别是最后一步精制、冻干等洁净区内的操作，防止设备与工器具在存放中被环境（如外界飘散的粉尘、溶剂等）污染。以上经风险评估只要可能发生从而导致产品质量不合格或有其他较大质量风险，均需要进行清洗。

（2）消毒与灭菌的目的　为了钝化或破坏致病微生物的传衍、减少或消除热原的产生。灭菌在制药行业是十分重要的工艺过程，包括对制药设备、器材工具、物料和药品等进行灭菌处理，以达到使用标准。其中消毒的目的是杀死物体上的病原微生物，灭菌的目的是杀灭或者去除物体上所有微生物，包括抵抗力极强的细菌芽孢在内。一般对微生物有要求的区域和设备需进行消毒，对象包括普通原料药、固体制剂生产所涉及的设备和所有级别的洁净区。生产无菌药品、发酵类、生物制品以及其他对微生物有特殊要求的设备与工器具需要灭菌。灭菌后的物料及系统中的微生物污染水平必须足够低，并尽可能缩短空置时间，以免产品配制完成后微生物项目超标。

2. 清洗灭菌的一般过程

（1）清洗工艺过程　清洗分为人工清洗和在线自动清洗。清洗的基本要求是将上批生产或实验在设备及管路中的残留物减少到不会影响下批产物质量和安全性的程度。至于清洁何处、怎样清洗应与清洗难易和清洁效果结合考虑。

在线清洗（CIP）技术是一种包括设备、管道、操作规程、清洗剂配方、有自动控制和监控要求的一整套技术系统，能在不拆卸、不挪动设备、管线的情况下，根据流体力学的分析，利用受控的清洗液的循环流动，洗净污垢。在线清洗与手工清洗的方法和程序是不同的，它不需拆卸与重新装配设备及管路就可以对设备及管路进行有效的清洗，确保去除工艺残留物，减少污染菌，确保不同生产过程段之间、批次间以及品种间的隔离，并极大地减少人工干预并缩短清洗生产设备及管路的时间。但是，有些零部件还是需要人工拆洗的。

CIP系统由清洗剂的配制、贮存容器和加热设备、输送泵和管道、液体分配板及相应的温度、流量、液位控制装置所组成，适用于制药行业的典型CIP系统如图1-4所示。

CIP清洗过程是通过物理作用和化学作用两方面共同完成的。物理作用包括高速湍流、流体喷射和机械搅拌；而化学作用则是通过水、表面活性剂、碱、酸和卫生消毒剂进行的，占有主要地位。根据清洗方法的不同，在线清洗技术主要包括超声波清洗、干冰清洗、高压水清洗及化学清洗等。

超声波清洗技术利用超声波传播速度随着介质的变化而产生速度差，从而在界面上形成剪切应力，导致分子与分子之间、分子与管壁间的结合力减弱，阻止污垢晶体附着在管壁或器壁上。干冰清洗技术是将干冰颗粒作为喷射介质，用于清理各种顽固的油脂及混合附着物，是一种新型的清洗技术。在医药领域，干冰清洗技术有安全环保的优点（如干式、无毒、低温杀菌等），它是化学清洗剂的理想替代品。高压水清洗利用工作压力在 $10 \sim 100MPa$ 之间的水射流冲击和切割作用实现清洗，为了提高清洗效果可在射流中加入固体颗粒或附加化学药剂，也可加热。

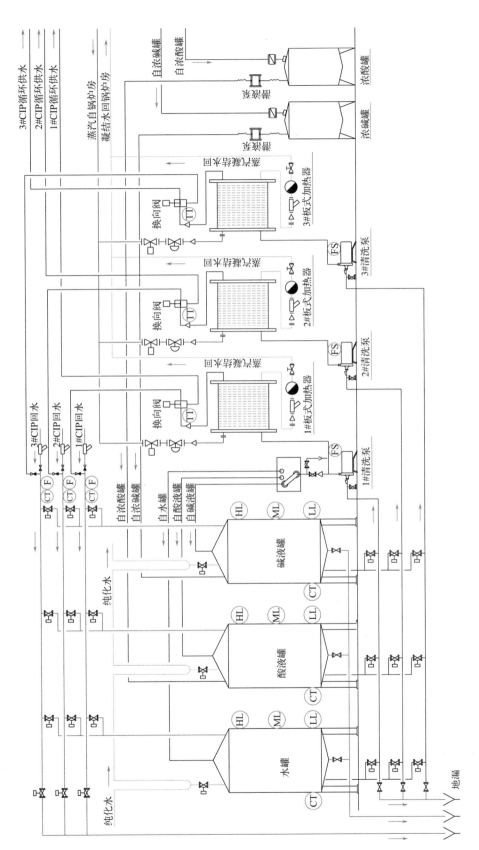

图 1-4　CIP 系统流程图

化学清洗技术即指利用化学清洗剂溶解污垢的作用、水的溶解及冲刷作用、温度作用，对容器设备和管道内表面进行清洗，达到工艺要求，从而实现在线清洗的方法。通过清洗，可除去残余产品、蛋白质、树脂、油等沉淀，除去有机和无机盐类以及容器表面的微生物，达到一定清洁度。化学在线清洗技术是目前医药工程的主流清洗技术。

在线清洗适用于灌装系统、配制系统及过滤系统等，化学在线清洗的清洗剂一般为：水、碱液及酸性洗涤剂、杀菌剂、无菌水，其中，水是一种最常用的清洗剂。制药设备清洗基本流程如图 1-5 所示。

图 1-5　原料药生产设备清洗流程框图

首先要做的是接触物料的部件的拆卸。然后，用饮用水进行预清洗，再用纯化水或注射用水进行清洗，最后通过晾干或用压缩空气/氮气吹干、烘干等进行干燥。对附着一些难溶性或黏附性较强物料的部件，需要在预清洗后用热水、无机酸碱或溶剂、水-溶剂等试剂清洗，再进行水清洗。另外，对生物制药过程以及易染菌的产品生产过程所用部件，经水清洗后，还需要进行消毒/灭菌处理。其中，常用的消毒剂是过氧化氢和 75% 乙醇等，常用的灭菌方式有湿热、干热、离子辐射、环氧乙烷或其他等。

对于不可拆卸设备以及尺寸过大部件，比如，三合一设备、冻干机等采用在线清洗（CIP）进行清洁，离心机、干燥箱等使用冲洗＋擦拭的方法进行清洁，反应釜使用冲洗、循环、喷淋、浸泡、回流、搅拌、擦拭等方法进行清洁。

（2）灭菌工艺过程　防止污染的关键是对车间和设备进行定期的清洗和灭菌。通过在 SIP 系统，用 121～135℃ 的蒸汽清洗设备 15～30min。SIP 常指系统或设备在原安装位置不作拆卸及移动条件下的蒸汽灭菌，在线灭菌所需的拆装作业很少，容易实现自动化，从而减少人员的疏忽所致的污染及其他不利影响。可采用在线灭菌手段的系统有管道输送线、配制柜、过滤系统、灌装系统、冻干机和水处理系统等。注意药液配制系统的物料泵和乳剂生产系统的均化机等是不宜进行在线灭菌的，在线灭菌时应当将它们暂时短路，排除在系统之外。灌装系统中灌装机灌装头部分的部件结构比较复杂，同品种生产每天或同一天不同品种生产后均需拆洗，它们应当在清洗后在线灭菌。

在原料药生产过程中，不是所有工段的设备都是需要清洗/灭菌的。通常被纳入工艺验证的包括引入主要分子结构元素、导致主要分子结构转化，引入重大杂质或除去重要杂质的和最后一步以及结晶分离操作在内关键步骤的设备，都需要进行清洗。生物制药过程几乎是全系统装置都需要进行灭菌处理，并且发酵用原料是要进行灭菌处理的。

由于药物的物理化学及生物学的性质不尽相同，产品污染的机理也就不可能完全相同；因此，需要在产品污染机理研究的基础上，建立相应的清洗手段及控制。

五、回收过程

主要是对回收的溶剂进行精制，然后循环使用或降级使用。化学药物的合成反应和分离与结晶过程，生物技术制药过程中的提取（萃取）和分离纯化过程，中药制药过程中的提取和分离纯化，均会使用有机溶剂。常用的有：甲醇、乙醇、正丁醇、丙酮、甲基异丁基甲酮、乙酸乙酯、乙酸异丙酯、乙腈、二氯甲烷、环己烷、石油醚、四氢呋喃、甲基叔丁基醚、乙二醇二乙醚、丙二醇二甲醚、甲苯和二甲苯等沸点不超过160℃的溶剂。

在分离出中间体、最终药物后的溶剂中通常含有其他残留溶剂（以下简称"残溶"），它们主要来自：

① 合成反应结束后期的蒸发浓缩的回收溶剂；

② 萃取过程萃取相和萃余相含有的溶剂；

③ 结晶过滤母液以及过滤洗涤液中的有机溶剂。

这些溶剂通常采用同一工序溶剂单独分离精制，或不同工序的同种溶剂混合后集中分离精制进行回收，然后在相同工序进行套用或降级使用。这样既可以降低原料消耗，又可以减少有机废弃物以及有毒有害物的排放。

通常采用蒸馏和精馏的方法进行溶剂精制回收套用。对于无水反应等特殊要求的溶剂回用时，需要经过共沸脱水、分子筛脱水或化学反应脱水等相应的处理后才能循环使用，优选共沸脱水；当残溶沸点与溶剂的相近时，需要通过加入第三组分共沸精馏或萃取精馏；对于含有有机胺等碱性残溶的溶剂，最好加酸反应和水洗涤后，再精馏分离；对于溶有氯化氢、硫化氢或乙酸等酸性残溶的溶剂，最好加碱反应和水洗涤后，再精馏分离。

由于合成反应的转化率难以达到100%，反应结束后体系内还残留一些原料及中间体进入结晶母液或萃余相蒸发回收溶剂后的釜残液中，当累积到一定量时可通过减压蒸馏分离、结晶分离等进行回收处理。但是，原料及中间体回收循环使用是有前提的，即需要经过验证确认回收的原料或中间体对药品质量的影响是在许可范围内的。

第三节　制药过程安全与"三废"处理

药品生产过程不仅存在着安全风险，而且有环境污染的风险；常常是安全风险引发环境问题。没有安全的生产是无法运行的，污染环境的生产和产业是不可持续的，也只有做到安全生产和清洁生产才能真正体现制药产业的价值。

一、制药过程安全风险与措施

1. 制药过程安全风险

原料药生产过程主要是通过化学反应或生物转化生成新物质的过程以及分离纯化过程，因反应过程可能涉及易燃易爆和有毒有害原料、病毒或产物，以及高温高压、超低温和剧烈反应等工艺，势必有安全风险。而在净化密闭的厂房中进行的制剂过程则是物料混合分散成型加工，虽然制剂过程是物理加工过程，但因药物本身毒害性以及粉尘和有机溶剂燃爆性，存在人身伤害的可能。因此，制药过程的安全风险主要是火灾、爆炸和有毒物质释放。

2. 工艺安全策略与措施

为了减少过程的危害，在制药工艺过程应避免使用危险物质，或尽量少用，或者在较低温度和压力下使用危险物质，或者使用惰性物质稀释危险物质，并避免使用形成可燃性气体的混合物而不是依赖灭火器。在不可避免使用危险物质的过程限制危险物质的周转量，尤其是需要限制闪蒸可燃或有毒液体的周转量。

在工艺研究时，就要考虑通过采用替代工艺而彻底消除危害性原料、过程中间体或副产物的可能，以及将原料替换为毒性更小的物质，或将易燃溶剂替换为非易燃的可能；通过使用催化剂或使用更优良的催化剂使反应条件（温度、压力）变得不那么苛刻。

对于无法限制危险物质的投入量或周转量的生产过程，选择能承受产生最大压力的密闭或可隔离的设备与系统；对事故风险不可避免，依据危险发生频率的高低，在设备和/或系统上安装防爆/泄爆装置，在操作岗位设置隔离装置，或利用气流调控操作环境，配置上限报警和个人安全防护器具，加强过程安全管理，设置应急救援。

二、制药过程"三废"处理

1. 制药过程的"三废"

生物发酵过程、中药浸提加工过程和一些因用水作反应介质的化学合成反应过程，以及产品分离纯化等后处理过程都会产生废水，且常常是高盐高 COD 的有毒废水；另外，生产过程中因对工具和器具、设备和装置、药品包装材料的清洗（灭菌）以及对车间地面等的清洗产生的是易处理的废水。

生产过程因有机原辅料的使用而产生挥发性有机废气，因投加或副产物而释放酸性或碱性废气，还有发酵过程可能会产生有异味的废气。

原料药生产过程会产生多种固废，如因催化剂或微生物和细胞等的使用、中药的浸提结束后的过滤操作以及溶剂回收等操作而留下的固体废物；制剂过程中因包装破损泄漏、中控不合格产品，以及除尘间收集的粉尘等形成的固体废物。这些固废因含有一定量的 API 等而被归置为有毒固废。

2. "三废"处理一般方法

在药品的生产及其使用过程中，均可能有活性药物成分或其他有害物质进入环境的情况，由此带来环境污染以及持续性污染。制药过程的污染治理的技术包括：废水处理、废气处理、固废处置。

（1）废水处理　根据废水特点，进行分类收集、分质用水梯级利用与分质预处理。根据废水水质和处理目标选择处理工艺，包括一级预处理（格栅、隔油、沉淀、混凝气浮、催化氧化）、二级生化处理（厌氧、缺氧、好氧）、三级深度处理（超滤、膜过滤、活性炭吸附等），其中三级处理可去除各种杂质，去除污染水体的有毒、有害物质及某些重金属离子，进而消毒灭菌，其水体无色、无味，水质清澈透明，且达到或好于国家规定的杂用水标准（或相关规定），实现中水回用。

（2）废气处理　对于酸碱废气，一般采用中和吸收工艺。对于挥发性有机废气，根据废气浓度不同选用相应的处理工艺。

① 对于含高浓度 VOCs（挥发性有机物）的废气，宜优先采用冷凝回收、吸附回收技术进行回收利用，并辅以其他治理技术实现达标排放。

② 对于含中等浓度 VOCs 的废气，可采用吸附技术回收有机溶剂，或采用催化燃烧和热力焚烧技术净化后达标排放。

③ 对于含低浓度 VOCs 的废气，有回收价值时可采用吸附技术、吸收技术对有机溶剂回收后达标排放；不宜回收时，可采用吸附浓缩燃烧技术、生物技术、吸收技术、等离子体技术或紫外线高级氧化技术等净化后达标排放。

④ 对于含有有机卤素成分 VOCs 的废气，宜采用非焚烧技术处理。

⑤ 对于恶臭气体污染源可采用生物技术、等离子体技术、吸附技术、吸收技术、紫外线高级氧化技术或组合技术等进行净化。净化后的恶臭气体除满足达标排放的要求外，还应采取高空排放等措施，避免产生扰民问题。

另外，废气中所含的气体、粉尘及余能等，其中有回收利用价值的，应尽可能地回收利用；无利用价值的，应采取妥善处理措施。常见的废气处理设备见图1-6（由昆山普澜仕机电工程有限公司提供）。

（3）固体废物处置 根据《国家危险废物名录》（2021年版）和《危险废物鉴别标准》（GB 5085 系列）判别废物类别，并按废物形态和危险特性进行分类收集包装。按照"资源化、减量化、无害化"原则，优先选择废物资源化利用，当厂内不能回收或再

图1-6　废气处理设备设施

生利用时，寻找有资质的回收利用机构进行资源化处置。不能资源化利用的固体废物，根据废物类别，选择不同的有资质处置机构，进行减量化、无害化处置。末端治理存在的问题是有些废物无法彻底消灭，只能被浓缩、稀释或改变其物理化学性质。

对制药企业而言，解决环境污染最好的办法就是生产一开始就不产生废物，或废物最小化。另外，实行清洁生产也是保证末端治理有效的基础，是保护环境、实现经济可持续发展的必由之路，其实质是既追求经济效益，又重视环境效益和社会效益。

第四节　产品工艺开发与工艺过程评价

在制药工业领域，围绕药物药品的生产，对生产工艺过程进行评价，以及对新产品和新生产工艺的开发研究都是需要重视的。

一、产品工艺开发

从药物发现到药品上市的产品开发过程一般需要经历利用多个候选药物进行临床前试验研究，然后，从中优选出 1 个新药申请临床试验，获准后依次开展并确认通过Ⅰ、Ⅱ和Ⅲ期临床试验，申请新药上市许可登记，药品上市。

虽然药品开发过程主要是靠药物科学家完成的，但在确定多个候选药物以及从多个候选药物优选 1 个新分子药物的决策过程中，需要制药工程师参与候选药物化学合成路线或生物利用途径的技术与经济可行性评估；并且，在临床试验过程中，需要制药工程师配合给药途径和药效的需求开展药物晶型研究开发。

二、生产工艺研发

1. 制药工艺研发

药物从实验室到工厂，一般需要经历三个工艺开发阶段。

① 小试工艺。在实验室条件下进行,考察步骤过程变化规律与工艺参数,并结合成本以及法规和专利等,选择原辅料、工艺路线与技术方法和设备类型等。

② 包括过渡试验的中试工艺。利用小试和中试设备装置,考察极端条件下合成反应对质量、安全、环保等的影响,建立可接受的参数空间;利用尺寸大于小试的设备装置对小试确定的技术方法和工艺参数进行评估与优化,并利用中试规模的装置生产质量不低于标准要求的产品,为质控与进一步工程工艺放大提供数据和资料,并完成设备结构类型的选择。

③ 生产工艺。基于中试数据,完成工艺流程设计、车间设计和施工安装后,利用工业装置进行试生产进一步优化与改进工艺,开展工艺验证,提交操作规程等技术文件。

2. 制药过程技术研发

原料药制备及生产工艺,可因催化剂、相转移催化剂、生物酶或合成生物的使用与改进而大大缩短反应时间、提高反应选择性,或简化生产过程,并因此减少消耗、增加产量而大大降低成本。比如,代血浆用右旋糖酐的传统生产工艺是经肠膜状明串珠菌发酵、酸水解和分级沉淀生产制得目标产品,该工艺制备的产品分子量分布宽且收率低;改用右旋糖酐蔗糖酶替代肠膜状明串珠菌同时与右旋糖酐酶结合的工艺成功实现了右旋糖酐的分子量可控,并显著提高了收率;基于基因工程技术构建的右旋糖酐蔗糖酶工程菌的生物转化工艺则能够实现高纯度右旋糖酐蔗糖酶的制备。

另外,一些新装置技术的采用,比如,反应蒸馏、反应结晶、膜催化反应等反应分离过程耦合装置技术,可缩短工艺流程以提高生产效率,或提高反应选择性以降低消耗并显著改进产品质量,从而降低生产成本。

三、工艺过程评价

因为原料药工厂(车间)生产的药物主要是为药物制剂(药品)的生产提供活性主成分(API),它的质量(包括结晶药物的晶型和粒度)直接影响药物制剂的质量乃至药效和用药安全。因此,能否按照备案的工艺生产质量稳定的产品是评价生产工艺过程的重要条件。而药物制剂则是根据临床治疗给药途径或部位的不同要求而有所不同。比如,注射剂和口服制剂用原料药的杂质限量是不尽相同的,同是固体分散体类口服难溶性药物的粒径及其分布因不同客户的制剂工艺不同而不同。因此,原料药工厂自由生产适应不同制剂以及不同客户需求的产品,也是评价生产工艺过程的条件之一。

(1) 工艺操作方式　制药工艺过程分为:间歇操作过程和连续操作过程。其中,间歇批操作方式尤其适合批量小的原料药生产,且某一工序发生故障对于整个生产装置的影响较小;但安全风险大、生产效率低。连续操作过程的各道生产工序生产能力相适应并密切配合,通常与在线监测分析结合,其对设备特别是运转的设备如泵、搅拌(混合)装置、过滤分离设备等的质量及自动化功能要求高。在过去一百多年里,制药工业仅被允许采用间歇批操作方式的生产工艺,究其原因仅是间歇生产工艺提供的原料是可追溯的。在线分析技术和物联网等信息技术的采用使得连续制药质量持续稳定得到充分的保证,因而可以按生产时间区段定"批"以满足该生产工艺提供的原料是可追溯的法规要求。

但是,对制药工艺过程评价不能仅从间歇和连续生产一方面进行考察,还要从原料路线、安全和环保、生产技术水平以及法规与伦理等方面进行考察评价。

(2) 原料路线　对某一 API 的合成,因原料的不同而有多种路线供选择,但要注意所选原料是否为法律和行政条例规定禁止使用品或限制使用品。对一般化学品而言,以过程安全、流程短和成本低为优。但对 API 而言，则以产品质量高且稳定为优。因此，还要考察原料的来源及规格。因供应商的不同、生产方法的不同，会有不同的杂质及含量。

（3）安全和环保　制药工艺过程主要存在的安全风险有：燃烧、爆炸和有毒物等。对工艺安全的评价，需要查清各种潜在的安全风险，以及工艺过程是否尽可能降低了或清除了该潜在的风险。若一个制药工艺过程是不安全的，则不能用于药品的生产；同时，国家法律也是不允许的。否则，就失去了规模化制药的价值和初衷。总之，安全是底线思维。

制药过程不可避免产生废弃物，并由此产生污染环境的风险。但可以通过工艺路线的改进和先进技术的采用，以减少废弃物产生。同时，对废弃物进行降解处理或综合利用，达到排放标准，以避免其污染环境。

（4）生产技术水平　在考察药物生产技术先进与否时，首先要考虑的是有效，然后考虑的才是采用现代化生产技术水平。如过程自动化与控制、连续制药技术、智能制造装置与技术、在线分析技术、一次性装置以及微制造装置与技术；而且，关键工序的工艺是可以按照 GMP 规范利用现有手段进行验证的。另外，还要综合工艺技术经济情况进行考察，如原料、溶剂和各种助剂等原辅料费用，水、电和蒸汽在内的动力消耗费用，设备维修及折旧费；工厂（车间）管理及人员工资费用等。除了原料成本外，余下的费用总和为生产技术成本，生产技术成本越低，生产工艺技术水平越高。

（5）法规与伦理　法律限定的主要有：国家或国际组织制定有关不可接受使用的原材料、产物或易发生重大事故危险工艺，以及第三方的专利化合物或工艺。并且，这些问题在新药研发过程，尤其是仿制药的开发过程，常常会影响原料药的合成路线和技术的改变。

而对于尚未有标准和法律条文限定的，比如，新发现药物以及使用的原料、溶剂或工艺过程副产物是否有基因毒性或潜在的基因毒性；所用天然产物作为药物或生产药物的原料是否违背宗教或传统文化。这些属于需要基于伦理道德层面进行考察的。

第五节　制药工业现状及其发展

制药工业是以物质转化过程为核心的产业典型的流程工业（过程工业）：其任务是为满足临床治疗和日常健康维持需求，规模化生产安全、有效和质量稳定可靠的药物和药品。通过一系列物理、化学和生物加工过程，改变初始物料的物化性质，目的是获得具有预防、诊断和治疗功能的药物或药品。其产品计量不计件，可连续操作，生产环节具有一定的不可分性。

一、制药工业现状

全球化学原料药市场规模总体上呈现逐年增长趋势。2019 年，全球原料药行业市场规模达到 1679 亿美元，2020 年，全球原料药市场规模上升到 1757 亿美元左右，增幅 4.6％。具体见图 1-7。

目前，我国已是世界原料药生产第一大国和最大的出口国，其中，能生产的化学原料药多达 1500 多种，化学药品原药年产量达到 250 万吨以上，原料药出口规模接近全球原料药市场份额的 20％左右，产品类型主要以大宗原料药为主，在维生素 C、青霉素钾盐、对乙

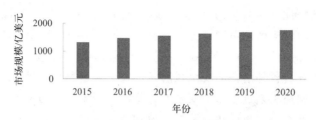

图 1-7　2015～2020 年全球原料药行业销售规模及其增黏情况

酰氨基酚、阿司匹林等 60 多个产品方面具有较强的竞争力。随着国际化学制药的重心逐步向发展中国家转移，我国原料药市场近年来保持较快增长趋势。根据国家统计局的数据显示，2019 年，我国化学药品原料药产量达到 276.9 万吨，同比增长 20.2％，增速为近年来最大值；2020 年，我国化学药品原料药产量为 273.4 万吨，同比上升 2.7％。2018 年，中国开始征收环境保护税，原料药低端产能淘汰进程加速，产量下降；同时，随着政府集中采购使得化学药品原料药价格大幅下降，导致我国化学药品原料药制造工业主营业务收入整体趋于下降。根据中国医药企业管理协会发布的《2019 年中国医药工业经济运行报告》，2019 年中国化学原料药实现主营业务收入 3803.7 亿元，同比增长 5％（图 1-8）。

图 1-8　2015～2019 年中国化学药品原料药制造工业主营业务收入情况

根据中国医药保健品进出口商会公布的数据，目前我国原料药（含医药中间体）出口量已跨过千万吨级，2021 年达到 1119.4 万吨，出口金额达 388 亿美元。出口地区仍以亚洲最大，占 47％；欧洲其次，占比 28％；北美位居第三，占比 13％（图 1-9）。

图 1-9　我国原料药的出口金额和出口数量

总之，随着供应欧美等规范市场的比例不断增加，同时中国企业在美国和欧洲申报的 DMF 和 CEP 文号数量不断积累，预期国内企业的生产能力进一步提升，获得文号后更快打入规范市场供应商体系，国内原料药有望成为具有全球影响力的产业基地，获得量价的双向提升。

中成药工业也保持着较好的增长势头，2022 年上半年实现平稳增长，主营收入达 2402 亿元，同比 2021 年上半年增长 6.99％（图 1-10）。

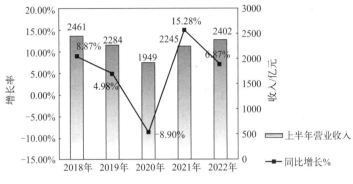

图 1-10　中成药的主营收入情况

二、制药工业发展历史与趋势

18 世纪后期和 19 世纪初化学工业的发展促进了从天然产物中提取药物技术的产生。比如，1826 年利用 15 万公斤金鸡纳树皮生产出 2600 公斤硫酸奎宁。随着生物学和有机化学的发展，到 19 世纪后期发明了人工合成药物，如阿司匹林、磺胺类药物，并实现了工业化生产，化学制药工业随之兴起。

在 20 世纪上半叶的 1928 年 Fleming 分离出青霉菌株，发现青霉素；二战期间，美国辉瑞制药解决了液体深层发酵青霉素技术，同期还有胰岛素实现了规模化生产；生物制药工业也由此产生。1954 年我国政府设立了中医研究院，中药制药工业随之逐步建立；1971 年以 2015 年诺贝尔奖获得者屠呦呦为代表的研发团队，从传统中药中发现高效抗疟疾药——青蒿素，实现了规模化生产，中药制药工业由此得到了快速发展。20 世纪 60 年代发生反应停（thalidomide）致畸等事件，推动了 GMP 法规产生与实施，同时，标志着 1 个需要获得政府职能部门许可并被依法监督的制药工业形成。

1973 年重组 DNA 技术推进制药进入基因工程阶段，并在 20 世纪末开始呈现出巨大优势和发展潜力。业已发展有基于抗体工程和合成生物技术生产干扰素、单克隆抗体和基因治疗药物等为代表的生物技术制药工业。

进入 21 世纪以来，全球制药企业围绕人类社会可持续发展，聚焦新药研究，重视制药新技术的开发与应用，加快了绿色制药技术、生物制药技术和连续制药技术的发展，并正与物联网、人工智能（机器人）技术结合。未来的药厂，将是智能化的制药工厂。如何开启制药工业的智能制造，既是一个挑战，也是一个机遇。

就化学制药工艺技术而言，要结合工艺过程的经济性评价，发展高选择性和快速高效的催化反应技术、手性合成技术和过程安全技术，以及在线检测与自动化控制技术，过程信息化、数字化、可视化和智能化技术，并做到清洁生产。基于流体化学技术开发的微通道反应器也将会在药物合成工业广泛应用，微通道反应器是工艺流体的通道在微米级别的反应器，用泵经两路或几路管道将化合物打入主管道中汇合和接触，使得化学反应在微通道内连续不断地流动进行。其因小尺寸、大比表面积（是搅拌釜的 100～1000 倍）和规整的微通道，可实现微观混合（分子尺度混合）的平推流反应过程；微通道内流体化学反应速度比传统反应要快 50 倍，能够带来更好的重现性，同时减少反应偏差和副产物；并可以为氢化、硝化、和臭氧化等易燃易爆的危险反应带来安全保障，有助于药物快速实现产业化。

近年来，CRISPR 基因编辑、PROTAC 蛋白降解、新型细胞疗法如 CAR-NK、双特异抗体等很多新技术正在成为大药厂追逐的新目标并由此可能带来现在还无法预测的颠覆性进展，并将给很多以前无从下手的疾病带来新的治疗希望。伴随现代生物技术发展形成的合成生物学已开始为生物基药物和医药材料以及产业技术等的创新提供强有力的推进作用和技术支撑。合成生物学能通过构建合成药物的人工生物体系解决的合成与调控、元件及模块组装、底盘细胞与系统优化等问题，实现药物生物合成的定向性和高效性，不久的将来会广泛利用人工合成细胞或农作物来代替微生物进行药物生产。

表 1-1　国家出台的面向原料药产业的政策

政策名称	主要内容	发布单位	发布日期
《产业结构调整指导目录（2024 年本）》	鼓励绿色技术创新和绿色环保产业发展，以智能制造为主攻方向推动产业技术变革和优化升级，加快推广应用智能制造新技术，推动制造业产业模式转变，推进重点领域节能降碳和绿色转型	国家发展和改革委员会	2024.02
《关于推动原料药产业高质量发展实施方案的通知》	鼓励低碳技术服务绿色生产，包括酶催化、电化学、光化学等绿色低碳技术和节能环保设备升级	国家发改委、工信部	2021.11
《推动原料药产业绿色发展的指导意见》	采用绿色工艺生产的原料药比重进一步提高，打造一批原料药集中生产基地，突破 20 项以上绿色关键共性技术等	工信部、生态环境部、国家卫健委、国家药监局	2019.12
《中华人民共和国药品管理法》	国务院药品监督管理部门在审批药品时，对化学原料药一并审评审批，对药品的质量标准、生产工艺、标签和说明书一并核准等	全国人民代表大会	2019.08
《关于进一步完善药品关联审评审批和监管工作有关事宜的公告》	明确原料药、药用辅料、直接接触药品的包装材料和容器与药品制剂关联审评审批和监管有关事宜，是原料药产业转型高质量发展的重要转折点	国家药监局	2019.07

政策方面，自 2019 年国家推出《产业结构调整指导目录（2019 年本）》以来，国家部委先后出台《推动原料药产业绿色发展的指导意见》和《关于推动原料药产业高质量发展实施方案的通知》等政策指南（见表 1-1），提出加快原料药行业绿色低碳转型、推动布局优化调整，构建具有国际竞争优势的原料药产业新发展格局。原料药行业创新发展和先进制造水平必将会向着高质量、高附加值、绿色环保方向不断发展和产业升级。

习题与思考题

1. 简述制药工艺学的定义与分类。

2. 简述制药工艺研究内容的特殊性。

3. 简述制药工业的主要任务和制药基本过程。

4. 清洗的目的是什么？在化学制药（或生物制药或中药制药）工艺过程中哪些操作环节是必须定时清洗的？并简要分析说明。

5. 制药过程安全风险主要有哪些？

6. 在制药过程中合成反应、萃取、结晶以及清洗等操作过程会使用大量的溶剂，为了降低成本并减少废物排放，通常要进行回收或套用。请结合药物化学或药物合成反应课程中介绍的任一需经 3～4 步反应合成的药物，给出回收与套用技术方案。

7. 制药工艺研发主要有哪些阶段？

8. 制药工艺过程评价主要考察哪些方面？

参考文献

[1] 元英进. 制药工艺学 [M]. 2 版. 北京：化学工业出版社，2017.

[2] 王效山，王建. 制药工艺学 [M]. 北京：中国科学技术出版社，2003.

[3] 赵临襄. 化学制药工艺学 [M]. 北京：中国医药科技出版社，2019.

[4] Mullin R. New drugs pull continuous process manufacturing into the batch-dominated world of pharmaceuticals [J]. Chemical and Engineering News (C&EN)，2019，97 (17)：1.

第二章
化学制药工艺技术与研究

化学制药工艺学是药物开发和生产过程中，设计和研究经济、安全、高效的化学合成工艺的一门科学。通过对工艺原理和法规约束下的工业生产过程的研究，制订生产工艺规程，实现化学制药生产过程最优化。

化学合成药物一般是由结构简单的化工原料经过一系列化学反应过程制成，称为全合成，或者由具有一定基础结构的天然产物经过结构改造，即半合成制成。一个化学合成药物往往可由多条路线合成，而通常将其中具有工业生产价值的称为该药物的工艺路线。工艺路线研发的目的是及时提供高品质的活性药物成分（API，active pharmaceutical ingredient）以满足新药研发的需要，或为规模化生产提供可靠的工艺及完整的工艺参数信息。因此，原料药的化学合成工艺路线是确定化学制药工艺的基础并可衡量药品生产企业的生产技术水平。

一般的活性药物成分生产如图 2-1 所示，从起始原料（SM1，starting material）开始，在符合药品生产质量管理规范（Good Manufacturing Practice，GMP）规定的环境和条件下进行生产，经中间体 A、B、C 得到 API 粗品，最后在洁净间进行重结晶得到 API。而从原料 SM0 生产 API 起始原料 SM1 则不需要在符合 GMP 规定的条件下进行。

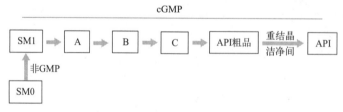

图 2-1　API 生产路线示意图

研究化学制药工艺是为了开发出稳健的化学合成工艺来生产出质量合格、价格合适的原料药。对于新药研发来说，及时交付保质保量的 API 产品是首要任务，而规模化生产则需要满足工艺可靠、成本低廉。因此，成本是原料药工艺研发所有阶段都要考虑的关键因素。

完整的 API 生产工艺包括下列因素：在规定的时间内生产出合格、足量的产品；原料质量范围相对宽泛；投料比、反应温度、时间和 pH 等参数范围相对宽泛，容易控制。由于变更原料药生产工艺可能会引发原料药的质量、制剂的相关变更，并对原料药质量、制剂质量产生不可控制的影响。因此，原料药生产工艺一旦确定不能轻易变更，若要变更则应充分评估对其他事项所带来的风险。

第一节　化学制药工艺路线的设计与选择

在药物合成中，由于不同的合成路线所采用原材料和化学反应不尽相同，其要求的技术条件、操作方法和对生产设备的要求相应不同，最后体现在产品的质量、收率和成本上的差异。化学制药工艺路线是药物生产的技术基础，选择或开发一条经济合理的生产工艺路线极为重要。

对于新药研发来说，需要对处于药理实验、临床研究已有确定疗效的新产品设计符合工业生产要求的工艺路线。同时，随着新材料、新反应、新技术等的出现，还需要对一些老产品的工艺路线和生产方法进行革新，以降低危害风险和减少人力、物力、财力、能耗等消耗，减少生产过程对环境的影响，并提高劳动生产率。

一、工艺路线设计的文献准备

在研究工艺路线之前，首先基于对国内外文献资料的调查研究、总结与论证，撰写文献综述，并提出可行的生产工艺研究方案。其中，文献综述的内容大致包括以下5个方面：

① 药物的药理和临床试验数据，包括药理作用、药物代谢及其特点，适应证，临床治疗效果、毒性和副作用，剂型、剂量和用法，以及与其他药物相比较的优缺点。

② 国内外已经发表的各种合成路线和制备方法，包括相关原辅料的来源和制备。

③ 相关化学反应的原理、技术条件、影响因素和操作方法及设备，尤其是化学反应中所需的重要设备，如耐高温、高压、高真空以及超低温等特殊要求的设备，更需要详细考察。

④ 原辅材料、化学中间体和产物的理化性质，包括光谱数据、化工常数以及 MSDS（化学品安全说明书）等。

⑤ 原辅材料、中间体和产品的质量标准及分析方法。对新药或药典、行业规范等尚无规定的，应拟定合理的分析研究项目及质量标准。

同时，对文献材料加以综合分析，不为其条条框框所束缚，善于发现问题，勇于提出设想，积极采用新技术。若为仿制药品，还应注意其知识产权。

在系统收集文献资料时，首先要拟出要检索内容和范围；其次要制订出检索步骤和方法，并及时归类整理；最后从合适的数据库进行检索。

① 国外常用数据库：SciFinder、化学物质索引数据库（Chemical Index Database）、药物非活性成分数据库（Inactive Ingredient Search for Approved Drug Products）、药用辅料手册（Handbook of Pharmaceutical Excipients）、化学物质毒性数据库（Chemical Toxicity Database）、汤姆森数据库（Thomson Reuters）、IMS 数据库、药物信息全文数据库（Drug Information Fulltext）、Drug Blank、Scrip、Pinksheet 和 Pharmaprojects 等。

② 国内比较常用数据库：中国药品注册数据库（Chinese Marketed Drugs Database）、中国药学文摘（CPA）、中国生物医学文献数据库（CBM）、中文生物医学期刊文献数据库

（CMCC），除此以外还有一些最近新兴药品数据库，如药智数据、药渡数据、医药魔方、咸达数据和 Insight 等。

③ 专门的数据库：如内容涉及生物医学的各个领域的 MEDLINE 数据库，美国、欧洲及中国等药监局列为必检的数据库，急性毒性数据库、化合物毒性相关数据库 Toxnet、化合物图谱数据库 SpectraOnline，化合物物理、化学性质和图谱数据库 NIST Chemistry WebBook，有机合成手册数据库（OS）、化合物基本物性库、溶剂数据库 SOLV-DB 等。

二、设计药物合成工艺路线的要求

在新药研发的最初阶段对化合物的需求量小，初筛时只需几克甚至几十毫克。这个时候更多注重的是合成化合物的进度，当药品获准上市后，药物的需求量大增，药物的生产成本成为主要因素。对于专利保护到期的药物，生产成本越低，市场竞争力越强。因此，进行工艺路线设计时，在保证药物质量的前提下，还要考虑原料成本、生产成本以及健康、安全和环境问题。

1. 药品质量

人们对用药物预防、治疗、诊断疾病的药品质量要求严苛。因此，设计药物合成路线，首先要保证最终产品即 API 的质量，包括产品的纯度、杂质、外观、晶型等要求。比如，在分析药品产品质量的时候，应重视微量杂质，特别是一些基因毒性杂质的测试。2018 年，缬沙坦原料药被检测出微量的 N-亚硝基二甲胺（NDMA）致癌物，给相关企业造成严重影响。有些药物也存在多种晶型，且药物的晶型直接影响药品的有效性、安全性和药品质量。比如，棕榈氯霉素有 A、B 晶型，A 型棕榈氯霉素是无药效的；西咪替丁存在 A、B、C、Z、H 等多种晶型，A 晶型最有效。伊马替尼也有多种晶型，用于临床主要是 α 和 β 晶型，而 β 晶型的流动性明显优于其针状的 α 晶型，并且吸湿性也小于 α 晶型。

2. 原料来源与成本

GMP 指南对原料药 API 起始原料的定义是指用来生产一种 API，并以重要结构片段的形式结合到 API 结构中的一种原料、中间体或 API。API 起始原料选择的基本原则为：①杂质来源、走向、清除机制明确；②杂质控制策略合理；③关键步骤已确定；④引入后工艺遵守 GMP；⑤化学结构明确并已分离；⑥含 API 关键结构片段。同时，为了满足原料药的工业化生产，原料需要是商业化的、供应稳定的、规格明确的，且种类应尽量少。

因此，原料药生产厂家需要对起始原料的杂质（包括溶剂残留、重金属与基因毒性杂质）全面而准确地了解，在此基础上采用适当的分析方法进行控制，并根据各杂质对后续反应及最终产品质量的影响制订合理的限度要求。而生产普通化学品的原料主要对纯度有要求，对微量杂质不做具体要求。还要求起始原料供应商应有完善的生产与质量控制体系，保证能始终按照统一的工艺和过程控制生产符合规格要求的起始原料，当其工艺或过程控制有变化，应及时告知下游原料药生产厂家，以便及时进行必要的变更研究与申报。另外，原料药生产厂家还需要对起始物料供应商进行严格的供应商审计。

原料药的合成过程因反应的选择性以及因改善反应条件而加入的溶剂和/或催化剂等均可能产生杂质。因此，为确保原料药质量，分离纯化是药品生产中必不可少的操作。一般而言，约 50% 的人工和约 75% 的设备运行支出用于分离提纯操作，且该操作会导致部分产品以及溶剂等损失，在原料药的生产成本中占据比重很高。

3. 过程中的 EHS

EHS 是 Environment（环境）、Health（卫生健康）、Safety（安全）的缩写。提升 EHS 水平不仅是我国制药工业转型升级和可持续发展的需要，也是中国企业全面参与国际竞争的需要。

（1）环境　药品生产过程中的环境问题主要是由生产过程中的废固、废液和废气造成的，因此，工艺研发人员应该选择一条环境友好的工艺路线。为了减少污染，应从以下几点出发开发环境友好的工艺路线。

① 选择安全的溶剂。有机溶剂在合成中是必不可少的。从安全性角度来说，溶剂可分成三类：第一类是已知可以致癌并被强烈怀疑对人和环境有害的溶剂；第二类是指无基因毒性但有动物致癌性的溶剂；第三类是指对人体低毒的溶剂。因此在原料药生产中要避免使用第一类溶剂，限制使用第二类溶剂，推荐使用第三类溶剂。常用溶剂的 ICH（国际人用药品注册技术协调会）分类见表 2-1。

表 2-1　ICH 溶剂分类

一类溶剂	苯(2ppm)、四氯化碳(4ppm)、1,2-二氯乙烷(5ppm)、1,1-二氯乙烯(8ppm)、1,1,1-三氯乙烷(1500ppm)
二类溶剂	乙腈(410ppm)、二氯甲烷(600ppm)、氯仿(60ppm)、环己烷(3880ppm)、正己烷(290ppm)、DMF(880ppm)、N,N-二甲基乙酰胺(1090ppm)、甲醇(3000ppm)、甲苯(890ppm)、二氧六环(380ppm)、1,2-二甲氧乙烷(100ppm)、乙二醇(620ppm)、N-甲基吡咯烷酮(4840ppm)、吡啶(200ppm)、二甲苯(2170ppm)、四氢呋喃(720ppm)
三类溶剂	甲酸、甲酸乙酯、乙醇、乙酸、乙酸乙酯、乙酸丁酯、乙酸异丙酯、丙酮、1-丙醇、2-丙醇、二甲基亚砜、戊烷、庚烷、甲基叔丁基醚

注：1. 三类溶剂 API 残留溶剂限值为 0.5%。

2. $1ppm = 1 \times 10^{-6}$。

以萃取为例，萃取是常见的纯化步骤，由于溶剂在水中溶解度越低，残留的就越少，因此基本原则是倾向于选择溶解度低的溶剂。例如，四氢呋喃是格氏反应和有机锂反应常用的溶剂，但是其在水中溶解度非常高，萃取时在水中残留高、效率低。2-甲基四氢呋喃与四氢呋喃性质相近，但在水中溶解度低、易分层、产品回收容易和溶剂回收方便，成本低。并且由可再生原料糠醛从非石油路线获得，对环境友好。因此，反应路线中可以用 2-甲基四氢呋喃替换四氢呋喃。

② 选择安全的试剂。反应试剂是指加入反应体系，使反应发生的物质或化合物，是除反应物之外参与化学反应，又有一定选择范围的化合物，例如氧化剂、还原剂、碱、甲基化试剂、缩合剂等。在选择反应试剂时，避免对环境毒性大的试剂。例如，在氧化二级醇时，用非过渡金属氧化剂次氯酸钙 [俗称漂白粉，$Ca(ClO)_2$] 代替含氯铬酸吡啶鎓盐试剂，如图 2-2 所示。该含铬氧化剂会对肝、肾等内脏器官和 DNA 造成损伤，并在人体内蓄积，具有致癌性并可能诱发基因突变。

③ 减少废物。首先，在理想情况下，开发高产工艺，使副产物不成为污染物或可进行处理以消除污染。催化剂和可再生试剂的应用，以及无溶剂反应等技术也可以减少废物的产生。例如，利用脂肪酶催化水解（S）-布洛芬酯，制备高纯度的（S）-布洛芬（ee 达到 98%）；在无溶剂条件下合成 1,6-二氢嘧啶-6-酮衍生物。同时，使用最优量的反应物和试剂，以及回收循环溶剂都可以减少废物的产生。

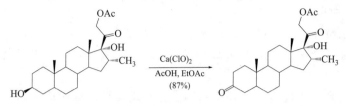

图 2-2　次氯酸钙氧化二级醇

但是，对环境保护来说，最好的办法是防止污染而不是污染之后再处理。因此，在设计选择合成工艺路线时，要考虑原子经济性、原料和中间体对环境的毒性、溶剂或助剂的安全性、能耗、资源再生和减少不必要的衍生步骤等，实现废物的源头消减。

（2）职业卫生　危险化学品可通过吸入和渗透侵入人体，或燃烧、爆炸、泄漏等意外事故影响药品生产人员健康。药品生产中的危险化学品主要包括易燃、氧化性、有毒和腐蚀性等原料以及在生产中产生的有害物质。此外，在投料、转料、干燥、粉碎、混合、包装等生产过程中产生的少量粉尘也会危害健康。

在有机合成反应中常见的试剂也会影响人员健康。如三乙胺对眼、黏膜或皮肤有刺激性、腐蚀性。因此在设计合成工艺路线时要了解所使用原料、试剂的危险性，通过 GB 13690—2009《化学品分类和危险性公示　通则》或化学品生产厂商提供的化学品安全技术说明书（MSDS，material safety data sheet）获取原料、试剂的危险成分、火灾和爆炸危险、健康危害数据和推荐的个人保护用品等信息。在选择合成工艺路线时需要对路线中涉及的职业危害因素进行风险评估并形成书面记录，采取适当的控制策略，将职业健康风险控制在可接受范围。

（3）安全　药品合成工艺安全主要包括原料安全和工艺安全。在最终确定合成路线时，研发人员应收集所有原材料安全信息，包括物料毒性、允许暴露限值、物理参数、反应特性、腐蚀性数据（腐蚀性以及材质的不相容性）、热稳定性和化学稳定性，泄漏化学品的处置方法。应评估相应材料的储存和处理风险，并在实验室和工厂内采取适当的措施以最大程度地降低风险。

在设计和选择工艺路线时，确保反应中所用试剂和溶剂适合在工厂生产中使用，以提高工艺安全性。在溶剂的选择上，应避免选择易燃易爆、挥发性强和毒性强的溶剂。如乙醚是一种优良的溶剂，但沸点低、挥发性强和易燃易爆的特点限制了其在工厂中的使用，可以用甲基叔丁基醚、四氢呋喃、2-甲基四氢呋喃等代替。正己烷易燃、具有静电和神经毒性，在工厂中常用正庚烷代替。

在选择起始原料和中间体时，应避免选择易燃易爆、稳定性差、高毒和加料困难的试剂。氢化钠是一种实验室常用的去质子化试剂，然而，其非常容易着火且副产物氢气为易燃易爆物质。因此，在工艺路线中应避免作为反应试剂。叠氮化钠常用于合成三唑和四唑类化合物，但是由于剧毒和易爆炸等安全隐患，在工艺路线中应避免使用，可以用三甲基硅叠氮代替叠氮化钠参与反应。

大多数药物合成反应通常都伴有大量的热释放，如氧化、还原、硝化、磺化、聚合等反应，一旦对热量控制不当就会引发火灾及爆炸事故，因此，在确定工艺路线之前需要对合成路线进行安全风险评估。另外，还应对产气的反应过程予以重点关注。

通常用反应热测定数据进行判断分析，也可以使用手工或软件计算分析化学反应危害并初步判断工艺安全性。例如，采用 DIPPR（The Design Institute for Physical Properties，物理性能设计院）、NIST（National Institute of Standards and Technology，美国国家标准与技术研究院）和 OB（Oxygen Balance，氧平衡）计算等方法以及美国试验材料学会 ASTM（American Society for Testing Material）的 CHETAH 软件，俄罗斯的 TSS（Thermal Safety Software，热安全软件）来计算。Lothrop 和 Handrick 在 1949 年给出了 OB 与多种有机爆炸物的爆炸效果之间的定量关系。OB 是根据有机爆炸物的分子式，以碳完全转化成 CO_2 和氢完全转化为 H_2O 所需的氧的分子数来计算的，计算公式如式（2-1）所示，OB 值与危险等级关系如表 2-2 所示。

$$OB = \frac{1600\left(Z - 2X - \dfrac{Y}{2}\right)}{M_w} \tag{2-1}$$

式中，X 为 C 个数；Y 为 H 个数；Z 为 O 个数；M_w 为化合物分子量。

表 2-2　氧平衡值与危险等级

危害等级	氧平衡值（OB）
低危险	OB＜−240 或 OB＞160
中等危险	−240≤OB＜−120 或 80＜OB≤160
高危险	−120≤OB≤80

例如，2,4,6-三硝基甲苯（俗称 TNT）的分子式为 $C_7H_5N_3O_6$，分子量为 227.13，其 OB＝[1600×（6−7×2−5/2）]/227.13＝−74。因此 TNT 属于高危险的有机爆炸物，是一种烈性炸药，且爆炸后呈负氧平衡，产生有毒气体。

虽然氧平衡有助于人们判断化合物危险程度，但是，这个判断有一定的缺陷。例如，水和二氧化碳氧的 OB 值为 0，用氧平衡判定是高危险物。而事实上水和二氧化碳是没有危险的，而乙醛却恰恰相反，故仅仅通过 OB 值计算不能确保工艺的安全性。

通过在实验室规模下测定相关数据可以避免发生事故。采用全自动反应量热仪（RC1）可测量一个化学反应释放或者吸收的热量，从而提供放大生产和工艺安全性研究所需的详细信息。

例如，传统生产硝基芳香烃的工艺认为 80℃ 下反应是安全的。然而，RC1 测试表明，该工艺过程在硝酸加料完成后有 180kJ/kg 的累积热量。如果发生传热故障，则足以使温度升高至 190℃，存在危险隐患。基于 RC1 改变该反应过程中一系列与温度相关的过程参数，在反应温度升高至 100℃，加料完成后热量累积下降到 80kJ/kg，反应自加热温度下降到 140℃，从而降低了危险程度，避免反应失控。新工艺过程不仅缩短了反应时间，而且提高了工艺的安全性。

在设计和选择药品工艺路线时，除了考虑以上因素外，还需要考虑法律法规问题。如在工艺路线设计时遇到专利保护时，需要开发新的路线来规避专利保护或者获得专利使用权。

总之，在药物合成路线设计和选择时要保证产品质量、工艺路线稳定、易操作、原料易得、成本低、"三废"少，且易于治理、环境友好、安全以及对人体危害小等。

三、基于原料的工艺路线设计方法

由起始原料出发，经过一系列的合成反应和后处理到最终产品，就构成了化学制药工艺路线。相同的化学药物，选择不同的起始原料，就产生了不同的合成工艺路线。如半合成和全合成路线。化学制药工艺路线是化学药物生产技术的基础和依据，其技术先进性和经济合理性是衡量生产技术水平高低的尺度，也决定着企业在市场上的竞争能力。对于结构复杂的化学药物，需要设计安全环保、合成步骤少、总收率高的工艺路线。

1. 新化学实体合成路线设计

对于新化学实体（NCE），需要从剖析药物的化学结构入手，选择合适的设计方法。基于综合考虑各反应在工艺路线中的顺序和装配方式，进行合理设计。常用的设计方法有：追溯求源法、分子对称法和模拟类推法。其中，采用追溯求源法，即逆合成分析法，是设计合成路线的重要手段。

（1）追溯求源法　从目标药物分子的化学结构出发，将其化学合成过程逆向推导直至原料分子的方法称为追溯求源法，又称倒推法或逆合成（retrosynthesis）分析。在设计过程中，需要考虑可能的前体，经何种反应构建这个连接键。通过逆向切断、连接、消除、重排和官能团形成与转换等，反复追溯求源直到最简单的化合物或可以获得的分子，保证起始原料可以是方便易得、价格合理的化工原料或天然化合物。

① 追溯求源法的内容。

a. 对目标化合物的结构进行宏观判断，找出基本结构特征，考虑采用全合成还是半合成的策略。

b. 对目标化合物的结构进行初步的剖析，分清主要即基本骨架部分和官能团等次要部分。通盘考虑各官能团的引入或转化的可能性之后，确定目标分子的基本骨架，这是合成路线设计的重要基础。

c. 切断目标化合物的基本骨架。确定目标分子的基本骨架之后，寻找其最后一个结合点作为第一次切断的部位，将分子骨架转化为两个合成子部分。合成子（synthon）指已切断的分子组成单元，包括电正性、电负性和自由基等形式。第一次切断部位的选择是整个合成路线设计的关键步骤。

在进行化学键的切断时，要遵循"能合才能拆"的原则，由于碳-杂键（例如 C—N、C—S、C—O 等）比 C—C 键容易合成，所以通常将其作为首选的切断部位。对于具有较复杂的基本骨架结构和多官能团的药物，可从易拆键入手，寻找结合点，分别合成基本骨架，并逐步引入各个官能团。在对 C—C 键切断时，通常选择与某些基团相邻或相近的部位作为切断部位，这是由于该基团容易找到相应的合成反应。

d. 合成等价物的确定。考虑每一次切断所得到的合成子的可能合成等价物，及可以构建所切断的化学键的反应。合成等价物（synthetic equivalent）是具有合成子功能的化学试剂，包括亲电物种、亲核物种和中性分子。

e. 合成等价物的再设计。即对合成等价物进行新的剖析，继续切断，如此反复追溯求源直到最简单的化合物，即起始原料为止。

② 追溯求源法的设计实例。以抗真菌药益康唑（econazole）为例：首先对其结构进行宏观判断，因结构较简单，故采用全合成的策略。对基本骨架进行切断，寻找易拆键部位。益康唑分子中有 C—O 和 C—N 两个碳-杂键为易拆键部位，所以可从 a、b 两处切断，追溯上一步的合成中间体。

按虚线 a 处断开，益康唑的合成等价物为对氯甲基氯苯和 1-(2,4-二氯苯基)-2-(1-咪唑基）乙醇；对 1-(2,4-二氯苯基)-2-(1-咪唑基）乙醇进一步追溯求源，可再断开 C—N 键，其合成等价物为 1-(2,4-二氯苯基)-2-氯代乙醇和咪唑。

按虚线 b 处断开，其合成等价物为 2-(4-氯苯甲氧基)-2-(2,4-二氯苯)氯乙烷和咪唑。再进一步追溯求源，2-(4-氯苯甲氧基)-2-(2,4-二氯苯)氯乙烷的合成等价物为对氯甲基氯苯和 1-(2,4-二氯苯基)-2-氯代乙醇。

对比合成益康唑的 a、b 两种连接方法，C—O 键与 C—N 键形成的先后次序不同，合成上差异明显。若从上述 b 处拆键，对氯甲基氯苯与 1-(2,4-二氯苯基)-2-氯代乙醇在碱性试剂存在下反应制备 2-(4-氯苯甲氧基)-2-(2,4-二氯苯)氯乙烷，自身分子间将不可避免地发生烷基化反应，从而使反应复杂化，降低产率。因此，采用先形成 C—N 键，然后再形成 C—O 键的 a 法连接装配更为有利。

1-(2,4-二氯苯基)-2-氯代乙醇是一个仲醇，可由相应的酮还原制得。故通过逆向官能团变换可转换为 α-氯代-2,4-二氯苯乙酮，它可进一步由间二氯苯与氯乙酰氯经 Friedel-Crafts 反应制得。

间二氯苯可由间二硝基苯还原得间二氨基苯，再经重氮化、Sandmeyer 氯化反应制得。

对氯甲基氯苯可由对氯甲苯经 α 氯代制得。这样，以间二硝基苯和对氯甲苯为起始原料，可设计出益康唑的化学合成路线。

（2）化学制药工艺路线的装配　把各化学单元反应装配成制药工艺路线，分为线式和汇聚式两种方式。若原料先分别与其他原料连接成几个中间体，然后，再汇总成目标分子，称为"汇聚式合成"（convergent synthsis 或 parallel approach）。汇聚式合成又分完全汇聚式和部分汇聚式两种。如果将原料连续地装配到中间体结构上，最终得到目标分子，则称为"线式合成"（linear synthesis 或 sequential approach）。两种工艺路线的合成过程有很大的不同，包括反应步骤顺序、中间体质控、总收率等。因此，需要把设计方法和单元反应的装配结合起来，完成制药工艺路线的设计。

① 直线式工艺路线。线式合成中，对由 6 个单元组成的产物 ABCDEF，从 A 开始，先加上 B，再依次加上 C、D、E、F。由于化学反应的各步收率很少能达到 100% 的理论收率，总收率是各步收率的连乘积。如果每步收率为 90%，则 5 步直线式工艺路线的总收率为：

$$0.90^5 \times 100\% = 59.05\%$$

对于反应步骤多的线式合成，投入大量的起始原料 A，随着每一个单元的加入，趋近末端的产物愈来愈珍贵。

② 汇聚式工艺路线。汇聚方式可分为完全汇聚式和部分汇聚式两种。

完全汇聚方式　　　　　　　　　　　部分汇聚方式

对于完全汇聚方式，先以直线方式分别合成 ABC、DEF 等各个单元，然后汇聚组装成终产物 ABCDEF。以从原料到产物的最长路线计，如果每步汇聚反应收率都为 90%，完全汇聚式路线的总收率为：$0.90^3 \times 100\% = 72.9\%$；部分汇聚式路线的总收率为：$0.90^4 \times 100\% =$

65.61%。总产率均明显优于线式工艺路线。

汇聚方式组装的优点是，即使偶然损失一个批号的中间体，也不至于对整个路线造成灾难性损失。在反应步骤数量相同的情况下，将一个分子的两个大块分别组装，然后尽可能在最后阶段将它们结合，比线式合成路线有利。同时把产率高的步骤放在最后，经济效益较好。

2. 仿制药合成路线设计

（1）设计方法　仿制药的开发与供应对于药品的可及性以及降低患者的经济负担意义重大。而化学药品仿制药的工艺路线研究与创新药不尽相同，可分为两种方案，一是利用现有注册以及文献报道的合成路线，或在此基础上进行选择与优化；二是对目标化合物设计出全新的合成路线，这种开发方案其实与创新药的开发方法只是略有差异。对仿制药合成工艺路线的设计，因不同持有人的申报目的和条件、商业策略不尽相同，对最优路线的理解往往有较大差异。

在第一种方案中，开发者一般会从文献、专利报道的多条路线中初步筛选几条较优路线一起进行初步试验探索，然后在对各条试验路线的产品质量、收率等数据综合分析的基础上，对合成路线进行进一步的优化设计。开发者再进行初步重复试验探索，对比考察选择路线的产品质量和收率等，进行二次筛选，找出较优的工业化生产工艺。该研究方法的优点是研发风险小，成功率高，可以用较短时间将药物产业化；缺点是没有跳出前人的研究框架，很难在技术上形成优势，产品上市后竞争压力大。并且该方案往往面临知识产权壁垒。

在第二种方案中，开发者会以现有文献与专利报道的路线为基础，再通过试验探索开发出全新的工业化生产工艺路线，实现"除害、减排、提质、降本"的目的。该研究方法的优点是可形成自主知识产权的核心技术，相对传统工艺拥有多方面的相对甚至绝对优势，往往可以达到国内领先甚至国际领先水平，而基于新技术生产的药品往往具有强大的市场竞争力。缺点是新工艺研究耗时较长、研发风险较大。

另外，相比创新药，仿制药的合成路线开发往往更加注重结合制造工艺与技术来进行。在设计化学药物的合成反应工艺路线时，应尽可能在适当的步骤使用催化剂，而不是仅用已有的化学计量合成方法。有的药物合成工艺路线设计要基于过程装置及其操作技术进行，比如对搅拌釜式反应器、管式反应器、反应分离耦合装置的选择。近年来，连续化工艺也逐步成为热点，并且已应用于大量原料药起始原料的制造，相信很快就将应用于原料药的生产工艺注册。并且，工艺路线的设计还与分离纯化等后处理技术密切相关，这是因为不同的纯化与后处理工艺对杂质等的处理能力大不相同，这往往决定了仿制药开发的成功率或对产品的制造成本影响较大。

（2）设计实例　下面以伊布替尼仿制药开发为案例进行介绍，假定开发者综合考虑后对合成工艺路线的设计和开发按照第一种方案进行。经初步筛选，已经报道的伊布替尼合成路线可归纳为如下三条。

① 路线一：

（THF：四氢呋喃；TEA：三乙胺；DMF-DMA：N,N-二甲基甲酰胺二甲缩醛）

路线一反应步骤较少，仅三步反应，但缺点较多：①反应试剂丙二腈高毒，对操作人员、周围环境和水体危害较大；②强碱试剂氢化钠（NaH）价格较贵，反应需要无水条件，条件苛刻，且 NaH 遇水极易燃烧，安全性差；③甲基化试剂硫酸二甲酯 $[(CH_3)_2SO_4]$ 剧毒，曾用作战争毒气；④环合试剂 DMF-DMA 是由剧毒物硫酸二甲酯和 DMA 反应制得，其制备过程不安全。总之，路线一存在极大的生产安全隐患，不利于工业化生产。

② 路线二：

（TMSCH$_2$N$_2$：三甲基硅烷化重氮甲烷；DIEA：N,N-二异丙基乙胺；Dioxane：二氧六环）

路线二优点：避免了剧毒试剂硫酸二甲酯 $[(CH_3)_2SO_4]$ 的使用。缺点：①反应步骤多达六步，且采用线式合成路线，原子经济性差，总收率低；②反应试剂丙二腈高毒，对操作人员、周围环境和水体危害较大；③试剂氯化亚砜刺激性强烈、遇水或潮气会分解放出二氧化硫、氯化氢等刺激性有毒烟气，对人员、设备和周围环境危害极大；④工序二使用价格昂贵的三甲基硅基重氮甲烷导致原料成本较高，而且该物质稳定性差，对水和空气敏感，易燃易爆，安全性极差；⑤工序三使用的水合肼会致敏、致癌，对水生生物有极高毒性，可能对水体环境产生长期不良影响。因此，路线二也存在极大的生产安全隐患，不利于工业化生产。

③ 路线三：

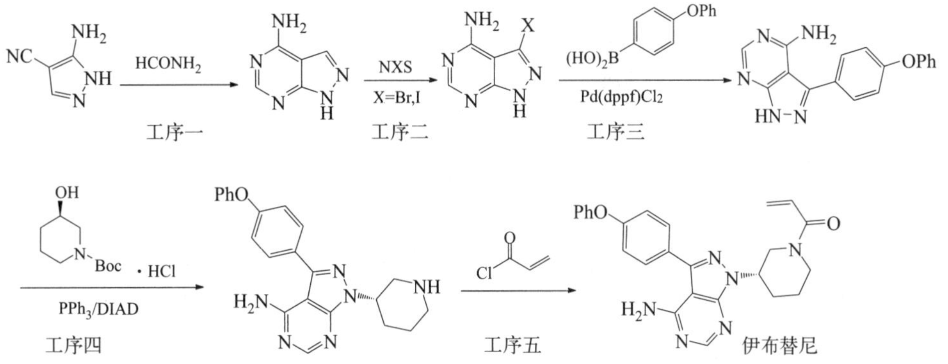

[NXS：N-卤代丁二酰亚胺；Pd(dppf)Cl$_2$：二氯[1,1'-二(二苯基膦)二茂铁]钯；

PPh$_3$：三苯基膦；DIAD：偶氮二甲酸二异丙酯]

该合成路线各个结构片段拼接构成主结构，属于部分汇聚式合成路线，合成路线中不涉及易燃易爆的试剂，安全性较高，工业化的可行性高。因此，可选择路线三作为伊布替尼生产工艺的合成路线。

由于路线三报道的伊布替尼合成工艺有五步，步骤较长，综合考虑药监机构对合成步骤数的要求、ICH Q11 对起始原料的选择要求以及商业化生产的产能和成本要求等因素，可将路线三的后三步工序作为注册申报和商业化生产路线（工序二的产物作为申报工艺的起始原料，相关原料的可行性评估见表 2-3），此外，还应将精制工序考虑在内。综上，拟定的伊布替尼生产工艺如下：

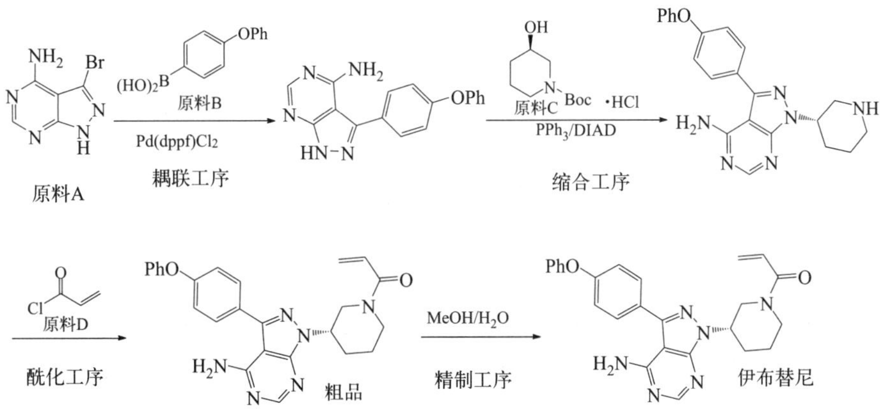

表 2-3　起始原料的可行性评估

原料	化学名	CAS	供应商/家		可行性评估
			国内	国外	
原料 A	3-溴-1H-吡唑并[3,4-D]嘧啶-4-胺	83255-86-1	120	20	均为大宗商品,均为固体,质量可控,可作为起始物料
原料 B	4-苯氧基苯基硼酸	51067-38-0	236	61	
原料 C	(S)-3-羟基哌啶盐酸盐	475058-41-4	126	51	
原料 D	丙烯酰氯	814-68-6	278	47	液体,结构简单,质量可控,可作为起始物料

路线三虽比路线一和路线二更安全，更符合绿色制药工艺要求，但路线三仍存在以下缺点：①工序三中硼酸试剂和钯催化试剂比较昂贵；②工序四 Mitsunobu 反应使用的试剂 PPh$_3$ 和 DIAD 毒性较大、价格较贵。因此，仍需要进一步的绿色化改进研究。

因此，设计化学药物的合成反应工艺路线时，应尽可能在适当的步骤使用催化剂，而不是仅使用已有的化学计量合成方法；考虑基于药物合成工艺过程装置及其操作技术的工艺路线设计。比如，搅拌釜式反应器、管式反应器、反应分离耦合装置、间歇和连续操作等，也会影响并改变工艺路线的设计。另外，还可以采用机器深度学习（machine learning）技术，借助已有的化合物和化学反应数据库等，进行人工智能（AI）驱动的合成工艺路线设计。注意工艺路线的设计还与分离纯化等后处理工序相关。

四、药物合成工艺路线的评价与选择

1. 药物合成工艺路线的评价标准

一般来说，原料药工艺路线设计和选择需重点考虑：①专利不可侵权；②收率高、成本低；③原料易得、便宜、质量可控；④工艺绿色环保、本质安全；⑤同时，要符合监管要求。

因此，理想的药物合成工艺路线应该具备以下几个方面：化学合成路线简洁，即原辅材料转化为药物的路线要简短；所需的原辅材料品种少而易得，价格低廉并能充足供应；中间体容易分离纯化，质量稳定，最好可以多步反应连续操作；反应条件容易实现和控制，所用物料低毒安全；节能环保，"三废"排出量少且易于治理；药品质量符合法定标准；整体路线产率高、成本低、具备经济竞争力。

2. 药物合成工艺路线的选择

对于一个化学药物的合成，通过文献调研或应用有机合成原理，一般可以找到多种合成路线，这些路线原料不同，工艺各有其特点。可以通过深入细致的综合比较和严密的科学论证，选出适于工业生产的合理的合成路线，制订出具体的实验室工艺研究方案。选择并确定工艺路线的总原则是生产的现实性、经济的合理性和技术的先进性。

（1）原辅材料的成本 选择工艺路线首先要考虑每条合成路线所用的各种原辅材料的来源和供应情况，有些原辅材料供应不稳定，则要考虑自行生产，同时还要考虑到原辅材料的价格和运输问题。对于备选的合成路线，应根据已经找到的操作方法，列出各种原辅材料的名称、规格、单价以及产物的产率，计算出原辅材料的单耗、各种原辅材料的成本和原辅材料的总成本，进行经济效益方面的比较。单耗为生产 1kg 产品所需各种原料的质量（kg），成本为生产 1kg 产品所需各种原料的费用之和。即：

$$成本 = \sum W_i M_i$$

式中，W_i 为生产 1kg 产品所需 i 原料的质量，kg；M_i 为原料的单价。

通过单耗和成本的估算，可初步判断所选择路线的经济合理性。同一个化学反应，若根据具体情况对原辅材料进行合理改变，则产率、劳动生产率和经济效益、生产的安全性以及对环境的影响等可能会有很大变化，这是选择工艺路线的重要考量。

（2）化学反应类型的选择 在合成路线中，某些反应步骤可以采用多种反应方法加以实现。例如向芳环上引入甲酰基，可以采用以甲酰氯或二氯甲基醚为酰化剂的 Friedel-Crafts

反应，也可以通过 DMF 参与的 Vilsmeier 反应加以合成。

在不同的反应方法中，存在两种极端的反应类型，即所谓"平顶型"和"尖顶型"。"平顶型"反应表现为在最佳条件附近，反应条件波动时，反应产率基本不发生大的变化，与之相对应，"尖顶型"反应在最佳条件附近，反应条件波动时，产率就会发生大幅度下降。"平顶型"反应窗口宽，更容易控制，有利于工业化生产。"尖顶型"的反应条件要求苛刻，条件稍微变动就可能导致产率下降，还对安全生产，"三废"防治等方面产生影响。而许多实验室工艺的操作属于"尖顶型"反应，对操作细节要求极为严格。因此，在初步确定合成路线、制订工艺研究实验方案时，还必须考察并阐明组成工艺路线的化学反应类型，为工业化操作积累必需的实验数据。在"尖顶型"反应工业生产中，可以通过精密的自动控制予以实现。如在氯霉素生产工艺中，对硝基乙苯催化氧化制备对硝基苯乙酮的反应属于"尖顶型"反应，已经实现了生产过程的自动控制。

（3）单元反应的次序安排与合并　在合成路线中，有时颠倒其中的某些单元反应的先后次序，最终都得到同样的产物，这时就需要研究有利的单元反应次序。次序不同所得的合成中间体就不同，反应条件和要求，反应的后处理以及产率也可能不同。单从产率角度思考，应该把产率低的单元反应放在合成路线的前边，而把产率高的反应放在后面，这样做符合经济原则，有利于降低成本。

最终，最佳的安排要通过实验和生产实践来验证。例如，在从对硝基苯甲酸合成局部麻醉药盐酸普鲁卡因的过程中，需要经过硝基还原和羧基酯化两步反应，其先后次序颠倒都可以得到普鲁卡因。但如果采用先还原后酯化的顺序，苯环的硝基还原步骤通常用铁粉-盐酸还原，羧酸和铁离子形成不溶性沉淀混在铁泥中，使还原产物分离困难，而且还原后的对氨基苯甲酸在随后的酯化反应中活性较低，故生产上多采用先酯化后还原的顺序。

在实际安排反应次序时，不仅要考虑产率，而且还要考虑反应的原理、操作是否方便和是否影响产品质量等因素。

在合成步骤变革中，如果一个反应所使用的溶剂和产生的副产物对下一步反应影响不明显，就有可能将两步或几步反应，不经分离在同一个反应釜中进行。习惯上，将之称为"一锅法"（one-pot preparation）工艺。在考虑"一锅法"工艺时，必须弄清楚各步的反应机理和工艺条件，了解反应进程的控制、副产物的杂质及其对后处理的影响，以及前后各步反应的催化剂、溶剂、pH 值、副产物之间的相互影响等。

（4）对有效合成步骤的考量　原料药生产需采用注册工艺。对于原料药制造而言，一般情况下注册工艺中包含的生产步骤越少越好，这是因为在满足合规、确保产品质量的前提下，更短的生产步骤往往对产能、效率和成本的控制更有利，这更能够保证产品持续稳定地生产。根据国内外药监机构近年来的要求，申报的原料药的有效合成步骤需 ≥3 步，包含有效合成步骤数在内的总的合成步骤当然也要 ≥3 步。药监机构一般认为更长的申报路线且有更多的有效合成步骤可提高产品质量控制的可靠性。然而，有效合成步骤仅指共价键产生变化的步骤，如缩合、氧化等。而一般像加保护、脱保护、成盐、酯化等这样的合成步骤是不能算作有效步骤的。不同路线包含的反应类型不同，获得有效合成步骤数的难易程度也是不同的，甚至出现从原料药结构往前倒推近十步才能获得三步有效合成步骤的情况。因此，对有效合成步骤的考量也是选择合成路线的要点之一。

第二节　催化反应合成技术

据统计，80％的化学反应涉及催化反应合成技术，在化学原料药的工业生产中，越来越多的新型高选择性催化剂体现出实用价值。催化剂（catalyst）是通过提供另一活化能较低的反应途径而加快化学反应速率，而本身的质量、组成和化学性质在参加化学反应前后保持不变的物质。工业上对催化剂主要有活性、选择性和稳定性的要求。催化剂的活性即催化剂的催化能力，是评价催化剂好坏的重要指标。催化剂的活性通常用转化数（turn over number）表示，即一定时间内单位质量的催化剂在指定条件下转化底物的质量。影响催化剂活性的因素较多，主要有温度、助催化剂（或促进剂）、载体（担体）和催化毒物等。催化剂的选择性主要表现在两个方面，一是不同类型的化学反应各有其适宜的催化剂，二是对于同样的反应物体系，应用不同的催化剂可制得不同的产物。催化剂的稳定性是指其活性和选择性随时间变化的情况，对于以间歇式生产方式为主的化学制药工业而言，催化剂的稳定性与其回收循环使用的次数、比例相关。

下面主要介绍在制药合成中应用广泛的相转移催化反应合成技术、金属催化剂催化的偶联反应合成技术以及酶催化的生物催化反应合成技术。

一、相转移催化反应合成技术

相转移催化（phase transfer catalysis，PTC）使试剂能够在多相之间迁移，可以解决传统多相催化反应中反应速率慢、反应不完全、反应效率低、分离难等问题。并且可以避免昂贵的无水溶剂和非质子反应条件，在温和的反应条件下即可实现反应物更清洁和更具选择性的转化，大大提高生产效益。

"相转移催化"一词最初由 Starks 于 1971 年提出，但早在 20 世纪 60 年代，Makosza 已经建立了实际的概念。最初，相转移催化仅限于使用结构简单的铵或鏻盐催化剂催化非手性或外消旋混合物的反应。1984 年，默克公司首次报道了采用手性相转移剂催化的不对称相转移催化反应。至此，相转移催化反应因实验操作简单、反应条件温和、涉及的试剂和溶剂廉价且对环境友好，以及进行大规模制备的可能性，得到了化学界的广泛关注，并已广泛应用于有机合成工业，尤其是在原料药的生产中。

1. 相转移催化剂的分类

相转移催化剂有不同的分类方法。传统上人们习惯根据结构将相转移催化剂分为鎓盐、聚醚和高分子载体催化剂三大类。但随着相转移催化剂的研究和应用，依据相转移催化剂的光学活性还可将其分为非手性相转移催化剂和手性相转移催化剂两类。

（1）非手性相转移催化剂　非手性相转移催化剂因结构相对简单、成本低等优点成为从发现到广泛研究应用整个过程中最基础的相转移催化剂。

① 鎓盐类：凡是非金属带正电则称为鎓盐，如季铵盐、季鏻盐等。鎓盐类相转移催化剂由中心原子、中心原子上的取代基和负离子三部分构成，中心原子一般为 P、N、As、S 等原子。最常用的鎓盐类催化剂有：三乙基苄基氯化铵（TEBAC），又称为 Makosza 催化

剂；三辛基甲基氯化铵（TOMAC），又称为 Starks 催化剂；四丁基硫酸氢铵（TBAHS）；四丁基溴化铵（TBAB）等。

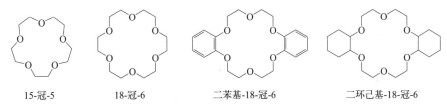

三乙基苄基氯化铵　　　　三辛基甲基氯化铵　　　　四丁基硫酸氢铵　　　　四丁基溴化铵

② 冠醚类：也称非离子型相转移催化剂，化学结构特点是分子中具有（—Y—CH$_2$—CH$_2$—）重复单位，式中的 Y 为氧、氮或其他杂原子，由于它们的形状似皇冠，故称冠醚。冠醚具有特殊的络合性能，能与碱金属形成络合物。常用的冠醚有 15-冠-5、18-冠-6、二苯基-18-冠-6、二环己基-18-冠-6 等。其中以 18-冠-6 应用最广，二苯基-18-冠-6 在有机溶剂中溶解度小，因此在应用上受到限制。由于冠醚价格昂贵并且有毒，除在实验室应用外迄今还很少应用到工业生产中。

15-冠-5　　　　18-冠-6　　　　二苯基-18-冠-6　　　　二环己基-18-冠-6

③ 非环聚氧乙烯衍生物类：又称为非环多醚或开链聚醚类相转移催化剂，这是一类非离子型表面活性剂。非环多醚为中性配体，具有价格低、稳定性好、合成方便等优点。主要类型有聚乙二醇、聚乙二醇脂肪醚、聚乙二醇烷基苯醚等，但总的来说其催化效果比冠醚差。

④ 叔胺类：多用于烷基化反应、卡宾制备和氰基化反应等。叔胺类化合物在反应过程中转变成季铵盐，具有催化效果。

多种非手性相转移催化剂以小批量或大批量的形式在市场上销售，并广泛应用于药物化学和原料药生产中。其中，铵和膦盐是最常用的相转移催化剂，它们与聚乙二醇一样都是价格便宜的相转移催化剂。相比之下，冠醚或开链聚醚价格昂贵，使用较少。

（2）手性相转移催化剂　尽管人们对手性相转移催化剂（季铵盐和膦盐、大环二甲基配体、多肽、高分子季铵盐和大环多齿配体等）的非均相对映选择性合成研究比较晚，但这项技术发展迅速，已应用于多种有机反应，其中包括硼氢化钠还原羰基、α,β-不饱和羰基的环氧化、酮氧化为 α-羟基酮、烷基化、α,β-不饱和羰基酯的 Michael 反应、Darzens 反应、Corey-Chaykovshy 反应、氯仿与羰基的加成反应、二氯卡宾与烯烃的加成反应等。

已经开发的手性相转移催化剂主要有五大类：①金鸡纳生物碱衍生催化剂；②具有联萘结构的手性季铵盐或膦盐（Maruoka 型催化剂）；③手性胍相转移催化剂；④酒石酸衍生铵盐；⑤其他手性相转移催化剂。1984 年研发出第一代手性相转移催化剂，即金鸡纳生物碱衍生催化剂。用辛可宁衍生溴化催化剂在两相体系（甲苯/50%氢氧化钠水溶液）中进行烷基化反应，以 95%产率和 92% ee 值得到强利尿剂（+）-茚达立酮。反应体系中亲油性手性阳离子（即相转移催化剂阳离子）通过离子介导脱质子原料与烷基化试剂反应。

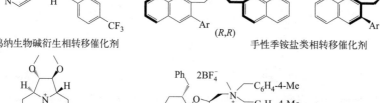

金鸡纳生物碱衍生相转移催化剂   手性季铵盐类相转移催化剂

手性胍类相转移催化剂   酒石酸衍生铵盐类相转移催化剂   其他手性相转移催化剂

2. 相转移催化原理

当两种反应物分别处于不同相时，如果加入少量第三种物质，可以使反应速率加快，这种物质就称为相转移催化剂，这类反应就称为相转移催化反应。

一般相转移催化的反应都存在水溶液和有机溶剂两相，离子型反应物往往可溶于水相，不溶于有机相；而有机底物则存在于有机溶剂中。无相转移催化剂时，两相相互隔离，几种反应物因溶解度限制无法接触，反应进行很慢。而相转移催化剂可以与水相中的离子结合，并利用自身对有机溶剂的亲和性，将水相中的反应物转移到有机相中促使反应发生。从相转移催化原理来看，整个反应可视为配合物动力学反应。可分为两个阶段，一是有机相中的反应；二是继续转移负离子到有机相。

图 2-3 是一个简单而经典的 1-氯辛烷（无溶剂）与氰化钠相转移催化反应的例子。在没有催化剂的情况下，这种两相混合物在回流和强烈搅拌下加热 1～2 天，除了可能将氰化钠水解成氨和甲酸钠外，没有发生明显的取代反应。然而，如果加入 1 %（质量分数）的季铵盐，例如 $(C_6H_{13})_4N^+Cl^-$，则体系在 2～3h 内以接近 100 %的选择性和 100 %的转化率快

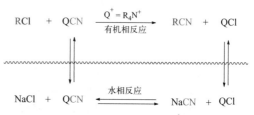

图 2-3　相转移催化下 1-氯辛烷与
氰化钠取代反应示意图

速发生取代反应。反应时，季铵阳离子首先将氰离子转移到有机相中，随后激活转移的氰离子与 1-氯辛烷反应，并允许取代迅速发生，生成 1-氰辛烷和季铵盐，最后将取代后的氯离子转移回水相，开始新的催化循环。

催化剂的类型和数量、搅拌、水相中的水量、温度、溶剂等都能明显影响相转移催化反应。这些变量对不同过程的影响程度不同，例如搅拌对转移步骤至关重要，但对取代反应步骤的速率几乎无影响。

3. 相转移催化剂在制药工艺中的应用

相较于其他方法，相转移催化被认为是一种多用途、更环保的可持续技术。在原料药生产中，相转移催化主要用于烷基化反应或共轭加成反应，也可用于氧化反应和曼尼希型反应。另外，它也是一种生产螺环化合物的非常有价值的方法。在药物化学和原料药生产中的应用越来越广泛。下面介绍几种相转移催化剂在制药工艺中的应用。

（1）非手性相转移催化反应合成

① 烷基化反应。伊洛培酮是一种 5-HT$_2$ 血清素受体和多巴胺受体拮抗剂，于 2009 年在美国被批准用于治疗成人精神分裂症。其合成的关键步骤是 N-烷基化，当使用 K$_2$CO$_3$ 和 N，N-二甲基甲酰胺（DMF）反应时，原料药重结晶后的收率仅为 58%。该工艺的主要缺点之一是使用无机碳酸盐会形成大量的氨基甲酸酯杂质（15%～20%），尤其是在规模放大过程中；此外，还有一些其他的微量杂质。因此，后续需要复杂的纯化过程才能得到合格产品。采用相转移催化条件，在 65～70℃、NaOH 和 TBAB（四丁基溴化铵）的两相水/正庚烷混合溶剂中，伊洛培酮的分离收率为 95%，纯度为 99.85%。该工艺几乎没有杂质，产量高、可放大、对环境无害，可良好地规模化运行。

② 酯化反应。替诺福韦二吡呋酯是替诺福韦的前药，用作 HIV-1 和 HBV 逆转录酶抑制剂。美国、欧洲分别于 2001 年和 2002 年批准用于治疗艾滋病毒和乙型肝炎感染。目前已有两种替诺福韦转化为替诺福韦二吡呋酯的相转移催化方法：a. 替诺福韦与氯甲基异丙基碳酸酯在 N-甲基吡咯烷酮（NMP）溶剂中，于 50～55℃，在三乙胺（Et$_3$N）为缚酸剂和 TBAB 为相转移催化剂的情况下反应，以 67% 的产率得到替诺福韦二吡呋酯，然后转化为富马酸盐。b. 将相转移催化剂换成季鏻盐丙基三苯基溴化鏻后，可以 77% 的产率、98% 的纯度制得替诺福韦二吡呋酯游离碱，转化为富马酸盐后，纯度可提升到 99.7%。该工艺在公斤级规模已成功实施，产率比季铵盐 TBAB 催化法更高。

③ 氰基化反应。阿那曲唑是用于治疗乳腺癌的非甾体芳香化酶抑制剂，于 1995 年获得批准。阿那曲唑的合成路线包括五个步骤，其中三个步骤可在相转移催化条件下进行。在回流条件下，用 NaCN 在二氯甲烷/水两相体系中，添加 TBAB 进行氰化反应（步骤 2），以 94% 的高产率获得双氰化产物。对于步骤 3，相转移催化条件取代了原来在 DMF 中使用的 NaH 和碘甲烷的烷基化条件，用 TEBAC（三乙基苄基氯化铵）在氯仿/氢氧化钠水溶液（50%/50%）的两相溶液中，温和（40～45℃）条件下可获得 70% 的产率。工艺的最后阶段（步骤 5）是 1H-1,2,4-三唑的 N-烷基化，这是形成异构体的主要原因，而相转移催化条件有利于减少副产物

异阿那曲唑的生成。40～45℃下，在甲苯中使用 K_2CO_3 和相转移催化剂 PEG-600（聚乙二醇600），可将阿那曲唑的产率提高至 91%，并将副产物异阿那曲唑降低到 4%。

（2）手性相转移催化反应合成　许多大环丙型肝炎病毒（HCV）药物，例如西鲁瑞韦、格佐普韦和达那普韦具有一个共同特征，即含有手性（1R，2S）-1-氨基-2-乙烯基环丙烷羧酸（ACCA）结构，这是通过闭环复分解反应（RCM）构建大环结构的先决条件。目前已经报道了多种制备这种基本手性结构单元的合成方法，包括不对称的金属催化反应和光学拆分等。但是，仅有少数几种方法可以放大生产。以廉价的（E）-N-苯基-亚甲基甘氨酸乙酯为起始原料开发了一种相转移催化的不对称环丙烷化工艺。反式 1,4-二溴-2-丁烯在含 NaOH 粉末的甲苯中，添加辛可宁衍生的相转移催化剂，在 0℃ 下反应以 78% 的产率和 77% 的 ee 值得到目标产物，但包含了一种由氮杂-Cope 重排形成的纯度为 6% 的主要副产物。经超临界流体色谱法（SFC）纯化，以 55% 的收率，制得 ee 值高达 99% 的产物。由于 ACCA 可作为许多抗病毒类 API 的高价值中间体，因此，这种制备方法备受瞩目。

西鲁瑞韦　　格佐普韦　　达那普韦

PTC　　氮杂-Cope 重排副产物　　(1R,2S)-1-氨基-2-乙烯基环丙烷羧酸(ACCA)

来特莫韦是一种 DNA 聚合酶抑制剂，可以预防高危骨髓移植患者中巨细胞病毒（CMV）感染。来特莫韦是一种手性化合物，在其最初的合成路线中，需要经典的光学拆分来分离两种对映体。但这种方法效率低，产量低，不适合扩大规模。各种不对称金属催化方法也没有成功实现。基于不对称相转移催化的分子内氮杂 Michael 加成技术，成功开发了大规模生产来特莫韦的合成路线。0℃下用双季铵化辛可宁衍生的相转移催化剂与 K_3PO_4 在甲苯/水两相混合溶剂中进行 Michael 加成反应，粗产品收率为 98%，ee 值为 76%。搅拌速率、碱浓度和催化剂的阴离子对相转移催化步骤中对映选择性有极大影响，阴离子如 NO_3^-、BF_4^- 或 OTf^- 所提供的 ee 值显著低于 Cl^- 或 Br^-。通过对反应参数的精细控制，该工艺可以在吨级规模运行。

从上面这些例子中可以看出，在非手性相转移催化反应中，TBAB、TEBAC 和 n-Bu_4NHSO_4 是原料药生产中最常用的催化剂。以辛可宁和辛可宁衍生物为基础的相转移催化剂是目前最成功和最常用的手性相转移催化剂。

4. 相转移催化剂的选择、分离及回收

在工业应用中，相转移催化剂还要面临的更加困扰的技术问题就是如何在反应结束后有效分离产品和相转移催化剂。通常，选择相转移催化剂除了考虑结构活性关系，还要考虑催化剂的稳定性和催化剂的分离等，还包括其他因素，如成本、毒性、可用性、再循环、废物处理等。

例如，在艾滋病毒附着抑制剂（BMS-663068）的合成路线中，发现将氯甲基氮杂吲哚转化为产物的工艺中，虽然四丁基碘化铵（n-Bu_4NI）在促进反应方面非常有效（转化率 98.5%），但后期去除非常困难。分离水层后，仍然有 95% 以上的催化剂（n-Bu_4NI）和产物一起留在有机层中，严重影响了产物的纯化结晶，收率仅 70%。而采用四乙基溴化铵（Et_4NBr）作为相转移催化剂，虽然在相同条件下转化率只有 77%，但后处理时 100% 的催化剂都进入水层，消除了之前的结晶难题，收率提升到 75%。所以，最后选择 Et_4NBr 作为相转移催化剂进行进一步开发。

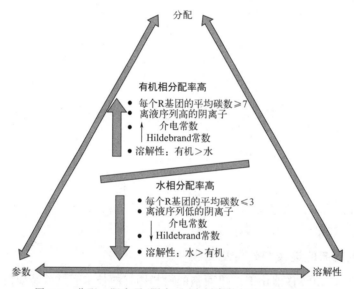

如果在反应中选择不溶性相转移催化剂，则可使用简便易操作的过滤、离心或相分离方法除去这些不溶性催化剂。使用可溶性相转移催化剂，需要研究从反应混合物中高效分离催化剂的方法。

工业上最常用的分离方法是萃取和蒸馏。对 12 种不同的有机溶剂/水混合物体系、57 种四烷基铵盐和 10 种四烷基鏻盐的基础数据表明，四烷基铵盐和四烷基鏻盐的分配受阳离子、阴离子、溶剂的各种参数和溶解度等因素的影响。一般而言，碳链数较高的阳离子、离液序列高的阴离子和极性更大的有机溶剂有利于将盐分配到有机层（图 2-4）。由于分配会受到反应混合物中其他溶质，如试剂、副产物、无机盐、助溶剂等影响，因此该数据仅可作为选择试剂的唯一信息。但可参考选择相转移催化剂，特别是对水洗方案有效去除盐的情况。

图 2-4 分配、阳离子/阴离子/溶剂参数与溶解度的关系

当相转移催化反应中产生低沸点化合物时，通常可以从相转移催化剂中蒸馏出来。当温度高于 $100\sim120^{\circ}\mathrm{C}$ 时，季铵盐通常会部分或全部分解为三烷基胺和其他产物。因此，可通过热分解季铵盐，将三烷基胺萃取到稀酸中而去除季铵盐。在制备 1,6-二氰基己烷的过程中，相转移催化剂四丁基氯化铵通过萃取可部分转移到水中，然后在高温下闪蒸洗涤粗有机产物以分解剩余的催化剂。这样防止了季铵盐在分馏过程中持续缓慢的热分解，从而得到纯度非常高的产品。

除常用的萃取和蒸馏方法，相转移催化剂分离和回收的其他方法还有：①在离子交换树脂、硅胶等上吸附分离季铵盐；②使用可化学分解的季铵盐催化剂；③使用可与聚乙烯链（分子量 1000～3000）结合的相转移催化剂，该聚乙烯链在大于 $90^{\circ}\mathrm{C}$ 的温度下溶于大多数有机溶液，但在冷却时会以固体分离。

二、不对称催化反应合成技术

不对称催化反应技术的兴起来源于对手性药物的认识和需求。当分子结构存在手性元素，并且具有某种药理活性时，这个分子就称为手性药物。一对对映体分子之间的许多物理性质（熔点、沸点等）一致，但是生理性质可能不同（图 2-5）。例如"反应停"（沙利度胺），R-异构体结构分子具有镇静作用，S-异构体分子则对胚胎有很强的致畸作用。

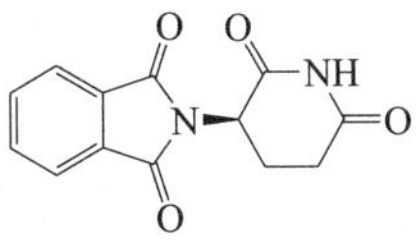

(R)-沙利度胺 （镇静催眠）	(S)-沙利度胺 （致畸）	右丙氧芬 （止痛药）
左丙氧芬 （镇咳药）	奎宁 （抗疟疾）	奎尼丁 （抗心律不整）

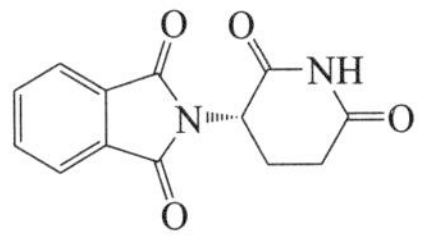

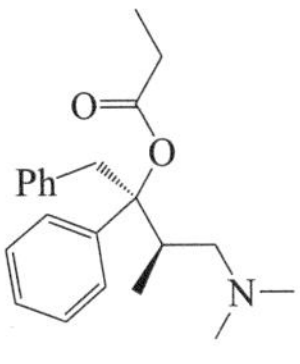

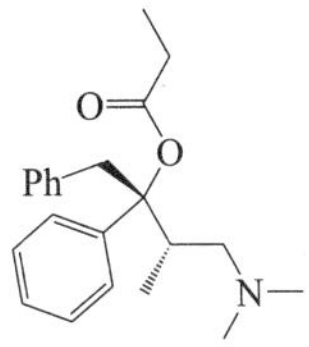

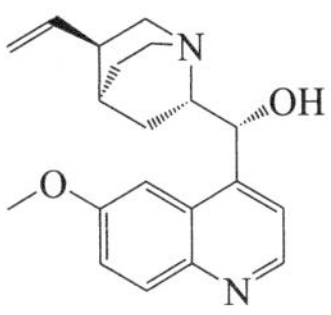

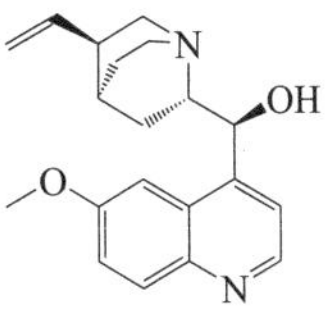

图 2-5 手性药物对映体之间生理性质差异

全世界单一对映体形式手性药物的销售额持续增长，市场份额已从 1996 年的 27% 增加到目前的约 61%。2020 年世界销售额前 200 位的药物中，140 多种具有手性。疗效高、毒副作用小、用药量少的手性药物成为未来新药研发的主要方向。

自 19 世纪 Fischer 开创不对称合成反应研究领域以来，该技术得到了迅速的发展。其间可分为四个阶段：①手性源的不对称反应；②手性助剂的不对称反应；③手性试剂的不对称反应；④不对称催化反应。发展至今，不对称催化反应技术已经是获得手性药物的主要技术手段。2001 年诺贝尔化学奖就授予在不对称催化氢化和不对称催化氧化方面做出突出贡献的野依良治、威廉·诺尔斯和巴里·夏普莱斯三位化学家，2021 年诺贝尔化学奖授予本杰明·李斯特和戴维·麦克米伦，以表彰他们对"不对称有机催化"的发展所做出的贡献。

1. 不对称催化反应分类

不对称催化反应按照催化剂的种类可以分为不对称金属催化、不对称酶催化和不对称有机催化。按照不对称催化反应的反应类型来分类，则可分为不对称催化还原反应、不对称催化氧化反应、不对称催化异构化、不对称催化加成反应、不对称催化偶联反应、不对称催化环加成反应、不对称催化相转移反应、不对称催化环丙烷化和氮丙啶化等。可以将不对称催化反应类型再细分，例如不对称催化氧化反应包括不对称二羟化和氨羟化、不对称环氧化以及硫醚的不对称氧化等。

2. 不对称催化反应原理

（1）非线性立体化学效应 通常情况下，不对称反应中手性产物的 ee 值与所使用的手性辅剂和手性配体的 ee 值成正比。手性辅剂和手性配体的 ee 值愈高，产物的 ee 值愈高，二者呈线性关系（图 2-6，线 1）。不对称催化反应中的非线性立体化学效应是指某些情况下不

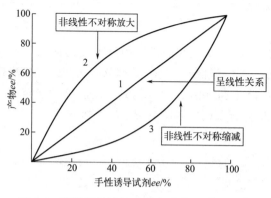

图 2-6 手性诱导试剂 *ee* 值与产物 *ee* 值的关系

对称反应中，手性辅剂或者手性配体的 *ee* 值与产物 *ee* 值之间的非线性关系（nonlinear effect）。在某些情况下，有些配体（不一定非要对映体纯）可以与金属中心形成手性和异手性配合物。而这些不同的配合物在反应中具有不同的反应活性，这时反应可能产生高或低的不对称诱导，产生了非线性效应。当使用光学纯度较低的手性辅剂和手性配体给出光学纯度较高的产物，二者呈正的非线性效应，这种现象被称为不对称放大作用（图 2-6，线 2）。

当使用光学纯度较高的手性辅剂和手性配体时却给出光学纯度较低的产物，二者呈负的非线性效应，也称为不对称缩减（图 2-6，线 3）。

（2）不对称金属催化的基本原理 在不对称催化合成中，催化剂前体经过活化获得活性，活性催化剂进入催化循环，活化步骤包括配体溶解或金属氧化还原态改变。活化催化剂与底物反应形成催化中间体，随后分解为产物及催化剂，催化剂进入下一个循环。手性配体主要有两方面作用，一是加速反应，二是手性识别和对映体控制。

以铑/双膦体系催化脱氢苯丙氨基酸甲酯 Ⅱ 不对称氢化的反应机理为例（图 2-7）。反应从正方形平面结构的离子型铑双磷配合物 Ⅲ 开始（双磷配体为 Dipamp 或 ChiraPhos，溶剂为甲醇、乙醇或丙酮），包括两个催化循环。循环 A 得到次要的 *R* 构型产物（*R*)-Ⅰ，循环 B 得到主要的 *S* 构型产物（*S*)-Ⅰ。首先，底物 Ⅱ 取代配合物 Ⅲ 中的溶剂分子，使得金属铑与底物分子中的氧和碳碳双键配位，仍得到正方形平面结构的 Ⅳ。与底物中潜手性的 S_i 面配位得到的 Ⅳa 和与 R_e 面配位得到的 Ⅳb 互为非对映异构体，分别参与循环 A 和循环 B。实验证明 Ⅲ 到 Ⅳa 或 Ⅳb 的反应是可逆的，因此非对映异构体 Ⅳa 和 Ⅳb 迅速互相转换达到动态平衡。接下来，氢气的活化得到八面体结构的双氢配合物 Ⅴ，这个过程是反应的决速步骤且不可逆。Ⅴ 到 Ⅵ 反应速率很快，得到碳碳双键插入 Rh-H 键的单氢配合物，还原消除后得到目标产物 Ⅰ 和催化剂 Ⅲ 完成催化循环。

（3）不对称酶催化原理 不对称酶催化具有高效、专一等特点，从最早的锁-钥学说来解释酶的立体专一性，到后来发展的诱导契合学说、三点结合学说等。酶可以与底物实现特异性结合，从而精准控制不对称催化反应中化学、区域和立体选择性。

（4）不对称有机小分子催化原理 不对称有机小分子催化反应是基于模拟酶的一种非金属催化反应。有机小分子催化剂被视为非金属酶的最简化形式，因此酶催化反应的机理及催化加速与催化剂的循环等概念同样被用于有机催化反应中。一般来讲，不对称有机催化通过手性胺催化剂生成烯胺或亚胺中间体的机理、氢键作用的氢供给体机理以及离子对作用机理等来实现反应。

3. 不对称催化反应在制药工艺中的应用

（1）不对称催化还原反应

① 烯胺/亚胺的不对称催化氢化。抗高血压药物 L-多巴的合成过程中，最关键的一步是烯胺的不对称氢化，应用手性二膦铑催化剂催化不对称还原（图 2-8）。不同的手性膦配体催化效果不同，使用甲基丙基苯基膦（PPMP）的对映体过量为 28% *ee* 值，用邻甲氧苯基

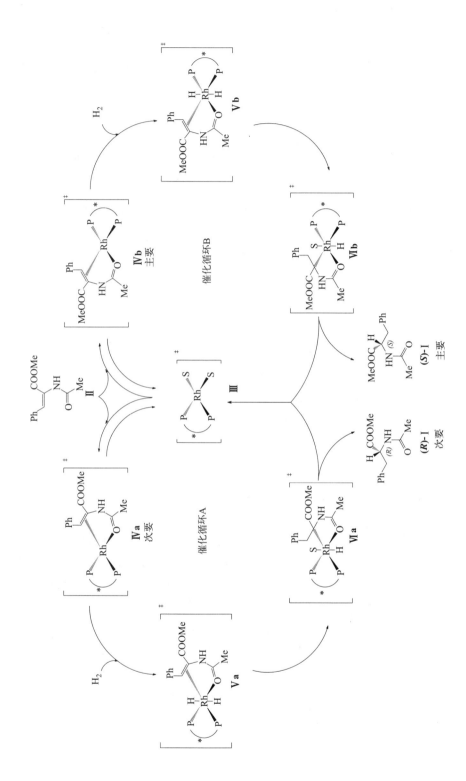

图 2-7 铑/双膦体系催化脱氢苯丙氨基酸甲酯不对称氢化的反应机理

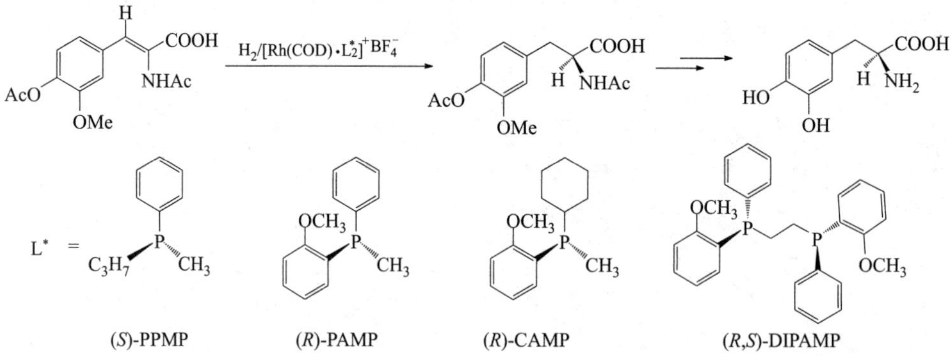

图 2-8 L-多巴的不对称氢化过程

代替正丙基得到的手性膦（PAMP）提高到 60% ee 值，用环己基代替苯基（CAMP）达到 85% ee 值，而使用手性二膦 DIPAMP，不对称氢化立体选择性更高，达 95% ee 值。这是第一例利用手性配体过渡金属配合物催化不对称合成的工业技术。

② 烯烃的不对称催化氢化。在 γ-生育酚乙酸酯（生育酚又名维生素 E）的生产工艺中，关键步骤应用了烯烃的不对称催化氢化反应。使用含有四 [3,5-二（三氟甲基）苯基]硼酸钠抗衡离子铱催化 γ-生育三烯乙酸酯的不对称加氢反应（图 2-9）。

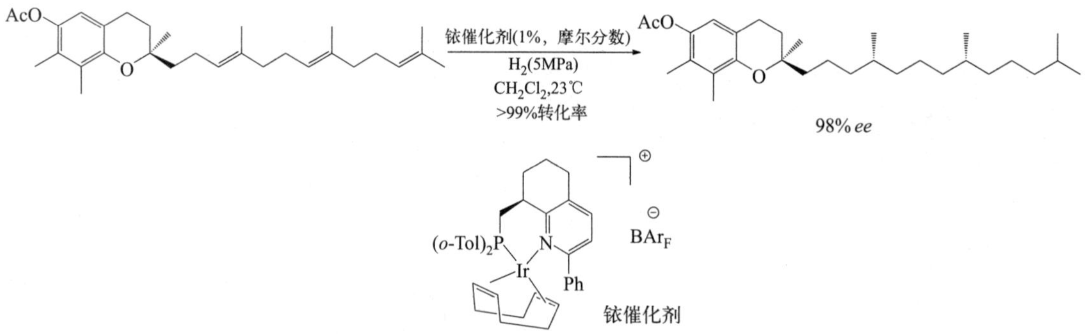

图 2-9 γ-生育三烯乙酸酯到 γ-生育酚乙酸酯转化的关键不对称氢化步骤

③ 羰基化合物的不对称催化氢化。治疗阿尔茨海默病的药物利伐他明的生产工艺中，关键步骤应用到了酮不对称氢化反应。用 Ir-SpiroPAP-3-Me 催化剂催化 2-羟基苯乙酮的不对称氢化还原过程中（图 2-10），反应底物/催化剂（S/C）质量之比可达 100000，产物的转

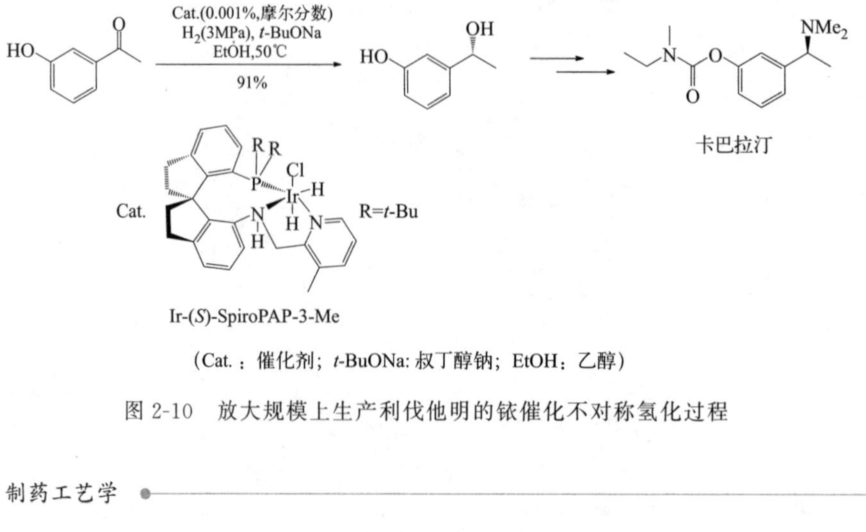

（Cat.：催化剂；t-BuONa: 叔丁醇钠；EtOH：乙醇）

图 2-10 放大规模上生产利伐他明的铱催化不对称氢化过程

化率为 100%，*ee* 值为 97%。反应可以在 25 公斤的规模上进行（91%产率，96% *ee* 值）。乙酸乙酯/庚烷重结晶产物的对映体纯度可提高到 99%以上。

（2）不对称催化氧化反应

① 烯烃的不对称环氧化。可以使用 Sharpless 环氧化技术生产缩水甘油衍生物单个对映异构体。缩水甘油是重要的合成中间体，经过官能团转化，可获得多种多样的原料药，如镇咳药愈创甘油醚、眼科用药左布诺洛尔、抗抑郁药维洛沙嗪以及治疗艾滋病药物西多福韦等，见图 2-11。

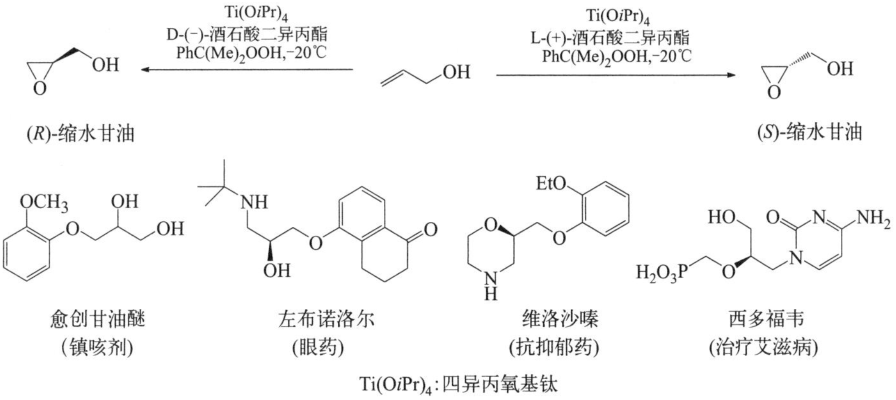

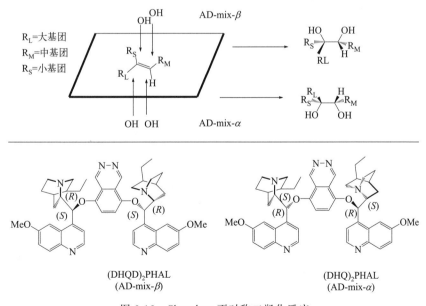

图 2-11 单一构型缩水甘油的合成和由其衍生转化的原料药

② 烯烃的不对称双羟（氨羟）化。锇催化的 Sharpless 烯烃不对称顺式二羟化反应可提供高纯的邻二醇对映体。但从药物开发的角度来看，使用高毒性锇降低了该方法的可用性。为了将锇的用量控制在<1%（摩尔分数），使该过程的催化剂混合物由不挥发的无水锇酸钾、金鸡纳配体［(DHQD)$_2$PHAL 或 (DHQ)$_2$PHAL］、氧化剂铁氰化钾和碳酸钾以 1:2.32:713:713 的比例组成，称为 AD-mix（图 2-12）。

图 2-12 Sharpless 不对称二羟化反应

以上反应体系可用于合成 β-受体阻滞剂（S）-普萘洛尔（图 2-13）。

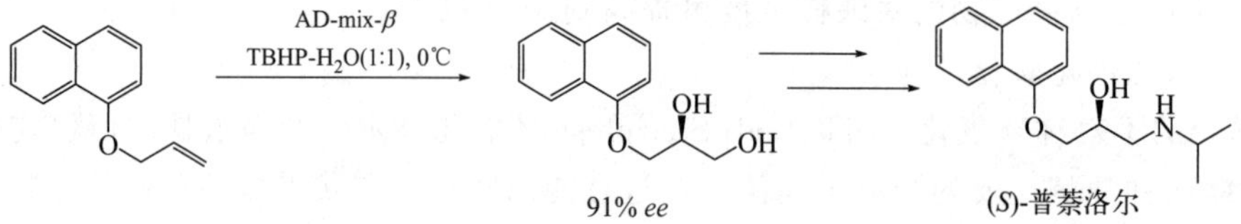

图 2-13 Sharpless 不对称二羟化应用于（S）-普萘洛尔的合成

不对称氨羟化反应可用于合成止痛和抗炎分子（＋）-L-733,060，该分子可用作非肽类神经激肽 NK1 受体拮抗剂。在该反应中，以肉桂酸异丙酯作为底物，(DHQ)$_2$PHAL 为配体，同时使用锇酸钾和作为氮源的 N-溴乙酰胺，以 79％的收率和 ＞99％ ee 值制备了所需的酰胺醇产物（图 2-14）。

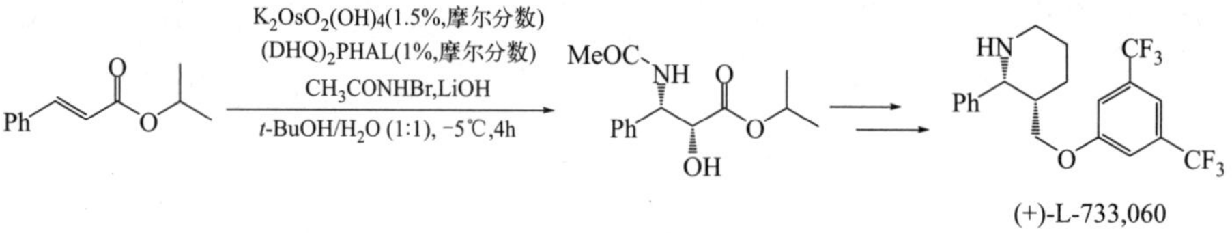

图 2-14 Sharpless 不对称氨羟基化应用于（＋）-L-733,060 的合成

③ 硫醚的不对称氧化。埃索美拉唑合成中的关键步骤是硫化物不对称氧化反应，得到的亚砜具有 94％ ee 值的对映选择性（图 2-15）。通过将产物转化为其钠盐并从甲基异丁基酮和乙腈中结晶，可以将对映体纯度提高至 ＞99.5％ ee 值。

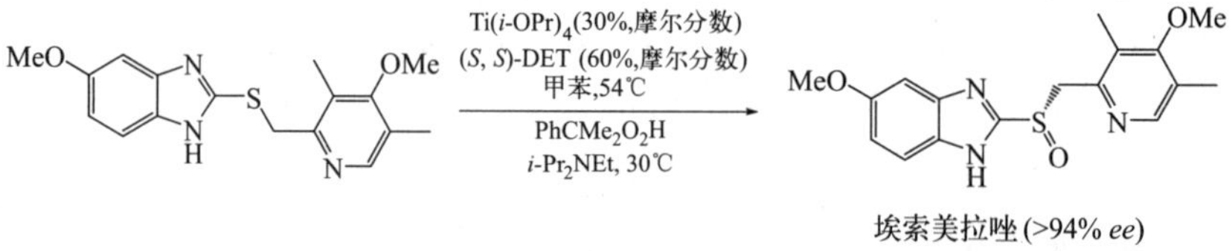

图 2-15 不对称氧化应用于多克规模合成埃索美拉唑

(S,S)-DET：D-(－)-酒石酸二乙酯；i-Pr$_2$NEt：二异丙基乙胺

（3）不对称催化异构化 薄荷醇的工业化生产中（图 2-16），采用 Rh-(R)-BINAP 催化剂 [(R)-BINAP，(R)-(-)-1,1'-联二萘-2,2'-二苯基膦]，得到不对称异构化产物，ee 值达到 96％～99％。该工艺已用于工业化合成薄荷醇。BINAP 在不对称催化的工业发展中发挥了重要作用。

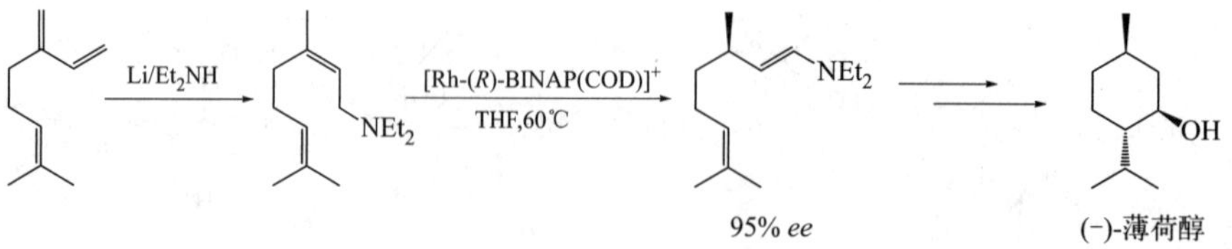

图 2-16 （－）-薄荷醇的 Takasago-Noyori 工业化合成

（4）不对称加成反应 Telcagepant 是降钙素基因相关肽（CGRP）受体拮抗剂，可用于治疗偏头痛。合成 Telcagepant 存在两种获得关键中间体的途径，分别可以用金属-手性配

体催化的 1,2-加成反应和有机小分子手性胺催化的 1,4-加成反应。

第一种方法涉及 Hayashi-Miyaura 铑催化的芳基硼酸与硝基烯烃衍生物的非对映选择 1,2-加成反应。第二种方法为硝基甲烷与 α,β-不饱和醛的不对称迈克尔加成反应，该催化体系由 Jørgensen-Hayashi 保护的脯氨醇催化剂、叔丁酸、硼酸组成（图 2-17）。由于硝基醛产物相对不稳定，因此将其叠缩至下一步，并通过进一步的合成操作，制得 Telcagepant 钾盐溶剂化物，纯度 $> 99.8\%$，ee 值 $\geqslant 99.9\%$。

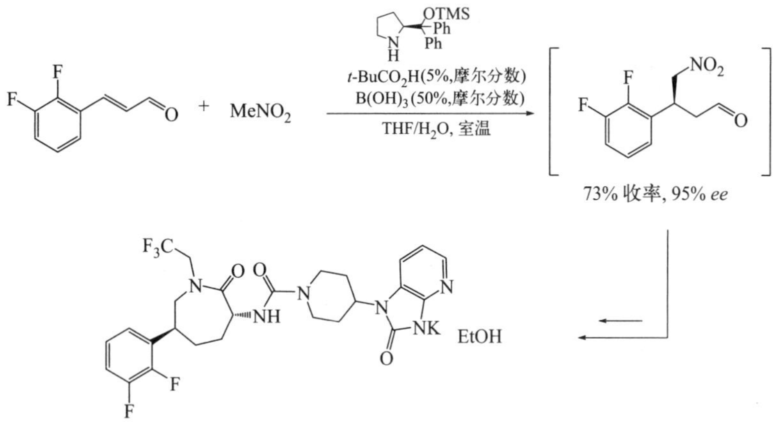

图 2-17 有机小分子催化不对称 1,4-加成反应应用于 Telcagepant 的合成

（5）不对称环加成反应 不对称环加成反应也是合成磷酸奥司他韦的一种方法。$-20℃$ 下，在手性氧化膦配体、氟化铯和二异丙氧基钡的存在下，Danishefsky 二烯与富马酸二甲酯在四氢呋喃中反应，得到了非对映选择性 $dr = 5:1$ 的环加成产物的混合物，产率为 91%，ee 值达到 95%（图 2-18）。

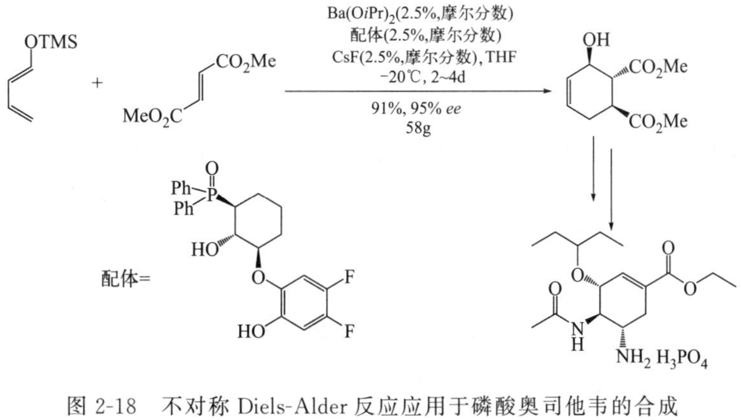

图 2-18 不对称 Diels-Alder 反应应用于磷酸奥司他韦的合成

（6）不对称环丙烷化 据统计，有 100 多种药物在其骨架中包含环丙基单元。环丙基单元还存在于动植物、微生物中的大量天然产物中，具有重要的生物学特性，涵盖酶抑制到杀虫、抗真菌、除草、抗微生物、消炎、抗菌、抗肿瘤和抗病毒活性。含有环丙基的生物探针可以用于机理研究和新药设计。

辣椒素通道（TRPV1）拮抗剂是一类用于治疗慢性病理性疼痛的新型镇痛药。可用汇聚合成方式生产高纯度 TRPV1 拮抗剂。使用 Nishiyama 催化剂（手性二价钌-双噁唑啉配体复合物）成功且安全地实现了涉及热不稳定重氮乙酸乙酯环丙烷化的放大反应。以 81%

的产率获得反式/顺式比为 80/20 且 *ee* 值为 65％ 的环丙基酯中间体。用地衣芽孢杆菌的 Alcalase 酶进一步生物催化水解并用 LiOH 处理后，以 > 99％ 的选择性获得了所得的酸，接着进行酰胺偶联，得到目标 TRPV1 拮抗剂化合物（图 2-19）。

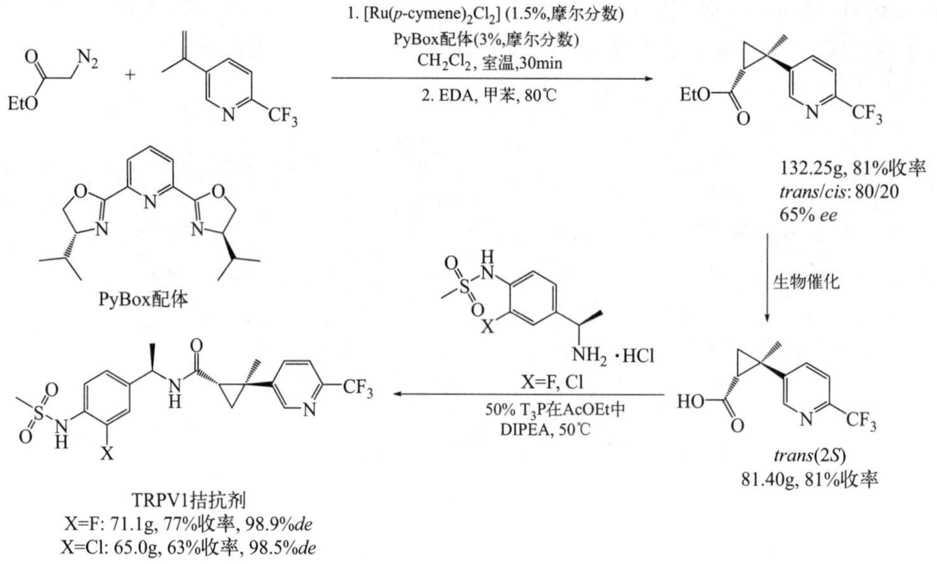

图 2-19　不对称环丙烷化应用于 TRPV1 拮抗剂的合成

Ru(*p*-cymene)$_2$Cl$_2$：二氯（对甲基异丙基苯基）钌（Ⅱ）二聚体；

PyBox：双唑啉型吡啶；EDA：乙二胺；T$_3$P：1-丙基磷酸酐；DIPEA：二异丙基乙胺

三、偶联反应合成技术

1. 偶联反应分类

偶联反应（coupling reaction），也叫作偶合反应，是两个分子反应生成一个分子的有机化学反应。狭义的偶联反应是涉及有机金属催化剂的碳-碳键形成反应，根据类型的不同，又可分为交叉偶联和自身偶联反应。其中，交叉偶联反应是指两种不同的片段连接成一个分子，如：溴苯（PhBr）与氯乙烯形成苯乙烯（PhCH＝CH$_2$）；自身偶联反应是指相同的两个片段形成一个分子，如：碘苯（PhI）自身形成联苯（Ph-Ph）。已有的偶联反应主要包括以下几类，见表 2-4。

表 2-4　经典偶联反应

偶联反应名称	发现年份	反应物 A	碳原子杂化形式	反应物 B	碳原子杂化形式	类型	催化剂	备注
Wurtz 反应	1855	R-X	sp^3	R-X	sp^3	自身		以 Na 消除反应物的卤原子
Ullmann 反应	1901	Ar-X	sp^2	Ar-X	sp^2	自身	Cu	高温
Cassar 反应	1970	烯烃	sp^2	R-X	sp^3	交叉	Pd	需碱参与
Kumada 反应	1972	Ar-MgBr	sp^2,sp^3	Ar-X	sp^2	交叉	Pd 或 Ni	
Heck 反应	1972	烯烃	sp^2	R-X	sp^2	交叉	Pd	需碱参与
Sonogashira 反应	1975	RC≡CH	sp	R-X	sp^3,sp^2	交叉	Pd 和 Cu	需碱参与

偶联反应名称	发现年份	反应物 A	碳原子杂化形式	反应物 B	碳原子杂化形式	类型	催化剂	备注
Negishi coupling 反应	1977	R-Zn-X	sp^3, sp^2, sp	R-X	sp^3, sp^2	交叉	Pd 或 Ni	
Stille 反应	1978	R-SnR$_3$	sp^3, sp^2, sp	R-X	sp^3, sp^2	交叉	Pd	
Suzuki 反应	1979	R-B(OR)$_2$	sp^2	R-X	sp^3, sp^2	交叉	Pd	需碱参与
Hiyama 反应	1988	R-SiR$_3$	sp^2	R-X	sp^3, sp^2	交叉	Pd	需碱参与
Buchwald-Hartwig 反应	1994	R$_2$N-R SnR$_3$	sp	R-X	sp^2	交叉	Pd	N—C 偶联反应
Fukuyama 反应	1998	RCO(SEt)	sp^2	R-Zn-I	sp^3	交叉	Pd	

目前，最常用的金属催化剂是钯催化剂，有时也使用镍与铜催化剂。钯催化的有机反应有许多优点，如：官能团的耐受性强，有机钯化合物对水和空气的敏感性低。美国科学家理查德·赫克和日本科学家根岸英一、铃木章因在研发"有机合成中的钯催化的交叉偶联"而获得 2010 年度诺贝尔化学奖。这一成果广泛应用于制药、电子工业和先进材料等领域，可以造出复杂的有机分子。其中，Suzuki 偶联反应（图 2-20）是在钯催化下，有机硼化合物（硼酸、硼酸酯、硼烷）与有机卤化物或

$$R^1-B(R)_2 + R^2 \cdot X \xrightarrow[\text{碱，配体}]{Pd^{(0)}(催化剂)} R^1-R^2 + X-B(R)_2$$

图 2-20 Suzuki 偶联反应

三氟甲磺酸酯之间的偶联反应。该反应的主要特点：反应条件温和；许多硼酸可以从商业获得；容易从反应混合物中除去无机副产物，使反应适合工业生产；反应原料可耐受多种官能团，不受水的影响。

Suzuki 反应常用的配体为膦配体，主要包括单膦配体和双膦配体，多数膦配体含有手性或者轴手性，也常用在不对称的偶联反应当中。单膦配体有 1,1'-联萘-2'-甲氧基-2-二苯膦（MOP）等，双膦配体又包括 BINAP、6,6'-双（甲基）-2,2'-双（二苯基膦）联苯（BIPHEMP）、2,2'-二（甲苯基膦）-6,6'-二甲氧基-1,1'-联苯（MeO-BIPHEMP）等。

除了形成 C-C 偶联的一些人名反应外，还有形成 C—N 或 C—O 键的 Buchwald-Hartwig 交叉偶联反应（图 2-21）。即在化学计量的碱存在下，由钯催化的芳基卤化物或三氟甲磺酸盐和胺或醇（1°和 2°脂肪族或芳香族胺；酰亚胺，酰胺，磺酰胺，亚磺酰亚胺；脂族醇和酚）之间形成 C—N 或 C—O 键的反应。

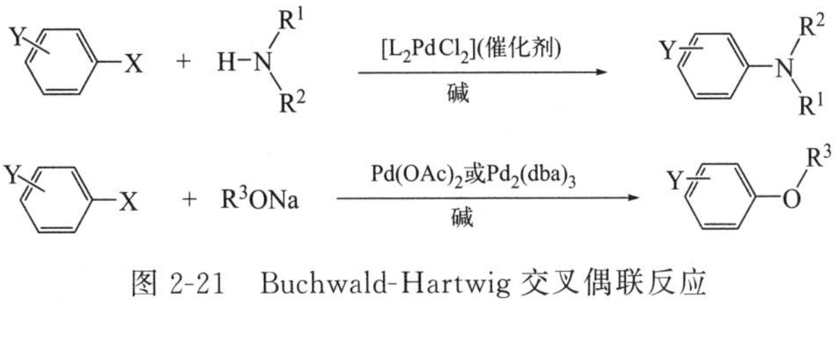

图 2-21 Buchwald-Hartwig 交叉偶联反应

常用的钯催化剂如 Pd$_2$(dba)$_3$、Pd(OAc)$_2$，常用的配体除了 BINAP、P(t-Bu)$_3$、P(o-tolyl)$_3$、Xantphos 外，很多单膦配体同样适用于 Buchwald-Hartwig 交叉偶联反应。

2. 偶联反应的基本原理

偶联反应通常起始于有机卤代烃和催化剂的氧化加成，接着与另一分子发生转金属化，即将两个待偶联的分子接在同一金属中心上。最后经还原消除，两个待偶联的分子结合在一

起形成新分子并伴随着金属催化剂的再生循环。

如图 2-22 所示，铜催化的 Ullmann 偶联反应中，芳基卤化物与催化剂配体络合物发生氧化加成，生成中间体 **1**，在碱的作用下，亲核试剂与中间体 **1** 发生交换反应，生成中间体 **2**，最后中间体 **2** 发生还原消除得到偶联产物，还原后的金属络合物继续参与下一个反应循环。

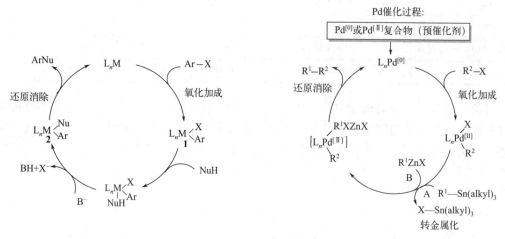

图 2-22　Ullmann、Buchwald-Hartwig 交叉偶联反应机理和钯催化反应机理

$Sn(alkyl)_3$：三烷基锡

钯催化的 Buchwald-Hartwig 交叉偶联反应也有相似的机理过程。$Pd^{(0)}$ 与芳基卤化物发生氧化加成生成 $Pd^{(II)}$ 中间体 **1**，亲核试剂如胺或醇等在碱的作用下与中间体 **1** 发生交换反应，生成中间体 **2**，同样经历还原消除步骤得到偶联产物。

Suzuki 交叉偶联的机理类似于其他交叉偶联，具有四个步骤：①有机卤化物氧化加成到 $Pd^{(0)}$ 上形成 $Pd^{(II)}$；②钯上的阴离子交换为碱的阴离子（复分解）；③$Pd^{(II)}$ 与烷基硼酸酯络合物之间的转金属化；④还原消除形成 C-Cσ 键并再生 $Pd^{(0)}$。

钯催化的 Stille 偶联与 Negishi 偶联相似，Stille 偶联的底物是有机锡化物，而 Negishi 偶联的底物为有机锌试剂。包括如下三步：①氧化加成；②转金属化；③还原消除。活性催化剂是可以原位产生的电子 $Pd^{(0)}$ 络合物，通常使用 $Pd^{(0)}$ 催化剂，例如 $Pd(PPh_3)_4$ 和 $Pd(dba)_2$。此外，$Pd^{(II)}$ 络合物，例如 $Pd(OAc)_2$、$PdCl_2(MeCN)_2$、$PdCl_2(PPh_3)_2$、BnP-dCl$(PPh_3)_2$ 等也用作活性催化剂 $Pd^{(0)}$ 的前体。

Heck 偶联反应和 Sonogashira 偶联反应有较高的相似性，Heck 偶联反应的底物为烯烃，Sonogashira 偶联反应的底物为炔烃，机理有些许的不同。

Heck 反应的机理有一定的规律，通常认为反应共分四步。①氧化加成：RX（R 为烯基或芳基，X＝I^- > TfO^- > Br^- ≫ Cl^-）与 $Pd^{(0)}L_2$ 的加成，形成 $Pd^{(II)}$ 配合物中间体；②配位插入：烯键插入 Pd-R 键；③β-H 的消除；④催化剂的再生：加碱催化重新得到 $Pd^{(0)}L_2$。决速步骤是将 $Pd^{(0)}$ 氧化加成到 C-X 键中。而在 Sonogashira 反应中，端炔底物与铜盐发生转金属化反应生成中间体 **5**，中间体 **5** 作为亲核体再与 $Pd^{(II)}$ 配合物中间体发生交换反应生成中间体 **6**，最后再发生还原消除得到目标化合物。

3. 偶联反应在制药工艺中的应用实例

（1）Suzuki 偶联反应　克唑替尼是一种强效且选择性的间变性淋巴瘤激酶（c-Met/

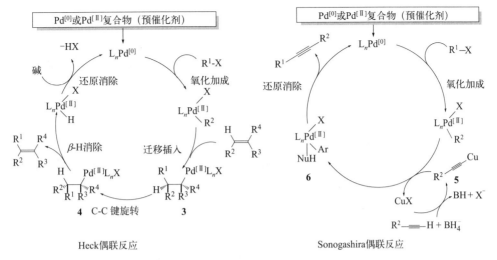

图 2-23　Heck 偶联反应和 Sonogashira 偶联反应

ALK）抑制剂。在制备百公斤规模的工艺中，使 Pd(dppf)Cl$_2$ 催化频哪醇硼酸酯和芳基溴化物进行 Suzuki 偶联反应，并使用价廉的相转移催化剂四丁基溴化铵（TBAB）减少昂贵的 Pd(dppf)Cl$_2$ 催化剂用量，降低了原料成本。克唑替尼的合成工艺见图 2-24。

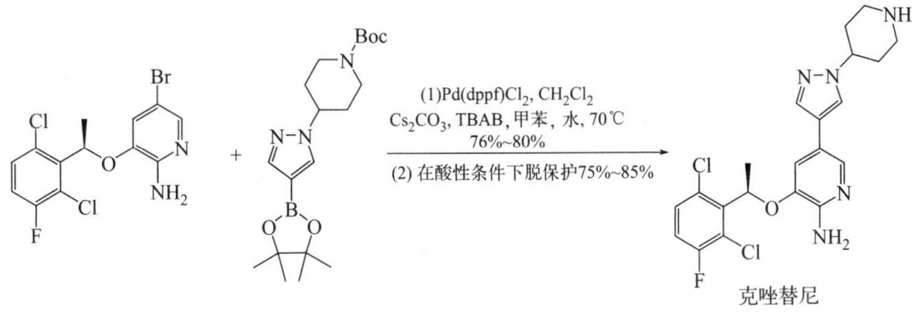

图 2-24　克唑替尼的合成工艺

　　Lanabecestat 是用来治疗早期阿尔茨海默病的药物活性中间体。在其合成工艺（图 2-25）中，芳基硼酸酯和芳基溴化物发生 Suzuki 偶联反应，使用双［二叔丁基-(4-二甲基氨基苯基)膦］二氯化钯（Ⅱ）［Pd(AmPhos)$_2$Cl$_2$］，在 K$_3$PO$_4$ 的存在下，得到 100kg 规模的原料药。

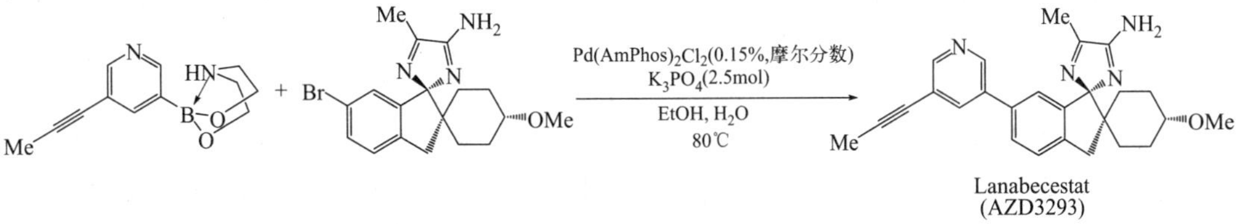

图 2-25　Lanabecestat 的合成工艺

　　（2）Buchwald-Hartwig 偶联反应　在药物中间体萘哌嗪的合成工艺（图 2-26）中，使用 1,1′-双(二叔丁基膦)二茂铁二氯化钯［PdCl$_2$(dtbpf)］催化溴萘衍生物与 N-Boc 哌嗪的 Buchwald-Hartwig 偶联反应，得到的中间体在甲苯溶液中进行脱保护，以 85% 的收率得到粗产品。

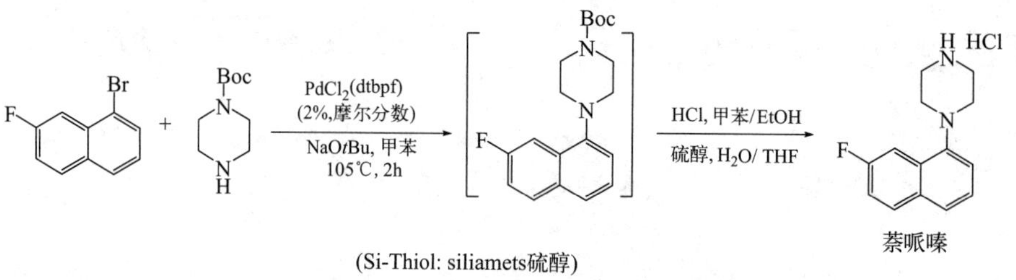

(Si-Thiol: siliamets硫醇)

图 2-26　萘哌嗪的合成工艺

在选择性组胺 H_3 受体拮抗剂候选药物的合成工艺路线（图 2-27）中，关键步骤是溴萘衍生物与哒嗪酮之间的 Buchwald-Hartwig C-N 偶联反应。使用 CuCl 和 8-羟基喹啉的催化体系，可以 85% 的收率获得产物。

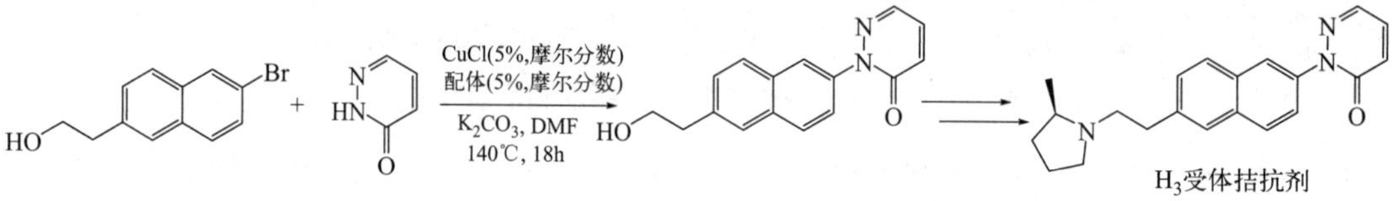

图 2-27　H_3 受体拮抗剂的合成工艺

四、生物催化反应合成技术

1. 生物催化反应分类

生物催化，也常被称为生物酶催化或酶催化，是指利用酶或者生物有机体作为催化剂进行化学转化的过程，这种反应过程又称为生物转化。其中，酶是一种极为高效的特殊催化剂，其化学本质是具有催化活性的蛋白质或核酸。酶相较化学催化剂，其高效的原因在于它能大幅度降低反应活化能，使反应更容易在温和条件下进行。

根据酶的催化类型，几种工业常用的生物催化剂分为以下几类：

① 酰胺合成酶：酰胺键是小分子原料药中常见的结构基序。化学方法中酯首先被水解得到羧酸，然后通过形成酰氯或酸酐等被活化，使酸更容易受到胺的亲核攻击，再进行氨解。为了提高工艺效率，已有许多一步法制酰胺的方法。其中生物催化是一种极具发展潜力的方法，这种酶催化的酰胺合成过程通常具备高度选择性，可在温和的条件下高效构建酰胺键。

② 转氨酶：转氨酶（transaminases）是制备手性伯胺的首选生物催化剂，转氨酶可将氨基从氨基供体转移到氨基受体的羰基部分，由羰基化合物选择性制备氨基化合物。该方法以酮和胺为底物，为不对称合成含手性胺的生物活性化合物提供了独特的方案。

③ 酮还原酶：酮还原酶（KREDs）也被称为醇脱氢酶（ADHs），是工业规模上最常用的生物催化剂之一。酮还原酶催化氢化物从 NAD(P)H 到酮和醛的可逆转移，通常具有高立体专一性和较广泛的底物范围。

④ 腈水解酶：腈水解酶（nitrilases）催化腈水解成相应的酸，其在温和反应条件下具有高选择性和高催化活性。在化学工业中，腈水解酶已被用于制造诸如丙烯酸等大宗化学品。

⑤ 亚胺还原酶：亚胺还原酶（IREDs）是 NADPH 依赖的氧化还原酶，催化前手性亚

胺不对称还原为相应的胺。在制药行业中，生物催化亚胺还原酶已成为开发清洁高效生产工艺的关键技术，具有高化学选择性，区域选择性和立体选择性，在温和条件下具有高催化活性。

2. 生物催化原理

生物催化具有多种特性：优异的选择性，包括化学选择性，区域选择性和对映选择性；温和的反应条件，包括环境温度、近中性的 pH 值和多数以水为溶剂的条件。

多数酶在环境温度（20～40℃）、近中性的 pH 值及以水为溶剂的条件下发挥最佳功能，特别适合于敏感的原料和产品。有些酶已经进化到可以在极端条件下发挥作用，如在 100℃以上的温度下培养的嗜热菌，一直是具有高热稳定性酶的宝贵来源。像所有的化学反应一样，升高温度不仅可以加快反应速率，也可以增加底物和产物的溶解度，但更高的温度会使酶失活，特别是在水中时，底物和产物可能会在高温下降解。这意味着温度对反应速率和稳定性的影响是截然相反的，必须综合考虑确定最佳反应温度。

伴随着基因合成、测序成本的下降以及计算机辅助的分子模拟技术的发展，酶定向进化技术（图 2-28）使得生物催化技术的应用价值被极大地拓宽，工业规模的生物催化合成产品开始出现。在酶定向进化领域做出杰出贡献的美国科学家弗朗西斯·阿诺德也于 2018 年获得诺贝尔化学奖。1993 年，她首先提出酶分子的定向进化的概念，提出易错 PCR（error-prone PCR）方法用于天然酶的改造或构建新的非天

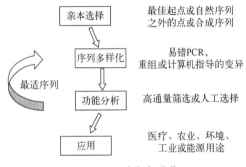

图 2-28　酶定向进化

然酶。定向进化的目的是以具有相关功能的母体蛋白为起点，通过连续几轮的突变和选择，创造出特定的蛋白质功能。在这个过程中，每一步都有很多选择，选择步骤会极大地影响蛋白质序列优化的效率和成功率。选择基于其与所需功能的接近性和可演化性的父序列（或多个序列），然后对这个父序列进行突变，形成一个新的序列库。使用高通量筛选或人工选择的方法评估这些突变的序列是否具有执行所需功能的能力。最合适的序列（或多个序列）被用作下一轮定向进化的亲本，这个过程重复进行，直到达到工程目标（通常经过 5～10 代后）。

3. 生物催化在制药工艺中的应用实例

（1）催化水合和水解

传统酶催化工艺主要用于酯、酰胺和糖苷键的构建和水解。在工业生产烟酰胺的工艺中，酶催化可以在 5.5h 内将 200g／L 浓度下的 3-氰基吡啶转化为烟酰胺，并且不产生烟酸，比化学催化更具选择性。在 NHase 催化己二腈水合反应生产 5-氰基戊酰胺工艺中，产生的副产品和废物比使用金属催化剂（如 RANEY 铜或二氧化锰）过程更少（图 2-29）。

普瑞巴林（pregabalin）是一种钙离子通道调节剂，可用于治疗癫痫、纤维性肌痛、糖尿病神经痛、脊髓损伤神经痛等疾病。在其第一代的合成工艺中（图 2-30），最后一步的拆分过程会造成原料大量浪费，且（R)-对映体无法回收利用，整个过程产率较低，此外该过程需要多次结晶，过程繁杂。

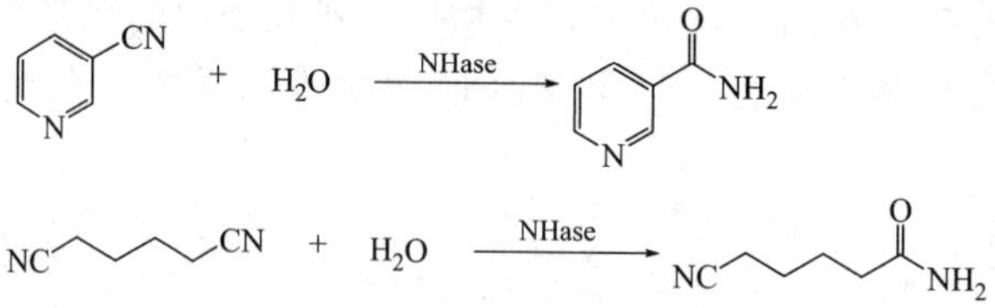

图 2-29 腈水合酶催化腈的水合反应

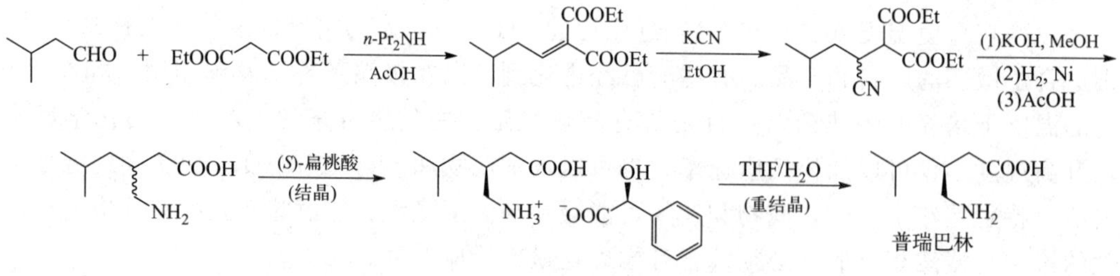

图 2-30 第一代普瑞巴林的制造过程

第二代合成工艺（图 2-31）以外消旋氰基双酯化合物作为初始拆分底物，利用脂肪酶 Lipolase 作为拆分剂得到（S）构型中间体，再进行三步化学反应得到光学纯的普瑞巴林，产品综合收率高达 40%～45%，纯度为 99.5%，光学纯度为 99.75% ee。该工艺与第一代工艺相比，每吨普瑞巴林能减少使用 43.8 t 有机溶剂，1.4t 氰基双酯化合物，0.45t Ni 金属催化剂，环境影响因子 E 从 86 降低到 17。

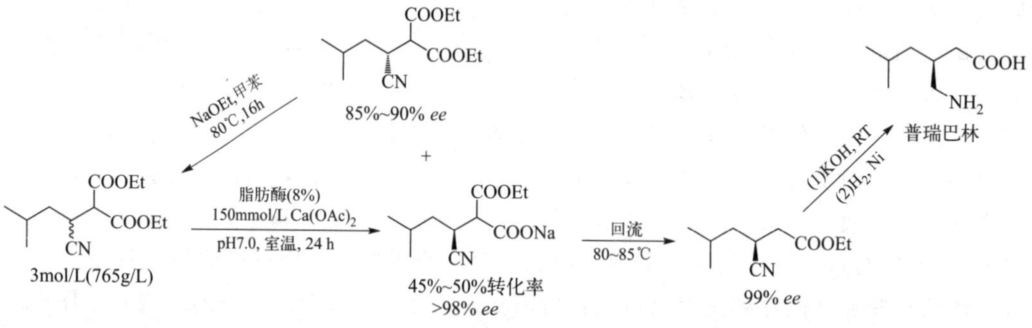

图 2-31 普瑞巴林的化学酶法合成途径

（2）酶催化酰化和去酰基化 脂肪酶催化的酰化和去酰基化在商业合成中常应用于手性中间体的酶促动力学拆分（EKR）。在对（R）-1-苯乙胺进行选择性酰化工艺中，在酶促酰化步骤中（S）-1-苯乙胺与（R）-酰胺物几乎以对映体纯的形式生产（图 2-32），且（R）-酰胺物的水解可以几乎定量的产率进行，没有发生外消旋化，同时，改进的催化剂具有广泛的底物耐受性，该工艺已经实现了年产 2500t（S）-1-（甲氧基）-2-丙胺。

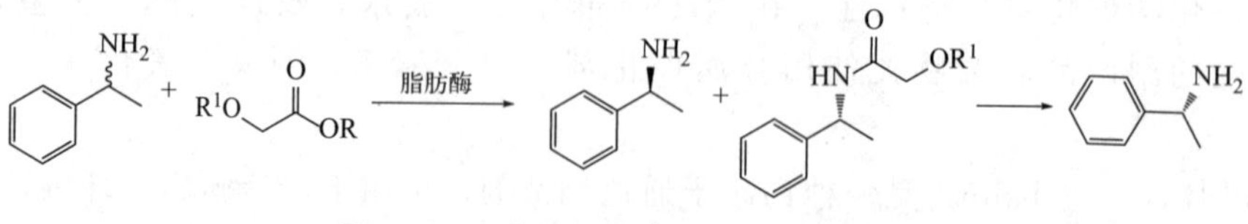

图 2-32 1-苯基乙胺的酶促动力学拆分

头孢氨苄（cephalexin）是第一代口服头孢菌素类抗生素。为解决化学工艺路线三废过多的问题，将链霉菌的异青霉素 N 表合酶和青霉素 N 膨胀酶的基因引入青霉菌中，该发酵过程使用己二酸取代苯乙酸，形成己二酸-7-ADCA。随后使用酰化酶进行去乙酰化生成 7-ADCA，并与侧链供体在青霉素酰化酶催化下偶联，为头孢氨苄的生产提供了一种绿色的六步工艺（图 2-33）。该工艺生产每千克头孢氨苄仅产生 5 kg 废物，三废大大减少。

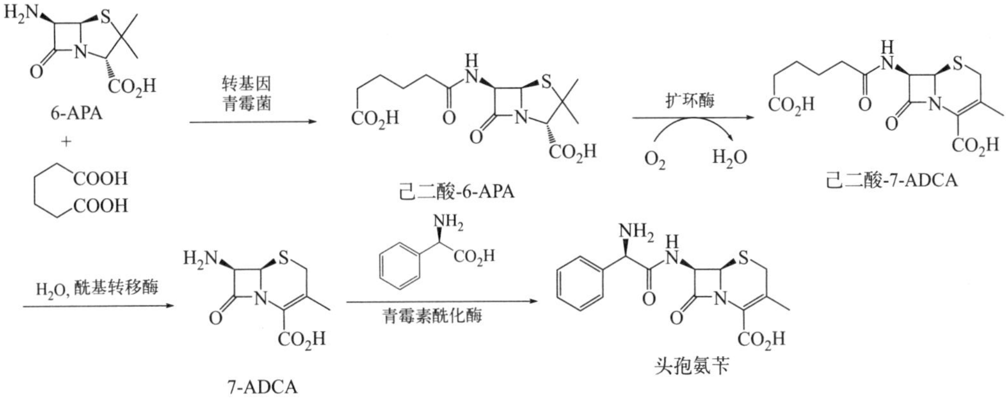

图 2-33　头孢氨苄的酶催化工艺路线

（3）催化还原　手性仲醇或手性伯胺存在于许多药物中间体结构中，可以由相应酮的不对称还原或还原胺化反应合成（图 2-34）。

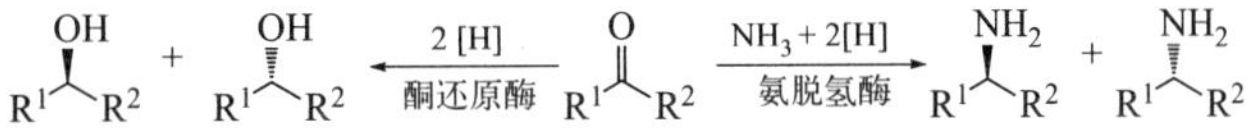

图 2-34　酮的还原和还原胺化

西他列汀是一种二肽基肽酶（DPP）-Ⅳ抑制剂类抗糖尿病药，主要用于Ⅱ型糖尿病的治疗。传统化学工艺路线采用铑催化的烯胺甲酰胺化合物不对称氢化，该方法的对映选择性仅97%，操作烦琐，总收率仅为 77%。在新型转氨酶催化的工艺过程中，可将酮前体转化为西他列汀磷酸一水合物（图 2-35）。相比化学工艺路线，对映选择性提高至 99.9%，总收率提升至 88%，生产能力增加 30%，生产每千克产品所产生的废物质量从 38kg 降至 26kg。

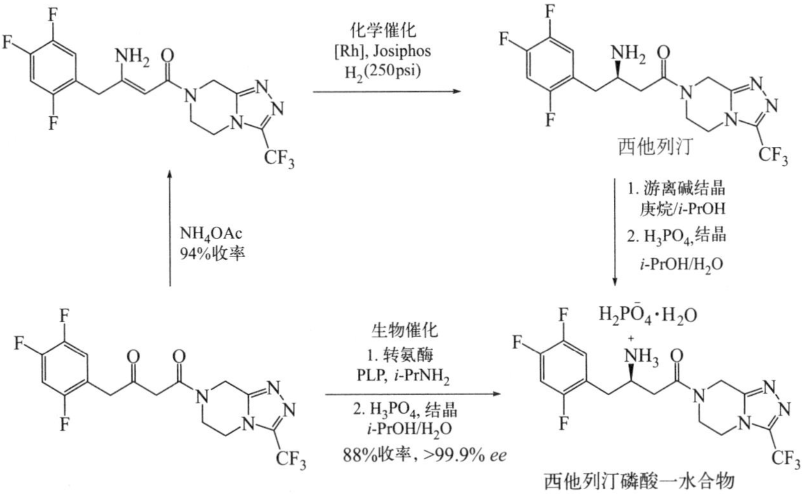

图 2-35　西他列汀的合成

i-PrOH：异丙醇；i-PrNH$_2$：异丙胺

注：1psi＝0.0067MPa

（4）催化氧化　　（S）-奥美拉唑是一种苯并咪唑类胃酸质子泵抑制剂，用于治疗消化性胃溃疡和反食性胃炎等疾病。通过将定向进化的环己酮单加氧酶催化的生物催化工艺中（图2-36），以异丙醇作为辅因子再生的辅助底物，在氧气环境下将奥美拉唑硫化物转化为对映选择性高、副产物含量低的（S）-奥美拉唑。

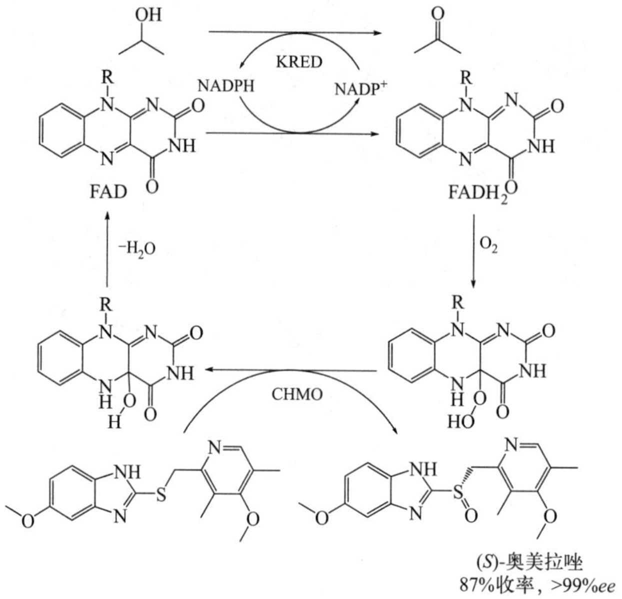

图 2-36　（S）-奥美拉唑的生物催化合成
KRED：酮还原酶；CHMO：环己酮单加氧酶

使用蛋白质工程方法可以将 CHMO 修饰为吡美唑单加氧酶（PSMO），以 FDH/甲酸钠驱动的辅因子回收体系，为（S）-奥美拉唑的酶法制备提供了一种更绿色、更清洁的工艺（图 2-37）。该方法可将（S）-奥美拉唑的酶促合成成功地放大到 120L 规模，为其大规模生物生产提供了绿色体系。

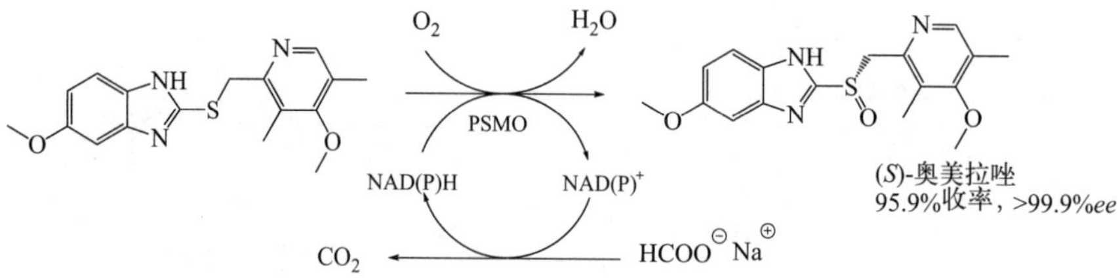

图 2-37　（S）-奥美拉唑的生物催化合成

（5）酶促 C—C 键构建　　多种裂解酶，如羟腈裂解酶（HNL）、醛缩酶、转酮酶和糖脂酶都可以对映选择性地催化生成 C—C 键。羟腈裂解酶在有机溶剂或水-有机两相体系中表现良好，能够催化醛与 HCN 之间的 C—C 键形成反应，从而提供可转化为手性羟酸的手性羟腈。此方法已成功地应用于 2-氯苯甲醛到 R-氰醇的工业合成 [图 2-38（a）]。

2-脱氧-D-核糖-5-磷酸醛缩酶（DERA）可催化乙醛与许多其他简单醛的缩合反应。但是，在合成条件下狭窄的底物范围和酶失活是醛缩酶大规模应用的主要障碍。通过定向进化优化 DERA 可克服这一问题。如一种通过乙醛与氯乙醛的羟醛缩合反应合成高级阿托伐他汀中间体的方法，该反应在 100g/L 底物浓度下进行。

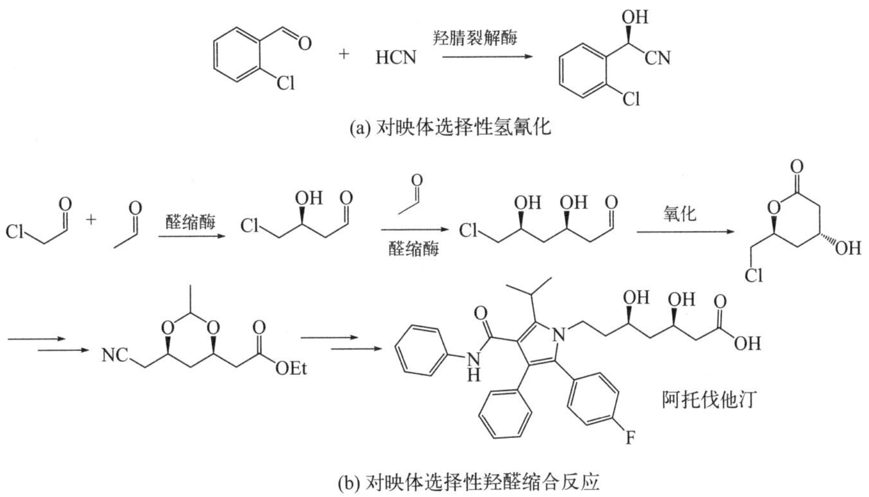

(a) 对映体选择性氢氰化

阿托伐他汀

(b) 对映体选择性羟醛缩合反应

图 2-38　酶促 C—C 键形成反应

工业上可行的生物催化方法目前可用于多种合成转化。如合成阿托伐他汀，除上述在 DERA 裂解酶的作用下合成高级阿托伐他汀中间体［图 2-38(b)］，还开发了基于水解酶、氧化还原酶的合成方法（图 2-39）。

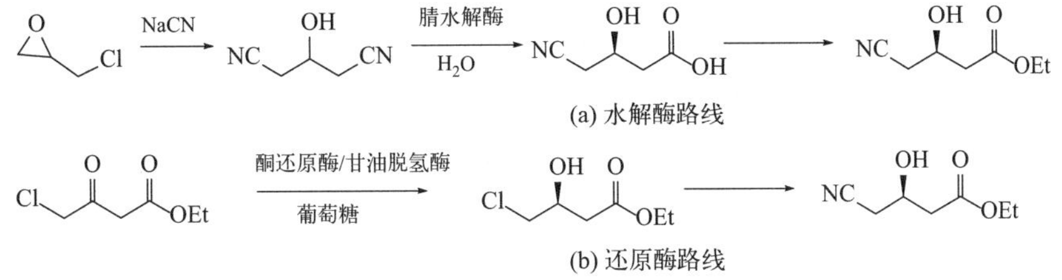

(a) 水解酶路线

(b) 还原酶路线

图 2-39　阿托伐他汀中间体的生物催化途径

（6）酶级联过程　传统的多步有机合成中，多采用简单的分步方法，在进行下一步之前，需要分离纯化中间体，反应生产效率低，循环周期长以及产生大量废物。将多个催化步骤集成到一锅法，可避免中间体纯化导致的废物产生，减少单元操作，缩短生产周期，提高生产效率，增加收率以及降低成本。

生物串联催化的显著优势在 Islatravir 的合成中得到了证明（图 2-40）。利用九种酶在水溶液中实现了三步生物催化级联，其中四种酶是辅助酶。蔗糖磷酸化酶（SP）加入串联反应以使反应平衡向前移动。合成所需的步数比以前报道的减少一半，实现了优异的 Islatravir 总收率（51%），并有效避免中间体纯化产生的浪费。

在过去的二十年中，随着宏基因组学和生物信息学的成功结合，基因序列的收集分析方法以及针对酶定向进化的快速发展，新酶的发现取得了惊人的进展，彻底改变了生物催化，生物催化已被提升为主流有机合成中的一种选择方法。此外，酶可以过度表达、固定化和多次循环使用，从而获得高效和经济的生物催化过程。在当前化学制药工程中，生物催化反应合成技术已经成为十分重要的技术工艺，并且有着越来越广泛的应用，发挥越来越重要的优势。

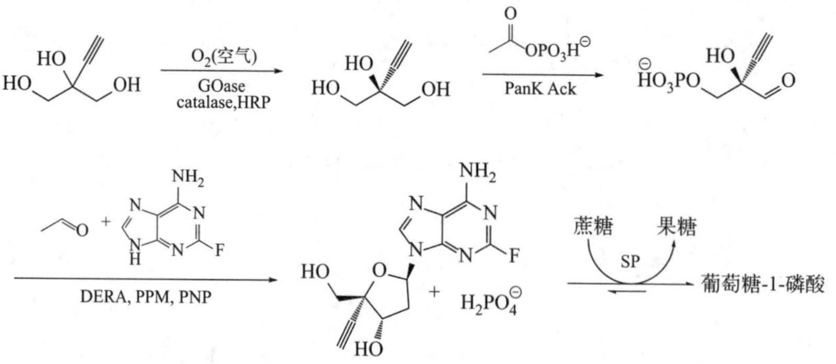

图 2-40 Islatravir 的生物催化串联合成路线

进化酶

GOase：半乳糖氧化酶
PanK：泛酸激酶
DERA：脱氧核糖-5-磷酸醛缩酶
PPM：磷酸戊糖变位酶
PNP：嘌呤核苷磷酸化酶

辅酶

HRP：辣根过氧化酶
catalase：过氧化氢酶
Ack：乙酸激酶
SP：焦糖磷酸化酶

第三节 化学制药过程技术

化学制药工艺技术是综合应用有机化学、药物化学、分析化学、物理化学、有机合成化学、化学工程以及药物科学与工程等学科的理论和知识形成的，包括药物的合成路线、合成原理、工业生产过程及实现生产最优化的一般途径和方法。

化学制药过程技术包括基于反应工程的化学合成技术和分离纯化后处理过程技术，主要有：非均相反应过程技术、相转移催化反应过程技术、反应蒸馏（精馏）和反应结晶（沉淀）等反应分离耦合过程技术、微波和超声波促进有机反应过程技术以及现代微流体反应过程技术等。

一、反应过程技术

1. 过程操作技术

按照进出料操作方式，分为间歇、连续、半连续操作技术。连续或半连续加料可以控制反应速度，保证过程操作安全。还常常通过控制加料顺序减少副反应，保证质量。

在合成药物的有机化学反应过程中，尤其是在采用液-液、液-固和气-液-固等非均相反应体系的反应过程中，良好的传热和传质是保证化学反应正常进行的必要条件。而这些均与实现反应物料流动混合的反应器结构有关。

2. 过程强化技术

对采用间歇式操作进行的反应合成工艺过程，常常是通过反应釜内搅拌桨叶结构与搅拌速率共同作用实现。对难以均匀分散的非均相体系，有时可用两种或两种以上搅拌器组合成混合搅拌器，如桨式加锚板式、涡轮式加推进式等，根据实际需要进行选配。对于采用连续式操作的管式以及微通道反应器，可调控管道内结构件和连通形式与流速。对反应热强烈以及使用或产生极易爆炸的物料的反应过程，以选择连续流微通道反应器为宜。

反应分离耦合过程技术是将原本各自独立的化学反应合成过程、分离过程单元及其操作集于一体的过程技术，使药物及其中间体的分离过程不再停留在简单的叠加或串联上，能够大幅度提高反应的选择性和产品或产物分离的效果。

微波作为一种高频电磁波，它能加热化学物质进行反应。与传统加热相比，微波加热可使反应速率显著加快，可提高几倍、几十倍乃至上千倍。比如，(R)-2-[2-(4-硝基苯基）乙酰氨基]-3-苯基丙酸甲酯与水合肼进行的肼解反应，合成的（R)-2-[2-(4-硝基苯基）乙酰氨基]-3-苯丙酰肼为淡黄色固体，熔点 206～207℃。该反应在常规加热须回流 6h 反应完全；而 73℃，在 $P=600$W 下微波作用 3min，仅有少量原料剩余，而到 5min 时反应完全。

另外，微波还可产生微波等离子体，使得一些热力学上不可能发生的反应得以进行。超声波辐射能加速各种有机反应，特别是金属参与的有机合成反应，它能提高反应产率、缩短反应时间，甚至可以引发某些传统热化学条件下不能进行的反应。虽然微波和超声波等均能强化有机合成反应过程，但将其成果工业化依然有许多工程技术问题有待研究解决。

微通道反应器是通道在微米级别的反应器，用泵将反应物经多路管道打入主管道中汇合、接触，在流动状态下发生化学反应。其因小尺寸、大比表面积（是搅拌釜的 100～1000 倍）和规整的微通道，可实现在分子尺度下微观混合的平推流反应过程。因此，微通道内流体化学反应速率比传统反应要快 50 倍，能够带来更好的重现性，同时减少反应偏差和副产物；并可以为氢化、臭氧化等易燃易爆的危险反应带来安全保障，有助于药物快速实现产业化。这类基于流动化学和微流体的微通道反应器技术，还可使酶催化反应在流式反应器中轻松地串联，且增加酶的稳定性，这将有助于生物催化串联反应的设计和发展。

二、分离纯化技术

各国药典都对药物的质量提出了严格的单项杂质和总杂质的限量指标。因此，无论是化学合成，还是生物转化合成的药物或是天然药物有效成分以及现代中药都需要进行分离纯化操作，并且尽可能避免在高温下操作。就分离的原理而言，药物的分离纯化技术主要有：利用溶剂溶解度的液相萃取和利用固体吸附剂吸附能力的固相萃取，以及利用相变的结晶分离技术等。

1. 萃取过程技术

萃取过程主要是利用溶解/扩散速率和溶解度的不同，使混合物中的组分（溶质）从一相转移到另一相中，从而实现分离的过程。包括液-液萃取、液-固萃取（也称为提取或浸取）。这类操作具有对热敏物质的破坏少和分离效率高等特点。其中，液-液萃取是利用化合物在两种互不相溶（或微溶）的溶剂中溶解度或分配系数的不同，使化合物从一种溶剂内转移到另外一种溶剂中。如果被处理的物料是固体，则此过程称为液-固萃取，也称为提取或浸取，就是应用溶液将固体原料中的可溶组分提取出来的操作。

为了提高浸提效率，可采用超临界流体萃取，微波、超声、电磁场等物理场强化的以及生物酶催化水解和化学反应介导的萃取或浸提技术。制药工业常用的浸提技术方法有：水提、醇提，超临界流体萃取、超声波萃取、微波萃取，以及组合工程技术（如萃取-膜分离）、生物酶法提取分离、反应萃取分离等。

在药物合成过程中，通常不仅会产生主要产物及副产物，还有副反应产物生成，有的情况会有物性极其相近的产物存在而难以用常规的精馏分离或结晶分离技术。这时液-液萃取技术可以有效地将这类混合物中的目标产物或中间体分离，以提高产品的纯度和收率，并降低生产成本。由于液-液萃取操作具有处理量大、分离效果好、回收率高、可连续操作以及自动控制等特点，因此，在化学制药工艺过程中得到了广泛的应用。

对于来自植物、微生物和动物组织等的小分子药物尤其是青蒿素、青霉素、克林霉素等一些热敏性小分子药物，常常用液-液萃取技术进行分离纯化，同时，还可利用有机溶剂易引起蛋白质变性的特性而将能混入药物中的微量蛋白等生物大分子清除，从而可将药物的分离纯化过程变得简单。对于氧氟沙星、美托洛尔、酮基布洛芬和氨氯地平等药物的外消旋体可利用手性液-液萃取技术或手性双水相萃取技术进行拆分分离。

用于药品和食品分析、临床药检和环境检测样品前处理固相萃取（solid phase extraction，SPE）技术是基于液相色谱理论发展并形成的，也已成为药物中微量杂质的清除或富集用的一种有效的分离、纯化技术方法。固相萃取利用固体吸附剂吸附液体样品中的目标物，使目标物与样品的基体和干扰化合物分离，然后再用洗脱液洗脱或加热解吸附，达到分离和富集目标物的目的。因固体吸附剂的不同而分为正相固相萃取、反相固相萃取及离子交换固相萃取，最常用的是反相固相萃取（如 C_{18} 柱）。

2. 结晶分离技术

结晶过程成本低、设备简单、操作方便，广泛应用于化学合成药物、发酵药物等的精制。结晶是从蒸汽、溶液或熔融物中以晶体状态析出固体物质的过程，是一个同时有热量和质量传递的过程。结晶包括 3 个过程：①形成过饱和溶液；②晶核形成；③晶体生长。当溶质浓度小于或等于饱和浓度时，无晶体析出。溶质浓度大于饱和浓度并达到一定的过饱和度时，有晶体析出。结晶后，溶液中大部分的杂质会留在母液中，再通过过滤、洗涤，可以得到纯度较高的晶体。因此，结晶是分子"排除异己"的过程。药物结晶外观见图 2-41。

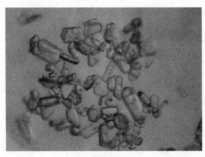 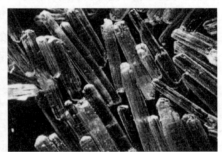

(a) 粗结晶品　　　　　　　　　　(b) 重结晶品

图 2-41　药物结晶外观图

常见的药物结晶方法有：冷却剂直接接触冷却结晶法、反应结晶法和蒸馏-结晶耦合法等。由于临床用药的原药绝大多数是结晶的固体，结晶对药物分离纯化来说是极为重要的手段和技术。近年来人们在研究开发新的结晶技术过程中更加重视结晶方法的选择、新型结晶器的开发及结晶工艺的设计。如将冲击喷射结晶法应用到药粒制备工艺中，物理场辅助结晶法的研究等。

3. 膜分离技术

膜分离是借助具有选择透过性能的薄膜，在某种推动力的作用下，利用流体中各组分对膜的渗透速率的差别而实现组分分离的单元操作。多数膜分离过程在常温下进行，特别适用于热敏性物质的分离。膜分离过程一般不发生相变，与有相变的平衡分离方法相比能耗低，属于速率分离过程。

根据被分离物粒子或分子的大小和所采用膜的结构可以将以压力差为推动力的膜分离过程分为微滤、超滤、纳滤与反渗透，四者组成一个可分离固态微粒到离子的四级分离过程。图 2-42 是反渗透（RO）、超滤（UF）、微滤（MF）和纳滤去掉水中固体颗粒范围的示意图。

微滤是膜分离技术的重要组成部分，是一种精密过滤技术，主要基于筛分原理，以压力差为推动力，它的孔径范围一般为 $0.1\sim75\mu m$，介于常规过滤和超滤之间。超滤是一种以静压差为推动力，根据分子量的不同来进行分离的膜技术；超滤膜的孔径为 $3\sim30nm$，其压力差为 $0.1\sim1.0MPa$，透过物质的分子量一般小于1000，被截留物质的分子量为 $1000\sim300000$。

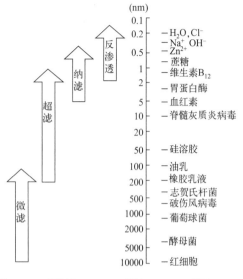

图 2-42　反渗透（RO）、超滤（UF）、微滤（MF）和纳滤（NF）能去掉水中固体颗粒范围

纳滤（简称 NF）膜大多从反渗透膜衍化而来，如 CA-CTA 膜、芳族聚酰胺复合膜和磺化聚醚砜膜以及无机膜等。根据 NF 膜的特点和性能，NF 过程主要有膜法软化水、水净化、分子量在百级的物质的分离、分级和浓缩等。纳滤膜在制药工业已用于膜法软化水、抗生素、多肽等药物的纯化等过程。由蛋白质水解或氨基酸合成而得的多肽，通常用色谱柱或色谱从有机或水溶液中纯化多肽产物，之后蒸发浓缩。改用纳滤代替蒸发则是很好的选择，其优点是在低温高效进行，操作简便，在浓缩的同时纯化多肽。

膜法软化水已很普遍，代替常规的石灰软化和离子交换过程。主要优点是无污泥、不需再生、完全除去悬浮物和有机物，操作简便和占地空间小等，在投资、操作和维修及价格等方面与常规法相近。基本过程如图 2-43 所示。

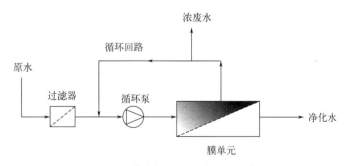

图 2-43　膜法软化水工艺过程示意图

而反渗透是借助外加压力的作用使溶液的溶剂透过半透膜而阻留某些溶质，从而实现浓缩和提纯的有效手段。当用一张半透膜将稀溶液（如纯水）与浓溶液（如盐水）隔开，稀溶液会向浓溶液渗透并保持相应的渗透压，此现象称为渗透现象，如在浓溶液处的施压大于该渗透压的压力，则浓溶液会向稀溶液一侧渗透，此现象称为逆（反）渗透现象。

膜分离技术与传统的分离技术相结合，发展出了一些全新的膜分离过程。例如：膜蒸馏、膜萃取、亲和膜分离、膜反应分离等。对于受平衡限制的反应，膜反应器能改变化学平衡，大大提高反应的转化率；并有可能大幅度提高反应的选择性，使反应、产物分离及反应物净化等几个单元操作在一个膜反应器中进行，大大节省过程的设备和投资。实现反应在较低温度和压力下进行，可节约能源。

4. 化学反应分离纯化技术

化学反应分离纯化是借助物质的化学反应活性差异作为手段来实现分离的，可用于原料、中间体和最终产物的纯化。还可为化学反应合成及质量研究提供标准品，能够为减少干扰、消除伪证提供物质基础。其主要方式有：

① 用选择性反应将目标物中的"杂质"消耗除去，以提高目标物的纯度品质。

② 先用选择性反应将原料"杂质"变性以降低其在合成中的反应概率，然后合成目标物或所需的高纯度产品。

比如，利用一氯丙酮与硫脲反应生成熔点为 $45\sim46℃$、极易溶于水的 2-氨基-4-甲基噻唑，可采用一氯丙酮清除，实现从沸点仅差 $0.5℃$ 的 1,1-二氯丙酮和一氯丙酮混合物中获得高纯度 1,1-二氯丙酮。反应方程式如下。

$$(1)$$

$$(2)$$

由于对氯甲苯含有少量且难以分离的"杂质"——间氯甲苯，会在 Friedel-Crafts 催化剂的作用下发生氯化反应生成 2,3-二氯甲苯和 2,5-二氯甲苯等。为了生产高纯度的 2,4-二氯甲苯和 3,4-二氯甲苯，采取在氯化反应之前进行溴化反应，使间氯甲苯被溴化，而绝大部分对氯甲苯不被溴化，实现原料的除杂。

$$(3)$$

$$(4)$$

在工业生产过程采用这类化学反应分离技术必须基本满足：①反应产物或原料物系是物理方法难以分离的；②与"杂质"选择性反应生成物应有工业利用价值，或者是"杂质"量较低。

第四节 化学制药工艺研究

在设计或选择了合理的合成路线后，就需要进行生产工艺条件研究。一条合成路线通常包括若干个工序，每个工序包含若干步化学单元反应和化工单元操作过程。这些化学单元反应一般都需要进行实验室规模的工艺研究（习称小试研究），以便优化、选择出最佳的生产工艺条件，同时也为后续的工业化生产划分生产车间或生产岗位提供依据。

一般来说，反应参数，如物料配比、加料顺序、反应温度、反应时间等的确定受到反应转化率和杂质产生等的约束；纯化参数，如精制溶剂种类、溶剂用量、析晶温度与时间等会影响杂质清除和精制等工艺操作过程。因此，反应和纯化参数是工艺优化重点。

就原料药的合成研究来说，合成反应生成物的分离和纯化等常常是技术难题。因此，我们既要弄清或阐明反应过程的内因，如物质的性质、反应的机制等，又要探索并掌握影响它们的外因，即反应条件、影响因素等。药物的化学合成工艺研究需要探索转化反应条件对反应物质所起作用的规律性。只有对化学反应的内因和外因以及它们之间的相互关系深入了解后，才能正确地将两者统一起来考虑，获得最佳工艺条件。其外因，即操作条件，也就是各种反应单元在实际生产中的一些共同点，包括配料比、反应物的浓度与纯度、加料次序、反应时间、反应温度与压力、溶剂、生物或催化剂、pH 值、设备条件，以及反应终点控制、产物分离与精制，过程回收的原辅料和中间体套用对制备过程及产品质量的影响。在工艺研究中，研究的是化学反应条件对反应的物质性能起作用的规律；另外，如何控制条件以尽量减少副反应的发生，或者如何分离纯化产物也是工艺研究的重要任务。

为了提高研发工作效率，尤其是当研发全新分子结构的药物时，需要先进行的是化学反应合成工艺的探索性研究，然后，进行工艺条件优化研究，最后进行围绕质量和 EHS 的过渡试验研究。

一、合成工艺的探索性研究

目前，开展探索性研究的方法基本上是基于化学结构与转化或反应动力学的工艺技术研究方法。其具体包含：

（1）定性反应产物 我们设计或选择的生物转化或化学反应是否能合成目标分子是制备工艺研究工作的前提，同时，要确认副反应的产物结构，尤其是含量较多的副产物的结构。一般借助气-质或液-质联用谱、红外光谱和核磁共振谱仪测定反应体系中主副反应产物的结构，并确定各组分在气相色谱、液相色谱或薄层色谱上的相对位置和相对大小。由此判定合成产物的生成机理，确定合成反应方程；并据此进行温度效应、浓度效应分析，以确定部分工艺条件，并设计获取活化能相对大小和反应级数相对高低的试验方案；同时，确定杂质结构并为后续的工艺条件和质量标准研究提供判别物质标准。

（2）跟踪定量反应产物 对同一实验不同时刻各组分（原料、中间体、产物、各副产物）的含量（只是相对值）进行跟踪测试。根据各组分的物性，可先后采用薄层色谱（TLC）、气相色谱（GC）或液相色谱（HPLC）进行跟踪分析，还可利用在线近红外光谱仪（NIR）等进行跟踪分析，考察在不同条件下的变化和趋势以及产生的现象，并用表格和/

或曲线表述关系或变化规律，为生物转化或化学反应合成探寻宏观动力学影响因素，以便根据影响因素设计或调整工艺研究实验方案。

（3）分阶段研究反应过程和分离过程 在研究开发的初始阶段，一般采用微量制备，物料以满足分析测试即可。由于投料量小和分离方法的不成熟，产物在分离过程的损失不可避免，甚至无法进行分离操作，故先回避分离过程而仅研究反应过程。通过考察动力学所要求的温度效应、浓度效应，得到的是一系列色谱图和光谱分析等定性分析的结果。于是，可根据各组分出峰的相对大小来初步定量，根据其光谱结构，确定反应类型，如不可逆、可逆平衡、串联反应、平行反应等。

反应过程常用的研究方法有程序升温法和调节加料法。

（1）程序升温法 一种化学合成与生物转化反应温度的优化方法，常在反应过程研究的最初阶段与跟踪定量反应产物研究结合运用。利用程序升温考察反应进行方向和快慢，探测反应所适合的温度范围并得到主反应与某一特定副反应活化能的相对大小、确认反应温度范围最佳控制条件。化学合成反应温度筛选范围可以是 0℃ 以下至沸腾温度。在实际经验中，一般采取极限温度的方式，低温和高温，再加上二者的中间温度，即可判断出反应温度对反应选择性的影响。但是，生物转化过程的温度调控范围较小，且温度多出现在常温至 50℃ 之间。

以药物的化学合成反应为例，起始温度 T_1 源于药物发现筛选阶段的合成条件或参考同类反应的文献数据设定，然后，进行匀速或阶段程序升温/降温监测反应。在 T_1 温度下反应一段时间，取样 I 分析。若 T_1 阶段反应剧烈或样品 I 副反应比例偏高，则应降低体系温度。若未发生反应，则升温至 T_2 反应一段时间后取样 II 分析。若发现反应已经发生，但不完全，则此时应鉴别发生的是否是主反应。若样品 II 中发生的是副反应，则应立即升温，并适时补加原料，边升温、边取样检测分析，直至主反应发生。若在温度 T_2 下先发生的是主反应，则继续取样 III 分析。若反应仍不完全，升温至 T_3 后反应一段时间取样 IV 分析；若仍不完全则升温至 T_4，取样 V 分析，直至反应结束。如图 2-44 所示。

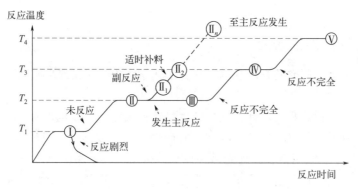

图 2-44 合成反应温度筛选过程鱼骨图

若样品 IV 中无副产物，V 中有副产物，则 $E_{a主} < E_{a副}$，反应温度为 T_4 以下，再在 T_3 上下选择温控范围。若主反应在较高温度时才发生，说明 $E_{a主} > E_{a副}$，反应过程应避开较低温度段；出现此种情况时，在规模化生产过程中，不可以采取物料混合后缓慢加热升温操作。在低温有利于主反应的过程中，不可以采取物料混合后缓慢冷却/冷冻降温操作；随着反应的进行，反应物的浓度逐渐降低，反应速率逐渐减慢，为保持一定的反应速率和转化率以保证生产能力，后期须逐渐缓慢升温以加快反应进程，但转化率的提升幅度应以不产生有害杂质或产生的杂质不超过限量或易分离除去为标准。

（2）调节加料法　结合温度效应、浓度效应及条件制约两方面，改变加料方式、次序，确保合成反应的高选择性和高收率的尽可能一致。对一些可以预计的热效应小或副反应少的反应，加料次序可以不进行考察。也可以简便地操作，对设备的腐蚀性等方面进行选择比较，确定合适的加料次序和加料方式。

对于任何一个新药合成的反应工艺，尤其是快速或放热反应，采用滴加可减慢反应速率，不致局部过热，减少副反应，使得反应过程易于控制。然后，要考虑其他的可以消除热效应的方式，如反应器形式、搅拌方式和转速等。如果对这些问题不进行周密的考虑，在中试和放大生产中就很容易出问题。

例如，维生素 C 生产过程中的缩酮化反应，是在缩酮化锅内加入含量 95%～98%、水分 0.5% 以下的丙酮，冷却至 5℃，再缓缓加入发烟硫酸，然后再加入山梨糖。次序改变则糖容易炭化。

缩酮化反应的中和反应，先将液碱（38%）在中和罐中冷却至 −5℃，然后再将 −8℃ 的酮化液一次性迅速地加入中和罐中，并控制 pH 值在 7.5～8.5。因为双酮糖在酸性中不稳定，所以迅速中和保持碱性非常重要。

对于存在选择性的合成反应，对每种原料都应考察滴加/或一次性加入对反应选择性影响的研究。若滴加有利于选择性，则采用慢速滴加，相反则改为一次性加入。若为平行反应，常常是多活性位点的物料一次性加入，另一种原料采用滴加加入。若为串联反应，则采取移出目标产物或稀释目标产物浓度的操作方式。

二、合成工艺优化研究

为了获得优化的工艺，必须进行单因素影响考察，并且在一定的区间内进行搜索。可基于质量优先的收率最大化反应条件扫描研究，这也是药物生产工艺可靠性验证和可行性确认的技术基础和保证。药物质量优先得到保证的前提是反应选择性高，而收率最大化则取决于反应选择性和转化率。其中，选择性为生成目标产物所消耗的原料物质的量除以消耗的原料的物质的量，转化率是消耗的原料的物质的量除以原料的初始物质的量，收率为反应生成目标产物所消耗的原料的物质的量除以原料的初始物质的量。即收率为转化率与选择性的乘积。因此，反应条件扫描研究重点落在对反应转化率和选择性影响的研究。具体内容和方法有：

1. 选溶剂并扫描用量

溶剂对溶质分子在化学平衡、化学反应速率和反应历程等方面都有一定的影响。这种影响也称为动力学溶剂效应（kinetic solvent effect），即不直接参与反应的溶剂对反应速率和反应机理所产生的影响，如介电效应、极性效应、酸度效应、笼效应等。这些效应有时是互相影响和关联的。在溶剂选用过程中，利用 Hughes-Ingold 规则可以定性地对影响反应速率的溶剂效应进行预测。Hughes-Ingold 规则有以下三点：

① 从起始反应物变为过渡态时电荷密度增加的反应，溶剂极性的增加使反应速率加快。

② 从起始反应物变为过渡态时电荷密度降低的反应，溶剂极性的增加使反应速率减慢。

③ 从起始反应物变为过渡态时电荷密度变化很小或者无变化的反应，溶剂极性的改变对反应速率影响很小。

由于药物是一种特殊商品，在进行最终产品的质量检验时，对各种溶剂在成品中残留有着非常严格的要求，必须符合国家法定的质量标准。因此，不能随意地使用溶剂，对必须使用的化学溶剂的性质和去除方法均应进行研究，合理选择和使用化学溶剂。另外，溶剂的选择和使用还需要考虑安全生产方面的问题，有些溶剂易燃、易爆，在实验室进行小试试验尚可以使用。但是，在大生产中容易发生危险，就不宜使用。因此尽可能不使用除原料以外的溶剂，这样分离与回收过程变得简单。

通常可以利用相似相溶和溶剂化作用原则及毒害性最低原则进行溶剂的筛选，解决物料的溶解或分散，改变体系的相结构、改善传热和传质。也可以改变溶剂用量，以干预反应物浓度及加料次序，或调控反应温度的上下限及体系压力等。同时，还要关注反应体系的酸碱度。反应介质的酸碱度（pH 值）对某些反应具有特别重要的意义。例如，对于水解、酯化等反应的速率，pH 值的影响明显。在某些药物的生产中，pH 值还起着决定产品质量、产率高低的作用。如在氯霉素生产中，中间体对硝基-α-乙酰氨基苯乙酮的羟甲基化反应，pH 值就是关键性的因素。

$$O_2N-\text{C}_6\text{H}_4-COCH_2NHCOCH_3 \xrightarrow[\text{pH }7.8\sim8.0]{HCHO} O_2N-\text{C}_6\text{H}_4-\underset{CH_2OH}{COCHNHCOCH_3}$$

此步反应必须严格控制在 pH 7.8～8.0 的条件下进行，若反应介质呈酸性，则甲醛与乙酰化物根本不发生反应；若 pH 值过高，碱性太大，则将会引入 2 个羟基，或者产物进一步脱水形成双键化合物。

$$O_2N-\text{C}_6\text{H}_4-COCH_2NHCOCH_3 \xrightarrow{HCHO} O_2N-\text{C}_6\text{H}_4-\underset{CH_2OH}{\overset{CH_2OH}{COCNHCOCH_3}}$$

$$O_2N-\text{C}_6\text{H}_4-\underset{CH_2OH}{COCHNHCOCH_3} \xrightarrow{NaOH} O_2N-\text{C}_6\text{H}_4-\underset{CH_2}{COCNHCOCH_3}$$

从这个例子可以看出，医药生产中的某些反应，必须按照工艺规程，严格控制 pH 值。高于或者低于特定的 pH 条件，都可能导致反应停顿或产生大量的副产物或产物分解破坏。

2. 温度、压力等考察

对反应温度的优化研究，通常是在参考探索性研究的初步条件下，进行温度或压力点的设计与评价试验，从反应速率及反应进行方向，获得合适的操作温度、压力及其调控范围。也可以采用类推法选择和确定反应的温度，根据反应底物的性质和参考文献上已知的例子，比如根据底物的空间效应、亲电亲核性等进行推测、设计和试验。

为了取得最大的生产强度，工业操作上要求选用可能允许的最高温度，但是反应温度受到以下因素的限制：①放热反应；②副反应的发生或增加；③设备的构造、结构、材料的强度以及催化剂热性能限度等；④高温操作的投资和维持费用。因此，还要针对一系列与传热有关的问题，如传热面和传热效率问题，适合的传热介质即加热剂和冷却剂的选择问题和设备问题，如设备结构、材料选择、传热器形式、搅拌装置形式和安全维护等，开展研究并提出初步的解决方案，建立安全生产控制技术指南。

在实际研究中，温度的变化对反应的影响常常不是单一的。例如，在阿司匹林生产中的乙酰化反应，对温度的控制是非常严格的。

就乙酰化反应本身而言，升高温度能够加速反应。但是，水杨酸能够两分子结合成水杨酸酰水杨酸，同时，水杨酸也能与阿可匹林作用而生成乙酰水杨酸酰水杨酸，这两个副反应都是随着温度升高而加快。

当反应物和溶剂的沸点较低，常压下无法升高反应温度，可以采用加压反应的工艺，提高压力，也相应提高了反应温度。从生产工艺角度出发，应尽可能在常压下进行化学反应。但是，有时候有些反应必须在加压下进行，总结起来有下面三种情况。

① 反应物是气体，在反应过程中体积缩小，加压有利于反应的完成。

② 反应物之一为气体，该气体在反应时必须溶于溶剂中或吸附于催化剂上。加压能够增加该气体在溶剂中或催化剂表面上的浓度而促进反应的进行。这类反应在制药工业上有许多例子，如葡萄糖加压氢化制备山梨醇以及激素生产中以镍为催化剂的催化氢化工艺。

③ 反应在液相中进行，而所需的反应温度超过了反应物或溶剂的沸点，加压后可以升高反应温度，缩短反应时间。

对于文献资料报道的一些需要高温、高压的反应，能通过技术改进，采取某些措施，使之能够在较低温度或较低压力下进行，达到同样的效果，也是工艺研究的重要课题。例如，在 18-甲基炔诺酮的合成工艺中，由 β-萘甲醚氢化制备四氢萘甲醚，经过改进搅拌装置，压力从 8.1MPa 降低到 0.9MPa 取得了同样的结果。

3. 调整配料比

尽管通过对某一化学反应过程的动力学分析，可以了解产品的产率和性质，最优化的生产条件，可以对反应器进行选型和设计，改进和加强现有的反应技术和设备，开发新的技术和设备，指导和解决反应过程开发中的放大问题，实现反应过程的最优化。但是，大部分药物合成反应都是机理复杂的有机反应，有时很难完全弄清楚一个反应过程是否是基元反应以及反应级数。因此，反应物浓度与反应速率的关系、浓度随时间的变化规律等问题，目前主要还是依靠实验研究加以解决。

从反应物的结构与反应性质分析着手进行投料比的设计试验，改变反应物的浓度或干扰多官能度化合物反应选择性，或简化反应体系。

4. 催化剂的筛选

目前，90％以上的化工产品都是借助催化剂生产出来的。在药物合成中，80％～85％的化学反应需要使用催化剂。如在氢化、脱氢、脱卤、脱水、氧化、还原、缩合、环合等反应中几乎都使用催化剂，常见的酸碱催化、金属催化、酶催化等都已广泛应用于药物合成。

除了在本章第二节催化反应合成技术中介绍的催化剂外，还有最简单的酸碱催化剂。例如，淀粉的水解、缩醛的形成及水解、Beckmann 重排等反应都是以酸为催化剂；醇醛缩合、Cannizarro 反应等则是以碱为催化剂的。另外，如酯的水解、酰胺和腈的水解以及葡萄糖的变旋反应等，既可以用酸也可以用碱作催化剂。

根据各类反应的特点，可以选择不同的酸碱催化剂。常用的酸性催化剂有：无机酸，如盐酸、氢溴酸、氢碘酸、硫酸、磷酸等；弱碱强酸盐类，如氯化铵、吡啶盐酸盐等；有机酸，如对甲苯磺酸、草酸、磺基水杨酸等。氢卤酸中，盐酸的酸性最弱。例如，醚键的断裂反应，常需用氢溴酸或氢碘酸催化；硫酸也较为常用，但浓硫酸催化常伴有脱水和氧化等副反应，选用时应注意；对甲苯磺酸因性能较温和，副反应少，生产上常采用。

卤化物作为 Lewis 酸类催化剂，应用较多的有三氯化铝、二氯化锌、三氯化铁、四氯化锡和三氟化硼等，但这些催化剂常需在无水条件下使用。

碱性催化剂的种类很多，常用的有：金属氢氧化物，金属氧化物，弱酸强碱盐类，有机碱如酚钠、醇钠、氨基钠和有机金属化合物等。常用的金属氢氧化物有氢氧化钠、氢氧化钾、氢氧化钙等，弱酸强碱盐有碳酸钠、碳酸钾、碳酸氢钠及乙酸钠等。

有机碱常用的有吡啶、对二甲基氨基吡啶和三乙胺等。醇钠是常用的碱性催化剂，如甲醇钠、乙醇钠、叔丁醇钠（钾）等。有机金属化合物中用得最多的有三苯甲基钠、2,4,6-三甲基苯钠、苯基钠（锂）、丁基锂等，这类化合物碱性更强，而且与活泼氢化合物作用时，往往是不可逆的，这类化合物常可以加入少量的铜盐来提高催化能力。

此外，在酸碱催化中，为了便于将产物从反应体系中分离出来，有时可以采用强酸性阳离子型交换树脂或强碱性阴离子型交换树脂来代替普通的酸或碱。反应完成后，很容易将离子交换树脂除去，所得液体经处理得反应产物，整个过程操作方便，并且易于实现生产的连续化和自动化。

由于催化剂在使用过程中会因中毒、结焦、堵塞、烧结和热等因素而失活。因此，工业上要求催化剂要有一定的稳定性，包括化学稳定性，即催化剂能保持稳定的化学成分和化学状态；耐热稳定性，即在反应条件下，不因受热而破坏其物理-化学状态，同时在一定温度范围内能保持良好的稳定性；抗毒稳定性，即催化剂对有害物质毒化的抵抗能力强；机械稳定性，即固体催化剂颗粒应具有足够的抗摩擦、冲击、重压和温度、相变引起的种种应力的能力。

对酸碱催化、金属催化、相转移催化、酶催化等各类催化剂的筛选，需要结合产品的纯度和收率，以反应速率以及催化剂寿命和效率等为指标进行。因催化剂的价格高并存在残留问题，因此，用量应尽可能低。

5. 筛选反应时间

一般而言，每一个化学反应都有一个最适宜的反应时间，达到这个时间就应立即停止反应，并及时将反应生成物从反应体系中分离出来。否则，可能会发生使产物分解或副产物增多等变化，从而导致产率降低或使产品的质量下降。另外，如果反应时间过短，反应没有达到终点就过早地停止反应，也会导致同样不良的后果。同时必须注意，反应时间与生产周期和劳动生产率都有关系。因此，对于每一个反应都必须掌握好进程，控制好反应时间和终点。

所谓适宜的反应时间，主要是控制主反应的反应终点，测定反应体系中是否还有未反应的原料（或试剂）存在，或者其残存量是否达到一定的限度。在工艺研究中常用薄层色谱（TLC）、气相色谱（GC）或液相色谱（HPLC）等方法来监测反应。也可以用简易快速的化学和物理方法，如根据体系的显色、沉淀情况、酸碱度和折射率等进行监测；也可以根据反应生成物的物理性质如相对密度、溶解度、结晶形态等物性变化情况来判断反应终点。

例如，由水杨酸制备阿司匹林的乙酰化反应，测定水杨酸含量达到 0.02％以下方可停止反应；对于重氮化反应，可利用淀粉-碘化钾试液，检查反应中是否还有剩余的亚硝酸存在来控制终点。催化氢化反应一般都是以吸氢量控制反应终点，当吸收氢气到理论量，氢气压力不再下降，或下降速率很慢时，即表示反应已到达终点。

在进行工艺研究的反应时间考察时，可以先根据文献报道的反应时间作为基点，在此基础上应用合适的监测手段研究并确定完成反应的实际所需时间。如果没有文献资料可以参考，则要利用 GC 或 HPLC 定量检测体系组成变化，或利用 TLC 跟踪反应原料点和产物点的深浅变化，适时终止反应，进行产物分离检测，建立原料转化率、产品收率以及质量与反应时间的关系。也可以根据反应的原理，结合其他条件的考察，应用合理的实验设计方法，如按照正交设计或均匀设计制订实验方案，确定反应时间。

例如，氯代异戊烯与异亚丙基丙酮，在相转移催化下缩合生成化合物 α-体和 β-体，其中 α-体是制备六氢假紫罗兰酮的中间体。因此，理想的反应结果是尽可能多地获得 α-体产物。

开始研究此工艺时将反应时间定为 2h，结果反应的总收率为 84％，但是，α-体与 β-体的比例仅为 1 左右。对这个反应的机理和生成物情况进行分析，运用气相色谱跟踪反应原料消耗情况，结果发现当反应时间达到 20 min 时氯代异戊烯的转化率已经达到 95％左右，如果继续延长反应时间，总产率基本不变，但生成的 α-体会在碱性条件下发生转位生成在热力学上更加稳定的 β-体，使 α-体的比例下降。因此，确定这个反应的时间为 0.5h，然后及时停止反应以减少 α-体的转位，最终结果是反应时间缩短了，而总产率仍可达到 84％，而且 α-体：β-体＝2.5：1，α-体的产量比原来提高了 1.5 倍。

6. 分离纯化后处理

由于药物合成反应常伴随着副反应，除副反应产物外，还有主反应中的副产物生成，因此，反应完成后，常需要从副产物和未反应的原辅材料或溶剂中分离出主产物。尽可能避免采用柱色谱分离的方法，采用蒸馏、萃取、结晶、过滤（多为抽滤）或膜分离、干燥等分离技术，所用后处理技术方法尽可能简单并必须能在符合 GMP 规定的生产条件下实施。蒸馏以及干燥涉及压力和真空度（即温度）考察、萃取涉及溶剂种类的筛选和用量优化、结晶涉及溶剂的筛选与温度和时间优化。

对于原料药的精制生产而言，结晶是精制最终产物（原料药）和关键中间体的常用方法。重结晶法精制成品原料药与纯化一般有机物不同，有时候还要考虑药物的剂型和用途，考虑析晶后形成的固体的晶型。不同晶型的同一药物在溶解度、溶出速率、熔点、密度、硬度、外观以及生物有效性等方面有显著差异，从而影响药物的稳定性、生物利用度及疗效的发挥。药物多晶型现象的研究已经成为日常控制药品生产及新药剂型确定前不可缺少的重要组成部分。药物多晶型对生物利用度的影响，典型的例子如无味氯霉素，无味氯霉素共有A、B、C三种晶型及无定形，其中只有B型具有生物活性。在药物制剂的生产制备工艺中，通过加热、研磨、添加其他物质等方法都可能使药物的晶型发生转变。但是许多晶型的制备与重结晶技术有关，通过改变溶剂和控制结晶速率，可以控制不同的晶型。

首先，所选的溶剂不能与重结晶物质发生化学作用。且要求在所选溶剂中重结晶物质应该冷时难溶，热时易溶，杂质应具有尽可能大的溶解度或在其中很难溶甚至完全不溶。选择重结晶溶剂的经验规则是"相似相溶"。若溶质的极性较大，就需用极性大的溶剂才能使它溶解；若溶质的极性较小，则需用非极性溶剂溶解。

精制溶剂的用量、析晶温度和时间往往决定精制的除杂效果和收率；精制工艺的介稳态参数、晶种加入等往往决定产品的纯度、粒径大小和粒径分布均匀度；干燥参数，如干燥方式、干燥时间和温度等对产品残留溶剂、水分，甚至是晶型均存在直接影响。例如，中枢神经兴奋药他替瑞林有 α 和 β 两种晶体形式，α 是三斜晶型，在结晶温度（10℃）下溶解度大；β 是正交晶型，在结晶温度（10℃）下溶解度小。α 在结晶温度下是介稳的，因为其固液分离性好，但 α 受溶液的影响会转变为 β，由于他替瑞林结晶的最后步骤是在甲醇溶液中进行的，实验研究表明，随着甲醇浓度的增加，转型速率增加，β 成核等待时间变短，甲醇是 β 成核促进剂。因此，在纯化前必须脱除甲醇。此外，这种转型还与温度、搅拌速率有关，均应予以控制。另外，为了生产小尺寸药物颗粒可采用反溶剂沉淀（ASP）法。目前，使用 ASP 方法生产了布洛芬、格列本脲、青蒿素、水飞蓟宾、β-胡萝卜素、灰黄霉素和姜黄素等小尺寸有机晶粒。

需要指出的是，在合成药物工艺研究过程中，还要注意合成反应各种条件之间的相互影响。可采用正交设计法和均匀设计法进行试验研究和处理实验数据，以期用最少的实验次数，得出优化的药物合成工艺。即有效地控制化学反应向正反应方向进行，尽快地加速正反应，以最短的时间和最少的原料获得最多的产品。并且，在工艺优化得到最佳工艺参数后，还需要通过 DoE 试验确定设计空间，考察生产工艺的鲁棒（Robust）程度以及放大过程中潜在放大效应对生产工艺的影响。例如，放大引发反应时间延长时的工艺耐受性等，并为关键工艺参数的制订、放大效应的潜在后果和处理措施等的制订提供思路。此外，由于实验室设备与工业化设备间的性能差异，设计空间的研究也能为工业化设备性能的选择提供参考，如设备的温度控制精度，实验室设备能很好地实现±1℃以内的温度差异控制，但工业化设备采用一般的温度控制元件则很难实现，如果提前进行设计空间的研究，可以提高温度控制等元件选择时的准确度。

习题与思考题

1. 何为化学制药工艺学？

2. 化学制药工艺路线设计的主要考虑因素有哪些？为什么说化学制药工艺路线设计的关键是原料路线？

3. 请从药物化学课程中介绍的或从近五年上市的任一化学药物，参照益康唑逆向合成分析，进行逆向推导，追溯求源，设计一条最优化的合成路线。

4. 完成伊布替尼的合成路线三的设计，并说明其特点。

5. 药物合成工艺路线的评价标准主要有哪些?

6. 简述偶联反应的基本原理,并举例说明其在化学药物合成中的应用。

7. 除了催化反应技术外,药物合成反应过程强化技术主要有哪些?

参考文献

[1] 王亚楼. 化学制药工艺学. 北京:化学工业出版社,2008.

[2] Anastas P T,Warner J C. Green chemistry:theory and practice [M]. New York:Oxford University Press,1998:30.

[3] GB 13690—2009. 化学品分类和危险性通则.

[4] ICH Q3A (R2). 杂质:新原料药中杂质的指导原则,2006-10-25.

[5] ICH Q3C (R7). 杂质:残留溶剂的指导原则,2018-10-15.

[6] ICHQ7 原料药优良制造规范(GMP)指南 [2015-06-10].

[7] 元英进. 制药工艺学. 2 版. 北京:化学工业出版社,2017.

[8] 余冠中. 棕榈氯霉素 B 型结晶工艺研究 [J]. 中国医药工业杂志,2002,33 (5):217-218.

[9] Jegorov A. Processes for the preparation of crystalline form beta of imatinibmesylate:WO200806900 [P]. 2008-12-11.

[10] 王宏亮,王欢. 化学合成原料药起始物料的最新要求 [J]. 中国新药杂志,2019 (16):1987-1990.

[11] Liu Y,Wang F,Tan T. Cyclic resolution of racemic ibuprofen via coupled efficient lipase and acid-base catalysis [J]. Chirality,2009,21 (3):349-353.

[12] 刘丽华,殷姗,夏盛,等. 无溶剂条件下简单、有效地合成 1,6-二氢嘧啶-6-酮衍生物 [J]. 有机化学,2016,32:612-615.

[13] 刘纯,潘旭海,陈发明,等. 反应量热仪 RC1 在化工热危险性分析中的应用 [J]. 工业安全与环保,2011 (5):30-31,36.

第三章

化学制药典型工艺实例

对化学合成药物的生产来说，其通常要经过混合反应、分离/精制和溶剂及副产回收等几个基本单元操作实现。其中，药物的化学合成多数采用的是有机化学反应或者是酶催化的有机化学反应，包括缩合、氧化还原、取代、偶联反应以及不对称反应等，涉及均相和非均相体系，常常会遇到有毒有害原料的使用和高温高压或低温等高风险工艺操作。分离/精制操作多数采用的是蒸馏和结晶分离，虽为物理变化过程，也需要关注温度与流场对结晶过程的影响，同时，要有防止溶剂蒸气外逸以及静电所引起的安全与环保问题。

由此可见，原料药生产工艺过程总体上与一般精细化工产品生产工艺过程相似，但其过程控制和管理要严格得多。在原料药生产过程中，除了按照流程操作外，不仅需要对设备和工具使用前后有清洁及清洁验证操作、对溶剂回收套用进行控制、对原料或中间体回收套用进行必要的限制，还需要对原料药的包装进行管控。其中，溶剂回收套用多采用本步骤套用，原料或中间体的回收套用须是事先经过注册申报获准的；对于大多数批量小的原料药生产过程来说，因用于溶剂、原料或中间体的分离回收装置利用率低、回收成本高，常常不采用回收套用操作。本章通过典型的化学药物生产工艺系统展示化学制药方法和技术在化学制药过程中的应用。

第一节　阿司匹林生产工艺

一、概述

阿司匹林（aspirin），又名乙酰水杨酸，化学名称为 2-（乙酰氧基）苯甲酸（2-acetoxy-benzoic acid，CAS 号：50-78-2）。阿司匹林是 1897 年德国拜耳公司开发的药物，是医药史上三大经典药物之一，至今仍是世界上应用最广泛的解热、镇痛和抗炎药。

本品为白色结晶或结晶性粉末；无臭或微带醋酸臭；遇湿气即缓缓水解。本品在乙醇中易溶，在三氯甲烷或乙醚中溶解，在水或无水乙醚中微溶；在氢氧化钠溶液或碳酸钠溶液中溶解，但同时分解。熔点为135～140℃。阿司匹林口服后经胃肠道完全吸收。阿司匹林吸收后迅速降解为主要代谢产物水杨酸。阿司匹林和水杨酸血药浓度的达峰时间分别为10～20min和0.3～2h。阿司匹林肠溶片相对普通片来说其吸收延迟3～6h。阿司匹林和水杨酸均和血浆蛋白紧密结合并迅速分布于全身。水杨酸主要经肝脏代谢，代谢物为水杨酰尿酸、水杨酚葡糖苷酸、水杨酰葡糖苷酸、龙胆酸和龙胆尿酸。由于肝酶代谢能力有限，水杨酸的清除为剂量依赖性。因此，其清除半衰期可从低剂量的2～3h到高剂量的15h。水杨酸及其代谢产物主要从肾脏排泄。阿司匹林产品性质及质量标准见表3-1。

表 3-1　阿司匹林产品性质及质量标准

检验项目		《中国药典》2020版二部标准
性状	外观	白色结晶或结晶性粉末
	溶解度	在乙醇中易溶，三氯甲烷或乙醚中溶解，水或无水乙醚中微溶
鉴别	三氯化铁	显紫堇色
	碳酸钠-硫酸	析出白色沉淀，发生醋酸的臭气
	红外吸收图谱	应与对照的图谱一致
检查	溶液的澄清度	溶液应澄清
	游离水杨酸	≤0.1%
	有关物质	其他总杂质（除水杨酸外）≤0.5%
	易炭化物	不得深于对照液
	干燥失重	≤0.5%
	炽灼残渣	≤0.1%
	重金属	≤0.1‰
含量测定		≥99.5%

1. 阿司匹林的历史

公元前1534年，古埃及最早的医药文献《埃伯斯医药典》记载了古埃及人将柳树用于消炎镇痛。1758年英国Edward Stone教士发现晒干的柳树皮对疟疾的发热、肌痛、头痛症状有效。1828年，慕尼黑大学药学家Joseph Buchner首次从柳树皮中提炼出黄色晶体状活性成分并称为水杨苷。1838年，Raffaele Piria从晶体中提取到更强效的化合物，并命名为水杨酸。1897年德国化学家Felix Hoffman通过修饰水杨酸合成了高纯度的乙酰水杨酸，乙酰水杨酸很快通过了对疼痛、炎症及发热的临床疗效测试。德国拜耳公司将乙酰水杨酸推上市场，并确定其药品名为阿司匹林，作为非处方止痛药问世。1979年，美国FDA批准阿司匹林作为预防脑血栓药物上市。1985年，阿司匹林的临床适用症状扩大到预防心肌梗死复发。1994年阿司匹林等药物的抗血栓疗法作为预防和治疗动脉血栓再发的首选药。2016年4月美国预防服务工作组（USPSTF）关于阿司匹林用于心血管病和结直肠癌一级预防的最新建议声明，尤其在结直肠癌方面的首次推荐，再次引起了国内外对于阿司匹林的热议。

2019年美国心脏病学会（ACC）与美国心脏协会（AHA）心血管疾病一级预防指南建

议综合管理危险因素以有效预防动脉硬化性心血管疾病（ASCVD），强调阿司匹林仍是心血管疾病预防和管理的重要一环，推荐小剂量（75～100 mg）阿司匹林用于 ASCVD 高危人群的一级预防。阿司匹林的药理作用主要是解热镇痛、消炎抗风湿和预防血管内血栓，临床上主要应用于头痛、风湿热、风湿性关节炎、痛风症和心脑血管疾病，预防短暂性脑缺血、中风、缺血性心脏病等，预防心肌栓塞、减少心律失常的发病率和死亡率。随着基础临床研究的发展，发现了阿司匹林许多新的药理作用，比如防治糖尿病及其并发症、预防结直肠癌、防治阿尔茨海默病、预防老年性白内障等。

2. 国内外市场现状

全球每年消耗的阿司匹林制剂产品高达约 1 千亿片（粒），拉动了原料药需求，目前全球阿司匹林原料药年消耗量维持在 6 万吨左右。全球主要的阿司匹林市场为欧洲、北美等地，每年消耗的阿司匹林约占全球总量的 2/3。许多发展中国家和新兴经济体市场对阿司匹林的需求不断增加，且增长幅度较大。这些国家人口众多，医疗卫生状况逐渐改善，对阿司匹林这种疗效确切且价格低廉的大众普药需求强烈。2018 年我国阿司匹林产量约为 1.61 万吨，其中出口数量为 6752.26 吨。截至 2022 年 1 月底我国取得食品药品监督管理局生产批文的阿司匹林原料药生产企业共计 9 家。原料药主要生产企业为山东新华制药股份有限公司、河北敬业医药科技股份有限公司临港制药分公司、华阴市锦前程药业有限公司、湖南中南制药有限责任公司等。海外厂家主要集中在印度、南美等。目前，新华制药已经成为我国乃至全世界最大的阿司匹林原料药生产企业，且已经通过美国 FDA 认证和欧洲 COS 证书。截至 2022 年 1 月底，我国阿司匹林相关药品生产批准文号 936 条，包括片剂、胶囊剂、注射液、原料药等，其中阿司匹林片剂产品批文数为 517 个，胶囊剂产品数为 22 个。

3. 合成工艺方法

阿司匹林主要是通过水杨酸和酰化剂进行酰化反应合成。常用的酰化试剂有乙酰氯、乙酸酐和乙酸等。乙酰氯作为酰化剂，酰化反应速度最快，但是不易控制，反应选择性不强，产生有腐蚀性的盐酸气，而且需要无水环境和低温条件。乙酸作为酰化剂，成本低但是反应速度过慢。乙酸酐作为酰化剂，反应速度相对温和（对比乙酰氯），其产物纯度高，收率好，副产物少。因此，工业上合成阿司匹林采用乙酸酐作为酰化剂。水杨酸与乙酸酐反应，使水杨酸分子中酚羟基上的氢原子被乙酰基取代，生成乙酰水杨酸。

为了加速酰化反应的进行，通常加入少量催化剂，并进行保温，以破坏水杨酸分子中羧基与酚羟基间形成的氢键，使酰化反应较易完成。众多研究者为寻找绿色经济的催化剂对阿司匹林的合成展开了研究，目前基本上以酸、碱催化合成阿司匹林研究较多，也有其他一些新型催化剂用于阿司匹林的合成。

（1）酸性催化剂　酸性催化剂包括：①无机酸类，如硫酸、磷酸等；②Lewis 酸类，如 $AlCl_3$、三氯稀土等；③有机酸类，如草酸、三氟甲磺酸、对氨基苯磺酸等；④酸性无机盐类，如硫酸氢钠、磷酸二氢钾等；⑤固体超强酸类，如 $S_2O_8^{2-}/ZrO_2$、$SO_4^{2-}/$硅锂钠石等。这些酸性催化剂比浓硫酸腐蚀性小，有些反应速率和产率都有很大提高，而且还可以重复利用，三废少，环境友好。

（2）碱性催化剂　碱性催化剂包括：①强碱类，如氢氧化钠、氢氧化钾等；②弱碱类，如三乙胺、吡啶等；③弱酸强碱盐类，如乙酸钠、碳酸钠等。乙酸钠等部分碱性催化剂反应收率较高，后处理简单，具有很大的应用开发价值。

（3）其他新型催化剂　一些学者研究了离子液体、低共熔溶剂、分子筛、碘等催化剂用于阿司匹林的合成。这些新型的催化体系催化活性高，合成方法简便且符合绿色化学的发展要求，具有一定的工业生产应用前景。

采用酸性催化剂、碱性催化剂和其他新型催化剂都能催化水杨酸与乙酸酐以一定收率生成阿司匹林，从收率和成本考虑，目前工业生产主要采用酸性催化剂。以浓硫酸为催化剂，工艺较成熟，产率一般在 80% 左右，但是具有反应副产物较多、浓硫酸腐蚀性强、污染环境等缺点。采用草酸为催化剂，不氧化反应物，腐蚀性小，产品纯度高，而且草酸沸点较高，容易和反应副产物乙酸分离。

二、生产工艺原理与过程

以水杨酸和乙酸酐为起始原料，在草酸催化下进行酰化反应，经过过滤、结晶、离心洗涤、干燥过筛、包装、母液回收套用等过程制备阿司匹林。

1. 工艺原理

（1）阿司匹林合成工艺原理

① 反应方程式。

② 反应原理。水杨酸分子中酚羟基上的氢原子被乙酰基取代，生成乙酰水杨酸。为了加速反应的进行，通常加入酸性催化剂，破坏水杨酸分子中羧基与羟基间形成的氢键，从而使酰化反应较易完成。

阿司匹林合成的反应机理是水杨酸和乙酸酐在酸催化下的亲核取代反应。首先是乙酸酐羰基氧的质子化。乙酸酐的羰基氧具有碱性，酸的作用就是通过羰基氧的质子化，使氧带正电荷，从而吸引羰基碳上的电子，使碳更具正电性。接着，亲核试剂水杨酸对活化的羰基进行亲核加成，得到四面体中间体。最后发生消除反应生成产物阿司匹林。

（2）阿司匹林精制工艺原理　由于阿司匹林原料药属于溶解度随温度降低而显著减小的物系，因此，阿司匹林原料药生产采用常见的降温冷却结晶工艺。控制每批料的一次成核数量和降温速率，以维持一定的结晶环境来养晶，而使晶粒生长更均匀，生产出不同粒度的结晶产品。

结晶釜中阿司匹林粗品里含有少量未反应的水杨酸、生成的杂质（乙酸苯酯、乙酰水杨酸苯酯、阿司匹林及水杨酸的聚合物等），可以通过乙酸、稀磷酸和纯化水洗涤除去。

2. 工艺过程

(1) 工艺概述

① 合成和结晶工艺。水杨酸、乙酸酐和草酸的质量配比为1：0.828：0.14。所谓一次投料工艺指的是水杨酸和乙酸酐是按比例一次性加入反应釜进行反应的合成工艺，操作简单，但产品纯度没有二次投料工艺高且粒度分布过宽。二次投料工艺中，乙酸酐是一次性投入酰化釜，水杨酸是分两次加入，第一次投入整批水杨酸的1/3并进行反应，这样保证了在反应体系中乙酸酐是过量的，使水杨酸能充分反应，并减少双水杨酸酯等杂质的产生。

a. 一次投料工艺。按配比将计量好的水杨酸、乙酸酐、回收水杨酸、母液投入酰化釜内，缓慢加入草酸，用夹层升温，控制温度不超过85℃，保温一定时间，将酰化釜中物料经过滤转至结晶釜内，过滤结束后，分步降温至20℃左右，结晶完成后开始离心。

b. 二次投料工艺。第一次投料：将整批乙酸酐2300L投入酰化釜中，再将整批水杨酸的2/3约2000kg投入酰化釜中。在充分搅拌下，用蒸汽夹层升温，控制温度不超过85℃，待物料全溶解后保温1h，将酰化釜内的物料经过滤转至结晶釜内。结晶釜液体降温到78℃左右时有结晶析出，缓慢降温到55℃保温。

第二次投料：酰化釜降温到50～55℃。再将本批投料剩余的1/3水杨酸、1200L阿司匹林母液及部分回收阿司匹林加入酰化釜中，蒸汽夹套加热，当物料全部溶解后抽滤至同一结晶釜中，升温至83～85℃，并保温2h。从罐内取少量样品，检测到游离水杨酸含量≤0.15%时，可以进行降温。如终点不到可延长保温时间或加乙酸酐，直到一次终点检查合格为止。二次终点指标为游离水杨酸含量≤0.06%，缓慢降温到70℃测二次终点，如终点不到可延长保温时间0.5～1h或补加乙酸酐，当游离水杨酸含量达到后降温到40～42℃，再用0～5℃水降温到放料温度18～20℃。放料前再次取料测游离水杨酸含量，当游离水杨酸≤0.03%、内温合格后，酰化结晶工艺过程结束。

② 离心洗涤干燥工艺。启动离心机，开启氮气保护，将结晶釜内降温结晶好的物料放入转动的离心机内，甩干一定时间后，用乙酸洗涤后甩干，再用0.2%稀磷酸洗涤、用纯化水洗涤两次，高速甩干，确保物料无异物、无酸味后停车出料。将湿品放入湿品料仓，通知干燥岗位开始干燥。

将料斗中的物料经螺旋推进器送入流化床干燥器内，控制进口风压和温度，进行干燥，经旋风分离器分离，尾气采用袋式过滤器过滤后进入排空，流化床的成品经冷风段冷却，振动筛筛分后称重分装，所得阿司匹林的质量为3409.4 kg，收率为87.1%，纯度99.5%。

③ 母液回收工艺。母液经膜式蒸发器蒸酸，控制蒸发器温度65℃±5℃，真空度≤−0.088MPa条件下蒸乙酸，每小时处理量4000～5000L，回收的乙酸一部分用作酸洗用洗涤酸，其余经检验合格（含量≥98.5%）入库；浓缩液进入结晶釜降温析晶，再回温融掉部分细粉，留下晶种保温2～4h，缓慢降温至40～50℃放料离心，用冰乙酸洗涤后，全速离心20min，得回收品经化验后交酰化套用，母液循环回收。

(2) 工艺过程流程

① 工艺流程框图。根据上述工艺过程概述，按操作单元表述的阿司匹林原药合成工艺流程用框图表述如图3-1所示。

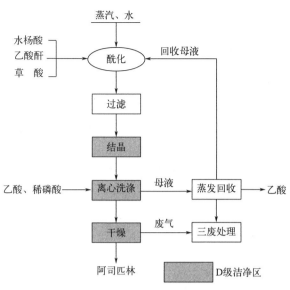

图 3-1　阿司匹林原药生产工艺流程方框图

② 工艺过程流程图。图 3-2 是带控制点的阿司匹林原药生产工艺流程图（PID 图），其中离心过滤得到的阿司匹林含湿料用料斗转运至流化床进行干燥。图中虽然没有标注净化操作岗位，但结合图 3-1 可知从结晶（釜）操作开始均是在洁净控制区进行的。

（3）工艺操作说明

① 合成和结晶工艺（二次投料工艺）。

a. 合成岗位。打开乙酸酐计量罐低位底阀和放空阀，开启酰化釜进料阀将乙酸酐泵入酰化釜 R101，待乙酸酐进料量达到 2300L 左右时，关闭计量罐低位底阀、放空阀和酰化釜进料阀。开启酰化釜的搅拌器。打开酰化釜放空阀和人孔盖，将预备好的水杨酸固体物料投入釜内，关闭酰化釜 R101 放空阀和人孔盖。打开草酸进料阀，向酰化釜中加入草酸，加入后关闭草酸进料阀。打开冷凝器循环水进、回阀，打开反应釜夹套蒸汽进、回阀，进行加热，控制反应釜的温度不超过 85℃，待水杨酸全溶解后，保温 1h，将物料经过滤器 M101 转至结晶釜 R102 中。确定酰化釜 R101 温度低于 50℃，打开 R101 进料阀，母液储罐的出口阀，将回收母液泵入酰化釜 R101 后关闭阀门。打开酰化釜 R101 放空阀和人孔盖，将剩余 1/3 水杨酸投入釜内，关闭酰化釜 R101 放空阀和人孔盖。打开酰化釜 R101 夹套蒸汽进、回阀加热，待水杨酸全溶解后，将物料经过滤器 M101 转至结晶釜 R102 内。关闭 R101 的夹套蒸汽进、回阀和冷凝器循环水进、回阀。

b. 结晶岗位。将酰化釜 R101 内的第一次投料后的反应物料过滤到结晶釜 R102 内。打开结晶釜 R102 夹套冷却水进、回阀，使釜液降温到 78℃左右时，有结晶析出，以 20℃/h 降温速度降温到 55℃保温。将酰化釜 R101 内的第二次投料后的反应物料过滤到结晶釜 R102 内。打开结晶釜 R102 夹套冷凝液阀，夹套蒸汽进、回阀和冷凝器循环水进、回阀，使物料升温，控制结晶釜的温度不超过 85℃，并保温。釜内取少量样品，测游离水杨酸含量≤0.15％时，用温水降温，以 3℃/h 的降温速率先缓慢降至 80℃，再以 5℃/h 的降温速率缓慢降至 70℃。当游离水杨酸含量≤0.06％时再进行降温，以 10℃/h 的降温速率将釜内温度降至 40~42℃，再用 0~5℃水进行降温，以 8℃/h 的降温速率将釜内温度降至 18~20℃。放料前 20min 再次取样，测游离水杨酸含量，当游离水杨酸含量≤0.03％、内温合格后，酰化结晶工艺过程结束，放料离心。

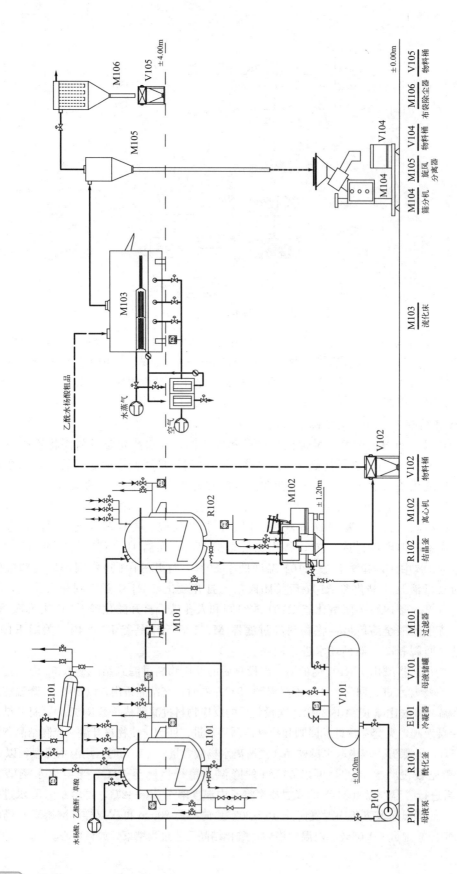

图 3-2　阿司匹林原药生产工艺流程图

c. 控制要点。结晶釜中降温速度直接影响产品粒度，应采用自动控制系统，通过精确控制降温水温度和流量，使结晶速度可以按照最佳状态进行。

② 离心洗涤干燥工艺。

a. 离心洗涤岗位。打开乙酸储罐的乙酸进料阀，给乙酸罐建立液位，待乙酸储罐的液位达到 50% 左右，关闭进料阀。打开离心机 M102 氮气阀，用氮气充压，保证压力不得低于 2kPa。打开母液回收工段母液储罐 V101 入口阀，启动离心机 M102 进行离心。离心结束后，停止离心机 M102。关闭母液回收工段母液储罐入口阀。打开离心机 M102 的乙酸洗涤阀和乙酸泵的前后阀门，泵入乙酸，待乙酸量达到 1000 kg 左右，关闭乙酸阀门。打开洗涤液乙酸接收罐的入口阀，准备接受洗涤液。启动离心机 M102 进行离心洗涤。离心结束后，停止离心机 M102。关闭洗涤液乙酸接收罐的入口阀。打开稀磷酸配料罐的氮气阀，给磷酸罐用氮气充压，保证压力不得低于 2 kPa。打开稀磷酸配料罐出料阀压入离心机 M102，待加入离心机 M102 的稀磷酸（0.2% 磷酸）量达到 1000 kg 左右，关闭稀磷酸配料罐的出料阀和氮气阀。打开洗涤液稀磷酸接收罐的入口阀，准备接受洗涤液。离心机内氧含量低于 2%，启动离心机 M102 进行离心洗涤。离心结束后，停止离心机 M102。关闭洗涤液稀磷酸接收罐的入口阀。打开离心机 M102 的纯水洗涤阀，待纯水量达到 2000 kg 左右，关闭纯水阀门进行纯水洗涤，打开洗涤液纯水接收罐的入口阀，接受洗涤液。启动离心机 M102 进行离心洗涤。离心结束后，停止离心机，关闭洗涤液纯水接收罐入口阀。

b. 干燥岗位。预热干燥器 M103，开启蒸汽进、回阀，同时开启风机，控制进口风压 300～800kPa，进口温度 82～88℃。阿司匹林经螺旋推进器送入流化床干燥器 M103 内。开启冷风段循环水上水阀和回水阀。气体经旋风分离器 M105 分离粉料，含微粉的湿热气经布袋过滤器 M106 后排空。干燥 2～4h，取样测干燥失重≤0.5%，关闭蒸汽进、回阀，待干燥机 M103 的温度降至 30℃ 以下，关闭循环水上水阀和回水阀。经冷风段的产品出料分装，待检验合格后包装入库。

c. 控制要点。洗涤用水应为纯化水岗位制备的纯化水，氯化物检查应合格。按 2020 版《中国药典》要求检查，合格的阿司匹林中水杨酸的含量不得高于 0.1%，干燥失重不得高于 0.5%。

三、生产工艺影响因素

1. 反应物浓度与配料比

理论上水杨酸和乙酸酐的摩尔比为 1:1（质量比为 1:0.739），实际生产中增加乙酸酐用量（质量比为 1:0.828），因为在较高的温度下，在生成阿司匹林的同时，水杨酸分子之间、水杨酸和阿司匹林也可以发生缩合脱水反应，生成少量的聚合物。另外，水杨酸和乙酸酐可能生成副产物乙酰水杨酸酐。

双水杨酸酯

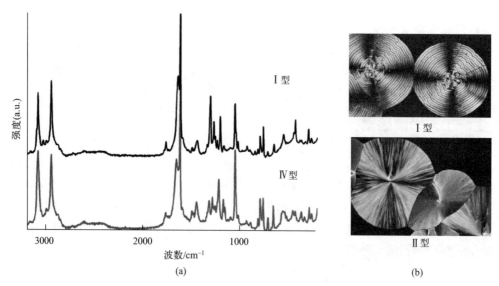

2. 反应温度

由于水杨酸分子内形成氢键，反应温度要求较高，加入酸催化剂后破坏分子内氢键，使反应温度降低到80℃左右。本工艺中控制反应温度不超过90℃，并尽量保持在83～85℃之间。过低的温度会使反应不完全，反应时间延长，设备生产能力低。水杨酸与乙酸酐进行酯化反应为放热反应，温度的升高不利于反应的进行，而且升高温度，副反应速率加快，易产生许多副产物。当温度超过90℃时，则部分阿司匹林将继续反应生成乙酰水杨酰水杨酸，且反应不可逆。

3. 结晶温度

研究发现阿司匹林的晶型有四种，分别是晶型Ⅰ、Ⅱ、Ⅲ和Ⅳ。其中晶型Ⅰ稳定，是国内外生产阿司匹林原料药的晶型。虽然晶型Ⅱ比晶型Ⅰ血药浓度高出70%，但是制备方法烦琐、晶型稳定性不好，在常温下很快转变成晶型Ⅰ。晶型Ⅲ在2GPa压力下可以观察到，但是降压后也转变为晶型Ⅰ。晶型Ⅳ可以通过熔融后冷却结晶获得，但是常温下也不稳定，会转变为晶型Ⅰ。图3-3(a)显示的是阿司匹林晶型Ⅰ和阿司匹林晶型Ⅳ的拉曼光谱图，它们在拉曼位移1000～1500cm^{-1}之间有显著的差别；图3-3(b)是其结晶偏振光显微图像，晶型Ⅰ为同心环、晶型Ⅳ为放射状。

图3-3 阿司匹林晶型Ⅰ/Ⅳ的拉曼光谱和偏振光显微照片

因此，对阿司匹林原料药来说，生产中关键是控制其晶体的粒度及其分布。其中，晶核生成速率、晶体生长速率及晶体在结晶器中的平均停留时间是影响阿司匹林原料药结晶工艺的关键因素。研究表明，在纯乙酸或纯乙酸酐介质中，阿司匹林结晶因其晶体的（002）晶面生长受到抑制或促进而形成棒状；而在乙酸/纯乙酸酐混合介质中，可以得到长径比合适的块状阿司匹林晶体。图3-4是阿司匹林在乙酸酐摩尔分数不同的乙酸-乙酸酐混合溶剂中的溶解度（静态法）变化曲线，可见其溶解度是随温度的升高而增大的，并且是随混合溶剂中乙酸酐的含量增大而增大的。这意味着在合成反应起始生成阿司匹林是能够完全溶解在体系中的，而随着阿司匹林合成反应的进行，乙酸酐的含量逐渐减少，阿司匹林的溶解度随之降低，由此出现反应沉淀而产生过量的晶核，必将导致晶粒过小而难以过滤分离。正因如此，多数企业生产阿司匹林采用二次投料的合成工艺。

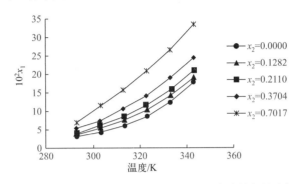

图 3-4　常压下测定的阿司匹林在乙酸-乙酸酐混合溶剂中的溶解度曲线

x_1—阿司匹林在阿司匹林-乙酸-乙酸酐中的摩尔分数；x_2—乙酸酐在乙酸-乙酸酐中的摩尔分数

在二次投料工艺中，第一次投料减少了产生的阿司匹林量，以减少过饱和态时晶核生成速率，通过降温控制每批料的一次成核数量，形成较大的晶体。进行二次投料时，因为体系中已经存在结晶，于是，通过调整降温速率曲线（如图3-5），以减缓晶体生长速率；并通过调整结晶器的搅拌转数以及晶体在结晶器中的平均停留时间，获得合适粒度的结晶-颗粒，外形尺寸介于80～300目。

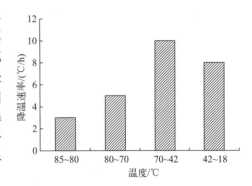

图 3-5　阿司匹林结晶二次降温速率图

4. 非工艺因素

酰化反应液中有乙酸酐、草酸、乙酸等酸性物质，因此，酰化反应采用搪玻璃反应釜。常温下水杨酸为固体，乙酸酐为低黏度液体，物料混合溶解和反应过程中需要较强的剪切作用和循环流量，一般选用直叶圆盘涡轮式搅拌器。

连续流反应技术具有提升生产效率、加快工艺优化、增强反应选择性、降低下游加工成本和提高工艺安全性等优点。连续振荡折流板反应器（COBR）是在流动方向上设置了周期性间隔的孔板挡板的管式混合或反应装置，或称为动态管式反应器。其管内的轴向流动和振荡运动叠加，提供强劲的轴向和径向混合，相当于很多完全混合连续搅拌釜式反应器（CSTR）串联在一起，能显著改善混合效果，提高传热和传质速率，它是一种强化传递性能的连续流反应器。

采用COBR反应器进行阿司匹林合成反应时，能使每个阶段的温度分布保持恒定，产物纯度达到99.57％。相比间歇反应釜，在振荡条件下清洗效率高、清洗废水量少，符合

GMP 要求，且反应器清洗操作损失的阿司匹林仅占总产量的 0.005%，远低于行业平均值（0.1%～0.2%）。

四、"三废"处理与生产安全

1. "三废"处理

阿司匹林残液为阿司匹林离心母液回收利用 5 次后，经减压蒸馏回收乙酸之后的胶体状有机物浓缩液。阿司匹林生产过程中会产生大量的阿司匹林残液。残液主要成分为阿司匹林，由于含有胶体状物质，很难通过结晶、离心等传统方式分离纯化回收。一般采用含量≥46%液碱水解 4～6h，然后用 30% 的稀硫酸在 40～50℃下中和至 pH 为 1～2，析出水杨酸，降温、离心回收水杨酸，母液交由污水生化处理。其反应方程式表示如下。

阿司匹林生产过程中废液为离心洗涤过程产生的废水和生活废水。各生产车间产生的生产废水，首先由各产生车间的专用设施进行预处理：高有机物废水通过吸附过滤、萃取分离、分馏蒸发等方式实现有机物和水相的分离，回收有机物并排出高盐高 COD 废水；然后，高盐废水经机械式蒸汽再压缩蒸发（MVR）浓缩和/或低温循环蒸发（CCE）浓缩结晶回收无机盐。预处理后的生产废水分别进入各车间的生产废水收集罐（池），经检测达到公司内控指标后，输送至污水处理系统进行生化处理。

阿司匹林生产过程中的废气和不凝气主要是乙酸酐和乙酸。利用排气密闭弹性呼吸袋（简称呼吸袋）技术，可减少酸性气体和挥发性有机气体的排放。采用光氧催化、低温等离子等废气净化技术，破坏有机气体的分子结构，控制化工异味，改善环境。

2. 安全与职业卫生防护

水杨酸粉尘对人体呼吸道、眼睛、皮肤等有刺激性，加料中操作人员应佩戴自吸过滤式防尘口罩，戴化学安全防护眼镜等。乙酸酐具有强烈刺激性气味和腐蚀性，采用管道输送和投料，如果发生乙酸酐泄漏，操作人员应佩戴自吸过滤式防毒面具，穿戴防酸服和手套进行应急处理。在使用乙酸、乙酸酐、磷酸、液碱等腐蚀品、毒害品的场所应合理设置淋洗器、洗眼器，并根据作业要求和防护要求配置事故柜、急救箱和个人防护用品。

第二节　二甲双胍盐酸盐生产工艺

一、概述

二甲双胍盐酸盐（metformin hydrochloride），化学名称为 N,N-二甲基亚氨基二碳亚胺二酰胺盐酸盐（N,N-dimethyl imidodicarbonimidic diamide, monohydrochloride, CAS

号：1115-70-4）。二甲双胍最初由美国百时美施贵宝公司研制开发，迄今已经上市 50 多年。该药品已在全球各主要的糖尿病治疗指南中列为主要药物，特别是超重和肥胖 Ⅱ 型糖尿病的一线用药。

$$\text{(结构式)} \quad \begin{array}{c} \text{N} \\ | \\ \text{N} \end{array} \overset{\text{H}}{\underset{\text{NH}}{|}} \overset{\text{NH}_2 \cdot \text{HCl}}{\underset{\text{NH}}{|}}$$

本品为白色结晶或结晶性粉末，无臭，味苦。在水中易溶，在甲醇中溶解，在乙醇中微溶，在氯仿、乙腈、乙醚中不溶。熔点为 220～225℃。盐酸二甲双胍产品性质及质量标准见表 3-2。盐酸二甲双胍主要在小肠吸收，生物利用度 50％～60％；口服后 2h 其血药浓度达峰约 2μg/mL，药物聚集在肠壁，为血浆浓度的 10～100 倍，肾脏、肝脏和唾液的浓度为血浆浓度的 2 倍以上；不与血浆蛋白结合，以原形随尿液排泄，血浆半衰期为 1.7～4.5h，12h 内 90％药物被清除。

表 3-2　盐酸二甲双胍产品性质及质量标准

检验项目		《中国药典》2020 版二部标准
性状	外观	白色结晶或结晶性粉末
	溶解度	本品在水中易溶，在甲醇中溶解，在乙醇中微溶，在三氯甲烷或乙醚中不溶
	熔点/℃	220～225
	吸收系数（$E_{1cm}^{1\%}$）	778～818
鉴别	红外光吸收图谱	应与对照的图谱一致
检查	有关物质/%	双氰胺≤0.02
		其他单项杂质≤0.1
		其他总杂质（不计双氰胺）≤0.5
	干燥失重/%	≤0.5
	炽灼残渣/%	≤0.1
	重金属	≤百万分之二十
含量测定/%		≥98.5

1. 二甲双胍的历史

二甲双胍的发现源于欧洲大陆流行的一种民间偏方，即被称为山羊豆的牧草可改善糖尿病患者的多尿症状。山羊豆在欧洲又被称为法国紫丁香，最初的使用是因其有助于瘟疫期内动物发汗。1918 年，胍类物质从法国紫丁香中被提取，但因肝毒性太大而无法在临床使用。1925～1950 年间，许多胍类衍生物，如苯乙双胍、丁双胍和二甲双胍，相继被合成，但此时胰岛素的出现却严重影响了双胍类制剂的应用。1978 年苯乙双胍因与乳酸酸中毒有关而被撤出市场，只有二甲双胍仍在临床使用。研究表明，二甲双胍较少发生乳酸酸中毒的原因是其对电子链的传递及葡萄糖的氧化无明显抑制作用且不干预乳酸的转运。1998 年英国前瞻性糖尿病研究（UKPDS）肯定了二甲双胍是唯一可降低大血管并发症的降糖药物，并能降低 Ⅱ 型糖尿病并发症及死亡率。2005 年国际糖尿病联盟（IDF）指南颁布，进一步明确了盐酸二甲双胍是 Ⅱ 型糖尿病药物治疗的基石。

2006 年美国糖尿病联合会（ADA）和欧洲糖尿病研究学会（EASD）共同发布了 Ⅱ 型

糖尿病治疗新共识，即新确诊的Ⅱ型糖尿病患者应当在采取生活方式干预的同时应用盐酸二甲双胍，并将其作为贯穿糖尿病治疗全程的一线用药。盐酸二甲双胍在历经近60年的起起落落后，现已成为世界范围内使用最广泛的口服降糖药，其降糖的安全性与有效性获得了广泛的认可。近年来，越来越多的研究发现，二甲双胍不仅具有降糖作用，还具有抗衰老、抗肿瘤、延迟寿命、降低痴呆症发生的风险等作用。

2. 国内外市场现状

根据国际糖尿病联盟（IDF）发布的糖尿病调查数据显示，全球糖尿病患者人数占全球总人口比例的5.8%。截止到2016年底，全球20～79岁的人中约有4.5亿人患有糖尿病，另有3.5亿人潜藏有很高的糖尿病患病风险。中国糖尿病患者人数则接近1.18亿，位居全球首位，预计到2040年中国糖尿病患者人数将达1.5亿。

目前，世界范围内使用最广泛的口服抗糖尿病药物是二甲双胍片，仅2018年度中国公立医疗机构终端、中国城市实体药店终端二甲双胍的市场规模就已超过50亿元，市场规模巨大。全球年需求原料药盐酸二甲双胍的量近4万吨。随着人口老龄化以及糖尿病患者年轻化，未来20年盐酸二甲双胍市场需求量将保持7%以上的增长。

3. 合成工艺方法

盐酸二甲双胍的合成起源于20世纪70年代，采用等摩尔的双氰胺和二甲胺盐酸盐为原料，在异戊醇溶剂中进行回流反应，反应完成，冷却、过滤，以热异戊醇淋洗滤饼，抽滤至干，真空加热干燥，获得白色晶体盐酸二甲双胍，总收率为73.1%。工业化生产盐酸二甲双胍的合成工艺方法主要有以下两种。

（1）溶剂法　在有机溶剂存在下，双氰胺与二甲胺盐酸盐在不同温度、不同反应时间条件下进行加成反应，粗品经过精制得到药用合格品。溶剂法的反应温度一般为130～160℃，反应时间一般为6～12h或更长，后处理精制需要经过盐酸调pH值、活性炭脱色、乙醇重结晶等多道工序。

反应使用的溶剂有：①醇类，如乙醇、异丙醇、正丁醇、异戊醇、正戊醇、环己醇、乙二醇、丙三醇等；②酰胺类，如N-甲基吡咯烷酮（NMP）、N,N-二甲基甲酰胺、N,N-二甲基乙酰胺；③二甲基亚砜；④苯类化合物，如甲苯、二甲苯；⑤醚类，如乙二醇单甲醚、丙二醇单甲醚。

（2）熔融法　在高于160℃的温度下，反应原料双氰胺与二甲胺盐酸盐熔化为液体后进一步反应生成盐酸二甲双胍。该合成方法工艺原理简单，生产周期短，但仍存在以下不足：①反应不完全，反应前期原料是固态，反应后期成品是固态，只有短期的均相反应，反应均一性差，成品中未反应的原料所占比例大，给后续精制带来困难；②原料转化率低，产品收率低，产品效益差；③生产存在安全隐患，两种物料在高于熔点时反应速度快，基本上是瞬间反应，短时间内温度快速上升，会发生冲料等危险；④对设备材质要求苛刻，设备投资过大，生产操作不易控制。

二、生产工艺原理与过程

由于现有熔融法存在的反应不完全和反应热难以转移等问题，工业生产主流工艺采用的溶剂法合成盐酸二甲双胍，以外购的双氰胺和盐酸二甲胺作为起始原料，以正丁醇为溶剂，在酸性条件下进行缩合，经过精制、结晶、干燥、回收二甲双胍和正丁醇等化学、物理过程制备盐酸二甲双胍，反应过程基本无副反应。

1. 工艺原理

（1）盐酸二甲双胍合成工艺原理

① 反应方程式。

$$H_3C \underset{H_3C}{NH} \cdot HCl + \underset{NC}{HN}{=}C\underset{NH}{\overset{NH_2}{<}} \xrightarrow[\text{正丁醇}]{118℃} H_2N{-}C\underset{NH}{\overset{H}{-}}N{=}C\underset{NH}{\overset{CH_3}{<}}\underset{CH_3}{}\cdot HCl$$

② 反应原理。以正丁醇（b.p117.7℃）作为反应溶剂，酸催化下二甲胺与双氰胺发生缩合反应，电子效应将起主导作用。氰基与旁边氨基形成 p-π 轭，降低了氰基碳的正电性，不利于二甲胺与双氰胺发生亲核加成。因此，这要求缩合反应温度较高，反应时间较长为好。在极性溶剂中，氢离子首先与氰基中的 N 结合生成季铵盐过渡态，提高了氰基碳的正电性，有利于二甲胺进攻氰基碳。同时，过渡态季铵盐与极性溶剂正丁醇很容易发生溶剂化，降低反应活化能，加快化学反应速率。最后通过脱去氢离子得到二甲双胍。

$$\underset{C}{HN}{\underset{N}{=}}C{<}\underset{NH}{\overset{NH_2}{}} \xrightarrow{H^+} \underset{C}{\overset{H}{N}}{=}C{<}\underset{NH}{\overset{NH_2}{}}$$

$$\underset{H_3C}{\overset{H_3C}{N}}{\overset{H}{H^+}}{-}C{=}N{-}C{<}\underset{NH}{\overset{NH_2}{}} \xrightarrow{118℃} H_2N{-}C\underset{NH}{\overset{H}{-}}N{=}C\underset{NH_2}{\overset{CH_3}{<}}\underset{CH_3}{}$$

$$\xrightarrow{-H^+} H_2N{-}C\underset{NH}{\overset{H}{-}}N{=}C\underset{CH_3}{\overset{CH_3}{<}}$$

（2）盐酸二甲双胍精制工艺原理　盐酸二甲双胍在水中易溶，在乙醇中微溶，在正丁醇、氯仿或乙醚中不溶。因此，生产上利用乙醇、乙醇/水等作为重结晶溶剂，采取分阶段降温结晶工艺纯化盐酸二甲双胍粗品，得到颗粒较大的晶体。考虑到盐酸二甲双胍存在溶剂残留问题，最好采取真空干燥。

2. 工艺过程

（1）工艺概述

① 合成工艺。双氰胺、盐酸二甲胺与正丁醇的质量配比为 0.86：1.0：2.59。

将 2300kg 二甲胺盐酸盐、1988kg 双氰胺固体物料依次投入溶解釜内，泵入 5964kg 正丁醇溶解，然后转入缩合釜内。向缩合釜夹套中通入蒸汽升温至回流，温度控制在 118℃，保温反应 7～8h，在此温度下二甲胺盐酸盐与双氰胺发生缩合反应生成盐酸二甲双胍。反应完成后，加入定量的纯化水，升温减压蒸馏，以水带出残留正丁醇，得粗产品。将 78％乙醇由乙醇配制罐压至缩合釜，搅拌升温，升温至 70℃ 左右，待粗产品溶解后压入脱色釜。

② 结晶工艺。脱色釜设置冷凝器，在 70℃ 左右回流保温 1h，加入活性炭，再回流保温脱色 15～20min，通过压滤泵压至烛式过滤器中压滤，然后通过微孔滤膜过滤，再压至结晶釜，压滤时内温要保持 70℃ 左右。

滤液压至结晶釜后，开动搅拌，当温度降至 40℃ 左右时，用冰盐水降温，当冷却至 5℃ 左右时，进行降温析晶。结晶完成后，过滤，晶体用适量乙醇洗涤，母液回收至母液罐中，滤饼送产品干燥机中干燥，干燥时蒸出的乙醇溶液通过乙醇回收冷凝器冷却后进入乙醇回收罐。烘干得到盐酸二甲双胍产品，质量为 3447.5kg，收率为 92.6%，纯度为 98.5%。

（2）工艺过程流程

① 工艺流程框图。根据二甲双胍盐酸盐合成工艺过程概述，按操作单元表述的二甲双胍盐酸盐合成工艺流程用框图表述如图 3-6 所示。

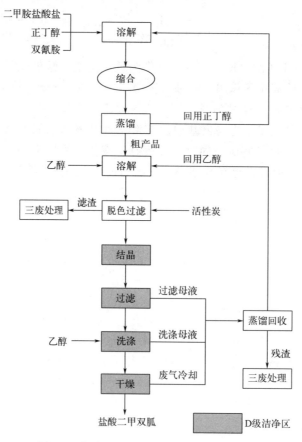

图 3-6　盐酸二甲双胍生产工艺流程方框图

② 工艺过程流程图。图 3-7 和图 3-8 是带控制点的二甲双胍盐酸盐生产工艺流程图（PID 图），其中脱色后的结晶至终产品干燥的精烘包操作均在净化控制区进行。

（3）工艺操作过程说明

① 合成工艺。

a. 溶解岗位。打开溶解釜放空阀和人孔盖，将预备好的盐酸二甲胺和双氰胺固体物料投入釜内，关闭溶解釜放空阀和人孔盖；打开正丁醇计量罐低位底阀和放空阀，开启溶解釜进料阀，通过计量罐外加液位指示（LI）和流量记录控制（FRC）共同调节，将正丁醇加入溶解釜内，关闭计量罐低位底阀、放空阀和溶解釜进料阀；开启搅拌，待原料全部溶解后，关闭搅拌；开启缩合釜物料进料阀，打开溶解釜底阀和放空阀，将正丁醇溶解液泵至缩合釜，关闭缩合釜进料阀和溶解釜底阀与放空阀，缩合釜投料完成。

b. 反应岗位。打开缩合釜夹套蒸汽进、回阀，进行加热；打开一级冷凝器循环水进、回阀和二级冷凝器冷冻盐水进、回阀，开启搅拌，升温至回流开始反应，通过缩合釜温度记录控制（TRC）与蒸汽流量记录控制（FRC）串级调节，控制釜内温度为 118℃，保温反应 7~8h；打开正丁醇蒸出阀和低位放空阀，控制釜内温度 118℃，此时正丁醇开始蒸馏出，

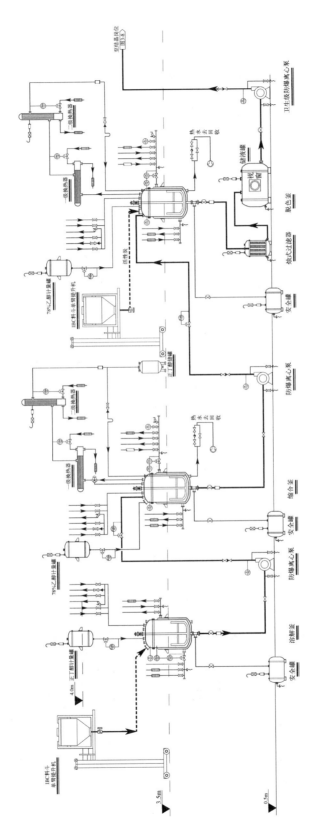

图 3-7 盐酸二甲双胍合成工艺流程图

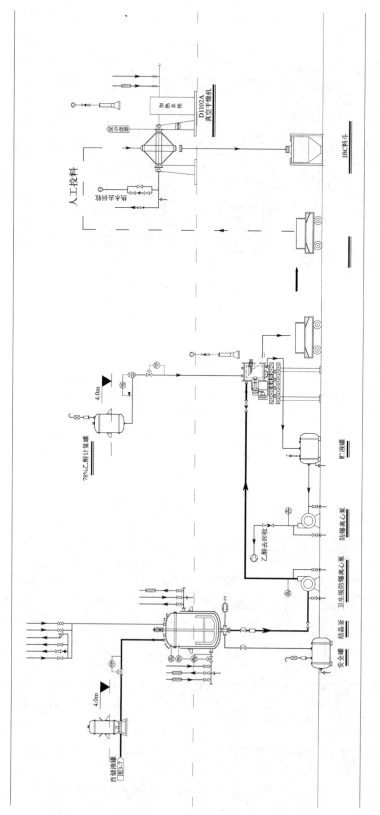

图 3-8 盐酸二甲双胍精制工艺流程

同时开始计时保温，待正丁醇基本蒸干；关闭正丁醇蒸出阀和低位放空阀，打开酸水蒸出阀及真空阀、缩合釜进料阀，将计量好的饮用水抽入釜内，关闭缩合釜进料阀，继续升温，减压蒸馏以水带出残留正丁醇（弃去），当缩合釜内温度在100℃，真空度在−0.09MPa时（保留真空），关闭搅拌，蒸汽进、回阀，酸水蒸出阀及低位放空阀、真空、蒸馏阀、蒸馏冷凝器冷却水进、回阀；打开乙醇计量罐低位底阀和放空阀，开启缩合釜进料阀，通过计量罐外加液位指示（LI）和流量记录控制（FRC）共同调节，将78%乙醇泵入缩合釜内，关闭计量罐低位底阀、放空阀和缩合釜进料阀；开启搅拌，通过缩合釜温度记录控制（TRC）与蒸汽流量记录控制（FRC）串级调节，控制釜内温度在75~82℃之间，待固体全部溶解后，关闭搅拌、蒸汽进、回阀；开启脱色釜物料进料阀，打开缩合釜底阀和放空阀，将乙醇溶解液泵至脱色釜，关闭脱色釜进料阀和缩合釜底阀与放空阀，脱色釜投料完成。

控制要点：该反应属于放热反应，首先将物料加热至回流开始反应，通过釜内温度和蒸汽流量串级调节，将温度控制在118℃，保温反应7~8h。加水减压蒸馏必须蒸干。

② 结晶工艺

a. 脱色岗位。开启搅拌，打开脱色釜回流阀，回流冷凝器冷却水进、回阀，夹套蒸汽进、回阀，通过脱色釜温度记录控制（TRC）与蒸汽流量记录控制（FRC）串级调节，控制釜内温度在75~82℃之间，回流保温1h，打开脱色釜人孔盖，投入计量好的活性炭，关闭人孔盖，回流保温脱色15~20min；关闭脱色釜回流阀，打开压滤器进、出阀，打开脱色釜底阀，放料压滤，同时打开脱色釜空压阀开始压料，调节夹套蒸汽进阀，保持釜内温度在75~82℃之间压料，确认滤液已经进入结晶釜后，调节空压阀，压力控制在0.1~0.2MPa之间；待脱色釜内料液压完后，关闭脱色釜底阀、空压阀，同时打开压料管空压阀继续压干压滤器内料液，打开脱色釜放空阀至釜内无压力后，关闭放空阀，打开脱色釜真空阀和进料阀抽入计量好的78%乙醇，关闭真空阀和进料阀，釜内温度升温至75~82℃后，关闭压料管空压阀，待压滤器内无压力时，打开脱色釜底阀，将洗碳乙醇放入压滤器内，关闭脱色釜底阀，打开压料管空压阀继续压滤，至压滤器内压下降时，确认结晶釜进料阀无料压出后，关闭压料管空压阀、压滤器进、出料阀、放空阀。

b. 结晶岗位。打开结晶釜夹套进、回阀，通入冷却水，开启搅拌，通过结晶釜温度记录控制（TRC）与冷冻盐水流量记录控制（FRC）串级调节，当釜内温度冷却至40℃左右（上下不超过2℃）时，关闭结晶釜夹套冷却水进、回阀，打开夹套压水阀和空压阀，压去冷却水，然后关闭压水阀和空压阀，打开夹套冰盐水进、回阀继续冷却；当釜内温度冷却至5℃左右（上下不超过2℃）时，关闭夹套冰盐水进、回阀，打开夹套空压阀、冰盐水压回阀，将冰盐水压回盐水箱，待压力表压力退到0时，关闭夹套空压阀、冰盐水压回阀。

c. 过滤洗涤岗位。打开结晶釜底阀，料液由氮压压出，经隔膜阀流出，结晶釜的料液通过离心泵送至卧式刮刀卸料离心机，离心0.5h。通过FQIC控制，自计量罐加入乙醇，淋洗离心1h，滤饼卸至斗车。母液、淋洗液输送至贮液罐，经管道送至回收区。

d. 干燥岗位。打开干燥机真空阀、进料阀，将湿品全部投入干燥机，关闭进料阀；打开干燥机夹套蒸汽进、回阀，开启干燥机转动开关，控制夹套蒸汽压力0.1MPa、内温35~70℃、真空度−0.02~−0.09MPa，转动干燥2~2.5h，每半小时记录一次参数；停止干燥机转动，关闭夹套蒸汽进、回阀，5min后打开夹套冷却水进、回阀，冷却至内温40℃以下，关闭真空阀、冷却水进、回阀，缓慢打开进料阀放空压力，打开人孔盖，将干品放入储料桶。

控制要点：物料进入结晶釜后通冷冻盐水降温，采取梯度降温方式，同时变频搅拌控制转速在一个合适范围内，采取温度与冷冻盐水流量的串级控制，降温至5℃，得粒度较大的结晶。干燥时保持真空度在−0.09MPa以下。

三、生产工艺影响因素

1. 反应物配料比

缩合反应收率的高低与反应物的配比有关。按照反应式理论计算，双氰胺与盐酸二甲胺的摩尔比为1.0∶1.0（质量比为1.03∶1.0）。从图3-9可以看出，以正丁醇为反应溶剂，双氰胺与盐酸二甲胺质量比从0.87∶1.0增加到1.03∶1.0时，缩合反应收率从81.36%提高到96.63%，产品纯度在99.95%以上，总杂质含量不超过0.05%，有关物质双氰胺残留量均为0.01%，符合《中国药典》2020版二部原料药盐酸二甲双胍的质量标准。

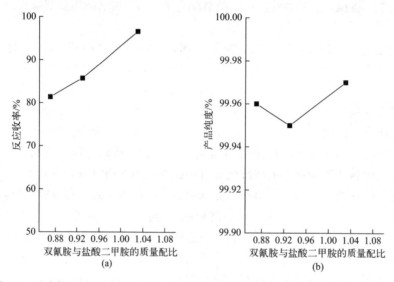

图3-9　反应物配料比与产品收率、纯度的关系（盐酸二甲胺∶正丁醇＝1∶2.59）

增加双氰胺的用量，在较高温度下，可使双氰胺发生自身缩合环合甚至聚合，对合成反应不利。例如，两分子双氰胺高温缩合生成2-胍基-1,3,5-三嗪-4,6-二胺盐酸盐。因此，增加双氰胺的用量，同时控制好温度，对产品的纯度和收率有利。

如果外购原料盐酸二甲胺和双氰胺含有水或生产过程带入水，双氰胺的水解产物氰胺与盐酸二甲双胍聚合生成 N,N-二甲基-1,3,5-三嗪-2,4,6-三胺盐酸盐，故反应原料和生产过程应严格限制水分。

2. 反应溶剂

溶剂的选择除了能溶解反应物外，反应速率和产率高低也是选择反应溶剂的重要标准。生产上，盐酸二甲双胍合成的反应溶剂主要是脂肪醇，这类溶剂对反应物和产物均有良好的溶解性。此外，脂肪醇类溶剂沸点相对较高，不会因为反应放热和晶体析出而过于剧烈，反应趋于平稳，产率相对较高。实践证明，在其他条件相同情况下，缩合反应收率大小依次为：正己醇＞环己醇＞正戊醇＞异戊醇＞正丁醇≫正丙醇（表3-3）。制药企业一般选择沸点相对较低的异戊醇或正丁醇作为反应溶剂，有利于生产溶剂回收利用，降低生产成本。

表 3-3　不同醇类溶剂中的合成产率

溶剂	沸点/℃	反应温度/℃	平均收率/%
正丙醇	97.2	97	无产品
正丁醇	117.7	110～115	44.6
异戊醇	130.8	125～130	65.1
正戊醇	138.0	130～135	65.3
正己醇	157.1	135～145	68.4
环己醇	161.0	145～150	67.6

注：收率是三批平均值，以双氰胺计算，控制温度均在回流状态，反应1h。

3. 反应温度

从表3-3可见，温度升高在一定程度上可以提高产物收率，但进一步提高反应温度收率并没有相应提高。有人提出盐酸二甲胺与双氰胺在无溶剂的情况下进行熔融缩合反应，但缩合反应的产率很低。由于熔融温度需要在170℃以上，反应是有利于双氰胺自身发生缩合反应的；同时，由于盐酸二甲胺与双氰胺的缩合反应是放热反应，容易引起反应液局部过热；而反应原料二甲胺高温下受热易分解生成甲酸和氨气，生成的甲酸与盐酸二甲双胍反应聚合生成副产物 N,N-二甲基-1,3,5-三嗪-2,4-二胺盐酸盐。这也许是目前无溶剂法和采用高温缩合反应条件所得产品收率较低的主要原因。

为此，采用沸点相对较高的溶剂作为反应介质进行回流反应操作，并辅以强烈搅拌，避免反应液局部过热而导致的副反应和生产溢料。实践表明，盐酸二甲胺与双氰胺溶于正丁醇，首先将物料加热至回流开始反应，温度控制在118℃，保温反应7～8h，合成反应收率达到99.99%，基本无副产物生成。

4. 重结晶用溶剂

盐酸二甲双胍结晶在丙酮、四氢呋喃和二氯甲烷等极性非质子溶剂以及甲苯等非极性非质子性溶剂中是不溶的；而仅溶于乙醇、甲醇、甲酰胺和乙二醇等极性质子性溶剂。由于盐酸二甲双胍与具有盐基以及可形成氢键的 API 一样的各向异性的结构特征，因而会沿晶体的一个轴形成离子键而产生针状或类似针状晶体。二甲双胍盐酸盐在乙醇、甲醇和甲酰胺等单一有机溶剂中结晶得到的主要是针状结晶（A 型，如图 3-10 所示），而这种长宽比很高的结晶常常是不受欢迎的。并且，盐酸二甲双胍晶体在水中生长缓慢，能够形成柱状晶体（B 型）。

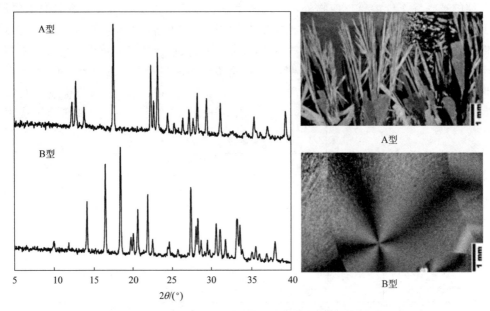

图 3-10　二甲双胍盐酸盐晶型 A/B 的 XRD 谱图和光学显微照片

为此，采用有机溶剂与水的组合溶剂，例如，DMF/水、丙酮/水、乙醇/水等，析出的晶体都为长柱状体（图 3-11），综合考虑精制收率、溶剂用量及成品中残留溶剂的限度，最

图 3-11　盐酸二甲双胍在不同溶剂中的晶型
(a) 纯盐酸二甲双胍；(b) 水；(c) 甲酰胺；(d) 乙醇；(e) 甲醇；(f) 正丙醇

终选择乙醇/水混合溶剂作为盐酸二甲双胍大生产的结晶溶剂（图3-12）。

一般地，降温速率越快，越易致结晶过程过饱和度增大并由此引起爆发成核，易得到细粉状结晶，晶粒因此具有更大的比表面积，而易于吸附结晶溶剂中的杂质到晶体表面，造成产品纯度下降。盐酸二甲双胍的乙醇/水溶液采取梯度降温，先用循环水降温至40℃，再用冰冻盐水降温至5℃，可避免结晶过程冷却太快易包裹杂质或太慢导致晶粒不均匀或结块的现象出现，由此制得纯度高的大颗粒盐酸二甲双胍晶体。

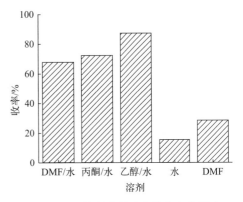

图 3-12　重结晶溶剂对产品收率的影响

5. 非工艺因素

由于反应对物料投料比和反应温度有严格的要求，确保物料混合均匀避免局部过浓和物料温度分布均匀是技术关键。

（1）反应釜

夹套加热（冷却）、强化流动混合、保证浓度均匀、温度均匀。

① 搅拌。缩合反应属于放热反应，需要高效搅拌的设备，加速物料之间混合，提高传热和传质速率，促进反应的进行且加快物理变化过程。考虑到溶解釜中固体原料溶解和缩合反应有晶体析出，固体物料对搅拌有一定的阻力。因此，缩合反应要求搅拌器能克服物料阻力且具有较大传热效果，正丁醇属于低黏度流体。所以，选择桨式或涡轮式搅拌器较为合适。

② 结构。缩合反应的反应器带有夹套、温度计和搅拌回流装置的防腐反应釜，夹套通蒸汽或冷却盐水。生产上也可以在反应釜内插盘管，搅拌过程中反应釜壁和内插盘管壁上的液体不断更新，形成强制对流，强化了传质与传热效果。内盘管反应釜结构如图3-13所示。

③ 设备材质。盐酸二甲胺水溶液为酸性，具有很强的腐蚀性。工业生产上，溶解釜和缩合反应釜的材质均为搪瓷。

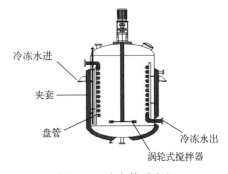

图 3-13　内盘管反应釜

（2）结晶与干燥装置

① 结晶装置。结晶操作要求搅拌器具有较大的传热作用和避免有过大的剪切作用，乙醇/水属于低黏度流体，所以，选螺旋桨式、框式或锚式搅拌器较为合适。

一般来说，搅拌速度增大，晶体粒度减小。这是因为搅拌速度增大，会破坏部分晶体，或与结晶的接触摩擦力增大，扫落晶体表面的粒子，加速二次成核，消耗了过饱和度，使得晶体不能成长为更大的粒度。

在盐酸二甲双胍原料药生产过程中，不改变其他条件的情况下，加快搅拌速度可以减少产品中针状晶体的量，产品都为长柱状体，便于后续的过滤、干燥等工序。经过粉碎过筛处理，产品的粒径分布有明显的提高，如图3-14所示。

微流体控制反应器以及受限空间撞击射流反应器已经发展为生产良好的微、纳米颗粒。但是，微流控反应器在处理沉淀系统时，由于沉淀而经常遇到堵塞问题；而受限空间撞击射

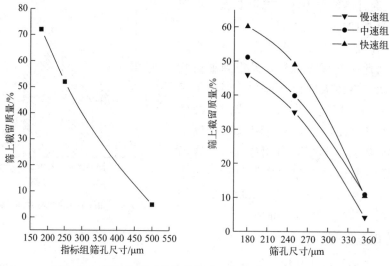

图 3-14　搅拌速度对晶体的影响（每组降温时间均为 6h）

流反应器仅限于快速闪蒸沉淀。为了解决上述问题，有人采用基于超声波辅助逆向喷射混合的新型连续流动结晶装置，实现了反溶剂与溶液良好的混合、适宜的沉淀停留时间、无堵塞技术等，可重复和高通量生产小尺寸（约 $19.8\mu m$）盐酸二甲双胍颗粒。

　　② 干燥装置。盐酸二甲双胍晶体中残留沸点较高的水和正丁醇溶剂，真空干燥有利于除去残留溶剂，保证产品纯度。如果采用动态干燥设备，如三合一，需提前研究动态干燥对晶型和粒度的影响，在确定无影响的前提下，采用三合一在降低劳动强度上大有裨益。

四、"三废"处理与生产安全

　　需要注意的是盐酸二甲双胍生产过程中存在安全、环保与健康危害的风险。由于使用的是有毒有害的盐酸二甲胺和可燃性的双氰胺和溶剂正丁醇，且反应是放热的，因而存在中毒和燃爆风险。为了降低对人体刺激和物料吸收空气中水分的风险，一般要求采用密闭操作和自动投料；或在溶解釜加料口上部设置集气罩，采用引风机收集有机废气；为了消除静电带来的安全风险需要对反应设备及其管道系统做接地保护；同时，操作人员需要佩戴防护眼镜和手套进行操作，并配备呼吸器。

　　因为有机溶剂蒸汽与空气可形成爆炸性气体混合物，无论用压缩空气进行结晶物料压滤，还是离心过滤或真空抽滤，都会存在燃爆或爆燃的风险。为此，最好避免采用空气，而用惰性气体为宜，并做好设备系统的防爆与静电消除。同时，会产生含正丁醇等的废气和不凝气、含盐和有机物的废水以及蒸馏残渣等固废，需要采用减量化或资源化（微波再生活性炭、基于热泵的蒸发浓缩处理缩合物废水）利用技术进行处理和治理。

第三节　硝酸甘油的连续生产工艺

一、概述

　　硝酸甘油（nitroglycerin，NG），又名三硝酸甘油酯、三硝酸丙三酯等，化学名称为 1，

2,3-丙三醇三硝酸酯（1,2,3-propanetriol trinitrate，$C_3H_5N_3O_9$，CAS 号：55-63-0），具有松弛血管平滑肌的作用，是目前临床应用最广泛、最有效的短效抗急性心绞痛药物。硝酸甘油是甘油的三硝酸酯，是一种爆炸能力极强的化学物质。

$$O_2NO \quad \underset{ONO_2}{} \quad ONO_2$$
硝酸甘油

硝酸甘油为浅黄色无臭带甜味的油状液体，其沸点为 145℃。本品在低温条件下可凝固成为两种固体形式：一种为稳定的双菱形晶体，其熔点为 13.2℃；在某些条件下形成不稳定的三斜晶体，其熔点为 2.2℃，这种易变晶型可转变为稳定的晶型。硝酸甘油溶于乙醇，混溶于热乙醇、丙酮、乙醚、乙酸、乙酸乙酯、苯、三氯甲烷、苯酚，略溶于水（1.73mg/mL，20℃）。硝酸甘油有挥发性，也能吸收水分子成塑胶状；在中性和弱酸性条件下相对稳定，在碱性条件下迅速水解，根据水解机制和途径不同，水解产物分别为相应的醇、醛或烯烃类化合物；过热及光照可导致分解，因此应避光保存。硝酸甘油经舌下含服立即吸收，生物利用度 80%；而口服因肝脏首过效应，生物利用度仅为 8%。舌下给药 2～3min 起效、5min 达到最大效应，血药浓度峰值为 2～3ng/mL，作用持续 10～30min，半衰期 1～4min。血浆蛋白的结合率约为 60%。主要在肝脏代谢，中间产物为 1,2-甘油二硝酸酯、1,3-甘油二硝酸酯和甘油单硝酸酯，终产物为丙三醇。两种主要活性代谢产物 1,2-和 1,3-甘油二硝酸酯与母体药物相比，作用较弱，半衰期更长。代谢产物可经尿和胆汁排出体外。目前硝酸甘油制剂的主要剂型有片剂、注射剂、气雾剂和贴剂等，其中以片剂的使用最为广泛。硝酸甘油溶液的产品性质及质量标准见表 3-4。

表 3-4　硝酸甘油溶液的产品性质及质量标准

	检验项目	《中国药典》2020 版二部标准
性状	外观	无色澄清液体
	气味	乙醇特臭
	相对密度	0.835～0.850
鉴别	二苯胺试液	显深蓝色
	高效液相色谱	应与对照品主峰保留时间一致
检查	有关物质	单个杂质峰面积 ≤ 对照液主峰面积（1.0%）； 总杂质峰面积 ≤ 对照液主峰面积的 3 倍（3.0%）
含量测定	硝酸甘油（$C_3H_5N_3O_9$）含量	9.0%～11.0%

1. 硝酸甘油的历史

硝酸甘油是目前临床应用最广泛、最有效的短效抗心绞痛药物。而一百多年前，硝酸甘油最初的广泛应用并被世人所熟知是由于它的巨大杀伤力——炸药。1847 年意大利都灵大学的化学家索布雷洛发现用硝酸和硫酸处理甘油能得到一种黄色的油状透明液体，这种液体很容易因震动而发生爆炸，进入人体可引发头痛，它就是硝酸甘油。但是由于其性质太不稳定，而限制了他的生产和运输。二十年后，瑞典化学家阿尔弗雷德·诺贝尔通过反复试验，对其生产工艺进行改进，使硝酸甘油可以安全地生产、运输和使用。硝酸甘油的商业化应用初衷是用于开矿、铸造等，以促进人类生产的发展。而事与愿违，硝酸甘油作为炸药后来被广泛应用于战争。硝酸甘油对心血管疾病的开创性治疗始于英国。在硝酸甘油开始大规模投入生产后，英国医师威廉·穆雷尔经过研究发现硝酸甘油有扩张血管、引起血压下降的作用。1878年，威廉·穆雷尔将稀释后的硝酸甘油溶液应用于心绞痛患者的治疗，发现患者胸痛发作次数明显减少，随后这种治疗方法在更多病人身上使用都取得很好的治疗效果。1879年威廉·穆雷尔将他的研究成果在著名医学杂志《柳叶刀》上发表，自此硝酸甘油治疗心绞痛的方法在临床开始广泛应用。

硝酸甘油抗心绞痛的机理是通过释放一氧化氮（NO），调节平滑肌收缩状态，引起血管扩张，减少回心血量，减少心肌耗氧量，从而缓解心绞痛。经过一百多年的临床应用及发展，硝酸甘油制剂由最初的硝酸甘油溶液发展到片剂、喷雾剂、软膏剂、注射剂、透皮贴剂等多种剂型。随着现代医学对硝酸甘油的药理作用机制的认识及多种剂型的发展，其临床应用也由最初的抗心绞痛扩展到更多疾病的治疗，如高血压、心力衰竭、心肌梗死等。

2. 国内外市场现状

硝酸甘油片主要用于预防和迅速缓解因冠状动脉疾病引起的心绞痛发作，由美国辉瑞公司研发，最早于2000年在美国上市。2020年2月，山东信谊制药有限公司就硝酸甘油片仿制药一致性评价向国家药监局提出申请并获受理。至目前，国家药品监督管理局官网数据显示，硝酸甘油片共有13个国内生产厂家，主要为北京益民药业有限公司、河北医科大学制药厂和山东信谊制药有限公司等，此外还有辉瑞公司的进口硝酸甘油舌下片"耐较咛"。目前药用级硝酸甘油全球年产量为1.5万～1.6万吨。IQVIA数据库显示，2019年硝酸甘油片医院采购金额为人民币5768万元，山东信谊硝酸甘油片销售收入为人民币2156万元。

硝酸是易燃易爆品，随着环保执法力度的加强，很多供货厂家大幅减产甚至停产，供货断断续续，硝酸甘油片的产量跟不上，已有地方陆续将硝酸甘油纳入短缺药品。2019年2月22日，山东省发布《关于对硝酸甘油片等短缺药品直接挂网的通知》，将硝酸甘油片列为短缺药品，不需再经过招标程序，可直接挂网采购。2018年10月，上海市医药集中招标采购事务管理所也将硝酸甘油注射剂列为临床紧缺药品。

3. 合成工艺方法

硝酸酯如硝酸甘油酯是通过硝酸与醇如甘油反应而得。在硝酸酯的制备环节中，原料硝酸是硝化试剂，它能继续硝化中间体，也就是部分硝化的单硝酸酯、二硝酸酯；也是强氧化剂，能氧化烷基醇原料，生成CO_2、H_2O和N_2，导致存在潜在的爆炸危险。因此，生产硝酸酯的关键步骤是提高硝化步骤的安全性和可控性。目前常见的硝化体系包括：浓硝酸硝化、混酸硝化法、N_2O_5/有机溶剂体系。这些硝化体系有各自的优点和缺点，浓硝酸硝化的收率较高，但是对原料的适应性差。混酸硝化法的收率较高，但选择性差、产物分离困难、容易导致环境污染，不适用于水敏性和酸敏性物质。N_2O_5/有机溶剂体系的条件温和，可用于硝化酸敏性物质或水敏性物质，还能选择性硝化多官能团物质，其缺点在于，有机溶剂一般是有毒的氯代烃溶剂。

在常规的实验条件下，该反应具有非常高的危险性：冻结的硝化甘油机械感度比液体的要高，处于半冻结状态时，机械感度更高；受暴冷、暴热、撞击、摩擦，遇明火、高热时，均有引起爆炸的危险；与强酸接触能发生强烈反应，引起燃烧或爆炸。该危险特性是硝酸甘油生产的最重要的障碍。传统制备硝酸甘油的工艺主要有釜式、管式及喷射式硝化法，经历了从间断到连续、从容器硝化到喷射硝化，但目前仍然存在在线量大、生产过程危险等问题。

为解决这些问题，对新的合成工艺如微反应器技术，国内外进行了大量探索研究并逐渐开始实际应用。微通道（连续流）反应器是一种依靠微加工技术在特定的固体基质上蚀刻出固定形态的通道，并且具有一定化学反应适用性的化工设备。作为一种连续流动的管道式反应器（如图3-15所示），其内部通道直径非常细小，通常为1~4mm，其拥有极大的比表面积，可达常规反应器比表面积的几百倍甚至上千倍，因此产生极大的换热效率和传质效率，可以精确控制反应温度，确保反应物料瞬间混合，有助于提高化学反应收率、选择性、安全性，以及产品质量。同时，功能器件的微小化将化学反应的单元操作过程集成到由几个不同执行功能微器件所构成的平台上，便于实现反应过程的自动化、集成化、精密化和连续化。

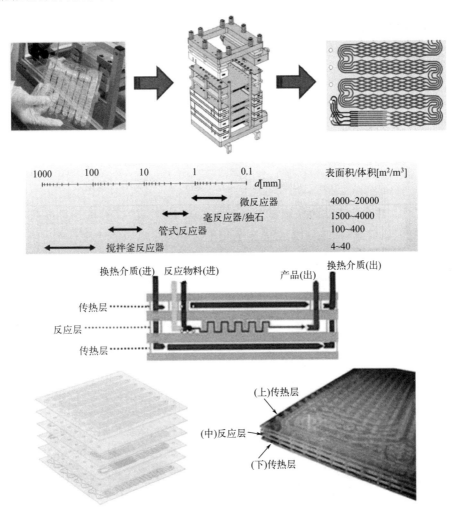

图 3-15　微反应器实验装置及内部结构示意图

与常规釜式反应器相比，微通道反应器具有以下特点：①通道几何特性；②传递和宏观流动特性；③强化传递过程；④提高产品收率和选择性；⑤利于温度控制；⑥安全性能高；⑦放大问题。与传统化工间歇设备相比，微化工设备可以实现化工过程的连续化生产，具有一定的生产灵活性，并且化工设备高度集中，节约生产空间。微反应器本身强大的传热和传质能力除了可以精确、安全控制反应过程，还可以提高环境资源和能量的利用效率，实现化工过程的高效化、微型化和绿色化。微通道反应器适合的反应包括放热剧烈的反应、反应物或产物不稳定的反应、反应物配比要求很严的快速反应、危险化学反应以及高温高压反应等。

2005 年，诺贝尔炸药及系统技术有限责任公司公开了一种用于制备液态硝酸酯的方法，将醇溶液和硝化酸在微型反应器中混合，用来制备三硝化甘油或乙二醇二硝酸酯，采用了亚毫米（50～3000μm）范围的微型反应器或微型混合器，可实现明显较高的反应温度（30～50℃，而不是通常的 25～30℃），同时不会增加安全风险。该方法可以按比例经济地进行小量或大批量生产，灵活适用于生产需求。随着微流控技术的发展及应用，通过微通道反应器进行硝酸甘油及其制剂的连续化生产工艺也被实现。

二、生产工艺原理与过程

以甘油为起始原料，以浓硫酸-发烟硝酸混合酸为硝化剂，通过微通道反应器进行硝化反应、分离、洗涤、除杂、混合稀释等过程制备出硝酸甘油乙醇溶液。

1. 工艺原理

（1）硝酸甘油合成原理

① 反应方程式。

$$HO\overset{OH}{\diagup}OH + 3HNO_3 \xrightarrow[CH_2Cl_2]{H_2SO_4} O_2NO\overset{ONO_2}{\diagup}ONO_2 + 3H_2O$$

② 反应原理。甘油分子作为亲核试剂，其中的某个羟基的孤对电子进攻硝基酸中带正电的氮原子，氮氧双键打开，随后醇羟基氢氧键断裂并发生质子氢转移，而后氮原子上的羟基质子化，最后失去一分子水和一个质子，形成氮氧双键得到硝酸酯。甘油分子中另外两个羟基重复该过程，最终生成三硝酸甘油酯，即硝酸甘油。

（2）硝酸甘油工艺原理　硝酸甘油微通道连续流生产工艺过程主要分为混合、硝化反应、分离、洗涤、除杂、混合稀释六个环节。

甘油与硝硫混酸的硝化反应过程为液-液界面传质传热的非均相反应过程，反应过程发生在相界面区域，有机相需要通过扩散的方式进入无机相，这个扩散过程非常缓慢，因为在传统工业反应中，通常要通过机械搅拌的方式使反应物料强制转移，同时增加传热效率。但这种方法很难完全消除两相反应的传质阻力。而微流控技术可以利用微通道反应器的亚微米级反应器将两相流体以强制对流的方式流入混合区，在这一过程中微通道的特征尺寸使两相流体薄层仅有微米级厚度，在这种厚度下，有机相向无机相的扩散过程可快速达成，流体离开混合区域进入微通道反应区域内，多组柱状微通道反应区可进一步将大滴悬浊液分散成均一的乳状液，强化了醇酸两相的混合效果，使反应快速完成。

丙三醇以硝硫混酸为硝化剂时，进行硝化反应的同时，还伴有磺化、氧化、水解等副反应的发生，这些副反应易导致反应产物硝酸甘油的分解、爆炸事故等，直接影响产品的质量、生产的安全。副反应倾向的大小主要取决于混酸的组成，实际生产中常通过合理的混酸成分（1∶1）和硝化系数（混酸∶甘油＝5∶1）来减少副反应的发生。另外硝化过程是放热反应过程，反应速度越快放热也越快，需要高效传热、控温。微通道反应器温度可控制在

5~15℃，反应时间为 1~15min。而微通道反应器由于其内部通道特点，硝化反应连续快速进行，传质传热高效且易于控制。

反应完成以后硝化产物快速流出反应器，通过液液分离器进行分离，所得酸液输入废液处理器以备循环利用。所得有机相分别用碳酸氢钠水溶液、水进行洗涤、分离以除去硝酸甘油产物中少量酸、磺化物、甘油单硝酸酯、甘油二硝酸酯等杂质。洗涤过的有机相依次通过分子筛干燥剂柱、活性炭柱进行除水、脱色以后，根据料液中所含硝酸甘油浓度，调节溶剂无水乙醇的流速在混合器中进行稀释，制得 10%浓度的硝酸甘油乙醇溶液。

2. 工艺过程

（1）工艺概述

① 合成过程。发烟硝酸、浓硫酸（98%）和甘油的质量配比为 3：6：1。

通过计量泵将发烟硝酸和浓硫酸按质量比 1：2 的比例进入微通道反应器混合模块进行混合，然后通过计量泵将甘油打入微通道反应器反应模块与混合后的混酸进行硝化反应，反应温度控制（20±1）℃，停留时间 5min，之后反应液进环隙式离心萃取器进行分液。

② 后处理过程。分液后的有机相与 5%碳酸氢钠溶液以 1：2 的速度经计量泵输送至环隙式离心萃取器进行洗涤（2 次），洗涤后有机相与去离子水以 1：3 的速度经计量泵输送至环隙式离心萃取器进行洗涤（3 次）。经水洗涤后有机相依次通过分子筛干燥剂柱去除水分，活性炭柱进行脱色、除杂质。所得料液经 HPLC 检测硝酸甘油含量合格后，加入无水乙醇混合获得 10%浓度的硝酸甘油无水乙醇溶液。

（2）工艺过程流程

① 工艺流程框图。根据基于微通道反应装置技术的硝酸甘油的合成工艺过程概述，按生产操作单元表述的硝酸甘油合成工艺流程用框图表述如图 3-16 所示。

② 工艺过程流程图。图 3-17（a）和图 3-17（b）是带控制点的硝酸甘油的化学合成与洗涤分离精制/干燥的生产工艺流程图（PID 图），注意其中终产品干燥与众不同，采用的是分子筛脱水干燥。

（3）工艺操作说明

① 合成过程。打开发烟硝酸储罐、浓硫酸储罐、甘油储罐、碳酸氢钠水溶液储罐、去离子水储罐、无水乙醇储罐放空阀，依次打开罐区所对应输送泵，通过液位反控输送泵，保持储罐内液位在一定液位高度。

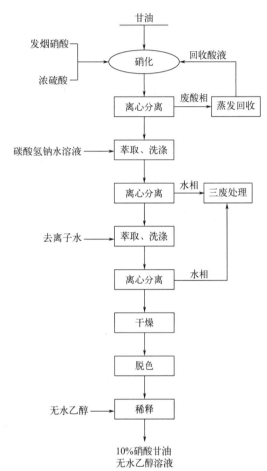

图 3-16　硝酸甘油生产工艺流程框图

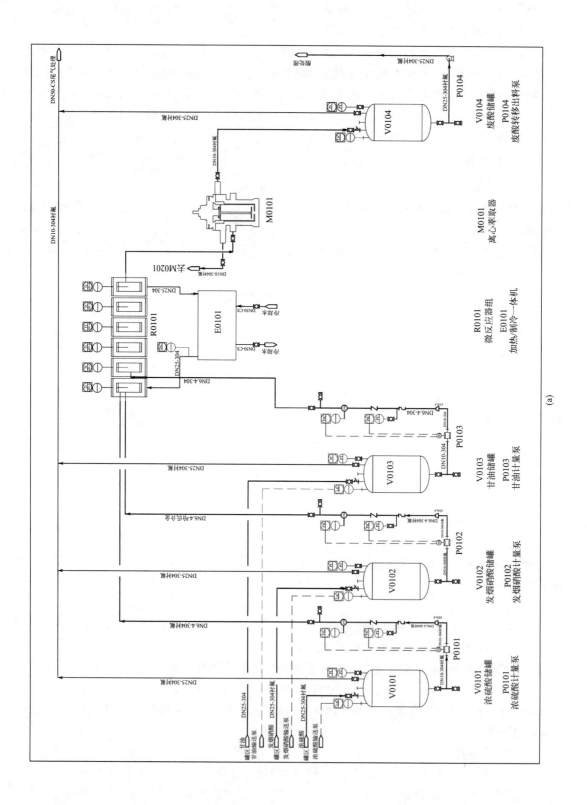

(a)

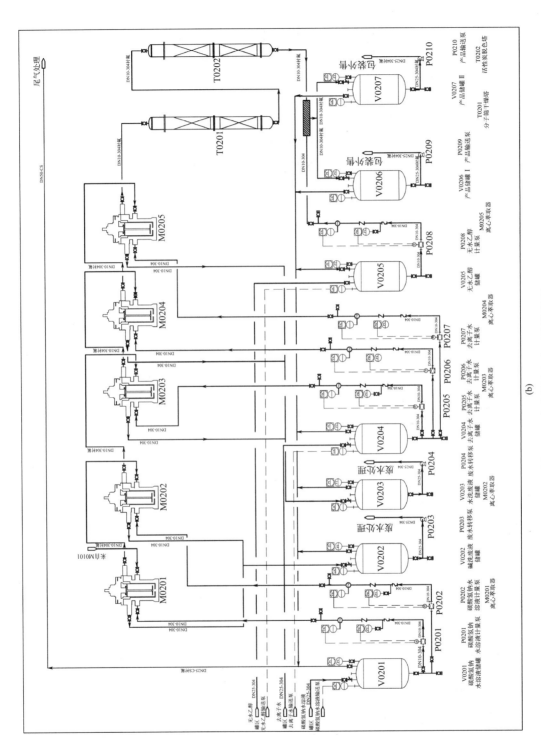

图 3-17 硝酸甘油生产工艺流程图

(b)

依次打开微通道反应器进出口阀门、环隙式离心萃取器进出口阀门、分子筛干燥剂柱进出口阀门、活性炭柱进出口阀门、废酸储罐进口阀门和放空阀门、废碱液储罐进口阀门和放空阀门、废水储罐进口阀门和放空阀门。

开启加热/制冷一体机降温循环水和加热/制冷一体机，至微通道反应器内温度稳定在20℃±1℃后，依次开启发烟硝酸计量泵、浓硫酸计量泵、甘油计量泵，控制发烟硝酸计量泵流量为2.52L/h、浓硫酸计量泵流量为4.10L/h、甘油计量泵流量为1.00L/h。

开启环隙式离心萃取器M0101，有机相进后处理设备，废酸进入废酸储罐。

控制要点：反应温度直接影响反应的转化率和选择性，利用微通道反应器换热面积大、换热效率高的特点，并通过加热/制冷一体机精确控制反应温度，使反应按照最佳状态进行。

注意事项：硝化反应是放热反应，温度越高，硝化反应的速度越快，放出的热量越多，越易造成温度失控而爆炸。混酸具有强烈的氧化性和腐蚀性，与有机物特别是不饱和有机物接触即能引起燃烧。硝化反应的腐蚀性很强，会导致设备的强烈腐蚀。混酸在制备时，若温度过高或落入少量水，会促使硝酸的大量分解，引起突沸冲料或爆炸。硝化产品大都具有火灾、爆炸危险性，尤其是多硝基化合物和硝酸酯，受热、摩擦、撞击或接触点火源，极易爆炸或着火。硝化过程应严格控制加料速度，控制硝化反应温度。硝化反应器应有良好的冷却装置，不得中途停水断电。建议操作人员佩戴自吸过滤式防毒面具，穿防酸碱塑料工作服，戴橡胶耐酸碱手套。

② 后处理过程。在开启发烟硝酸计量泵、浓硫酸计量泵、甘油计量泵后，立即开启环隙式离心萃取器M0201、M0202、M0301、M0302、M0303和碳酸氢钠溶液计量泵、去离子水计量泵，控制碳酸氢钠溶液计量泵流量为3.20L/h、去离子水计量泵流量为4.80L/h。

开启无水乙醇计量泵，根据活性炭柱后的质量流量计调整无水乙醇计量泵流量，稳定30min后，切换最终产品接收罐，则连续得到10%浓度的硝酸甘油无水乙醇溶液26.5kg/h。

控制要点：无水乙醇的加入量，根据管道混合器前的质量流量计反控无水乙醇计量泵，保证最终产品中硝酸甘油的有效含量。

注意事项：环隙式离心萃取器和碳酸氢钠溶液计量泵、去离子水计量泵与发烟硝酸计量泵、浓硫酸计量泵、甘油计量泵同时开启。

三、生产工艺影响因素

1. 反应物浓度与配料比

硝酸与甘油的物料摩尔比应控制在适宜范围［(4～5)：1］内。随着反应物摩尔比的增大，微流道内单位时空界面上活性硝化剂NO_2^+与甘油分子的摩尔比增加，甘油硝化反应速率增加，同时三段硝化的程度增加，因此硝化甘油的产率和纯度随着反应物摩尔比的增加而增加。但在摩尔比为大于5：1后，产物纯度下降，可能由于在此物料比下，硝化反应完成后，硝化产物在该系统中会发生一定量的水解和酯化副反应。硝酸与甘油的物料物质的量比对硝酸甘油合成的影响见表3-5。

表3-5　硝酸与甘油的物料物质的量比对硝酸甘油合成的影响

硝酸：甘油(n：n)	产率 / %	纯度 / %
3.3：1.0	56.2	92.8
3.5：1.0	65.3	95.7

硝酸∶甘油($n∶n$)	产率 / %	纯度 / %
4.0∶1.0	76.2	98.6
4.5∶1.0	85.2	99.3
5.0∶1.0	84.8	93.4

2. 反应温度的控制

甘油的硝硫混酸硝化反应是一个易于发生的快速强放热过程，温度对反应的影响很大；温度升高，液体黏度略有下降，流动性有一定改善，进一步提高了混合效率，提高了传热传质速率，从而提高反应速率。但硝化反应是放热反应，温度越高，硝化反应的速度越快，放出的热量越多，越易造成温度失控而爆炸。而且，反应温度过高产物易自催化分解，副反应增多，因此反应体系温度应控制在 20℃±1℃。反应温度对硝酸甘油合成的影响见表 3-6。

表 3-6　反应温度对硝酸甘油合成的影响

反应温度 /℃	产率 / %	纯度 / %
15	70.8	97.6
20	85.2	99.3
25	83.5	95.8

3. 反应时间的控制

硝化反应的反应速率常数大，属于快反应，一般在几分钟内就会完成。但是，对于混酸与甘油的硝化反应，由于物料体系黏度加大，其在微通道反应内的混合效果需靠物料的流速和微通道反应器的内部结构实现，所以在微通道反应器内进行反应，需要物料保持一定的流速。而流速增大过程中会引起设备压降的增大，因此，需通过温度的升高降低物料黏度以提高混合效果，同时提高反应速度。综合反应温度、物料流速和微通道反应器内部结构的调整，最终确定反应时间为 5min，产品纯度可达到 99.0%以上。

4. 反应产物的两相分离

硝酸甘油是一种敏感的化合物，杂质、水、酸、温度都会对其分解产生影响。尤其是在水洗过程中，由于其黏度较大，分液速度较慢，会造成硝酸甘油的分解从而降低其纯度。同时由于在水中有一定的溶解度（1.4kg/t 水，12℃；1.5kg/t 水，20℃），大量水洗的过程中势必造成收率的降低。因此，硝酸甘油的快速、高效萃取、洗涤至关重要。环隙式离心萃取器可以实现油水两相的快速分离，同时在达到相同洗涤效果的情况下能大幅降低洗涤水的用量，且能实现连续操作。因此，在废酸分离、碱洗、水洗过程中采用环隙式离心萃取器可以保证产品质量，并提高纯化收率。

四、"三废"处理与生产安全

硝酸甘油的生产过程中主要产生大量的废酸，经分离排除的废酸内含有少量的硝酸甘油、甘油二硝酸酯等低级硝酸酯和反应生成的水。废酸需要先经有机溶剂萃取除去硝酸甘油和甘油二硝酸酯等低级硝酸酯，然后经减压蒸馏除去废酸中的水分，水含量达标后循环使用。碱洗废液和水洗废液需经调节 pH 值、除盐处理后回用。

分子筛干燥剂先用无水乙醇洗涤除去吸附的硝酸甘油，然后经高温氮气吹扫除去吸附水后循环使用。脱色、除杂用活性炭，吸附饱和后作为危废进行无害化处理。

需要注意的是，硝化反应工艺是国家重点监管危险化工工艺目录中的一类，其工艺安全风险评估大都为4级和5级。硝化反应速度快，放热量大，尤其在硝化反应开始阶段，易引起局部过热导致爆炸事故。反应物料具有燃爆危险性，其中浓硝酸、硫酸的混酸作为硝化剂具有强腐蚀性、强氧化性，与油脂、有机化合物（尤其是不饱和有机化合物）接触能引起燃烧或爆炸。因此生产中所使用反应器、管线、阀门、输送泵等均采用对应材质的设备；一般要求采用密闭操作和自动投料并设置安全联锁，同时操作人员佩戴防护面罩、耐腐蚀防护服进行操作。生产过程中，重点监控加料流量，设置多温度探点严格控制硝化反应温度上下限，以防止局部反应过快、温度过高引发燃爆事故。定期对硝化自动生产系统、安全联锁系统进行维护和测试，保证DCS和安全联锁系统可靠，对硝化装置重要工艺参数异常能自动发报警信息给相关人员。加强对操作人员的培训、管理，禁止操作人员随意变更反应工艺参数，严禁违章操作、无章操作。

尽管上述实例中的原料药生产工艺过程均仅由一步化学反应合成、一步结晶分离和一步溶剂回收单元构成，其工序少、流程短、装置系统简单；而已有绝大多数药物的合成是需要经过多步反应实现的，其工序多、流程长、装置系统复杂。但是，它们的目的都是进行分子构建并获得高品质的（中间体和原药）产品，其中每一步合成反应工序都配有分离纯化工序，且在整个生产工艺流程中都包含在净化的空间进行操作的终产品精制包装工序。由此可见，再复杂的药物生产工艺过程都可以视为多个"反应-分离-溶剂副产回收"系统的叠加。

习题与思考题

1. 为何多数企业生产阿司匹林时采用二次投料的合成工艺？

2. 阿司匹林生产中离心洗涤操作的目的是什么，如何确定操作终点？

3. 阿司匹林结晶工艺中的关键工艺参数是什么，如何控制？

4. 盐酸二甲双胍合成的反应溶剂可以是环己醇、正己醇、正戊醇、异戊醇、正丁醇和正丙醇等脂肪醇，其中环己醇作溶剂时收率比其他溶剂的要高，为什么工业生产中采用的是正丁醇？

5. 要得到盐酸二甲双胍大颗粒晶体，结晶釜搅拌器如何选型？得到盐酸二甲双胍小颗粒晶体，对后续制药生产有何影响？

6. 工艺物料从脱色釜出来，经微孔滤膜过滤，再压至结晶釜，过滤的目的是什么？

7. 对于放热反应，采用哪些措施控制反应温度？

8. 与传统工业制备工艺相比，微通道反应器具有哪些特点和优点？

9. 硝酸甘油生产过程中必须要落实的安全措施有哪些？

课外设计作业

1. 设计以林可霉素为起始原料合成克林霉素磷酸盐的生产工艺，并描述主要的工艺要点与操作过程中的EHS。

2. 设计必须采用基于微通道反应器进行合成的某药物生产工艺，并描述主要的工艺要点与操作过程中的 EHS。

要求：① 4～5 人一组，一周内完成。

② 查阅文献资料，在有可能的情况下，到相关化学制药企业的生产车间参观，收集素材和相关信息等。

③ 作业 1 和作业 2 任选一，作业 2 的药物由作业者自行选择确定。

参考文献

[1] 汪芳. 纵览阿司匹林发展历史 [J]. 中国全科医学，2016，19（26）：3129-3135.

[2] 何帅，姚梦雨，王浩，等. 阿司匹林的合成工艺研究进展 [J]. 山东化工，2019，48（19）：88-89，95.

[3] 付映林，张晖，苗昱辰. 草酸催化对阿司匹林合成的影响 [J]. 广东化工，2020，47（5）：58，77.

[4] 吴孝好，韩新利，陈洪全，等. 阿司匹林细结晶的制备方法：CN 103613500A [P]. 2014-03-05.

[5] 杨全文. 阿司匹林小结晶规格产品的工艺优化 [J]. 医药工程设计，2011，32（2）：21-23.

[6] Shtukenberg A G，Hu C T，Zhu Q，et al. The third ambient aspirin polymorph [J]. Crystal Growth & Design，2017，17：3562-3566.

[7] Ricardo C，Ni X W. Evaluation and establishment of a cleaning protocol for the production of vanisal sodium and aspirin using a continuous oscillatory baffled reactor [J]. Organic Process Research & Development，2009，13（6）：1080-1087.

[8] Dressen M，Kruijs B，Meuldijk J，et al. Flow processing of microwave-assisted（heterogeneous）organic reactions [J]. Organic Process Research & Development，2010，14（2）：351-361.

[9] 胡临博. 阿司匹林技术改造项目安全管理体系研究 [D]. 青岛：中国海洋大学，2013.

[10] 付炎，王于方，吴一兵，等. 天然药物化学史话：二甲双胍 60 年——山羊豆开启的经典降糖药物 [J]. 中草药，2017，48（22）：4591-4600.

[11] Alušším Š，Paluch Z. Metformin：the past，presence，and future [J]. Minerva Med，2015，106（4）：233-238.

[12] 方文彦，冷志红，肖志音. 熔融法合成盐酸二甲双胍 [J]. 合成化学，2008，16（5）：617-618.

[13] 瑟勒特·库玛·卡玛瓦拉普. 改进的制备高纯度盐酸二甲双胍的方法：CN106795104 A [P]. 2017-05-31.

[14] 张子军，李树白，葛珅延，等. 大生产影响盐酸二甲双胍原料药理化性质因素 [J]. 科技资讯，2010，28：248.

[15] Benmessaoud I，Koutchoukali O，Bouhelassa M，et al. Solvent screening and crystal habit of metformin hydrochloride [J]. Journal of crystal growth，2016，451：42-51.

[16] 傅得兴. 硝酸甘油系列制剂与临床应用进展 [J]. 中国药学杂志，1989，24（9）：515-517.

[17] 郑炜平，李峰，江芸. 百年沧桑话硝甘——浅析硝酸甘油的历史变迁 [J]. 创伤与急诊电子杂志，2013，4（1）：52.

[18] 诺贝尔炸药及系统技术有限责任公司. 制备液态硝酸酯的方法：CN 1922127A [P]. 2007-02-28.

[19] 广州白云山明兴制药有限公司. 一种硝酸甘油的制备方法：CN 108084031A [P]. 2018-05-29.

[20] 唐杰，魏应东，吴兴龙，等. 微反应系统合成硝化甘油的工艺研究 [J]. 爆破器材，2020，49（5）：36-41.

[21] Northrop Grumman Innovation Systems，Inc.，Plymouth，MN（US）. 硝酸甘油的生产方法：US 10562873 B1 [P]. 2020-02-18.

第四章

生物制药工艺技术与研究

生物制药工艺学是一门生命科学与工程技术理论和实践紧密结合的崭新的综合性制药工程学科，其研究的是将现代生物技术与各种形式的新药研究、开发、生产相结合的制药过程技术。生物制药工艺涉及各类生物药物的来源、结构、性质、制造原理、工艺过程、生产技术操作和质量控制。简而言之，通过对工艺原理和法规约束下的工业生产过程的研究，开发出安全、高效的生物合成（加工）工艺，制订生产工艺规程，实现生物制药生产过程最优化，以生产出质量合格、价格合适的生物药物（制品）。

在生物制药过程中，典型的工艺操作单元包括发酵单元、捕获单元、纯化单元、冻干单元、分装单元和灭菌单元等。不同于小分子 API，生物药物中很大一部分是需要特殊的无菌生产和低温贮存等条件的生物活性大分子或细胞，因此，通常对温度、pH、溶氧、CO_2、生产设备及生产条件等均有严格的要求，即必须根据产品以及生产产品的生物、组织或生物分子的特点，在受控的条件下进行生产。

第一节　生物制药工艺路线的设计与选择

生物药物是指利用生物体、生物组织、细胞或其成分，综合应用生物学与医学、生物化学与分子生物学、微生物学与免疫学、物理化学与工程学和药学的原理与方法进行加工制造而成的一大类预防、诊断、治疗和康复保健的制品。广义的生物药物包括生化药物、微生物药物、基因工程药物和生物制品，狭义的生物药物指运用基因工程技术和杂交瘤技术生产的药物以及以核酸为基础的治疗性药物等。

与化学合成药物不同，大多数生物药物是在活细胞或生物体内生产，其生物活性、安全性和有效性与其结构的复杂性及工艺密切相关，高度依赖于工艺路线的可行性、生产过程的重现性及完整性。通常一个生物药物会因来源于不同的生物、组织或生物分子而有不同的生物合成路线。因此，生物制药工艺路线决定了生物药物（制品）的生产技术水平。

由于生产工艺的任何变更都可能引起有效成分和杂质的变化，进而改变生物药物的结构、疗效以及安全性。为此，在整个生物制药工艺路线的设计与选择中必须考虑工艺路线的可靠性、合理性及先进性。

一、工艺路线设计的资料准备

在资料准备阶段，主要是进行资料收集和文献整理等工作，以明确生物药物的性能和相关的生物反应、生物转化与加工过程的原理及相关技术状况与规范标准。目的在于避免知识产权冲突、减少重复劳动，并降低 EHS 和市场及政策风险。

1. 网络资源

除了 SCI 等数据库外，常用的还有中国生物医学文献光盘数据库（CBMDISC）和虚拟药学图书馆等。

2. 相关规范与标准

通常要在遵守《中华人民共和国药品管理法》或相关国际法的前提下，依照《药品生产质量管理规范》（2023 年修订）、《细胞治疗产品生产质量管理指南（试行）》（2022 年 10 月）或《FDA 工艺验证指南》（2011 版）、《中国生物制品规程》（2020 年修订）以及《ICH Q7-Q10》（现行版），结合《生物安全实验室建筑技术规范》（GB 50346—2011）、《实验室 生物安全通用要求》（GB 19489—2008）以及《中国制药工业 EHS 指南》（2020 版）、《制药企业智能制造典型场景指南》（2022 版）和《发酵类制药工业水污染物排放标准》（GB 21903—2008）等的要求和约束，进行生物制药工艺方案的设计、研究和开发。

二、工艺路线的设计要求

尽管人们普遍认为生物制药技术是绿色的，但生物药物对分离纯化的要求比化学药物的要求更高、更复杂，其生产过程对环境、健康和安全的影响更是不可忽视。因此，在设计生物制药工艺路线时，不仅要考虑产品质量、原料与生产成本，还要考虑过程中特别是提取分离过程中的健康、安全和环境问题。

1. 药品质量

生物制药工艺首先要求生产出具有一致、可控质量属性的生物制品，以保证药物的安全性和有效性。和化学药物一样，生物药物的质量和率率的提升也是生物制药工艺开发的主要驱动力。

大多数生物药物是由不耐热的多组分活性成分组成的生物活性大分子、细胞或组织等。它们的结构不易鉴别，且大多需要无菌低温贮存，工艺过程的变化极易引起性状参数改变进而影响产品质量。因此，生物药物的安全性、有效性很大程度上依赖于生产工艺的耐受性和全过程的质量监控。虽然微生物发酵制药工艺技术非常成熟，但采用微生物培养工艺生产的蛋白质类产品仍存在蛋白折叠、修饰（如二硫键、糖基化等）正确率较低等问题，进而影响目的产物的生物学活性和其在体内的半衰期。也就是说，即使是基于成熟的微生物发酵工艺生产的蛋白质类药品的质量保证也仍存在一定风险。

因此，在整个工艺可行的前提下，工艺过程应尽可能短、生产效率应尽可能高，以保证药品质量以及成本可控。

2. 原材料来源

包括微生物、寄生虫、生物组织和动植物细胞等在内的生物活体以及构成微生物培养基和细胞培养基的成分等都是生物药物的起始原料。要求与生物活体、培养基直接接触的材料必须是无毒性的，且密封性能良好，能够避免一切外来物的生物污染。

（1）生物活体　生物活体选择的一般要求为：

① 微生物。需要保证菌种来源、分类鉴定及代次等信息准确无误，保证细胞的遗传稳定性和代谢酶的活性。重组微生物需来自单一克隆，所有质粒纯且稳定。生产基因工程产品应有种子批系统，证明种子批不含致癌基因，无细菌、病毒、真菌和支原体等污染，并要建立生产用工作种子库。

② 动植物组织和细胞。对来自动物的组织、血液和细胞需要选取适应的种类、年龄及其他的要求，必要时需要明确是否有人畜共患病病原体及病毒等。如针对血液制品中可能存在致病病毒污染，在其生产工艺中须组合可有效灭活脂包膜病毒和非脂包膜病毒灭活和/或去除工艺。对于来自植物的组织和细胞，不仅需要注意季节性及用药部位，而且需要明确是否因真菌等感染而带有毒素。

其中，利用动植物组织和细胞的培养技术以及得到想要的药物所需的分离纯化技术要求均远高于微生物制药的技术要求，且生产效率低于微生物制药过程。但基因编辑技术可使一些原本仅能利用人或动植物组织和细胞生产的生物药物也可以通过微生物来完成。此外，相对动物组织或胚体，以细胞为生物药品的原料来源，不仅可以避免组织胚体供应短缺以及伦理障碍，还可以简化工艺流程并大幅度降低分离纯化的技术难度。因此，产业化首选的是可以提高产品产率、降低生产成本的高产细胞株（系）。

（2）培养基

微生物发酵用培养基分为种子培养基、发酵培养基和补料培养基；动物细胞培养基分为天然培养基、合成培养基和无血清培养基。培养基选择的基本原则有：

① 来源丰富，产地接近，成本低，可提供来源、标准和供货报告。

② 原料新鲜、质量稳定且可控，有效成分含量高并易于获得，杂质含量尽可能少。

③ 对于不同原料，应充分考虑来源于动物（或人）的生物原材料可能带来的外源因子污染的安全性风险。

④ 需考虑培养基成分对后续分离的影响。如：制药过程中的动物细胞培养优先选择成分相对明确且更有利于工艺优化的无血清培养基。

3. 过程中的 EHS

生物制药过程多涉及生物活体，易受到致病性芽孢菌、真菌孢子和危险程度大的病毒（例如肝炎病毒、艾滋病病毒）污染。因此，在设计和选择生物制药工艺路线时，像前述化学制药过程一样，要在保证产品质量和无知识产权纠纷的前提下，尽可能做到环境友好、生物安全性高以及对人体危害小，最大限度地降低药品生产过程中污染、交叉污染以及混淆、差错等风险，特别要防止生物活体对环境、健康和安全产生不良影响。

（1）环境　生物药物生产过程中的环境问题主要由发酵、组织和细胞培养等上游操作过程以及提取分离纯化等下游操作过程中产生的固体废物、废水和废气造成。其中，上游操作过程产生包括含水量高的反应基，菌丝体或废组织细胞的培养基废物，以及有一定异味的废气；下游操作过程产生包括废脱色过滤介质和废吸附剂等固废，高氨氮和高悬浮物（SS）的提取、洗涤和其他废水，以及含有挥发性有机物（VOCs）的废气。

此外，随着转基因技术、克隆技术、基因编辑技术等在生物医药行业中的应用，新的物种可能通过正常的排放和异常的泄漏进入环境，改变环境的物种多样性，进而带来新的疾病或遗传问题。发酵类制药工艺流程及产污节点如图 4-1 所示。

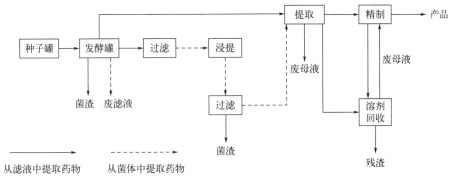

图 4-1 发酵类制药工艺流程及产污节点

总之，在选择工艺路线时，除了要选择不易引入外源病原体的生物活体以及组成明确且易分离的培养基外，还要选择高产工艺以及安全溶剂，以减少三废的产生。

（2）职业卫生 生物药物的生产同样要考虑过程对人员健康的影响。对于生物发酵制药过程，原料中的真菌、霉菌、发酵产生的孢子或原料药粉尘等可能会引发急性、亚急性变态反应损害，其慢性蓄积还可能引起内分泌失调等损害。而生物技术制药过程则会因使用的原料常为易引入外源病原体的鸡胚、活体及组织等而导致感染疾病。

因此，在设计生物制药工艺路线时，应在遵循活体生物选择原则的前提下，尽可能避免或减少与活体生物接触频次。可以通过采用密闭装置和连续操作工艺，采用一次大量发酵（培养）和分离纯化后接多批制剂分装的生产工艺等方式，将职业健康风险控制在可接受范围。

（3）安全 生物制药工艺安全主要包括原料安全和过程安全。从源头抓起，杜绝生物技术滥用、误用和不道德使用，确保生物制药过程的安全。首先，在最终确定生物制药原料路线后，研发人员应收集包括生物活体在内的所有原材料安全信息，以及泄漏品的处置方法，并对这些材料的储存和处理风险进行评估，以最大程度地降低工艺研发和生产运行的安全风险。其次，在设计工艺路线时，应采取模块化、密闭化、连续化等工艺措施。此外，在工艺路线设计时，必须纳入灭活、灭菌工序。原因是来自带有病毒、活性菌种等的"三废"直接与人接触会导致急性中毒；而微量效价会通过药尘、"三废"等进入环境并在环境中累积，从而对周围环境及人群带来如耐药性、慢性遗传毒性等长期影响。

三、工艺路线的设计策略

1. 基于生物药物种类的工艺路线设计

生物药物的生产（制备）一般是由结构简单的糖基原料或氨基酸经过一系列生物转化/催化反应过程，然后经提取、分离纯化等过程操作实现的。生物药物大致可分为生化药物、微生物药物、基因工程药物以及生物制品四大类。

（1）生化药物的工艺路线设计 生化药物主要包括氨基酸、多肽、蛋白质、酶和辅酶、维生素、激素、糖类、脂类、核酸、核苷酸及其衍生物等。其中多数物质的分子量都比较大，组成和结构都比较复杂，有的还具有严格的空间构象。因此，生化药物质量的优劣既取决于药物的组成及其有效成分的纯度，也取决于其特定三维结构的完整性。

生化药物的生产工艺路线一般为：选择合适的生物材料，经适当的预处理后从中提取活性物质，再经必要的浓缩和干燥过程后，对生化活性物质进行分离纯化，确保制备物的均一性。应根据所需制备的生化药物的特性，设计出合理的生产工艺路线。如图 4-2 所示为生物制药工艺基本路线图。

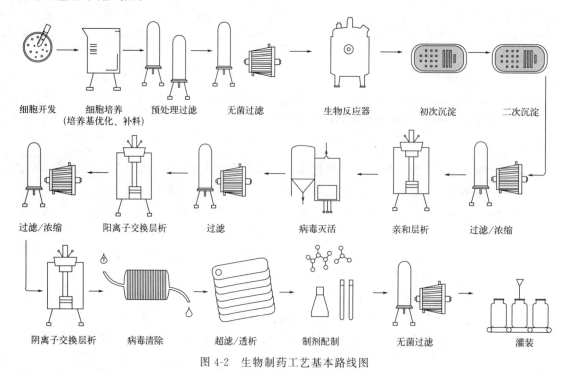

图 4-2　生物制药工艺基本路线图

（2）微生物药物的工艺路线设计　微生物药物是一类特异的天然有机化合物，包括微生物的初级代谢产物、次级代谢产物和微生物结构物质，以及借助微生物转化产生的用化学方法难以全合成的药物或中间体。在结构上可分为抗生素类药物、维生素类药物、氨基酸类药物、核苷酸类药物、酶与辅酶类药物、酶抑制剂、免疫调节剂和受体拮抗剂以及甾体激素等。微生物制药一般以发酵工程技术为基础，通过纯培养与大规模工业发酵来生产微生物在其生命活动中产生的生理活性物质。

微生物制药工艺过程一般包括菌体生产和代谢产物/转化产物的发酵生产。生产工艺路线一般为：生产菌种的选育培养及扩大，发酵培养和控制，从发酵液中提取分离目标活性物质、目标活性物质的纯化精制，最终获得符合质量标准的微生物药物。微生物制药工艺过程应同时包含培养基的制备、设备与培养基的灭菌、无菌空气的制备等辅助操作工艺。图 4-3 所示为较常用的深层发酵工艺路线。

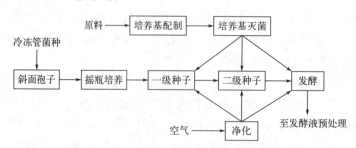

图 4-3　微生物制药的发酵工艺路线示意图

通过微生物发酵（生物合成）获得治疗疾病的化学或生物学物质，是微生物药物研发的一个重要途径。生物合成的工艺过程不同于化学反应过程，既涉及生物细胞的生长、生理和繁殖等生命活动过程，又涉及生物细胞分泌的各种酶所催化的生化反应及酶化学反应过程，对产品质量产生影响的因素远较化学合成反应多且复杂。除了通过对生产菌种的选育和优化获取优良菌株，提高产品质量和收率，以满足生产工艺需求外，还可以借助基于药物化学反应合成路线的化学制药工艺路线设计的策略方法进行微生物制药工艺路线设计，利用多个微生物分步发酵或微生物发酵与酶催化或化学催化反应组合成高效的生产工艺路线。比如，我国独创的二步发酵法生产维生素C的工艺，首先用生黑醋酸杆菌发酵产山梨糖，然后用氧化葡萄糖酸杆菌和巨大芽孢杆菌（共生）混菌发酵产维生素C（2-酮基-L-古龙酸）。

因此，微生物菌种的选育、工业发酵与发酵产物的提取分离和质量控制是微生物制药过程的关键技术。应根据所要制备的微生物药物的结构与特性，充分考虑生产菌的特点，设计出合理的生产工艺路线。

（3）生物技术药物的工艺路线设计　生物技术制药是指运用现代生物技术（含基因工程、动植物细胞工程和酶工程）生产多肽、蛋白质、激素和酶类药物，以及疫苗、抗体、细胞因子和可用于肿瘤免疫治疗的嵌合抗原受体T细胞等的制药技术。对于应用酶的特异催化作用将相应原料转化成所需药物的制药技术详见第二章的相关内容。

① 基因工程药物。基因工程药物制备的工艺路线可进一步分为上游和下游两个阶段。上游阶段主要包括目的基因的分离以及工程菌（细胞）的构建，是研发必不可少的基础。下游阶段是基因工程药物的生产阶段，包括工程菌（细胞）的大规模培养、产物的分离纯化、除菌过滤、半成品和成品检验等。如图4-4所示。

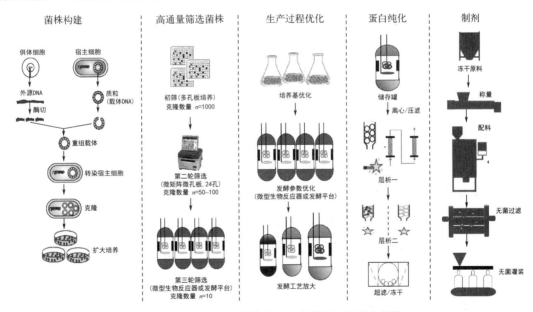

图 4-4　基于基因工程技术的生物制药工艺基本路线

② 细胞工程药物。细胞工程制药的生产工艺路线与基因工程药物的生产工艺路线有很多相似之处。首先要根据需要获得相应的动物细胞和植物细胞，然后人为控制条件进行规模培养以获得目的药物。同时，安全性也是生产中需重点考虑的因素。基于细胞工程的生物制药基本工艺路线如图4-5所示。

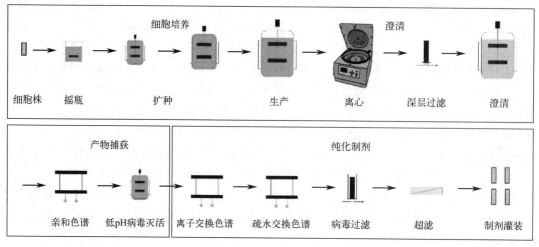

图 4-5　基于细胞工程的生物制药基本工艺路线

近年来，基因重组技术使外源基因编码的治疗蛋白在微生物系统中表达成为可能。相比于动物细胞培养，微生物发酵的优势在于能产生修饰的治疗性蛋白，如糖化抗体等，以及时间和产量优势，这些最终将转化为成本优势，见表4-1。

表 4-1　微生物发酵与细胞培养生产生物药物的比较

项目	微生物发酵	动物细胞培养
代时	20min 至数小时	数小时至数天
培养时间	1～4d	10～14d
产品类型	菌体蛋白；次级代谢产物	细胞壁、细胞蛋白、DNA 等
粗蛋白含量	1～30g/L	5～10g/L
培养基成本	低	高
敏感性	低	高
翻译后修饰	部分产物需要	需要

因此，在设计生物药物的生物转化工艺路线时，应尽可能使用基因编码构建的合成生物，而不仅利用传统的微生物发酵或细胞培养方法。

2. 基于装置技术的工艺路线设计

生物制药过程是一个非常复杂的过程，且过程操作须严格规范并符合监管要求。近年来，具有灵活性更高、固定资产投资更少、速度更快等优势的一次性装置的高效率生产工艺在生物药物生产中的应用日益广泛。

（1）基于生物反应器的工艺路线设计　随着细胞培养技术的不断改进以及发酵工艺的不断强化，生物反应器作为实现产品产业化的关键设备，其在生物制品生产中的作用越来越重要。

目前生物药物生产常见的生物反应器有机械搅拌式反应器、一次性生物反应器、鼓泡反应器、固定床和流化床反应器等。新型高端的生物反应器有微流体培养系统（又称为微型生物反应器）和高通量细胞培养系统。因此，细胞生物反应器技术的应用前景也越来越广泛。

虽然生物反应器的形式多种多样，但从结构与操作上来看，主要包括间歇操作（搅拌）釜（塔）式反应器、连续操作（搅拌）釜（塔）式反应器、连续操作管式反应器等基本形式。其中常用的是搅拌釜式发酵罐与一次性生物反应器，如图 4-6 所示。一次性生物反应器（disposable bioreactor 或 single use bioreactor，SUB）是塑料材料（聚乙烯、乙烯-乙酸乙烯酯共聚物、聚碳酸酯、聚苯乙烯等）制成的一种即装即用、不可重复利用的培养器。因此，在设计工艺路线时，就可分为基于反应器结构的间歇操作工艺路线设计和连续操作工艺路线设计。药企可根据自身需要和自身条件，确定选择何种生产工艺路线，进而选择所需反应器装置。

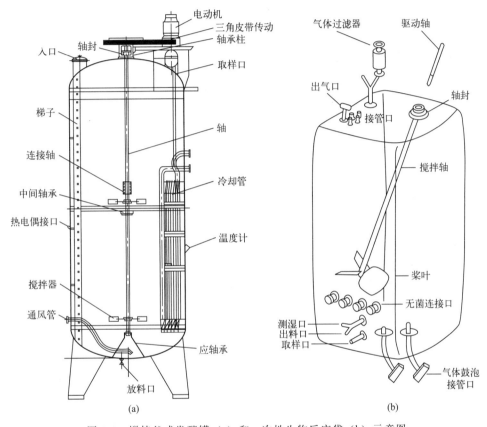

图 4-6　搅拌釜式发酵罐（a）和一次性生物反应袋（b）示意图

　　（2）基于一次性装置技术的工艺路线设计　在对生物制药工艺进行研究的过程中，尤其是以细胞培养为基础的生物药物研发生产中，需要满足无菌、无污染等条件，过程中的交叉污染是需要解决的"重灾"问题。传统的不锈钢装置技术工艺下的细胞培养的失败率通常高达 30%。

　　一次性生物制药系统为解决这一问题提供了方案和路径，并正在逐步替代不锈钢装置系统。这类一次性发酵和过滤装置不需要清洗、灭菌和消毒，可省去更换品种时的清洁验证等工艺操作，不仅为制药企业节约了试错次数和生产时间，而且成功率极高，可达 100%。

　　在制药行业，常用的一次性生物反应器有无搅拌和带搅拌的两类。其中，无搅拌的为用于实验室制备和小批量生产的小容量，常与摇床或振荡器组合构成一次性生物反应器；有搅拌的为用于规模化生产的大容量一次性反应袋，并与支撑它的筒形围板构成一次性生物反应器。一次性反应袋为可折叠的 PE、EVA 等塑料薄膜制成，袋子经过辐射灭菌后，客户无须再行消毒，即拆即用。其不仅可以提高生产有毒或传染性产品时的安全性，还可以降低生产多种产品时的交叉污染。

也正由于一次性的生物反应器等不需要清洗、灭菌、消毒操作，因此其工艺流程中不再需要设置 CIP 在线清洗系统和 SIP 在线灭菌系统，工艺系统和操作均变得简单，但基本工艺路线没有发生根本变化，如图 4-7 所示。需要说明的是，在使用一次性生物反应器工艺袋时，应检测其完整性，以降低潜在的污染和生物安全性风险。未来的生物制药工艺更是需要将各个学科综合在一起，运用现代科学技术和生物技术以获得具有更好的经济性、运行的可操作性和符合国际行业规范的标准性的生产工艺。

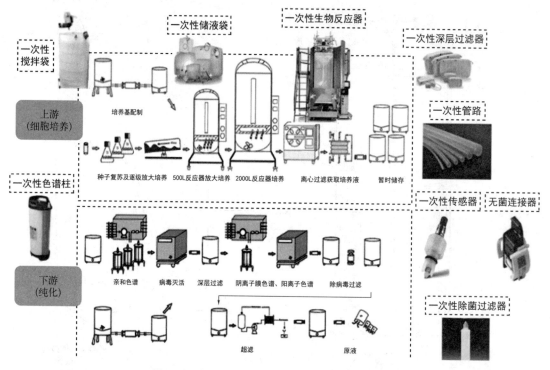

图 4-7　基于一次性装置的抗体药物工艺路线图

四、工艺路线的评价与选择

在生物制药过程中，同一生物药物的生产会因采用不同的菌种（细胞），其发酵培养工艺不同，提取方法也有多种。如基因工程药物，其工艺路线会随基因来源、宿主种类、产物性质及其表达方式的不同而有较大变化。这就要求设计出一个技术高效、优质高产和经济合理的工艺路线。

1. 生物制药工艺路线的评价标准

一般来说，理想的生物制药工艺路线应该具备以下特点：所用生物活体材料和物料毒性低、生物安全可控，生物转化路线简洁、周期短，所需的原辅材料种类少且易得，产物组成简单，易于从生物活体材料分离提取，条件容易实现和控制，药品质量符合法定标准，产品成本在预期范围，"三废"排出量少且易于治理。

2. 生物制药工艺路线的选择

通过文献调研或应用包括基因工程在内的生物技术原理进行设计，通常可以找到一个生物药物的多种制备路线，这些路线因生物活体材料和培养基等原料不同而不尽相同。因此，需要通过深入细致的综合比较和严密的科学论证，以选出适于工业生产的合理的生物制药工艺路线，制订出具体的实验室工艺研究方案。

选择并确定生物制药工艺路线的总原则依然是生产的现实性、经济的合理性和技术的先进性。具体地，在所用活体生物确定的前提下，采用的材料，如与培养基、细胞直接接触的材料，对细胞必须是无毒性的；工艺过程要尽可能减少试剂，以免增加步骤，或干扰产品质量；组成工艺的各技术或各工序步骤之间是能够相互适应和协调的；工艺过程尽可能短，因为稳定性差的产物随工艺时间增加，生物活性收率会降低，产品质量会下降；工艺条件应温和，具有良好的稳定性和重复性。

（1）原材料选择　生物药物生产用生物活体材料以天然的生物材料为主，包括动物、植物、微生物和各种海洋生物等天然的生物组织、细胞和分泌物，也可来源于人工构建的工程细菌、工程细胞及人工免疫的动、植物等。应优先选用无伦理障碍的、低毒性的微生物，再是考虑细胞，其次是有效成分高产高含量的生物组织。为了保证有效成分含量的稳定性，需对采集的生物材料事先进行生物安全性鉴定，并注意该生物的自然分布区域。

培养基等原料中含有高营养性物质，极易腐败、染菌、被微生物代谢所分解或被自身的代谢酶所破坏，造成有效物质活性丧失，并产生热原或致敏物质。培养基的选择原则是营养成分含量高，原料新鲜、无污染；原料中杂质含量少，以便于后期产品的分离纯化等；来源丰富、易得，原料产地较近，价格低廉。

对于准备选用的工艺路线，应根据已经找到的操作方法，列出各种原辅材料的名称、规格、单价以及产物的产率，计算出原辅材料的单耗、各种原辅材料的成本和生产总成本；同时，对合理改变培养和捕获及纯化等操作工艺的生产总成本进行估算，以初步判断所选择路线的经济合理性。

（2）生物制药技术方法的选择　生物药物的生产与传统意义上的药物生产有许多不同。生物药物来源于活细胞或生物体，其生产过程非常复杂，因此必须在受控的条件下进行。生物制药技术方法是由生物活体材料类别决定的，选择了制药的生物活体就确定了生物制药技术方法类型。生物制药技术体系如图4-8所示。

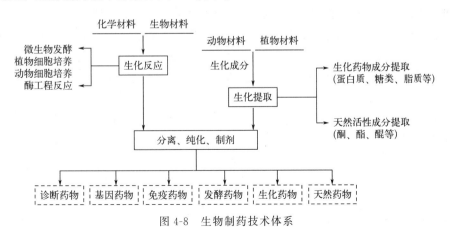

图 4-8　生物制药技术体系

第二节　生物制药技术

生物制药技术指的是用于（阻断）干预或重构生物体，以改变生物反应类型、路径、选择性和反应速率进行药物制备的技术，其核心特征是生物反应。或者说，它主要是利用上游技术改造、构建与筛选的菌体/细胞株以及定向修饰蛋白质（酶）产生或形成药物的生物反应技术。

一、微生物发酵制药技术

常见的微生物制药工艺过程包括：菌体生产及代谢产物或转化产物的发酵生产。具体为生产菌种的选育培养及扩大、培养基的制备、设备与培养基的灭菌、无菌空气的制备、发酵工艺控制，产物的分离、提取与精制，成品的检验与包装等。它们的关键是微生物发酵技术。

1. 微生物发酵制药基本原理

利用微生物生长过程进行的生化反应，合成基元分子后在其体内酶的作用下进一步转化产生次级代谢物或组装生命结构，由此实现药物的合成或生产。由于自然筛选出的野生菌种在正常生理条件下其代谢调节系统趋向于快速生长和繁殖，不能高产所需的代谢产物，生产能力低，不能满足工业生产要求。因此，需要用物理、化学、生物等手段对微生物进行诱变，导致遗传物质 DNA 结构上发生变化，结合筛选获得突变菌株。或应用现代生物技术重组微生物菌体，构建基因工程菌，使微生物菌种具有较高的性能。如利用原生质体融合技术改良菌株，以提高代谢产物的产量，或利用 DNA 重组技术构造的"基因工程菌"，进而能产生新结构分子。比如，柔红霉素产生菌与四环素产生菌原生质体融合，由于这两个抗生素的生物合成都是来自聚酮体途径，巴龙霉素的产量提高 5～6 倍。

2. 微生物发酵技术

发酵的目的主要是使微生物分泌或将初级代谢物转化为药物等目标产物，理想的发酵技术是能够利用特定的微生物在一定的时空和物料及能源耗用量之内产生尽可能多的药物等目标产物和废弃物产生量最少的发酵过程操作。同一微生物采用的发酵工艺过程不同，其生产效率和产品质量会有较大的差异。目前，微生物发酵技术主要采用的是在发酵罐、塔等大尺寸容器内的通气搅拌培养的发酵技术。按微生物的分散状态可分为：液体深层发酵（如图4-9所示）、固液两相发酵和固态发酵技术以及固定化酶转化技术等。有关固定化酶技术见第二章相关内容。

（1）液体深层发酵技术　液体深层发酵工业化应用始于二战时期的青霉素发酵，业已成为现代发酵工业广为采用的发酵技术。液体深层培养指用液体深层发酵罐从罐底部通气，送入的空气由搅拌桨叶分散成微小气泡以促进氧的溶解，见图4-9中的发酵罐。这种由罐底部通气搅拌的培养方法，相对于由气液界面靠自然扩散使氧溶解的表面培养法来讲，称为深层培养法。特点是容易按照生产菌种对代谢的营养要求以及不同生理时期的通气、搅拌、温度、培养基中氢离子浓度等条件，选择最佳培养条件。

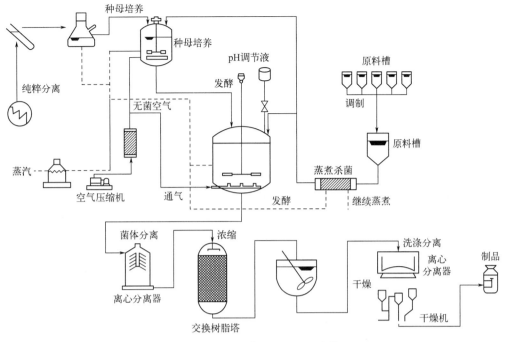

图 4-9　微生物典型发酵工艺路线

（2）固态发酵技术　固态发酵是指一类使用不溶性固体基质来培养微生物的工艺过程，既包括将固态物质悬浮在液体中的深层发酵，也包括在没有（或几乎没有）游离水的湿固体材料上培养微生物的工艺过程。多数情况下是指在没有或几乎没有自由水存在下，在有一定湿度的水不溶性固态基质中，用一种或多种微生物的一个生物反应过程。从生物反应过程的本质考虑，固态发酵是以气相为连续相的生物反应过程，与此相反，液态发酵是以液相为连续相的生物反应过程，如图 4-10 所示，其主要影响的工艺参数为水活度、温度、通气与传质及 pH 值。

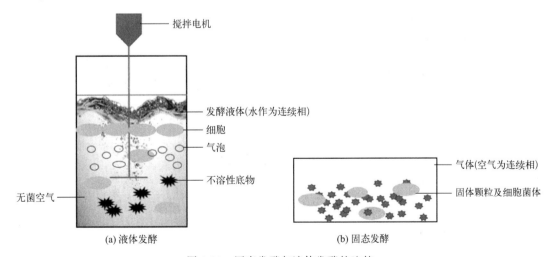

图 4-10　固态发酵与液体发酵的比较

固态发酵是微生物在接近自然状态的情况下生长，可产生一些在液体培养基中不能产生的酶或其他代谢产物，特别是对于许多丝状真菌来说，如放线菌和真菌的菌丝体能紧密接触纤维素类物质，固态发酵正好为菌体提供了良好的生长环境。然而，固态发酵因输送、搅拌、控制等诸多工程问题，在工业中的应用有限。

近年来出现了液固两相发酵技术，它首先通过液体发酵快速生产大量高活力的菌丝体作为种子，再将其通过密闭管道，由压力泵接种到固态发酵罐中进行发酵，使其产生最接近自然接种体形态的孢子。

（3）固定化细胞发酵技术　微生物细胞固定化的方法主要有：包埋法、微囊法、吸附法和交联法等。

① 包埋法。包埋法是将细胞包埋在多微孔载体内部制备固定化细胞的方法，可分为凝胶包埋法、纤维包埋法和微胶囊包埋法。其中凝胶包埋法是应用最广泛的细胞固定化方法，适用于各种微生物、动植物细胞的固定化。它的最大优点是能较好地保持细胞内的多酶反应系统的活力，可以像游离细胞那样进行发酵生产。

② 微囊法。用一层亲水的半透膜将细胞包围在珠状的微囊里，细胞不能逸出，但小分子物质及营养物质可自由出入半透膜；囊内是一种微小培养环境，与液体培养相似，能保护细胞少受损伤，故细胞生长好、密度高。微囊直径控制在 $200 \sim 400 \mu m$ 为宜。制备中应注意：温和、快速、不损伤细胞，尽量在液体和生理条件下操作；所用试剂和膜材料对细胞无毒害；膜应有足够的机械强度抵抗培养中搅拌。

③ 吸附法。吸附法主要是利用细胞与载体之间的吸引力，使细胞固定在载体上的技术。常用的吸附剂有玻璃、陶瓷、硅藻土、多孔塑料、中空纤维等。

利用固定化微生物细胞不仅可进行单酶催化反应、多酶催化反应，还可以进行细胞的生长与繁殖，从而制造各种复杂的生化物质。如卡拉胶包埋黄色短杆菌、大肠埃希菌等。常用载体为多孔凝胶，如琼脂糖凝胶、海藻酸钙凝胶和血纤维蛋白。

近年来，出现了联合固定化技术，它是酶和细胞固定化技术发展的综合产物。与普通的固定化酶或固定化细胞相比，联合固定化生物催化剂可充分利用细胞和酶的各自特点，把不同来源的酶和整个细胞的酶结合到一起。比如，将富含纤维二糖酶的黑曲霉孢子和德氏乳酸杆菌一起包埋固定在海藻酸钙凝胶珠中，利用共固定化细胞转化纤维素水解液生产乳酸。也可将之用于药物的生物合成。

3. 基因工程菌发酵技术

由于基因工程菌是带外源基因重组载体的微生物，如何维持质粒的稳定性是实现其工艺目标的关键，因此，其发酵工艺与传统发酵工艺不尽相同。传统微生物发酵技术目标是：获得微生物自身基因表达所产生的初级或次级代谢产物；而基因工程菌发酵技术目标是：尽可能减少宿主细胞本身蛋白质的污染，以使外源基因高效表达，并由此获得大量的外源基因产物。而外源基因的高效表达不仅涉及宿主、载体和克隆基因之间的相互关系，而且与所处的环境息息相关。不同的发酵条件，基因工程菌的代谢途径也许就不一样，会直接影响产品的质量。因此，可从工程菌（细胞）大规模培养的工程和工艺角度切入，合理控制微型生物反应器的增殖进度的最终数量，以提高外源基因表达目的产物产量。

为了维持基因工程菌质粒稳定性，有人将固定化发酵技术应用于基因工程菌的发酵，发现基因工程菌经固定化后，质粒的稳定性大大提高，便于进行连续发酵，特别是对分泌型菌更为有利。

另外，工程菌存在生物安全风险，故在发酵过程中，要采取有效技术措施防止工程菌在自然环境中扩散。为此，其发酵液要经过化学或热灭活处理并经检验确认后才可排放，发酵罐及其系统排出的气体要经蒸汽灭菌或微孔过滤器（介质）除菌处理后排放。

二、动植物细胞培养制药技术

当前动植物细胞制药过程所涉及的主要技术领域包括细胞融合技术、细胞器特别是细胞核移植技术、染色体改造技术、转基因动植物技术和细胞大量培养技术等方面。其中，利用动物细胞生产的生物制品已日益增多。美国自 1996 年以来批准的 33 个产品中有 25 个是用动物细胞生产的，动物细胞工程制药已发展成为生物制药的主流技术。

1. 动植物细胞制药基本原理

按照人们对药品的需求，运用细胞生物学、分子生物学等学科的原理和方法，设计、改造细胞的某些遗传性状，如定向改变动植物细胞内的基因、染色体等遗传物质，达到改良或产生新品种的目的，以及使细胞增加或重新获得产生某种特定产物的能力，从而在离体条件下进行大量培养、增殖，并提取出对人类有用的药品。如运用植物细胞可以对具有药用价值的植物进行培养，进而能够对药材的有效成分进行提取。它主要由上游工程（包括细胞培养、细胞遗传操作和细胞保藏）和下游工程（即将已转化的细胞应用到生产实践中以生产生物产品的过程）两部分构成。

2. 动物细胞制药技术

目前，供生产生物技术药物的动物细胞有三类：

① 直接取自动物组织器官，经过分散、消化制得细胞悬液的原代细胞。常见的有鸡胚细胞，原代兔肾细胞或鼠肾细胞，以及淋巴细胞。

② 原代细胞经过传代、筛选、克隆，从而由多种细胞中挑选强化具有一定特性的细胞株，其染色体组织仍然是 $2n$ 的模型，故称为二倍体细胞系，通常从胚胎组织中获取。

③ 因染色体的断裂而变成异倍体的无限繁殖能力细胞，称为转化细胞系；其转化进程可以是自发的，也可以通过人为的方法进行转化，常采用某些病毒（如 SV40）或某些化学试剂（如甲基胆蒽）处理。或从动物肿瘤组织中建立的细胞系，其对培养条件要求较低，适于大规模生产培养。

基因工程技术的出现，为药物的生产提供了通过细胞融合或基因重组技术构建的细胞系，称为基因工程细胞系。根据构建方式的不同可分为通过动物细胞融合技术而构建的杂种细胞和重组细胞。

根据动物细胞的类型，可采用贴壁培养、悬浮培养和固定化培养等三种培养工艺进行大规模培养。所谓动物细胞大规模培养技术是指在人工条件下（设定 pH、温度、溶氧等），在细胞培养工厂或生物反应器中高密度大量培养动物细胞用于生产生物制品的技术。目前可大规模培养的动物细胞有鸡胚、猪肾、猴肾、地鼠肾等多种原代细胞及人二倍体细胞、CHO（中华仓鼠卵巢）细胞、BHK-21（仓鼠肾细胞）、Vero 细胞（非洲绿猴肾传代细胞，是贴壁依赖的成纤维细胞）等，并已成功生产了冻干人用狂犬病疫苗（Vero 细胞）、甲型肝炎灭活疫苗（Vero 细胞）、红细胞生成素（EPO）重组蛋白（CHO 细胞）及多种单克隆抗体等产品。

（1）悬浮培养　悬浮培养即让细胞自由地悬浮于培养基内生长增殖。它是在微生物发酵的基础上发展起来的，适用于一切种类的非贴壁依赖性细胞（悬浮细胞），如杂交瘤细胞等；也适用于兼性贴壁细胞。

该培养方法的优点是操作简便，培养条件较均一，传质和传氧较好，容易扩大培养规模，在培养设备的设计和实际操作中可借鉴许多有关细菌发酵的经验。不足之处是由于细胞体积较小，较难采用灌流培养（perfusion culture）。因此，细胞密度一般较低。目前，在生产中用于悬浮培养的设备主要是通气搅拌罐式生物反应器和气升式生物反应器。

（2）贴壁培养　贴壁培养是细胞贴附在一定的固相表面进行的培养。它适用于一切贴附依赖性细胞（贴壁细胞），也适用于兼性贴壁细胞。贴壁培养在传代或扩大培养时，常需要用酶将其从基质上消化下来。常用的消化物有胰蛋白酶、EDTA，或胰酶-柠檬酸盐、胰酶-EDTA联合使用。其他如胶原酶、链霉素蛋白酶、木瓜酶也可使用。

一般情况下，贴壁依赖性细胞在培养时要贴附于细胞培养器皿（板、瓶、片、皿）壁上，细胞一经贴壁就迅速铺展，然后开始有丝分裂，并很快进入对数生长期（如图4-11所示）。细胞只有贴附在固体基质表面才能增殖，故细胞在微载体表面的贴附是进一步铺展和生长的关键。一般数天后就铺满培养器皿壁表面，并形成致密的细胞单层。贴壁培养系统主要有转瓶、中空纤维、玻璃珠、微载体系统等。其中，篮式搅拌系统和载体培养是目前贴壁细胞培养使用最多的方式，载体多是直径6mm无纺聚酯纤维圆片，具有很高的表面积与体积比（$1200cm^2/g$），利于获得高细胞密度。

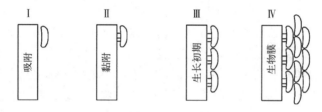

图4-11　贴壁细胞培养过程示意图

该方法的优缺点与悬浮培养正好相反，优点是适用的细胞种类广（因为生产中所使用的细胞绝大多数是贴壁细胞），较容易采用灌流培养的方式使细胞达到高密度；不足之处是操作较麻烦，劳动强度大，需要合适的贴附材料和足够的面积，且传质和传氧较差。

在生产疫苗中，早期大多采用转瓶大量培养原代鸡胚或肾细胞。现在使用的转瓶培养系统包括二氧化碳培养箱和转瓶机两类。转瓶培养一般用于小量培养到大规模培养的过渡阶段，或作为生物反应器接种细胞准备的一条途径。但扩大规模较难，不能直接监控细胞的生长情况，故多用于制备用量较小、价值高的生物药品。

微载体培养是将对细胞无害的明胶、藻酸盐和聚苯乙烯等高分子微粒作为微载体加入培养液中，使细胞在其表面附着生长，同时通过持续搅动使微载体始终保持悬浮状态。由于动物细胞对剪切作用敏感，而无法靠提高搅拌转速来增加接触概率，为此常采用的操作方式是：在贴壁期采用低搅拌转速，时搅时停；数小时后，待细胞附着于微载体表面时，维持设定的低转速，进入培养阶段。微载体培养的搅拌非常慢，最大速度75r/min。

贴壁依赖性细胞在微载体表面上的增殖要经历黏附贴壁、生长和扩展成单层三个阶段。其中，黏附主要是靠静电引力和范德华力，并受细胞与微载体的接触概率和相融性的约束。研究表明，控制细胞贴壁的基本因素是电荷密度而不是电荷性质，若电荷密度太低，细胞贴附不充分，但电荷密度过大，反而会产生"毒性"效应；增大单位体积内表面积对细胞的生长非常有利，但最好控制在 $100 \sim 200 \mu m$ 之间。细胞在微载体表面生长的影响因素主要有三个方面：①细胞，如细胞群体、状态和类型，在微载体方面，如微载体表面状态、吸附的大分子和离子；②微载体，其表面光滑时细胞扩展快，表面多孔则扩展慢；③培养环境，如培养基组成、温度、pH、DO（溶解氧浓度）以及代谢废物等均明显影响细胞在微载体上的生长。如果所处条件最优，则细胞生长快；反之生长速度慢。图 4-12 展示原代猴肾细胞在 Cytodex 1 微载体上和玻璃瓶中的生长曲线趋势一致，但细胞密度明显高于玻璃瓶培养。

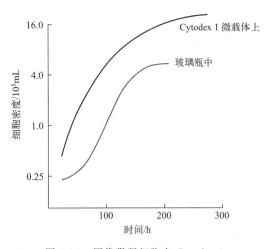

图 4-12　原代猴肾细胞在 Cytodex 1 微载体上和玻璃瓶中的生长曲线

微载体培养技术工艺过程主要分为以下几个阶段：

① 培养初期。保证培养基与微载体处于稳定的 pH 与温度水平，接种细胞（对数生长期，而非稳定期）至终体积 1/3 的培养液中，以增加细胞与微载体接触的机会。不同的微载体所用浓度及接种细胞密度是不同的。常使用 $2 \sim 3g/L$ 的微载体含量，更高的微载体浓度需要控制环境或经常换液。

② 贴壁阶段。$3 \sim 8d$ 后，缓慢加入培养液至工作体积，并且增加搅拌速度保证完全均质混合。

③ 培养维持期。进行细胞计数（胞核计数）、葡萄糖测定及细胞形态镜检。随着细胞的增殖，微载体负荷变得越来越重，需增加搅拌速率。经过 3d 左右，培养液开始呈酸性，需换液；停止搅拌，让微珠沉淀 5min，弃掉适宜体积的培养液，缓慢加入新鲜培养液（37℃），重新开始搅拌。

④ 收获细胞。首先排干培养液，至少用缓冲液漂洗 1 遍，然后加入相应的酶，快速搅拌（$75 \sim 125r/min$）$20 \sim 30min$，然后解离收集细胞及其产品。

目前，微载体大规模细胞培养的生物反应器系统可以通过增加微载体的含量或培养体积进行放大。使用异倍体或原代细胞培养生产疫苗、干扰素，已被放大至 4000L 以上。但是，微载体技术用于大规模培养时，细胞扩增的效率除了剪切力等因素的影响和约束外，还与氧的传递以及传代和扩大培养等有关。

常用微载体培养用生物反应器系统有：搅拌式生物反应器系统、旋转式生物反应器系统以及灌注式生物反应器系统等。其中，旋转式生物反应器系统（RCCS）已经成为应用微载体技术进行细胞大规模扩增的一种较常用细胞培养系统。该系统是基于为模拟空间微重力效应而设计的一种生物反应器。RCCS 既可以用于微载体大规模细胞培养，又能在其内培育细胞与支架形成的三维空间复合体。已有近百种组织细胞均在该系统内成功进行了大规模扩增。

（3）固定化培养　动物细胞较大，无细胞壁，增殖时间长，其细胞密度、产物的浓度和产率都远低于微生物。将动物细胞与水不溶性载体结合起来，再进行培养，具有细胞生长密度高，抗剪切力和抗污染能力强等优点，细胞易与产物分开，有利于产物分离纯

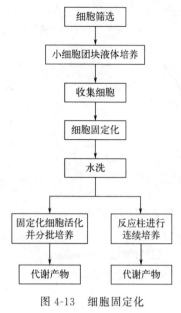

细胞筛选
↓
小细胞团块液体培养
↓
收集细胞
↓
细胞固定化
↓
水洗
↓
（分为两路）
固定化细胞活化并分批培养 → 代谢产物
反应柱进行连续培养 → 代谢产物

图 4-13　细胞固定化
生产物质的流程

化。因此，可通过细胞吸附、包埋或微囊化法进行细胞增殖或提高细胞产物产量，如图 4-13 所示。

包埋法是细胞固定化最常用的方法，其原理是将微生物细胞截流在水不溶性的凝胶聚合物孔隙的网络空间中，如图 4-14（a）所示。通过聚合作用或者离子网络形成，或通过沉淀作用，或改变溶剂、温度、pH 值使细胞截流。现有三种包埋法，即凝胶包埋法、微胶囊包埋法和纤维包埋法。目前工业应用上以凝胶包埋法固定细胞最为广泛，凝胶聚合物的网络可以阻止细胞的泄漏，同时能让基质渗入和产物扩散出来。包埋法操作简单，对细胞活性影响较小，制作的固定化细胞球的强度高。

微囊化，是一种新型的包埋固定化技术，如图 4-14（b）所示。是用一层亲水性的半透膜将酶、辅酶、蛋白质等生物大分子或动植物细胞包围在珠状的微囊里，从而使得酶等生物大分子和细胞不能从微囊里逸出，而小分子的物质、培养基的营养物质可以自由出入半透膜，达到催化或培养的目的。囊内形成微小培养环境，与液体培养相似，能保护细胞少受损伤，故细胞生长好、密度高。动物细胞微囊化法用得最多的载体是聚赖氨酸/海藻酸（PLL/ALG）复合凝胶，细胞生长密度可达 $10^8 \sim 10^{10}$ 个/mL。未来将有一大批具有生物活性的蛋白质可依赖固定化细胞在生物体外大规模合成。

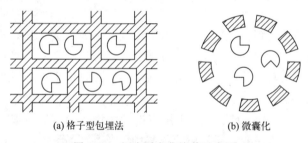

(a) 格子型包埋法　　　　　(b) 微囊化

图 4-14　细胞固定化培养示意图

工业上最常规的两种细胞培养工艺为贴壁培养和悬浮培养，由于贴壁细胞与悬浮细胞在培养方式上有着本质不同，如细胞的形态、代谢、生长行为等，目的产物的质量与产量会受到极大影响。贴壁和悬浮培养工艺对某疫苗生产效果存在一定差异，参见表 4-2。因此，选择合适的细胞培养工艺，对于大规模生产具有越来越重要的意义。

表 4-2　悬浮培养工艺和转瓶培养工艺生产效果对比

项目	转瓶培养疫苗	反应器悬浮培养疫苗
培养方式	装瓶贴壁细胞培养	悬浮细胞培养
毒价（$TCID_{50}/LD_{50}$）	7.0/7.5	7.25/7.25
细胞密度/（个/mL）	$(2.5\sim3.5)\times10^6$	3×10^6
工作体积	1.5L	500L
均一性	培养体积小，需混合，批间差大	培养体积大，无须混合，批间差小

项目	转瓶培养疫苗	反应器悬浮培养疫苗
产品效力	不可控	稳定可控
蛋白纯化	含血清,杂蛋白含量高,纯化复杂	无血清,杂蛋白含量低,纯化简单
培苗比例	需浓缩	稀释5～10倍
产品质量	杂蛋白及内毒素含量高,不良反应较多	杂蛋白及内毒素含量低,不良反应少
劳动力需求	多	少

3. 植物细胞制药技术

植物细胞制药技术是指在无菌和人工控制的营养及环境条件下利用植物细胞培养技术来控制培养植物细胞、组织、器官以获得某些特定次生代谢产物的技术,具有不受气候、土壤等外界条件影响,培养物无污染,生产周期快,节约天然资源等优点。现在植物细胞悬浮培养已经能够进行小规模的生产,而且有些药用植物种类都已接近工业化,如从日本黄连细胞悬浮培养中生产黄连碱、从人参根细胞中生产人参皂苷等;相当种类的药用植物细胞大量培养已达到中试水平。1981年日本首先利用植物细胞大规模培养技术在75000L罐中生产紫草宁及其衍生物,并用于化妆品。由紫草培养细胞提取紫草宁是第一个植物细胞培养技术的商品。

植物细胞培养的特性:

① 植物细胞较微生物细胞大得多,有纤维素细胞壁,细胞耐拉不耐扭,抗剪切差;

② 培养过程生长速度缓慢,易受微生物污染,需要用抗生素;

③ 细胞生长的中期及对数期,易凝集为直径达350～400g的团块,悬浮培养较难;

④ 培养时需要供氧,培养液黏度大,不能耐受强力通风搅拌;

⑤ 具有群体效应,无锚地依赖性及接触抑制性;

⑥ 培养细胞产物滞留于细胞内,且产量较低;

⑦ 培养过程具有结构与功能全能性。

因此,植物组织细胞的分离,一般采用次亚氯酸盐的稀溶液、福尔马林、酒精等消毒剂对植物体或种子进行灭菌。种子消毒后在无菌状态下发芽,将其组织的一部分在半固体培养基上培养,随着细胞增殖形成不定型细胞团(愈伤组织),将此愈伤组织移入液体培养基上培养。植物体液可采用同样方法将消毒后的组织片愈伤化,可用液体培养基振荡培养。愈伤化时间随着植物种类和培养基条件而异,慢的需要几周以上,一旦增殖开始,就可用反复继代培养加快细胞增殖。继代培养可用试管或烧瓶等,大规模的悬浮培养可用传统的机械搅拌罐、气升式发酵罐,其流程如图4-15所示。

植物细胞培养技术按照培养对象可分为:原生质培养和单倍体细胞培养;按照培养基类型可分为:液体培养和固体培养;按照培养方式可分为:悬浮细胞培养和固定化细胞培养。悬浮培养是指在液体培养基中,能够保持良好分散性的细胞和小的细胞聚集体的培养。为了保证细胞系的定产稳定,已研究了多种适宜的培养方式,简介如下:

① 二步法。从许多植物细胞培养与次生产物的形成来看,生物合成作用往往在细胞生长的后期,据此提出二步培养法(two-step culture)。第一步培养基称为生长培养基,主要适合于细胞的生长;第二步称为合成培养基,用于次生产物的合成。两种培养基往往有所区别,后者通常具有较低含量的硝酸盐或磷酸盐,或两者含量均较低。

② 固定化培养(immobilized culture)。将悬浮培养的植物细胞包埋于固体基质中,成

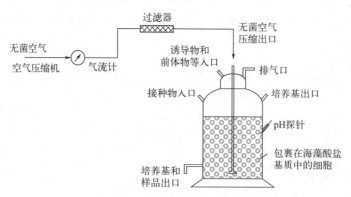

图 4-15　植物细胞大规模培养流程

为一个固定的生物反应系统。包埋的基质可为多糖和多聚化合物，如褐藻酸盐、琼脂（糖）、聚丙烯酰胺、角叉菜胶。由于这些支持物胶体本身的交联方式，使之对养料、水分及气体有一定的通透性，在不同程度上维持细胞的生物活力，从而保证进行生化反应的酶系和辅助因子的存在。基于此原理，在细胞产生次生产物的时期就将其固定化，加以营养介质及底物进行反应，将其制成颗粒状，注入柱式反应器，就可以进行连续循环反应。通过固定化细胞进行连续培养是实现商业化生产的有效途径。

如海藻钙包埋的常青花细胞不仅可从色胺和开环马钱子碱合成西萝芙木碱，还能从蔗糖经多步酶反应合成西萝芙木碱和蛇根碱；聚氨酯包埋的辣椒细胞合成的辣椒素比游离细胞多 2～3 个数量级。

③ 代谢产物胞外释放。大部分有用的次生代谢物并不释放到培养基中，而是储存于液泡中，传统的提取药用次生代谢物的方法始于破碎细胞，使细胞只能一次性使用。解决储存液泡中的次生代谢物使之释放到胞外，也是通过固定化细胞进行连续培养要解决的一个主要问题。已发展出了化学试剂法、改变离子强度法、pH 扰动法、电击法等。

④ 两相培养技术。即在培养基中引入第二相，细胞产物在原培养系统合成后，向第二相富集，从而减少产物的反馈抑制，不仅提高了产量，而且简化了后处理。

从工程角度出发，目前大多数植物细胞大规模培养生产药物距离商业化生产还有一定的差距，因为在许多情况下放大必伴随产率的降低，问题主要在于以下几个方面。

① 细胞聚集成团。通常，植物细胞明显比微生物个体大，生长慢。植物细胞的长度约 $10～100\mu m$。因此细胞分化后不易分离，而且在间歇培养的后期分泌胞外多糖，所以常易聚集成团。聚集体由 2～200 个细胞组成，直径能达几毫米，因而控制细胞颗粒过大一方面会影响反应器的混合及操作；另一方面导致大细胞团内的营养欠缺。但由于一定大小的细胞颗粒对细胞的生长及次生代谢物的形成有利，因而控制细胞颗粒大小是反应器设计与操作应考虑的一个重要因素。

② 流变学。聚集体颗粒、颗粒间相互作用、高的细胞浓度以及胞外多糖的分泌最终导致整个发酵液具有高黏性，表现为非牛顿流体特性。植物细胞悬浮液与许多微生物悬浮液一样，表观黏度依赖于细胞的年龄、形态和细胞颗粒的大小以及培养液中细胞的浓度。因此，培养液的流变学特性与氧传递密切相关，是反应器设计与放大所需考虑的重要因素。

③ 氧与通气。植物细胞代谢慢，对氧的需求相对于微生物要少。比氧消耗速率以干重计的数量级为 $10^{-6}g/(g \cdot s)$。但在高细胞密度和流体黏度下会降低传质效率。尽管通常认

为植物细胞培养物生长需求的临界溶氧浓度为空气饱和浓度的 15%～20%，但是代谢物合成的需氧量可能显著高于细胞生长的临界需氧值。

④ 剪切力。植物细胞体积较大，其中液泡占 95% 以上的体积，植物细胞的细胞壁主要由纤维素组成，这都使得植物细胞对剪切力非常敏感。在大规模培养时，通气和搅拌产生的剪切力对植物细胞的生长和次生代谢产物的合成有很大的影响。即使同一品系也有差别，植物细胞对剪切敏感因细胞年龄不同而不同。植物细胞的剪切敏感性研究可以分为两类：一类是细胞在生长条件下受剪切力的作用，维持整个培养期，使用真实的间歇或恒化培养操作，另一类非生长条件下短期培养细胞于确定剪切力（层流、湍流）环境，使用的装置为 Couette、毛细管黏度计或喷射装置。应对剪切可以采取建立耐剪切细胞株、建立固定化植物细胞培养方法、开发低剪切生物反应器等策略。

植物细胞制药已经取得了令人瞩目的成就，与基因工程、快速繁殖形成了三大主流。但是植物细胞是一个复杂的体系，细胞内部存在多种正反馈和负反馈调控机制，细胞的各种亚体系之间也存在复杂的相互影响。随着科技的不断进步，我们相信植物细胞制药技术将在医药领域发挥越来越大的作用。

三、生物活体修饰与改造技术

众所周知，蛋白质的合成是按照遗传中心法则进行的：基因→表达→多肽链→具有高级结构的蛋白质→行使生物功能。然而，蛋白质定向修饰与改造技术却与之相反，它的基本途径是：从预期的蛋白质功能出发→设计预期的蛋白质结构→推测应有的氨基酸序列→找到相对应的脱氧核糖核苷酸序列（DNA）即基因序列→采用基因工程技术获得所设计的新蛋白质。基本流程如图 4-16 所示。

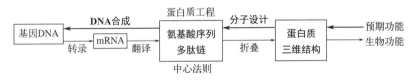

图 4-16　蛋白质工程技术路线示意图

①功能蛋白质（或酶）结构基因的克隆；②核苷酸编码序列的确定；③相应氨基酸序列的转换；④该功能蛋白质生物学性质的确定；⑤建立该功能蛋白质的三维空间结构；⑥设计工程蛋白质的分子草图；⑦借助于 DNA 定点突变技术对其进行改造；⑧分析突变蛋白质的生物化学特性；⑨确定蛋白质序列、结构、功能三者的对应关系；⑩将此对应关系反馈至第 6 步并进行下一轮操作，直到构建出理想的工程蛋白质。

常规的诱变及筛选技术能创造一个突变基因并产生相应的突变蛋白质，但这种诱变方式是随机的，无法预先确知哪个核苷酸发生了变化。因此，导致靶基因定点发生改变的频率极低。虽然多肽链水平上的化学修饰也能在一定程度上改变天然蛋白质的结构及性质，但其工艺十分繁杂，并且由于基因未发生突变，故修饰的蛋白质不能再生。而蛋白质工程的特征是在基因水平上特异地做一个非天然的优良工程蛋白质。特别是蛋白的免疫原性取决于其与内源性蛋白氨基酸序列差异性、糖基化模式、构型改变、聚集化程度等因素，利用蛋白修饰与改造技术，对其免疫原性进行消减与改造，如合理选择 PEG 结合位点，改善蛋白溶解性，鉴别和清除 Ⅱ 类 MHC 的限制行为等。目前，用于蛋白质药物结构改造的主要技术包括：定点突变技术、蛋白质融合技术、非天然氨基酸替代技术和蛋白质修饰技术。

1. 蛋白质定点突变技术

定点突变（site-directed mutagenesis）技术是指在已知生物药物的结构和功能的基础上，有目的地改变其某一活性基团，或在已知 DNA 序列中取代、插入或删除特定长度的核苷酸片段，通过基因突变从而改变生物大分子结构中的个别氨基酸残基，得到具有新性状的生物药物的方法，故又称理性分子设计。其原理如图 4-17 所示。

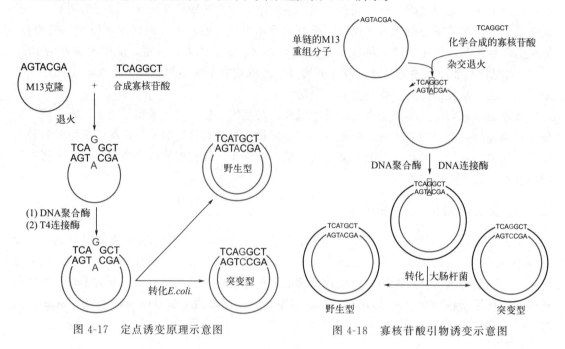

图 4-17　定点诱变原理示意图　　　　　图 4-18　寡核苷酸引物诱变示意图

蛋白质定点突变技术分三类：

① 通过寡核苷酸介导的基因突变。以化学合成的含有突变核苷酸的寡核苷酸短片段为引物，对单链 DNA 分子进行复制，随后这段寡核苷酸引物便成了新合成的 DNA 子链的一个组成部分，产生的新链便具有已发生突变的核苷酸序列（见图 4-18）。具体方法如下：将待突变基因克隆到突变载体上；制备含突变基因的寡核苷酸引物；引物与模板退火和待突变的核苷酸形成一小段碱基错配的异源双链 DNA；合成突变链，在 DNA 聚合酶的催化下，引物以单链 DNA 为模板合成全长的互补链，而后由 DNA 连接酶封闭缺口，产生闭环的异源双链的 DNA 分子；转化和初步筛选异源双链 DNA 分子导入宿主细胞后，产生野生型、突变型的同源双链 DNA 分子；对突变体基因进行序列分析。

② 盒式突变或片段取代突变。利用目标基因序列中适当限制酶切位点，人工合成含基因突变序列的寡核苷酸片段，取代野生型基因中的相应序列（图 4-19）。具体方法如下：人工合成带黏性末端突变寡核苷酸片段；酶切野生型质粒 DNA 并分离回收产物；将人工合成突变寡核苷酸片段与酶切产物混合，在 DNA 连接酶作用下构成重组质粒；转化和筛选突变型的双链 DNA 分子；对突变体基因进行序列分析。

③ PCR 介导的定点突变。任何基因，只要两端及需要变异部位的序列已知，就可用 PCR 诱变去改造该基因的序列。具体方法如下：设计 PCR 反应所需引物 a、b、c、d（b、c 为两个互补的并在相同部位具有相同碱基突变的内侧引物）；分别利用引物 a、b 和 c、d 以目的基因为模板扩增得到片段 1、2；混合片段 1、2"不加引物"进行 PCR，变性和退火可

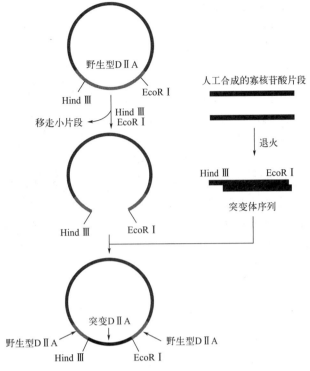

图 4-19　寡核苷酸盒式诱变原理示意图

以形成具有 3′ 凹末端的异源双链分子，在 Tag DNA 聚合酶的作用下，产生含重叠序列的双链 DNA 分子；在上述体系中加入引物 a、d 进行 PCR，胶回收 DNA 产物；转化和筛选突变型菌株；对突变体基因进行序列分析。如图 4-20 所示。

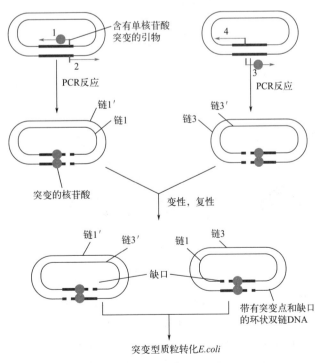

图 4-20　PCR 进行寡核苷酸定点诱变的示意图

蛋白质工程发展至今，利用"定点突变"专一改变基因中某个或某些特定核苷酸的技术可以产生具有工业上和医药上所需性状的蛋白质。其主要是增强蛋白质的稳定性、催化能力、亲和力和特异性，延长半衰期，降低免疫原性等。

2. 蛋白质融合技术

蛋白质融合是在基因工程迅速发展的基础上，有目的地把两段或多段编码功能蛋白质的基因连接在一起，进而表达所需蛋白质，这种通过在人工条件下融合不同的基因编码区获得的蛋白质称为融合蛋白。蛋白质融合技术是为获得大量标准融合蛋白而进行的有目的性的基因融合和蛋白质表达的方法，利用蛋白质融合技术，可构建和表达具有多种功能的新型目的蛋白质。其中蛋白质融合接头设计是基因融合技术能否成功的关键技术之一。融合蛋白示意图如图 4-21 所示。

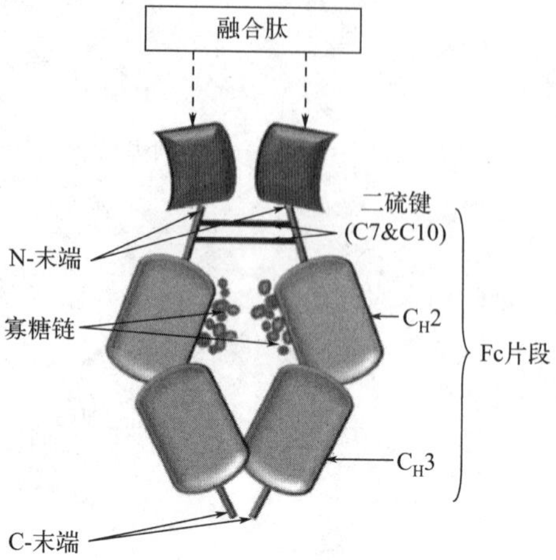

图 4-21　Fc 融合蛋白示意图

3. 非天然氨基酸替代技术

生物体内所有蛋白质都是由三联密码子编码的 20 种天然氨基酸所组成的，这些天然的氨基酸只含有一些有限的功能基团如羟基、羧基、氨基、烷基和芳香基团等。因此无法满足化学、生物科学研究和应用中对蛋白质结构和功能的需求，虽然通过化学修饰、基因定点突变和计算机辅助蛋白质设计，对蛋白质的结构改造赋予了天然蛋白质新的功能，但这些方法都依赖于 20 种天然氨基酸，本身功能化方式十分有限。必须寻求一种系统扩展遗传密码子的方法使蛋白质乃至整个生物体得以进化，从而赋予蛋白质新的物理、化学或生物学特性，便于人们更好地操控蛋白质的结构与功能，由此提出了"非天然氨基酸（UAA）"替代技术，如图 4-22 所示，为结合非天然氨基酸引入策略与生物正交反应技术在蛋白质中引入酰基化赖氨酸。这些非天然氨基酸（UAA）含有酮基、醛基、叠氮基、炔基、烯基、酰氨基、硝基、磷酸根、磺酸根等多样性功能基团，可进行多种修饰反应，如点击化学、光化学、糖基化、荧光显色等反应。通过 UAA 对蛋白质进行修饰，给其结构和功能的理论研究与应用带来了新的契机。

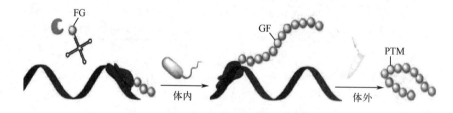

图 4-22　非天然氨基酸引入策略示意图

主要方法包括：

① 化学合成法。固相肽合成方法和半合成方法相结合能合成出含 UAA 的大片段蛋白质，其主要思想是将目的蛋白质划分为两部分，利用分步固相肽合成方法（SPPS）手段合成出含有非天然氨基酸的部分，而目的蛋白质的另外一部分则是通过重组方法得到，然后利用化学交联的手段将两部分连接起来，从而获得一条带有非天然氨基酸的全长半合成蛋白

质。如带有修饰骨架的 HIV-1 蛋白酶类似物。然而，这项技术的应用受所需要保护基团的化学性质、连接位点、蛋白质折叠等限制且费用高。

② 体外生物合成法。基于 mRNA 同 tRNA 之间密码子和反密码子的特异性识别，采用一种截短的 tRNA（3′端一个或者两个核苷酸被剪掉），将其连接到用化学方法氨基酰化的单或者双核苷酸上，从而实现非天然氨基酸与 tRNA 的偶联。如 Hecht 等用 N 保护的氨基酸氨基酰化二核苷酸 pCpA，然后用 RNA 连接酶将氨基酰化的二核苷酸 pCpA 与 3′端缺失 pCpA 的 tRNA 连接起来，从而在二肽的第一个位置上引入非天然氨基酸。然而，氨基酰化反应产物收率很低，氨基酸的 N 端保护基团也很难被除掉，而且会进一步限制下一个氨基酸的引入以及被内源氨酰 tRNA 合成酶识别，那么非天然氨基酸氨酰 tRNA 就有可能被校正，即非天然氨基酸脱落而连接上天然氨基酸。蛋白质体外特异性引入非天然氨基酸如图 4-23 所示。

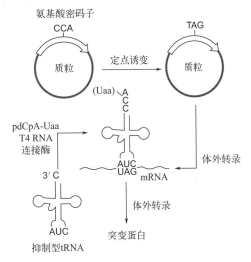

图 4-23 蛋白质体外特异性引入非天然氨基酸

③ 显微注射法。通过显微注射技术对蛋白质进行位点特异性修饰来自体外生物合成方法的拓展。如在非洲爪蟾卵母细胞中显微注射两种 RNA：一种是编码蛋白质的 mRNA，其目标位点含有 UAG 终止密码子；另一种是合成的氨酰化校正 tRNA（sup-pressor tRNA），它能装载相应的 UAA 在体内通过 UAG 终止密码子对蛋白质进行位点特异性修饰，其中 UAA 有酪氨酸同系物、α-羟基氨基酸等，但它继承了体外生物合成方法的缺点，即校正 tRNA 必须在体外化学氨酰化带上 UAA，氨酰化的 tRNA 不能被重复利用，以及被内源氨酰 tRNA 合成酶识别、校正，而连接上天然氨基酸，只能应用于能进行显微注射的细胞。

④ 营养缺陷型法。运用基因突变获得营养缺陷型菌株，这种菌株有一个特点就是自身缺乏合成某种天然氨基酸的能力。在诱导某种蛋白质表达过程中，如果培养基中缺少细菌自身不能合成的氨基酸，而添加这种氨基酸的类似物，那么就会在目的蛋白质中插入这种氨基酸的类似物。如利用苯丙氨酸的缺陷型菌株，在蛋白质中引入了苯丙氨酸（Phe）的类似物氟苯丙氨酸（p-F-Phe），而且发现部分酪氨酸位置上也被氟苯丙氨酸替换（图 4-24）。利用这种方法已有超过 60 种天然氨基酸的类似物被引入蛋白质中，比如用刀豆氨酸替代精氨酸，己氨酸替代甲硫氨酸，三氟醚亮氨酸替代亮氨酸。但运用营养缺陷型菌株来进行 UAA 对蛋白质的修饰，没有位点特异性，细胞不能持续生长，并且 UAA 仅是天然氨基酸的同系物，也有可能被内源氨酰 tRNA 合成酶识别、校正。

目前，遗传密码扩充技术已用于治疗性蛋白质的开发：① 利用具有免疫原性的氨基酸来阻断免疫耐受，并生成可用于治疗癌症和炎症的疫苗，将对硝基苯丙氨酸引至目的蛋白质的抗原表位可以延长其寿命，并产生可以与天然蛋白质有交联作用的抗体；② 生产抗凝血蛋白磺化水蛭素，将第 63 位酪氨酸磺化后的水蛭素与人凝血酶的亲和力比非磺化水蛭素增加了 10 倍；③ 得到系列蛋白质轭合物，使其特定位点含有如毒素、放射性核素、PEG，甚至另一种蛋白质（实现双治疗功能），并大幅度延长其在血浆中的半衰期等。

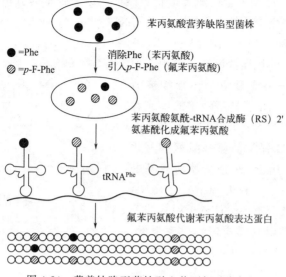

图 4-24 营养缺陷型菌株引入苯丙氨酸类似物

4. 蛋白质修饰技术

蛋白质修饰技术是指在体外将蛋白质分子通过人工的方法与一些化学基团（物质），特别是具有生物相容性的物质，进行共价连接，从而改变蛋白质的结构和性质。目前已经确定的生物体内翻译后修饰方式超过 400 种，常见的蛋白质翻译后修饰过程有泛素化、磷酸化、糖基化、脂基化、甲基化和乙酰化等。已证实，泛素化对细胞分化与凋亡、DNA 修复、免疫应答和应激反应等生理过程起着重要作用；磷酸化涉及细胞信号转导、神经活动、肌肉收缩以及细胞的增殖、发育和分化等生理病理过程；糖基化在许多生物过程中如免疫保护、病毒的复制、细胞生长、炎症的产生等方面起着重要的作用；脂基化对生物体内的信号转导过程起着非常关键的作用；组蛋白上的甲基化和乙酰化与转录调节有关；在体内各种翻译后修饰过程不是孤立存在的。蛋白质修饰技术可分为非共价修饰和共价修饰。

（1）非共价修饰 使用能与蛋白质非共价地相互作用而又能有效地保护酶的一些添加物，如聚乙二醇（PEG）、右旋糖酐等，它们既能通过氢键固定在蛋白质分子表面，也能通过氢键有效地与外部水相连，从而保护蛋白质的活力。同样，一些添加物，如多元醇、多糖、多聚氨基酸、多胺等能通过调节酶的微环境来提高蛋白的活力与稳定性。

（2）共价修饰 用可溶性大分子，如聚乙二醇、右旋糖酐、肝素等，通过共价键连接于蛋白质分子的表面，形成一层覆盖层。例如，用聚乙二醇修饰超氧化物歧化酶，不仅可以降低或消除酶的抗原性，而且提高了抗蛋白酶的能力，延长了酶在体内的半衰期，从而提高酶药效。下面以可注入人体的高聚物之一的聚乙二醇（PEG）为例，介绍蛋白质的修饰技术。

药物的 PEG 修饰可分为两个阶段。第一阶段的修饰技术局限于应用分子量（<20000）低的单甲氧基 PEG。常用的修饰剂有单甲氧基聚乙二醇琥珀酸琥珀酰亚胺酯、单甲氧基聚乙二醇碳酸琥珀酰亚胺酯等，通过酯键或三嗪环将 PEG 与药物分子偶联，这种非特异性的不稳定连接方式使得一个药物分子经常连接数个 PEG 分子。如单甲氧基聚乙二醇琥珀酸琥珀酰亚胺酯偶联到 Lys 残基侧链的 ε-氨基上，由于蛋白质分子表面一般存在多个 Lys 残基，

加之每个 ε-氨基的反应活性不同，修饰产物往往是不同修饰程度及不同修饰位点产物的混合物，这些混合物一般难以分开，不易分离。其中，mPEG 已经被广泛使用多年，这种聚合物是通过 mPEG 与琥珀酸酐发生酯化反应，再经过与羟基琥珀酰亚胺酯化而成，其中以丁二酸为 mPEG 与蛋白的连接体，如图 4-25 所示。

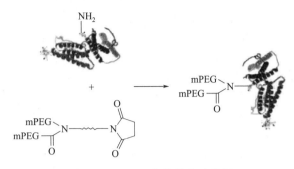

图 4-25　mPEG 修饰蛋白示意图

PEG 修饰的生产流程如下：

① 在进行 PEG 修饰之前，需先寻找高纯度的 PEG 原材料，之后再进行修饰。

② 选择合适的 PEG 来进行分子修饰。

③ 将 PEG 进行活化。PEG 修饰蛋白质主要通过 PEG 末端羟基与蛋白质氨基酸残基反应实现，而 PEG 末端羟基活性很差，因此必须使用活化剂对其进行活化，才能在体内温和的条件下对蛋白质进行共价修饰。

④ 选择合适的蛋白质氨基酸残基位点或小分子药物位点进行定点修饰。用活化后的 PEG 对合适的蛋白质氨基酸残基进行定点修饰，从而改善天然蛋白质的疗效。

⑤ 获得 PEG-药物复合物后，为避免复合物中含有的其他杂质对药效产生不利影响，将其进行分离纯化得到单一复合物。

PEG 化蛋白质药物增强蛋白质的药理学活性，最显著的是 PEG 多聚物增加了结合蛋白的分子大小，降低了肾脏的滤除率，从而延长了药物的半衰期，并改善了药物的动力学性质（半衰期延长，清除率下降，血药峰浓度下降），血浆药物浓度波动减小；增强了药物在体内的活性，降低了药物的毒性及免疫原性，增强了药物的理化稳定性，避免了蛋白质药物的水解，增加了蛋白质药物的可溶性等。

第三节　生物制药过程技术

生物制药工艺过程一般包括菌体（含基因工程菌）生产及代谢产物或转化产物的发酵生产。较常用的深层发酵生产过程为：生产菌种的选育培养及扩大、培养基的制备、设备与培养基的灭菌、无菌空气的制备、发酵工艺控制、产物的分离及提取与捕获富集，浓缩与结晶干燥以及成品的检验与包装等。其中，冻干单元、分装单元和灭菌单元（无菌生产过程控制/保障）过程技术见药物制剂过程技术。

不同微生物的性能不同，其产物和代谢途径等不尽相同，发酵技术不尽相同。

一、微生物发酵过程技术

1. 微生物发酵制药一般工艺流程

（1）种子制备流程　种子制备分两个阶段完成，即实验室阶段和种子罐培养阶段。实验室阶段主要完成菌种斜面培养（即活化培养）和三角瓶液体培养（实现固体培养向液体培养转化）；种子罐培养阶段是实现真正意义的扩大培养，以培养出活力强、数量多、无杂菌的发酵用的种子。因此，种子制备可用如图 4-26 所示流程表示。

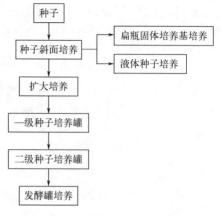

图 4-26　种子制备的一般流程示意图

具体步骤：

① 将砂土孢子或冷冻孢子接种到斜面培养基中活化培养。

② 长好的斜面孢子或菌丝移种到扁瓶固体培养基或摇瓶液体培养基中扩大培养，完成实验室种子制备。

③ 扩大培养的孢子或菌丝移种到一级种子罐，制备生产用种子；如果需要可将一级种子再转种至二级种子罐进行扩大培养，完成生产车间种子制备。

④ 制备好的种子移种至发酵罐进行发酵。

种子的优劣对发酵生产起着关键性作用。因而，种子培养过程中，应重点抓好种子的质量关。除了考核种子的生长状况、孢子数量外，特别要注重考虑成熟种子中的杂菌控制，绝对不允许杂菌的存在。同时在种子培养过程中要注意各种因素对种子质量的影响。发酵种子质量主要受孢子质量、培养基、培养条件、种龄及接种量等因素的影响。摇瓶种子质量主要以外观颜色、效价、菌丝浓度或黏度以及糖氮代谢、pH 变化等为指标，符合要求方可进罐。

（2）液体培养基的制备工艺流程　大多数发酵培养基都是将各种原料按培养基配方的要求及一定的加料顺序投入至配料罐内，在搅拌作用下用水调成溶液或悬浮液，并预热至一定温度后，送灭菌系统进行灭菌处理。其中所用原料中如需制备水解糖，其工艺最为复杂。如可利用薯类、玉米、小麦、大米等，通过酸水解法和酶水解法制备水解糖，以酶水解法为优。图 4-27 为双酶法制葡萄糖的工艺流程。

（3）无菌空气的制备工艺流程　鉴于不同的培养过程所用菌种的生产能力强弱、生长速度的快慢、培养周期的长短以及培养基中 pH 等差异，对空气灭菌的要求也不相同。空气灭菌的要求应根据具体情况而定，但一般仍可按 10^{-3} 的染菌概率，即在 1000 次培养过程中，只允许一次是由于空气灭菌不彻底而造成染菌，致使培养过程失败。获取无菌空气的方法有多种，如辐射灭菌、化学灭菌、加热灭菌、静电除菌、过滤介质除菌等。

无菌空气的制备一般是把吸气口吸入的空气先经过压缩机前的过滤器过滤，再进入空气。压缩机出来的空气（一般压力在 $1.96×10^5$ Pa 以上，温度 120~150℃），先冷却到适当的温度（20~25℃），除去油和水，再加热至 30~35℃，最后通过总过滤器和分过滤器除菌，从而获得洁净度、压力、温度和流量都符合要求的无菌空气。其中，空气流量（VVM）即单位时间（min）单位发酵液体积（m^3）内通入的标准状态下的空气体积（m^3），一般在 0.1~2.0。目前，工厂常用空气过滤除菌流程如图 4-28 所示。

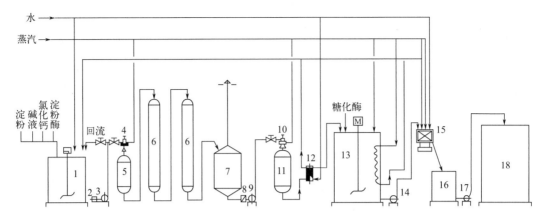

图 4-27 双酶法制葡萄糖的工艺流程

1—调浆配料槽；2,8—过滤器；3,9,14,17—喷射加热器；4—排气阀；5—缓冲器；

6—液化层流罐；7—液化液贮槽；10—泄压阀；11—灭菌罐；12—板式换热器；13—糖化罐；

15—压滤机；16—糖化暂贮槽；18—贮糖槽

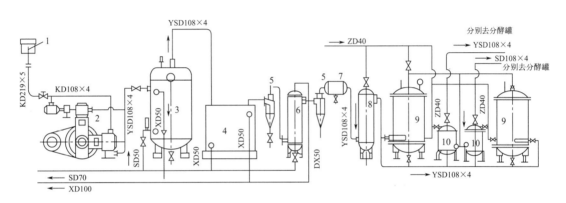

图 4-28 空气过滤除菌实用化流程

1—粗滤器；2—空气压缩机；3—空气贮藏；4—沉浸式空气冷却器；5—油水分离器；6—三级空气冷却管；

7—除雾器；8—空气加热器；9—空气过滤器；10—金属微孔过滤器（或上接纤维纸片过滤器）；K—空气进气管；

YS—压缩空气管；Z—蒸汽管；S—上水管；X—排水管；D—管径

2. 微生物发酵过程技术

在制备大量微生物菌体或其代谢产物时，可采用不同的发酵方式。微生物的发酵方式可分为分批发酵、分批补料发酵和连续发酵等，如图 4-29 所示。

(a) 分批发酵　　　　(b) 分批补料发酵　　　　(c) 连续发酵

图 4-29 常见的发酵技术原理示意图

（1）分批发酵技术　　分批发酵技术是将培养液一次性装入发酵罐，一次性接种。在培养过程中其体积不变，不添加其他成分，待生物量增长和产物形成积累到适当的时间，一次性收获菌体、产物。这种培养方式操作简单，是一种最为广泛使用的方式（图4-30）。分批发酵的主要特征是所有工艺变量都随时间而变化。主要的工艺变量是各种物质的浓度及其变化速率，如图4-31所示。

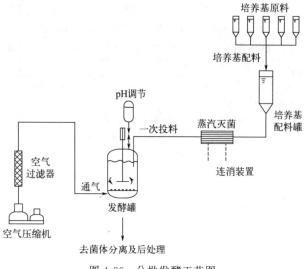

图4-30　分批发酵工艺图　　　　　　　图4-31　微生物分批发酵培养过程的特征

由于分批发酵过程的环境随时间变化很大，而且在培养的后期往往会出现营养成分缺乏或抑制性代谢物的积累使细胞难以生存，不能使细胞自始至终处于最优的条件生长、代谢，但发酵系统属于封闭式，培养过程中与外部环境没有物料交换，除了控制温度、pH值和通气外，不进行其他任何控制，且培养周期短，染菌和菌体突变的风险小。

（2）分批补料发酵技术　　所谓分批补料发酵技术，就是指在分批培养开始，投入较低浓度的底物，然后在发酵过程中，当微生物开始消耗底物后，再以某种方式向培养系统中补加一定的物料，使培养基中的底物浓度在较长时间内保持在一定范围内，以维持微生物的生长和产物的形成，并避免不利因素的产生，从而达到提高容积产量、产物浓度和产物得率的目的。补料分批发酵又称半连续发酵或半连续培养（图4-32）。微生物初始接种的培养基体积一般为终体积的1/2～1/3，在培养过程中根据微生物对营养物质的不断消耗和需求，流加浓缩的营养物或培养基，即补料成分可以是单组分或多组分的，从而使微生物持续生长至较高的密度，目标产品达到较高的水平，整个培养过程没有流出或回收。通常在微生物进入衰亡期或衰亡期后，终止发酵操作。补料分批发酵实际上是介于批次发酵和连续发酵的中间类型，也是目前应用最为广泛的类型，其流加补料发酵过程的特征如图4-33所示。补料分批发酵广泛用于抗生素、氨基酸、酶蛋白、核苷酸、有机酸及高聚物等的生产。

在半连续式操作中由于微生物适应了培养环境和相当高的接种量，经过几次稀释、换液培养过程，细胞密度常常会提高。半连续式发酵的培养物体积逐步增加，可进行多次收获；且微生物可持续指数生长，并可保持产物和细胞在一较高的浓度水平，培养过程可延续到很长时间。该操作方式简便，生产效率高，可长时期进行生产，反复收获产品，可使细胞密度和产品产量一直保持在较高的水平。

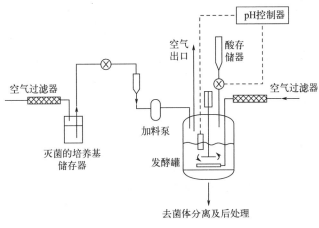

图 4-32　分批补料发酵工艺图　　　　　　图 4-33　微生物分批补料培养过程的特征

（3）连续发酵技术　将微生物接种于一定体积的培养基后，为了防止衰退期的出现，在生物量达最大密度之前，以一定速度向生物反应器连续不断地灌注新的培养基；同时，含有细胞的培养物以相同的速度连续从反应器流出，以保持培养体积的恒定。连续发酵技术亦称为灌流发酵技术或灌注发酵技术。它与分批补料发酵操作的不同之处在于取出部分条件培养基时，绝大部分微生物均保留在反应器内（图 4-34），而连续培养在取培养物时也取出了部分细胞，微生物处于一个稳定的底物浓度和产物浓度的环境中（图 4-35）。

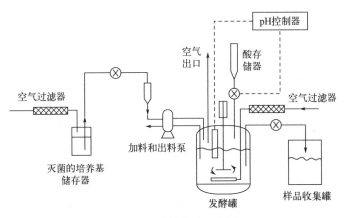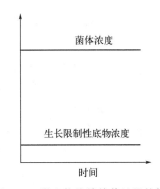

图 4-34　连续发酵工艺图　　　　　　图 4-35　微生物连续培养过程的特征

理论上讲，该过程可无限延续下去。

由于连续发酵多是开放式操作，加上培养周期较长，容易造成污染；在长周期的连续培养中，细胞的生长特性以及分泌产物容易变异；对设备、仪器的控制技术要求较高。

除上述通用发酵过程技术外，化学反应分离耦合过程技术也可以用于微生物发酵制药过程，可缩短生产周期，并实现产物及时分离。

二、动植物细胞培养过程技术

动植物细胞制药技术与其细胞培养特性息息相关，主要表现为：细胞生长缓慢，易污染，培养需要抗生素，生产周期长；细胞较微生物大得多，且多数无细胞壁，机械强度低，对生产环境十分敏感，原代培养细胞一般繁殖 50 代即退化死亡。

一切影响细胞变形的因素都会影响细胞存活（渗透压、pH、离子浓度、剪切力、微量元素）：①对培养基营养要求高，产品多分布细胞内外，纯化工艺复杂且成本高；②群体生长效应（集群），多数为贴壁生长，具有群体效应、锚地依赖性、接触抑制性及全功能性；③需氧少，不耐受强力通风与搅拌。因此，对动植物细胞的大规模培养不可简单套用微生物反应的经验。

1. 细胞工程制药一般工艺流程

它主要由上游工艺（包括细胞培养、细胞遗传操作和细胞保藏）和下游工艺（即将已转化的细胞应用到生产实践中用以生产生物产品的过程）两部分构成，如图 4-36 所示。

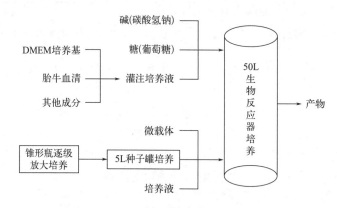

图 4-36　动物细胞培养工艺流程示意图

2. 动物细胞培养过程技术

（1）分批培养　分批培养操作主要有两种方式：①将细胞和培养基一次性加入反应器内进行培养，此后细胞不断增长，产物不断形成和积累，直到达到培养终点，将含有细胞产物的培养基或连同细胞一并取出。如采用搅拌式反应器或气升式反应器培养杂交瘤细胞生产单克隆抗体。②先将细胞和培养基加入反应器，至细胞生长到一定密度后，加入诱导剂或病毒等，再培养一段时间后，至终点取出反应物，如生产干扰素和疫苗等就采用此法。

（2）半连续培养　该方式是当细胞和培养基一起加入反应器后，在细胞增长和产物形成过程中，每间隔一段时间，取出部分培养物，或单纯是条件培养基，或连同细胞、载体一起，然后补充同样数量的新鲜培养基，或另加新鲜载体，继续培养。该操作方式在动物细胞培养和药品生产中被广泛采用，它的优点是操作简便，生产效率高，可长时期进行生产，反复收获产品，而且可使细胞密度和产品产量一直保持在较高的水平。

（3）灌流培养　灌流培养采用的是连续操作方式，它是近代用动物细胞培养生产各种药品中最被推崇的方式。它的优点是：①细胞可处在较稳定的良好环境中，营养条件较好，有害代谢物浓度较低；②可极大地提高细胞密度，一般都可达到每毫升 $10^7 \sim 10^8$，从而极大地提高了产品产量；③产品在罐内停留时间偏短，可及时收集在低温下保存，有利于产品质量的提高；④培养基的比消耗率较低，加之产量和质量的提高，生产成本明显降低。

近年来，灌流技术越来越多地应用于扩种或生产，其目的是改善细胞生长和蛋白产率，提高反应器的使用效率并降低成本。灌流可不断清除含有毒代谢副产物的培养基，同时，以相似的速度不断补充新鲜培养基，如果灌流培养基设计得当，灌流过程中的营养消耗和生长抑制问题可基本被抵消。广泛的基础培养基和不同的灌流培养条件可用于获得均衡的碳水化合物、氨基酸、脂质、维生素、有机酸和微量元素，用于目的产物的生产。

三、分离纯化过程技术

分离纯化过程技术为从动植物与微生物的有机体或器官、生物工程产物（发酵液、培养液）及其生物化学产品中获得活性成分或细胞而进行分离提取的技术。不同的分离对象需要采用不同的分离方法才能有效地被分离。在生物技术药物的生产成本中，其用于有效成分提取分离的成本占总成本的 70% 左右。

1. 生物药物分离纯化一般流程

生物技术药物分离的一般工艺流程为：发酵液的预处理或细胞破碎、固-液分离、初步纯化（分离）、精制（高纯度纯化）等。其工艺过程如图 4-37 所示。

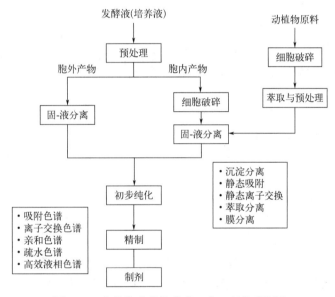

图 4-37 生物技术药物分离工艺一般流程框图

以微生物发酵液的分离纯化为例：

（1）发酵液的预处理和固液分离 发酵液中含有菌（细胞）体、胞内外代谢产物、残余的培养基以及发酵过程中加入的其他一些物质等。发酵液预处理的目的是改变发酵液的性质，以利于固液分离及产品的捕集，有时还要考虑利于菌体的回收等。常用的预处理方法有酸化、加热及加絮凝剂等。如在活性物质稳定的范围，通过酸化、加热以降低发酵液的黏度。对于杂蛋白的去除，常采用酸化、加热或在发酵液中加凝聚剂的方法。有的产品的预处理过程更加复杂，还包括细胞的破碎、蛋白质复性等。

固液分离方法主要分为两大类：一类是限制液体流动，颗粒在外力场（如重力和离心力）的作用下自由运动，传统方法如浮选、重力沉降和离心沉降等；另外一类为颗粒受限，液体自由运动的分离方法，如过滤等。在发酵液的分离过程中，当前较多使用过滤和离心分离，且已有微过滤、错流过滤等新技术方法进入固液分离领域。

（2）初步纯化（提取）　发酵产物存在于发酵液中，要得到纯化的产物必须从发酵液中提取出来。这个过程为初步纯化的过程，常用的有吸附法、离子交换法、沉淀法、溶剂萃取法、双水相萃取法、超临界流体萃取、反胶团萃取、超滤等。具体技术及操作注意事项与生化药物提取原理相同，但在分离提取过程需要注意以下几个问题：水质、热原去除（石棉板吸滤、活性炭吸附、过离子交换柱）、溶剂回收及废物处理。

（3）高度纯化（精制）　发酵液初步纯化中的某些操作也可应用于精制中。大分子（蛋白质）和小分子物质的精制方法有类似之处，但侧重点有所不同，大分子物质的精制依赖于色谱分离，而小分子物质的精制常常利用结晶操作。

发酵液分离过程涉及许多问题，除需要明确发酵产物一般的物化性质外，还需要了解这些物质的生物特性，特别需要知道影响生物特性变化的条件和使这些物质失活的因素，包括溶剂、pH、温度等。在生产中除了要保持生物的稳定性外，还要注意以下几点：①目标产物的纯度，这是分离的目标，纯度越高，分离过程难度越大；②提高每一步的收率来提高总收率；③缩短流程和简化工艺过程，减少投资及运行成本。

2. 生物药物分离纯化技术

（1）预处理技术　产生于细胞内的各种生物活性成分，或者分泌于胞内或者分泌于胞外。但是，无论目的产物存在于胞内还是胞外，通常浓度是很低的，而杂质含量却很高。对于胞外产品，分离细胞后即可获得粗品；而对于胞内产品，则必须首先破碎细胞，使其释放出来，转入液相，再进行细胞碎片的分离。

细胞破碎的方法即破坏细胞壁或细胞膜的方法。可分成物理法、化学法和生物法三大类，但并不是破碎程度越大越好。

① 物理法。通过各种物理因素使组织细胞破碎。常用的有反复冻融法、超声波破碎法、研磨、组织捣碎法、高压匀浆破碎法等。

② 化学法。化学法是用某些化学试剂溶解细胞壁或抽提细胞中某些组分，改变细胞壁或膜的通透性，使细胞内含物有选择性地渗透出来，起到细胞破碎的效果。又称为化学渗透法。化学试剂常使用稀酸、稀碱、浓盐及表面活性剂等。

③ 生物法。包括自溶法和酶解法，其中，自溶法：利用组织细胞内自身的酶系统，在一定 pH 和适当的温度下将细胞破碎；酶解法：利用各种水解酶分解细胞壁上特殊的化学键，使细胞壁溶解，细胞壁被部分或完全破坏后，再利用渗透压冲击等方法破坏细胞膜，释放细胞内含物。自溶法的成本较低，但操作时间长，对外界条件要求比较苛刻；而酶解法操作温和，酶能快速地破坏细胞壁且不影响细胞内含物的质量，但成本较高，限制了在大规模生产中的应用。常用的水解酶有溶菌酶、纤维素酶、蜗牛酶等。

对于组织材料，如动物材料要除去结缔组织、脂肪组织和血污等，植物种子需要除壳等预处理加工，再进行细胞破碎、提取、分离和纯化。

（2）沉淀与萃取分离技术

① 沉淀分离技术。沉淀分离是一个广泛应用于生物产品（特别是蛋白质）加工过程的单元操作，能够起到浓缩与分离的双重作用，其化学实质是通过调整溶液的理化参数来改变溶剂和溶质的能量平衡，产生沉淀，从而将生化成分从溶液中分离。

常用的沉淀方法有：盐析沉淀、等电点沉淀、有机溶剂沉淀等。这些方法的共同特性，都是利用了蛋白质溶解度之间的差异来实现分离。例如，从天然原料如血浆、微生物抽提液、植物浸出液和基因重组菌中分离、纯化蛋白质产品。有些蛋白质的纯化工艺中，沉淀法可能是唯一的分离方法；而有些蛋白质因在溶液中所占比例较小或产品要求纯度很高，需要将沉淀法与其他分离技术结合使用。

② 萃取分离技术。

a. 溶剂萃取。溶剂萃取技术可用于醇类、脂肪族羧酸、氨基酸、抗生素、维生素等生物小分子的分离与纯化；双水相萃取可分离蛋白质和多肽，包括许多酶的分离纯化。例如，青霉素游离酸在醋酸戊酯中的溶解度比在水中大 45 倍（pH 值＝2.5），而青霉素 G 钠盐在水中的溶解度大于 20mg/mL，在醋酸戊酯中只有 0.22mg/mL；又如红霉素在富含乙二醇溶液中的溶解度比在富含 K_2HPO_4 溶液中的溶解度高 10 倍以上。所以，这两种抗生素都能用溶剂萃取法分离并得到浓缩。

萃取过程的分离效果主要表现为被分离物质的萃取率，影响萃取分离的因素主要有：萃取剂、分配系数、在萃取过程中两相之间的接触情况。在一定条件下，被萃取物质的分离效果主要决定于萃取剂的选择和萃取次数。因此，选择合适的溶剂是溶剂萃取分离的关键。

萃取溶剂的选择应遵循以下原则：与水溶液不互溶，对目标成分有高的分配系数，溶剂本身低黏度，与水有较大的密度差；消毒过程中热稳定性好；对生物活性成分、细胞无毒性，对人员无毒性，低成本，能大批量供应，不易燃。

b. 双水相萃取。将两种不同水溶性的聚合物/盐或者聚合物/聚合物系统混合，当各自的浓度达到一定值时，溶液体系会分成互不相溶的两个水相，即双水相现象。这一现象最早是在 1896 年 Bei-jerinck 在琼脂与可溶性淀粉或明胶混合时发现的，称为聚合物的"不相容性"。至 20 世纪 60 年代，出现了"双水相萃取"的概念。已经发现的双水相体系基本上可分为两大类：高聚物/高聚物体系，高聚物/低分子物质体系。其中，常用于生物分离的双水相体系主要有：聚乙二醇（PEG）/葡聚糖（Dx）、PEG/葡聚糖硫酸盐、PEG/硫酸盐、PEG/磷酸盐。

利用生物活性成分在两个水相中不同的分配程度，可以实现蛋白质的分离和纯化。此类双水相萃取技术已用于从细胞匀浆液中提取酶和蛋白质，能够显著改善胞内酶的提取效果，正在成为极有前途的新型分离技术，如：

酶的提取和纯化。双水相的应用始于酶的提取。由于 PEG/葡聚糖体系比较昂贵，目前研究和应用较多是 PEG/盐体系。如过氧化氢酶的分离。

核酸的分离及纯化。用 PEG6000 4%/Dx 5%（质量分数）体系萃取核酸，通过多级逆流分配可以将有活性和无活性的核酸完全分离。

人生长激素的提取。用 PEG4000 6.6%/磷酸盐 14%体系从大肠杆菌碎片中提取人生长激素（hGH），平衡后 hGH 分配在 PEG 相，经三级错流萃取，总收率达 81%。

干扰素-β（IFN-β）的提取。干扰素不稳定，在超滤或沉淀时易失活，特别适合用双水相萃取分离。使用 PEG 磷酸酯/盐体系，在 $1×10U$ 干扰素-β 的回收中，收率达 97%，干扰素特异活性≥$1×10^6$U/mg 蛋白。该方法与色谱纯化技术结合联合流程，已成功用于工业生产。

常见的双水相体系见表 4-3。

表 4-3　常见的双水相体系

聚合物 A	聚合物 B	聚合物 A	聚合物 B
聚乙二醇（PEG）	聚乙烯醇（PVA） 葡聚糖（Dx） 聚蔗糖 硫酸铵 磷酸钾	甲基纤维素	羟丙基葡聚糖 葡聚糖
聚乙烯醇	甲基纤维素 葡聚糖	葡聚糖硫酸钠（DSS）	聚乙二醇/NaCl 葡聚糖/NaCl 羧甲基纤维素钠
聚丙二醇	聚乙二醇 葡聚糖 甘油	葡聚糖	乙二醇二丁酯 丙醇

虽然双水相技术在应用方面取得了很大的进展，但几乎都是建立在实验的基础上，至今还没有一套比较完善的理论来解释生物大分子在体系中的分配机理。截至目前，该方法的工业化例子尚不多见。双水相萃取中，原材料成本占了总成本的 85% 以上，并且总成本会随生产规模的扩大而大幅度增加，较高的成本削弱了其技术上的优势。

（3）色谱分离技术　在蛋白质药物众多的分离纯化技术中，使用最广泛而且可靠的是色谱分离技术。它利用的是混合物中各组分的物化性质的差异，使各组分在两相介质中进行多次的分配，原来各组分间的微小差异在多次分配中被不断放大，从而分离得到目标成分。

针对不同的产物表达形式采取的分离纯化策略。采用分泌型战略表达重组蛋白，通常体积大、浓度低，因此应在纯化之前采用沉淀或超滤等方法先进行浓缩处理；采用包涵体型战略表达重组蛋白，应先离心回收包涵体；采用融合型战略表达重组蛋白，一般是胞内可溶性的。首先，选用亲和色谱纯化表达在细胞膜和细胞壁之间的间隙中的蛋白质，应用低浓度的溶菌酶处理；然后，再用渗透压休克法释放重组蛋白。

a. 分泌型表达重组蛋白的纯化策略。外源基因的表达产物，通过运输或分泌的方式穿过细胞的外膜进入培养基中，即为分泌型外源表达蛋白。外源蛋白以分泌型蛋白表达时，须在 N 端加入 15～30 个氨基酸组成的信号肽序列。信号肽 N 端的最初几个氨基酸为极性氨基酸，中间和后部为疏水氨基酸，它们对蛋白质分泌到细胞膜外起决定性作用。当蛋白质分泌到位于大肠杆菌细胞内膜与外膜之间的外周质时，信号肽被信号肽酶所切割。分泌型表达的重组蛋白，通常体积大、浓度低，因此应在纯化之前采用沉淀或超滤等方法先进行浓缩处理。

b. 包涵体重组蛋白的纯化策略。在一定条件下，外源基因表达的某种特殊生物大分子在大肠杆菌中积累并致密地集中在细胞内，或被膜包裹或形成无膜裸露结构，这种水不溶性的结构称为包涵体。

大肠杆菌中形成包涵体主要是因为在重组蛋白的表达过程中缺乏某些蛋白质折叠的辅助因子或环境不适，无法形成正确的次级键等造成的。要对其进行分离纯化，就需要明确重组蛋白表达形成的包涵体存在部位，如在细胞外周质或在细胞质中。包含体易于与细胞其他组分分离，其分离方法与传统的生物大分子相似，利用其分子的大小、形状、溶解度、等电点亲疏水性以及与其他分子的亲和性等物理和化学性质建立相应的纯化方法。分离纯化以包涵体形式表达的基因重组蛋白的一般步骤如图 4-38 所示。

但需要注意的是蛋白复性的步骤，由于包涵体难溶，必须先将其溶解后才能进行蛋白纯化，用变性剂（尿素或盐酸胍）溶解包涵体蛋白产量虽高，却会破坏蛋白质的二级结构，需经蛋白复性才可能恢复它的生物活性。一般盐酸胍溶解包含体蛋白后，采用稀释的办法进行复性，也可以利用凝胶过滤色谱进行复性。

图 4-38　包涵体形式表达的重组蛋白纯化步骤

c. 融合表达蛋白的纯化。所谓融合型表达是指将外源目的基因与另一个基因相拼接构建成融合基因进行表达。融合型表达重组蛋白，一般胞内可溶性的，可以在原目标分子之外带有 GST 肽段或（His）6 肽段，从而使得可以分别用谷胱甘肽琼脂糖凝胶或螯合琼脂糖凝胶进行亲和色谱分离，一步可以达到约 90% 的纯度，经过特异蛋白酶切后，再进行离子交换及高分辨凝胶过滤一般便可以达到所需的纯度（95%～99%）。

d. 周质表达的蛋白的纯化。可用渗透压休克方法，使周质释放，然后利用扩张床技术将含有菌体的悬液直接上柱（STREAmlINE 系列凝胶），菌体穿过而表达的蛋白上柱。

① 凝胶过滤色谱（GFC）。凝胶过滤色谱又称尺寸排阻色谱，其原理是应用蛋白质分子量或分子形状的差异来分离。当样品从色谱柱的顶端向下运动时，大的蛋白质分子不能进入凝胶颗粒从而被迅速洗脱；而较小的蛋白质分子能够进入凝胶颗粒中，且进入凝胶的蛋白在凝胶中保留时间也不同，分子量越大，流出时间就越早，最终分离分子大小不同的蛋白质。如图 4-39 所示。

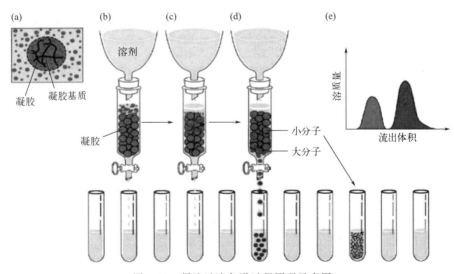

图 4-39　凝胶过滤色谱过程原理示意图

通常，多数凝胶基质是由化学交联的聚合物分子制备的，交联程度决定凝胶颗粒的孔径。常用的色谱基质有：葡聚糖凝胶（Sephadex）、琼脂糖凝胶（Sepharose）、聚丙烯酰胺凝胶（Bio-Gel P）等。高度交联的基质可用来分离蛋白质和其他分子量更小的分子，或是除去低分子量缓冲液成分和盐，而较大孔径的凝胶可用于蛋白质分子之间的分离。选用合适孔径的凝胶很大程度上取决于目标蛋白的分子量和杂蛋白的分子量。主要的影响因素如下：

a. 凝胶介质。凝胶介质的选择主要是根据待分离的蛋白和杂蛋白的分子量选择具有相应分离范围的凝胶，同时还需要考虑到分辨率和稳定性的因素。比如，如果是要将目的蛋白和小分子物质分开，可以根据它们分配系数的差异，选用 Sephadex G-25 和 G-50；对于小肽和低分子量物质的脱盐，则可以选用 Sephadex G-10、G-15 以及 Bio-Gel P-2 或 P-4；如果是分子量相近的蛋白质，一般选用排阻限度略大于样品中最高分子量物质的凝胶。具体凝胶过滤色谱介质应用如表 4-4 所示。

表 4-4　常用凝胶过滤色谱介质的分离范围

凝胶介质	蛋白质的分离范围/10³	凝胶介质	蛋白质的分离范围/10³
Sephadex G25	1～5	Sepharose 2B	70～40000
Sephadex G50	1.5～30	Bio-Gel P-4	0.5～4
Sephadex G100	4～150	Bio-Gel P-10	5～17
Sephadex G200	5～600	Bio-Gel P-60	30～70
Sepharose 6B	10～4000	Bio-Gel P-150	50～150
Sepharose 4B	60～20000	Bio-Gel P-300	100～400

b. 凝胶介质的预处理。凝胶在使用前应用水充分溶胀（胶:水=1:10），自然溶胀的耗时较长，可采用加热的方法使溶胀加速，即在沸水浴中将凝胶升温至沸，1～2h 即可达到溶胀。在烧杯中将干燥凝胶加水或缓冲液，搅拌，静置，倾去上层混悬液，除去上清液中的凝胶碎块，重复数次，直到上清液澄清为止。

c. 色谱柱。色谱柱的体积和高径比与色谱分离效果密切相关，凝胶柱床的体积、柱长和柱的直径以及柱比的选择必须根据样品的数量、性质和分离目的进行确定。组别分离时，大多采用 2～30cm 长的色谱柱，柱床体积为样品溶液体积的 5 倍以上，柱比一般在 5～10 之间；而分级分离一般需要 100cm 左右的色谱柱，并要求柱床体积大于样品体积 25 倍以上，柱比在 20～100 之间。

d. 凝胶柱的填装。凝胶色谱柱与其他色谱方法不同，溶质分子与固定相之间没有力的作用，样品组分的分离完全依赖于它们各自的流速差异。装柱时关住柱子下口，在柱内加入约 1/3 柱床体积的水或缓冲液，然后沿着柱子一侧将缓冲液中的凝胶搅拌均匀，缓慢并连续地一次性注入柱内。待凝胶沉积约 5 cm 左右时，打开柱子下口，控制流速在 1mL/min。

e. 样品的处理与上样。根据样品的类型和纯化分析，需要选择合适的缓冲液，为了达到良好的分析效果，上样量必须保持在较小的体积，一般为柱床体积的 1%～5%，蛋白质样品上样前应进行浓缩，使样品浓度不大于 4%（样品浓度与分配系数无关），但需要注意的是，较大分子量的物质，溶液黏度会随浓度增加而增大，使分子运动受限，影响流速。上样前，样品要经滤膜过滤或离心，除去可能堵塞色谱柱的杂质。

f. 洗脱与收集。凝胶过滤色谱的缓冲液用单一缓冲液或含盐缓冲液作为洗脱液即可，主要考虑两方面的原因：蛋白的溶解性和稳定性。所用的缓冲液要保证蛋白质样品在其中不会变性或沉淀，pH 应选在样品较稳定、溶解性良好的范围之内，同时缓冲液中要含有一定的盐（NaCl），对蛋白质起稳定和保护作用。洗脱过程中始终保持一定的操作压，流速不可过高，保持在 0.5～3.0mL/min 即可。

凝胶色谱分离的样品用量很少，常在浓缩操作（如超滤、离子交换等）流程后使用；具有工艺简单、操作方便、分离回收率高、实验重复性好等特点，适用于水溶性高分子物质的分离。尤其是不会改变样品生物活性，特别适合蛋白质（酶）、核酸、激素、多糖等的分离纯化，还可应用于蛋白质的分子量测定、脱盐、样品浓缩等。

② 疏水作用色谱（HIC）。疏水作用色谱是利用盐-水体系中样品分子的疏水基团和色谱介质的疏水配基之间疏水力的不同而进行分离的一种色谱方法。该法利用了蛋白质的疏水性，蛋白质经变性处理或处于高盐环境下疏水残基会暴露于蛋白表面，不同蛋白质疏水残基与固定相的疏水性配体之间的作用强弱不同，依次用从高至低离子强度洗脱液可将疏水用作由弱至强的组分分离。具有柱容量大、洗脱条件温和、不易使生物大分子丧失活性等优点，其原理如图 4-40 所示。

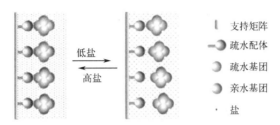

支持矩阵
疏水配体
疏水基团
亲水基团
盐

低盐 → 高盐

图 4-40　疏水作用色谱过程原理示意图

疏水作用色谱操作成本低且纯化得到的蛋白质具有生物学活性，是一种通用型的分离和纯化蛋白质的方法。其遵循"高盐上样，低盐洗脱"的原则：高浓度盐水溶液中蛋白质在柱上保留，在低盐或水溶液中蛋白质从柱上被洗脱，特别适用于浓硫酸铵溶液沉淀分离后的母液以及该沉淀用盐溶解后的含有目标产品的溶液直接进样到柱上，当然也适用 7mol/L 盐酸胍或 8mol/L 脲的大肠杆菌表达蛋白提取液直接进样到柱上，在分离的同时也进行了复性。

③ 离子交换色谱（IEC）。离子交换色谱是蛋白纯化技术中常用的一种纯化方法，其原理是指被分离物质所带的电荷可与离子交换剂所带的相反电荷结合，这种带电分子与固定相之间的结合作用是可逆的，在改变 pH 或者用逐渐增加离子强度的缓冲液洗脱时，离子交换剂上结合的物质可与洗脱液中的离子发生交换而被洗脱到溶液中。由于不同物质的电荷不同，其与离子交换剂的结合能力也不同，所以被洗脱到溶液中的顺序也不同，从而被分离出来。技术原理如图 4-41 所示。

离子交换剂由不溶于水的网状结构高分子聚合物骨架构成，骨架上有许多共价结合的带电基团，如果侧链是带正电基团，就可与带负离子分子或微团相结合，称为阴离子交换剂，吸附带负电蛋白质。如果侧链是带负电的基团，则称为阳离子交换剂。强离子交换树脂在宽 pH 范围内保持离子化，而弱离子交换树脂只在窄 pH 值内离子化。离子交换色谱的基础是高分辨率，可以直接放大规模应用在工业上，柱再生容易，还可以使蛋白浓缩。大多数蛋白质的静电荷是负值，因此阴离子交换色谱的应用最为广泛。

主要影响因素包括：

a. 介质。离子交换介质首先要考虑目的分子的大小，因为目的分子会影响其接近介质上的带电功能基团，因此也会影响介质对目的分子的动力载量，从而影响其分离。对于大多数纯化步骤来说，建议从开始的阶段使用强离子交换柱，可在摸索方法的过程中有一个宽的 pH 范围。对于已知等电点的蛋白质，可根据其等电点来选择。而未知等电点的蛋白质，在实际操作中常采用这样的方法，先选择一个阴离子交换剂，再选择一个中性的 pH 缓冲液，将蛋白质样品透析至 pH 7.0。然后，过阴离子交换柱。再根据结果确定下一个使用的缓冲液 pH。

b. 流动相。离子交换色谱的流动相必须是有一定离子强度的并对 pH 有一定缓冲能力的溶液。为了避免目的蛋白失活，使用缓冲液可稳定流动相的 pH，使之在色谱过程中不发

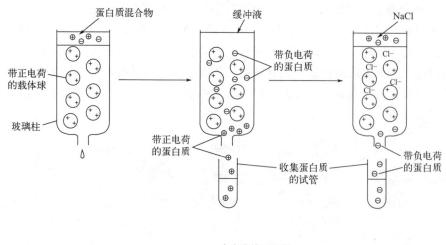

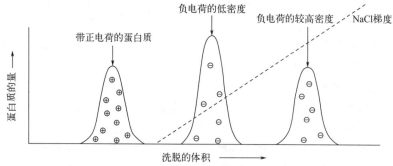

图 4-41　离子交换色谱过程原理示意图

生明显变化，同时可稳定目的分子上的电荷量，保证色谱结果的重复性。

选择缓冲液一般按照以下原则：阳离子交换剂应选用阴离子缓冲液，可用柠檬酸盐、磷酸盐、醋酸盐、甘氨酸盐等；阴离子交换剂应选用阳离子缓冲液，可用烷基胺、Tris、氨基乙醇胺、乙二胺、咪唑等；起始缓冲液的浓度（<100mmol/L）应尽可能低，这样可以使色谱柱上吸附更多的分离物质；缓冲液应不含会影响被分离物质活性和溶解度的成分，洗脱时尽量不采用 pH 梯度洗脱。

c. 色谱柱。离子交换色谱通常选用粗短柱，即高径比小的色谱柱。典型的离子交换柱高度在 5～20cm，高径比一般小于 5。如果需要增加离子交换柱的体积，只能增加柱的直径而不能增加其高度。如果是连续梯度洗脱，可以适当增加柱的长度。

离子交换是蛋白纯化中的重要手段，既可以用于捕获阶段，也可以用于纯化精制阶段。

④ 亲和色谱（AC）。亲和色谱是利用偶联亲和配体的亲和吸附介质为固定相，与目标产物特异性结合，这种特异性结合在一定条件下是可逆的，从而使目标产物得到分离纯化。所谓配体是指能被蛋白质所识别并与之结合的原子、原子团和分子。把待纯化的某种蛋白质的特异配体通过化学反应共价连接到载体表面的功能基上构成配基。因此，在亲和色谱方法中，配基的选择是关键。合适的配基在一定条件下应能和欲分离的蛋白质专一性结合，亲和力越大越好，并且在一定条件下又要与已结合的蛋白质解离，并不破坏蛋白质的生物活性。亲和色谱的一般步骤是：把待纯化的某种蛋白的特异配体通过化学反应共价键连接到载体表面的功能基上构成配基。载体性能方面要允许蛋白质自由通过。当含有目的蛋白的混合样品加到该配基上时，目的蛋白即和其特异性的配体结合而吸附在配基表面，而其他杂蛋白则被

洗出。被特异地结合在配基上的目的蛋白质可用自由配体分子或通过改变缓冲液的条件使之解吸附，从而收集得到目的蛋白。其原理如图 4-42 所示。

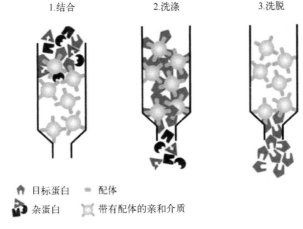

1.结合   2.洗涤   3.洗脱

🏠 目标蛋白   ■ 配体
🦋 杂蛋白   ✦ 带有配体的亲和介质

图 4-42　亲和色谱过程原理示意图

亲和色谱是蛋白质纯化的一种重要的方法，它具有很高的选择和分离性能以及较大的载量。只需要一步处理即可使某种待分离的蛋白质从复杂的蛋白质混合物中分离出来，达到千倍以上的纯化，并保持较高的活性。根据配体与生物大分子之间相互作用体系不同，可以把亲和色谱分为以下 4 种类型：生物亲和色谱（BAFC）、免疫亲和色谱（IAFC）、金属螯合亲和色谱（IMAC）以及拟生物亲和色谱（Biomimetic AFC）。

a. 生物亲和色谱是利用自然界中存在的生物特异性相互作用的物质对的亲和色谱，其特点是配体为生物分子。生物亲和色谱通常具有高的选择性。典型的物质对有酶-底物、酶-抑制剂、激素-受体等。

b. 免疫亲和色谱是利用抗体与其相应抗原的作用具有高度的特异性和高度结合力的特点，用适当的方法将抗原或抗体结合到色谱载体上，便可有效地分离和纯化各自互补的免疫物质。单克隆抗体技术的出现极大地推动了免疫亲和色谱技术的发展。只要得到特定单抗，利用其作为配体，通过亲和色谱，即可从复杂的混合物中分离、纯化特定抗原成分，因此可以用免疫亲和色谱柱进行各种类型的免疫检测。

c. 金属螯合亲和色谱也称固相化金属离子亲和色谱，是利用金属离子的络合或形成螯合物的能力吸附蛋白质的分离系统。目的蛋白质表面暴露的供电子氨基酸残基，如组氨酸的咪唑基、半胱氨酸的巯基和色氨酸的吲哚基，十分有利于蛋白质与固定化金属离子结合，这也是 IMAC 用于蛋白质分离纯化的唯一依据。金属螯合亲和色谱具有吸附量大、成本低和适用性广等特点。金属离子配基具有很好的稳定性，色谱柱可长期连续使用并且易于再生。利用基因工程技术在蛋白的氨基端或羧基端加入少许几个额外氨基酸，这个加入的标记可用来作为一个有效的纯化依据。

常用的标签包括谷胱甘肽 S 转移酶（GST）标签纯化和 His 标签纯化。其中，GST 标签纯化：在蛋白质序列中加入 GST，然后利用谷胱甘肽亲和填料作亲和纯化，再利用凝血酶或因子 Xa 切开；His 标签纯化：组氨酸标记（His-tag）是最通行的标记之一，在蛋白质的氨基端加上 6～10 个组氨酸，在一般或变性条件（如 8mol/L 尿素）下借助它能与 Ni^{2+} 螯合柱紧紧结合的能力，用咪唑洗脱，或将 pH 降至 5.9 使组氨酸充分质子化，不再结合

Ni^{2+} 使之得以纯化。His-Tag 技术的优势在于：

a. N-端的 His-Tag 与细菌的转录翻译机制兼容，有利于蛋白质表达。

b. 采用 IMAC（固定化金属离子亲和色谱）纯化 His-Tag 融合蛋白操作更加简便。

c. His-Tag 对目的蛋白本身特性几乎没有影响，不会改变目的蛋白本身的可溶性和生物学功能。

d. His-Tag 非常小，在融合蛋白结晶后对蛋白的结构没有影响；His-Tag 的免疫原性相对较低，可将纯化的蛋白直接注射入动物体内进行免疫并制备抗体。

e. 与其他亲和标签构建成双亲和标签，并可应用于多种表达系统。

His-Tag 融合蛋白的适用范围也较广，既可以在非离子型表面活性剂存在的条件下纯化，也可以在变性条件下进行纯化。前者通常用来纯化疏水性强的目的蛋白，而后者则通常纯化包涵体蛋白。下面以镍离子金属螯合亲和色谱介质（Ni-NTA）分离带 His 标签的重组蛋白为例，亲和色谱的工艺过程主要包括以下步骤：

a. Ni-NTA 装柱，1.60m×20cm，柱床体积为 10mL；

b. 用缓冲液 1 平衡 2～5 个床体积，流速为 2mL/min；

c. 将 20mL 细胞破碎液（50mmol/L PBS，pH 7.4，0.5mol/L NaCl）用 0.45μm 滤膜过滤，上样，流速为 1mL/min；

d. 用缓冲液 1 再洗 2～5 个床体积，流速为 2mL/min；

e. 用分别含 10mmol/L、20mmol/L、50mmol/L、100mmol/L、200mmol/L、300mmol/L、400mmol/L 咪唑的缓冲液 3 进行阶段洗脱，流速为 2mL/min，收集各阶段洗脱峰，用 SDS-PAGE 检测融合蛋白的分子量大小和纯度；

f. 用纯水流洗 5 个柱床体积，再用 20％的乙醇流洗 3 个柱床体积，流速为 2mL/min，柱子置于低温环境中保存。

亲和色谱分离技术利用固定相的配基与生物分子间特殊的亲和力，专一性很强，因此，亲和色谱具有高度的选择性，操作条件温和，广泛用于酶、抗体、核酸、激素等生物大分子及细胞、细胞器、病毒等超分子物质的分离与纯化。尤其是对混合物中含量少而又不稳定的物质的分离非常有效。

⑤ 其他纯化技术方法。对于具有特殊性质的蛋白质，可以利用特殊的方法对其进行纯化，下面对一些蛋白质的特殊性质及纯化技术方法做一介绍。

a. 可逆性缔合。在某些溶液条件下，有一些酶能聚合成二聚体、四聚体等，而在另一种条件下则形成单体，如相继在这两种不同的条件下按大小就可以进行分级分离。

b. 热稳定性。大多数蛋白质加热到 95℃时会解折叠或沉淀，利用这一性质，可容易地将一种经这样加热后仍保持其可溶性活性的蛋白质从大部分其他蛋白质中分离开。

c. 蛋白酶解稳定性。用蛋白酶处理上清液消化杂蛋白，可以纯化得到具有蛋白酶解抗性的蛋白质。

d. 溶解度。影响蛋白质溶解度的外界因素很多，如溶液的 pH、离子强度、介电常数和温度等。在特定的外界条件下，不同的蛋白质具有不同的溶解度。可以适当改变外界条件，控制蛋白质混合物中某一成分的溶解度从而将其从溶液中析出。

由于重组蛋白在组织和细胞中仍以复杂混合物的形式存在，因此，到目前为止还没有一个单独或一整套现成的方法把任何一种蛋白质从复杂的混合物中分离出来，只能依据目标蛋白的物理化学性质摸索和选择一套综合上述方法的适当分离程序，以获得较高纯度的制品

（如图 4-43 所示）。

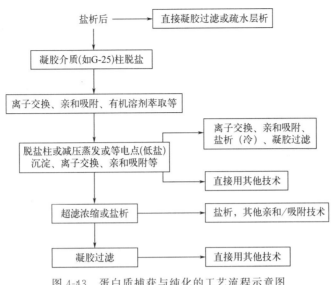

图 4-43　蛋白质捕获与纯化的工艺流程示意图

另外，还可以利用制备型超临界流体色谱、模拟移动床色谱、高速逆流色谱等技术，或是采用几种色谱技术综合并与过程全自动化等技术组合使用，可以克服单一技术的不足，提高产品纯度。

第四节　生物制药工艺研究

研究生物制药工艺的目的在于设计符合质量要求的产品及符合重复生产模式的制造工艺。在药物开发和研究过程中所获得的信息和知识将为建立质量标准和生产控制提供科学的依据。

一、生物制药工艺研究基本方法

1. 工艺研究中的 QbD 理念

QbD（质量源于设计）的核心思想是产品的质量不是靠最终的检测来实现的，而是通过工艺设计出来的。这就要求在生产过程中对工艺过程进行"实时质量保证"，保证工艺的每个步骤的输出都是符合质量要求的。要实现"实时质量保证"，就需要在工艺开发时明确关键工艺参数。

为此，要在了解关键物质属性（CMA）的基础上，通过研究量化不同参数（原料特性、工艺条件等）对工艺过程产品表现的影响，确立关键工艺参数（CPP）；然后，建立缩小模型，进行试验设计（DOE）、可比性分析、最差条件确认，厘清产品的关键质量属性（CQA）与形成的关键工艺参数之间的关系，进而确认关键工艺参数的设计空间，最终建立工艺控制策略。因此，QbD 可以帮助我们更好地理解产品和工艺，增强产品的稳定性，降低药物生产的复杂性和成本等，应用 QbD 理念的工艺研究路线如图 4-44 所示。

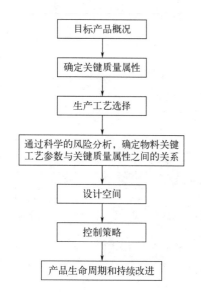

目标产品概况

↓

确定关键质量属性

↓

生产工艺选择

↓

通过科学的风险分析，确定物料关键工艺参数与关键质量属性之间的关系

↓

设计空间

↓

控制策略

↓

产品生命周期和持续改进

图 4-44　QbD 的工艺研究工作路线图

设计空间是指一个可以生产出符合质量要求产品的参数空间。设计空间的优势在于为工艺控制策略提供一个更宽的操作面，在这个操作面内，物料的既有特性和对应工艺参数可以无须重新申请进行变化。因此，在设计空间范围内改变操作无须申报，如设计空间与生产规模或设备无关，在可能的生产规模、设备或地点变更无须补充申请。这样在大生产时，只要对关键工艺参数进行实时的监测和控制，保证关键工艺参数是合格的，就能保证产品质量达到要求。

2. 工艺研究工作一般流程

通过对生物药物本身产品性质的了解和认识，从生物制药技术原理出发，参照《生物类似药研发与评价技术指导原则（试行）》（国家食品药品监督管理总局，2015 年）、《已上市生物制品药学变更研究技术指导原则（试行）》（CDE，2021 年）以及《Q13 原料药和制剂的连续制造》（ICH，2021 版）的要求并结合 QbD 的研发理念和已有平台的技术与经验，确定工艺研究的初步方案。

首先应该根据微生物或细胞株和要收获目的药物的不同，设计合理的培养基和培养条件。如果制造的是抗生素类药物，就必须考虑菌体的产量即菌体浓度；如果制备的是重组蛋白类药物，除了菌体浓度之外，还必须考虑重组蛋白的表达量；如果制备的是类毒素、疫苗，则需要考虑细菌外毒素的产量等。

对首创的生物药，为了在较短的时间内提供满足试验用质和量的药物，一般直接利用原研产药微生物或细胞系进行发酵培养以及分离纯化工艺开发研究。

对于在国内外已上市的生物药物（生物类似药），需要遵循满足提高产品临床价值的原则，在尽可能满足相关指南和质量标准要求的基础上，对工艺过程和关键技术等进行改善或改变。常常会利用原研药产生菌进行诱变、同类细胞的筛选、构建基因工程菌，形成具有竞争力的优势产药活体；然后，再进行工艺开发研究。

对于相对较小的规模和早期临床开发，通常采用基于间歇批操作（摇瓶、袋、小发酵罐）的技术方法进行工艺研究。

二、培养基的筛选与培养工艺研究

无论是原核生物还是真核生物，即使在营养条件丰富的条件下，有一些如细胞仍然是不易培养的，或是生长繁殖缓慢，难以达到制作药品所要求的产量，或者它们的某些代谢产物稀少。例如，蛋白质、多糖等。

对微生物或细胞来说，首先是获得营养物质，然后，分解这些营养物质而得到能量，继而又合成本身需要的物质进行生长繁殖。但由于各种细菌的生活环境、分解能力和合成能力各不相同，且它们的营养需要和代谢方式亦各有差异，因而菌体或细胞在人工繁殖条件下，如何选择培养基和培养条件等都是生产生物药物时必须考虑的先决因素。

1. 培养基的筛选

（1）微生物培养基的选择　在发酵生产中，生产工艺不同，使用的培养基不同。各种菌种的生理生化特性不一样，培养基的组成也要改变。甚至同一菌种，在不同的发酵时期其营养要求也不完全相同。因此，要依据不同的微生物、微生物不同的生长阶段、不同的发酵产物以及不同的培养要求，使用不同成分与配伍的培养基。

首先，必须做好调研工作，了解菌种的来源、生理生化特性和一般的营养要求。制药工业主要应用细菌、放线菌、酵母菌和霉菌四大类微生物以及基因工程菌。它们对营养的要求既有共性，也有各自的特性，应根据不同类型微生物的生理特性考虑培养基的组成。

在发酵过程中，为提高产物量或减少杂质的生成，有时还添加前体、诱导物或抑制剂等成分。如抗生素等，除了配制培养基以外，还要通过中间补料，在对碳及氮的代谢予以适当的控制的同时，间歇添加各种养料和前体类物质，引导发酵走向合成产物的途径。而基因工程菌的培养基，则既要能提高工程菌的生长速率，又要能保持重组质粒的稳定性，使外源基因能够高效表达。即，具有在发酵过程中保持宿主/载体表达系统稳定的功能。比如，葡萄糖对 lac 启动子有阻遏作用，而乳糖是有利的，同时还有诱导作用。一般地，加入氨基酸能使菌体的比生长速率提高并使蛋白合成增加，比如，酪蛋白水解物更有利于产物的合成与分泌；但不是所有情况都如此，如色氨酸对 try 启动子控制基因表达有影响。无机磷在许多初级代谢的酶促反应中是一个效应因子。另外，对营养缺陷型的菌株要补加相应的营养物质。

注意每次只限一个变动条件，有了初步结果以后，先确定一个培养基配比。然后，再确定各种重要的金属和非金属离子对发酵的影响，即对各种无机元素的营养要求，试验其最高、最低和最适用量。在合成培养基上得出一定结果后，再做复合培养基试验。最后试验各种发酵条件和培养基的关系。培养基内 pH 可由添加碳酸钙来调节，其他如硝酸钠、硫酸铵也可用来调节。

若从粮食安全方面考虑，则应尽量少用或不用主粮，或以其他原料代粮，以废糖蜜、纤维素水解物代替淀粉、糊精和葡萄糖作碳源是生物制药工业可持续发展的必然选择，以玉米浆、蚕蛹粉、杂鱼粉、黄浆水或麸汁、饲料酵母、骨胶、菌体和酒糟等代替黄豆饼粉、花生饼粉、食用蛋白胨和酵母粉等含有丰富蛋白质的原料作为有机氮源是理想的选择。

需要注意的是培养基配好后必须立即进行灭菌，否则，会因杂菌生长而破坏其固有成分和性质。

（2）细胞培养基的选择　选择合适的细胞培养基，用于建立上游工艺是生物制药开发中的重要步骤，作为制药企业等终端培养基用户，可以选择针对自身工艺平台开发定制化的培养基，也可以选择已有商品化的培养基。

① 动植物细胞培养基。动植物培养基一般为合成培养基，成分主要有无机营养、碳源、维生素、生长因子等，植物细胞培养基成分详见表 4-5，但动物细胞培养基多为商品化合成培养基且对营养成分的要求高于植物细胞（表 4-6）。大多数动物细胞培养基都含有葡萄糖作为能源来源，但有证据表明，碳源大部分来自谷氨酰胺而非葡萄糖，这也解释了为何某些培养的细胞对谷氨酰胺和谷氨酸盐的要求非常高。另外，促生长因子及激素在商品干粉培养基或液体培养基中一般都不添加，动物细胞培养基中常添加血清（无血清培养基除外），提供细胞生存和增殖所必需的生长调节因子以及补充基础培养基中没有或量不足的营养成分。然而，血清也存在一些弊端，比如存在不少有害成分（补体、免疫球蛋白和一些生长抑制因子等）以及血清成分不明确，影响对结果的分析等等。因此，科学家们正在研发血清替代品，是一种半定义的血清替代物，如 Pall 15950-017 Ultroser[TM] G serum substitute 血清替代品。

表 4-5　植物细胞培养基基本营养成分

名称	成分	种类	作用
无机营养物	大量元素	C,H,O,N,P,K,Ca,S,Mg	①为结构物质的组分;②参与代谢;③维持生物电化学平衡;④影响器官形成
	微量元素	Fe,Mn,Cu,Zn,B,Mo,Cl	
有机营养物	有机碳源	蔗糖、果糖、葡萄糖、麦芽糖、半乳糖、甘露醇、乳糖	影响营养状况、细胞分化、渗透压
	有机氮源	维生素,包括硫胺素、维生素 B_6、烟酸、泛酸钙、腺嘌呤、生物素、叶酸、维生素 C 等	以辅酶形式参与代谢,促进对组织的生长和分化,含量为 $0.1\sim10mg/L$
		肌醇	促进糖类转化、维生素和激素的利用,促进胚状体和愈伤组织的生成,含量为 $50\sim100mg/L$
		氨基酸,包括甘氨酸、谷氨酰胺、丝氨酸、半胱氨酸等	生物大分子的组分,缓冲作用和调节体内平衡,促进不定芽、不定胚的分化,含量为 $1\sim3mg/L$
		复合成分	辅助作用
生长调节物质	生长素	IAA:吲哚-3-乙酸;IBA:吲哚丁酸;NAA:苯乙酸;2,4-D:2,4-二氯苯氧乙酸	①促进根的分化;②促进愈伤组织生成;③促进细胞胚发生;④与细胞分裂素(CTK)结合影响形态建成,含量:$0.1\sim10mg/L$
	细胞分裂素	KT:激动素;BAP:苄氨基嘌呤;2iP:N6-异戊烯基腺嘌呤;ZT:玉米素	①促进细胞分裂,茎的增殖;②诱导芽的分化;③与生长素结合影响形态建成,含量:$0.1\sim10mg/L$
	赤霉素	GA3	①促细胞伸长生长;②刺激体胚发育;③影响形成层分化;④对生长素和 CTK 有增效作用
	乙烯		①果实成熟、组织老化;②抑制体胚发生
水(95%)			溶剂,生命活动的基本成分
其他成分	琼脂		琼脂不是培养基必要的成分,对培养物起到支持作用,使用浓度 0.6%~1.0%

表 4-6　动物细胞培养基类型及营养成分

名称	成分	种类	作用
主要成分	水	三蒸水、超纯水	溶剂,生命活动的基本成分
	平衡盐溶液	由无机盐和葡萄糖组成	具有维持细胞渗透压、调控培养液酸碱平衡的功能,提供能量
	糖类	葡萄糖	提供主要能源
	12 种必需氨基酸	蛋氨酸、缬氨酸、异亮氨酸、苯丙氨酸、亮氨酸等	蛋白质的基本组分
天然培养基	动物血清	胎牛血清、小牛血清	①提供基本营养物质;②提供激素和各种生长因子;③提供结合蛋白;④对培养中的细胞起到某些保护作用,如提供促接触和伸展因子使细胞贴壁免受机械损伤
	组织提取液		
	鸡胚胎汁		

名称	成分	种类	作用
合成培养基	完全培养基,即MEM、DMEM、F12、M199等人工合成的培养基中添加血清	无机盐	①为细胞的生长、增殖提供必需的无机盐离子;②可以调节细胞培养液的渗透压;③某些种类无机盐具有缓冲作用,可以调节并维持细胞培养液的酸碱度,如$NaHCO_3$、NaH_2PO_4、Na_2HPO_4
		氨基酸,含有8种必需氨基酸以及12种非必需氨基酸中的绝大多数	细胞合成蛋白质的原料,特别是缺少谷氨酰胺,将会导致细胞生长不良,甚至死亡
		糖类(葡萄糖、丙酮酸钠)	既是细胞的能源来源,又是细胞合成某些氨基酸、脂肪、核酸的原料。几乎所有的培养基中都以葡萄糖作为必含的能源物质,丙酮酸钠可作为替代能源物质
		维生素(A、B、C、D、E等)	维持细胞生长的活性物质,对细胞的代谢起调控作用
	无血清培养基	不完全培养基	MEM、DMEM、F12、M199等人工合成的培养基中加入添加剂:①生长因子和激素;②结合蛋白;③贴附因子和伸展因子;④有利于细胞生长的因子和元素
其他物质	细胞分离液(消化液)	胰蛋白酶(0.25%)和二乙胺四乙酸二钠(EDTA,0.02%)混合液	在制备原代细胞时消化组织、分散细胞;在制备传代细胞时使细胞脱离生长表面(瓶壁)和使细胞团离散成单个细胞
	pH调节液	$NaHCO_3$(7.4%、5.6%、3.7%)、HEPES	调节溶液pH
	抗生素液	青霉素、链霉素等	抑菌,使细胞处于无菌的环境

② 培养基的开发。一个好的培养基开发是基于细胞代谢、培养基成分消耗和工艺表现调整的多种开发方法相结合的反复优化过程,最终目的是使细胞生长与生理活动所需的营养达到平衡,尽量减少副产物的生成,并结合预设的目标质量指标(quality target product profile,QTPP),从而实现高密度、高细胞活力、目的产物高表达及改善目的产物质量,如图4-45所示。

由于动物细胞培养过程中需要的营养物种类繁多,可利用基于Plackett-Buamn设计的响应面统计学方法,从诸多的培养基成分中快速、准确地筛选出关键组分;同时,确定合适的比例及浓度,实现培养基的优化开发。细胞培养基优化的基本步骤分为:

a. 选择不同的培养基。进行单因素多水平测试,测试不同培养基对培养的影响。

b. 对有机氮源进行氨基酸分析。这一步最好是由培养基提供商和制药商配合进行,或者请符合认证的商业检测机构提供服务。

c. 数据处理。根据不同培养基氨基酸水平,可以计算出每个测试中初始氨基酸的组成,

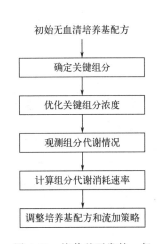

图4-45 培养基开发的一般
工作流程图

然后再使用方差分析，计算每种氨基酸对培养结果的影响。

d. 验证。如果方差分析结果显示某种或某些氨基酸是关键因素，则可以通过添加或稀释或混合使这些氨基酸达到优化的含量，然后经过测试，确定优化配方。

细胞在生长阶段和表达阶段对于营养成分的种类、比例的需求具有很大差别。通常，基础培养基先要保证细胞接种后能够顺利生长，而有些更利于细胞产物表达的成分可能会对细胞生长具有抑制作用。因此，通过基础培养基和补料的合理搭配，可能获得最佳细胞生长和表达效果。

通常，用于建立培养工艺的细胞株是培养并冻存于某种特定培养基中的，细胞可能会对该培养基中的某些特定成分，或者该培养基的营养成分配比产生依赖，更换至另外的培养基中细胞可能会因为不适应而不能呈现客观真实的结果。

因此，将工程细胞克隆适应至候选培养基中是进行培养基筛选的第一步，也是非常重要的一步。细胞适应后，再小规模对这些培养基的培养表现进行评估。考察因素应包括：细胞的最小成功接种密度、细胞增殖率、峰细胞密度、峰活密度持续时间，产物分泌动力学，总产量、单位产量、产品质量、产物稳定性、纯化应用性能和理化性能。例如，剪切损伤、泡沫、沉淀、酸碱度控制、代谢废物积累等。

上述情况为理想的生物工艺建立中的培养基选择。有些情况下，由于时间或技术原因，项目申报阶段所选择的培养基和建立的培养工艺不符合生产工艺的要求。所以，很多工艺包括培养基都会在临床试验阶段甚至上市后进行变更。

2. 培养工艺条件

虽然动物、植物和微生物细胞培养都是以体外条件下的存活或生长为特征，与其所处环境条件是否适宜有着密切关系，这些影响因素一般可分为物理因素、化学因素和生物因素。但动物、植物细胞培养与微生物细胞培养有很大的不同，如表4-7所示，动物细胞对环境敏感，包括pH、溶氧、CO_2、温度、剪切应力都比微生物有更严格的要求，一般须严格地监测和控制。相比之下，植物细胞对营养要求较动物细胞简单，但植物细胞培养一般要求在高密度下才能得到一定浓度的培养物，而且植物细胞生长及次级代谢物的生产要求一定的光照。因此，长时间的培养对无菌条件及反应器的设计具有特殊的要求，详见表4-7。下面重点介绍微生物和动物细胞培养条件的调控。

表4-7 微生物与动、植物细胞的培养特征比较

比较项目	微生物	动物细胞	植物细胞
大小/μm	1~10	10~100	10~100
悬浮生长	可以	需附着表面才能生长	可以，但易结团，无单个细胞
营养要求	简单	非常复杂	较复杂
生长速率	快	慢	慢
倍增时间/h	0.5~5	15~100	24~74
代谢调节	内部	内部、激素	内部、激素
环境敏感	不敏感	非常敏感	能忍受广泛范围
细胞分化	一般无	有	有限分化
剪切应力敏感	较低	高度敏感	敏感

比较项目	微生物	动物细胞	植物细胞
传统变异、筛选技术	广泛使用	不常使用	有时使用
细胞或产物浓度	较高	低	低
主要产物	醇、有机酸、氨基酸、抗生素、核苷酸、酶等	醇、有机酸、氨基酸、抗生素、核苷酸、酶等	色素、药物、香精、酶等

动物、植物和微生物培养工艺的调控包括发酵过程动力学、氧的供需、代谢控制、发酵过程优化与放大等重要问题。在已提供高产菌株的基础上，如何在培养过程中进一步考察它们的生理生化特性，稳定或改进微生物反应工艺过程，这里要求对生物物性的动态有详尽的了解，对生化反应做定量的和动力学方面的考察。因此，培养工艺条件是以微生物反应为核心的，有很多过程环节参与的综合结果，整个过程贯穿着以"速率"为内容的基础研究，具有"变化着的结构"，需要不同尺度去理解和分析研究生物合成过程的特点，从而优化与控制动物、植物和微生物细胞的培养条件。下面重点介绍微生物和动物细胞培养条件的调控。

（1）微生物细胞培养条件

① pH。微生物或细胞的生长、繁殖和工程菌外源蛋白的表达都会受到 pH 的影响，主要是氢离子与细胞膜和细胞壁中的酶相互作用的结果。通常要根据微生物或细胞的生长和代谢情况，对 pH 进行适当的调节。微生物生长繁殖适宜的 pH 范围由于微生物的不同而差异很大，一般在 pH 4～9 之间，但大多数微生物生长繁殖的最适 pH 范围都较窄，细胞最适 pH 接近中性及弱碱性。

在进行大规模液体培养时，培养基配制需考虑到在细菌繁殖过程中因代谢作用产生的大量酸、碱对其生长的影响，因而均需添加酸、碱缓冲系统（如磷酸盐、醋酸盐等），以缓冲生长环境中酸碱剧烈变化产生的影响。因此，要根据试验结果来确定菌体生长最适 pH 和产物生产最适 pH，分不同阶段分别控制 pH，以达到最佳生产。

对于基因工程菌采用两阶段培养工艺，前期以工程菌的生长为主，后期以外源蛋白高效表达为主，进行培养体系的 pH 调控。注意培养过程中的 pH 变化，观察适合于菌种生长繁殖和适合于代谢产物形成的两种不同 pH，不断调整配比来适应上述各种情况。目前，常采用在发酵过程中少量间歇或自动流加酸（碱）性物质的补料方法调节 pH。比如，在氨基酸和抗生素发酵中，补加尿素。另外，提高通气量会加速脂肪酸代谢，还会补偿 pH 变化。

② 氧含量。大部分工业微生物需要在有氧环境中生长，培养这类微生物需要采用通气发酵，适量的溶解氧可维持生物呼吸代谢和代谢产物的合成。溶解氧是需氧发酵控制的最重要参数之一。特别是基因工程菌对氧的需求非常高，外源基因的高效转录和翻译需要大量的能量，通常需要维持溶解氧（dissolved oxygen，DO）值≥40%，才能保证带有重组质粒细胞的生长，以有利于外源蛋白产物的形成。例如，分泌型重组人粒细胞-巨噬细胞集落刺激因子工程菌 E.coli W3100/pGM-CSF 在发酵过程中若 DO 值长期低于 20%，会产生大量的杂蛋白而影响后期产品的分离纯化。

发酵液的溶解氧浓度是由供氧和需氧两方面决定的。也就是说，当发酵的供氧量大于需氧量，溶解氧浓度就上升，直到饱和，反之就下降。从供氧方面看，凡是能提高氧传递的推动力和液相体积氧传递系数的值都可使发酵液的供氧改善。在可能的条件下，采取适当的措施来提高溶解氧浓度，如调节搅拌转速或通气速率来控制供氧。同时要有适当的工艺条件来控制需氧量，使产生菌的生长和产物形成对氧的需求量不超过设备的供氧能力，使产生菌发挥出最大的生产能力。

从需氧方面看，发酵液的需氧量受菌体浓度、基质的种类和浓度以及培养条件等因素的影响。因此，必须测定或考察每一种发酵产物的临界氧气浓度和最适氧气浓度。可采取控制菌的比生长速率比临界值略高一点的水平，达到最适浓度。最适菌体浓度既能保证产物的比生产速率维持在最大值，又不会使需氧大于供氧。这主要是通过控制基质浓度、降低发酵温度、液化培养基、中间补水、添加表面活性剂等措施对溶解氧控制。

③ 温度。微生物的生长繁殖及所需代谢产物的合成，适宜的温度尤其重要。根据收获物目的的不同，可适当调节培养温度，控制微生物的生长，合成所需代谢产物。对生产菌生长和产物合成的影响也是多方面的，错综复杂。它是各种因素综合表现的结果。发酵温度的选择需要从各方面因素综合考虑，在发酵过程中，菌体的生长和药物的生产处于不同阶段，生长阶段选择适宜的菌体生长温度，生产阶段选择最适宜的药物生产温度，进行变温控制下的发酵。如：青霉素酰化酶基因工程菌大肠杆菌 A56 在 20～22℃时合成青霉素酰化酶的量达到峰值，且在 37℃培养的细胞中检不出青霉素酰化酶 mRNA，22℃培养的细胞中的青霉素酰化酶 mRNA 量是 28℃的 5 倍。微生物在过低的温度下培养时，其生长较慢而影响合成酶的总量。

工业生产上，在发酵过程中一般不需要加热，因发酵中释放了大量的发酵热，需要冷却的情况较多。利用自动控制或手动调整的阀门，将冷却水通入发酵罐的夹层或蛇形管中，通过热交换来降温，保持恒温发酵。

④ 种龄与接种量。发酵期间生产菌种生长的快慢和产物合成的多寡在很大程度上取决于种子的质量。而种子的质量可从两个方面来考虑：接种菌龄和接种量。

接种菌龄是指种子罐中的培养物开始移种到下一级种子罐或发酵罐时的培养时间。一般以对数生长期的后期，即培养液中菌浓接近高峰时所需的时间较为适宜。不同品种或同一品种不同工艺条件的发酵，其接种菌龄也不尽相同。

接种量是指移种的种子液体积和发酵液体积之比。接种量的大小是由发酵罐中菌的生长繁殖速度决定的。通常，接种量小会延长菌体的延迟期，而不利于外源基因的表达。接种量大可缩短生长延迟期、有利于基质的利用并减少污染的概率，使产物的合成提前，比如抗生素发酵的接种量有时可增加 20%～25%。但是，接种量过大会使菌体生长过快，致菌浓高、营养物质消耗过快，且代谢产物和/或有毒物质累积过多，引起溶氧下降，并会抑制后期菌体的生长，最终可能会改变菌体的代谢途径。

因此，在工艺优化研究阶段，可以采取调节培养基浓度、中间补料、补入无菌水等操作将发酵过程中的菌浓控制在合适的范围内。这样既可以发挥大接种量带来的"缩短生长延迟期、高的基质利用率、低的污染概率和产物合成提前"等利好，又可以避免菌浓过大导致的副作用。

⑤ 发酵时间。在实际生产中发酵周期缩短，设备的利用率提高，但在生产速率较小的情况下，单位体积产物的产量增长就会有限，如果继续延长时间，将使平均生产能力下降，且动力消耗、管理费用支出、设备消耗费用增加，因而使产物成本增加。另外，发酵时间的确定也要方便后续工序的处理。因此，合理确定发酵时间尤其重要。发酵时间需要从发酵制药条件下的微生物生长曲线出发并结合经济因素进行考虑，即以最低的成本来获得最大生产能力的时间为最适发酵时间。

如不同抗生素品种的放罐时间是不尽相同的。有的掌握在菌丝开始自溶前,一般菌丝自溶前会出现氨基氮开始升高、pH值上升、菌丝碎片增多、过滤速率降低等迹象;有的掌握在部分菌丝自溶后;有的用残留糖氮作为放罐标准,以使菌体内的残留产品全部释放出来。生产中如出现异常,如染菌、代谢异常时,应根据不同情况对发酵时间进行调控。

为了使基因工程菌发酵获得优化的条件,在进行发酵罐培养前,一般需要首先在摇床用摇瓶进行部分培养、诱导条件对细菌生长及蛋白表达影响的初步摸索研究。

(2) 细胞培养条件　影响动物细胞培养的存活条件主要有培养基、气体、pH、温度、水的质量、渗透压及灭菌条件等。在摇瓶规模或反应器规模进行单因素或DOE设计研究,以确定影响关键质量属性的工艺参数及设定范围,选择稳健高产的细胞培养生产工艺。研究动物细胞大规模培养过程就是使细胞生长和蛋白表达维持在最佳条件。在无血清培养过程中,细胞对环境的变化更加敏感,微小的变化都有可能导致培养过程的变化。

① 温度。细胞对温度较敏感,需要采用合适的加热或冷却方式将培养温度控制在35～37℃,避免动物细胞受到损伤。

② pH。动物细胞生长适宜的pH一般在6.8～7.3之间,低于6.8或者高于7.3都有可能会对细胞生长和产物合成产生不利影响。在pH分别为7.0和7.3条件下进行CHO(中国仓鼠卵巢)细胞培养,结果表明,pH7.0的细胞密度是pH7.3的近2倍,生产率为2.5倍。因此,在整个培养过程中,控制合适的pH值对于细胞整体产率具有较大的影响。

③ CO_2。随着生产规模和细胞浓度的增加,CO_2可能会累积至毒性水平或改变细胞代谢水平。这是由于CO_2的生成速率超出了通气排除培养液中CO_2的速率。据报道,大规模生物反应器中培养CHO细胞时,最适CO_2水平为4%～10%(体积分数),14%时细胞生长受到抑制。可通过通气变化,使氧摄入率与CO_2去除率达到平衡以减少反应器内CO_2的累积。

④ 溶氧。控制溶氧浓度同样重要,其需求范围通常为20%～60%的空气饱和度,正确的供氧方式是细胞获得高产的重要因素。常用的控溶氧方法有:多孔硅胶管供氧,脉冲式直接喷雾供氧,多孔聚四氟乙烯管的供氧。在溶氧控制的过程中,应注意通气量,以避免气泡的破裂对细胞的损伤;同时通气量也会影响pH值,需要综合考虑。

⑤ 渗透压。在培养过程中还需要控制细胞培养液的渗透压。大多数动物细胞渗透压为260～320mOsm/kg H_2O,在使用碳酸氢钠或碳酸钠来控制pH值的同时,需要考察渗透压是否在正常范围之内。在培养过程中加入甘氨酸、苏氨酸和脯氨酸等氨基酸可以缓解高渗透压对细胞生长的抑制。

此外,还需要考察流加方式、灌流速率以及细胞的代谢控制等的影响。在整个过程中,各参数是相互影响的,需要借助现代化仪器进行全面控制和监测。另外,用亲和色谱和在线取样系统偶联进行的在线测定蛋白质含量,以及利用反相色谱和在线蛋白分析监测重组蛋白的糖基化以了解产品的一致性均是具有实际应用价值的技术。

上述关键工艺参数对产物产量及质量两个方面的影响主要体现如下。

① 产物产量。以抗体类产物为例,其浓度一般可用Gaden公式[式(4-1)]描述,若抗体生成与细胞生长不相关,即单位时间单位细胞抗体表达量(抗体的比生成速率)在培养期间维持常数,则式(4-1)可以简化为式(4-2)。

$$P = \int q_{mab} \cdot X_y \mathrm{d}t \qquad (4-1)$$

式中,P为抗体浓度,mg/L;q_{mab}为抗体的比生成速率,mg/(10^9cells·d),代表细

胞的抗体表达水平；X_y 为活细胞密度，$10^9\,\mathrm{cells\cdot d}$。

$$P = q_{\mathrm{mab}} \cdot \mathrm{IVCC} \tag{4-2}$$

式中，IVCC（integral of viable cell concentration over time）为活细胞密度对时间的积分。

由式（4-2）可知，抗体浓度与单细胞的抗体表达水平、活细胞密度和培养时间有着密切的关系。因此，如何提高宿主细胞抗体表达水平、提高培养过程中活细胞密度和延长细胞培养周期是当今动物细胞大规模培养技术研究的核心所在。

② 蛋白关键质量属性。在蛋白类药物的工艺开发之前，应当预设目标产物的 QTPP 和明确关键质量属性（critical quality attributes，CQA）。如通常抗体药物的功能属性主要包括影响药物代谢动力学和药物效应动力学的药效属性及免疫原性、毒性等安全属性，抗体的多聚体、片段、糖基化、电荷异构体、二硫键、氧化、脱酰胺化等质量属性均可能会对抗体类药物的有效性和安全性产生显著影响（表 4-8）。

表 4-8　抗体类药物的关键质量属性对其功能的影响

质量属性	生物学活性	CDC	ADCC	半衰期	安全性	免疫原性
多聚体	↑/↓				↓	→/↓
片段	↓	↓	↓	↓		
N 端/C 端缺失	→	→		→	→	
氧化	→/↓			↓	↓	↓
脱酰胺化	→/↓			→	↓	→/↓
糖基化	↑/→	↑	↑	↑/→		↑/→/↓
糖化	→			→		→
二硫键	↓		↑			
构象	↓					
序列变异	→				↓	↓

注：↑增强；↓减弱；→不变。CDC：补体依赖的细胞毒作用；ADCC：抗体依赖细胞介导的细胞毒作用。

综上，在发酵和细胞培养工艺开发中确定影响 CQA 的关键工艺参数（critical process parameter，CPP）和关键物料属性（critical material attributes，CMA）对于细胞培养过程的开发和优化具有非常重要的意义，接种密度、培养基组分、补料策略及环境参数改变对产物的 CQA 有着重要的影响，如抗体的异质性、糖基化水平和聚体/片段含量。有研究表明，调整培养基中铜、锌离子的比例可影响抗体 C 端赖氨酸异质性，改变蛋白质的电荷分布。并且，代谢副产物氨也会降低蛋白质的唾液酸化水平。另外，温度、渗透压和半胱氨酸浓度等参数能通过不同类型的作用力引起蛋白结构聚集，形成二聚体或多聚体蛋白。下面结合一个实际案例，分享应用 DoE 方法来提高蛋白表达量和降低聚体比例的工艺研究。

项目目的是提高蛋白表达量（>5g/L），降低聚体比例（<4%），电荷异构体比例符合预期设定值；根据该项目前期的数据积累以及平台经验，选择渗透压、降温时间和补料策略作为研究因子，Titer、SEC 和 CEX 作为响应变量，采用 Full Factorial Design 设计方法，以产量和质量作为响应变量，其中产量检测指标为目标蛋白的含量即体积（Titer，g/L），质量检测包括体积排阻色谱法测定高分子物质分布（SEC-HMW，%）、电荷异质体（CEX）中酸性峰分布（CEX-AP，%）和主峰分布（CEX-MP，%）三项质量指标。在执行实验并得到数据后，应用 ANOVA 进行数据分析，然后，确定工艺操作窗口，即实验的优化参数组合，如图 4-46 所示。

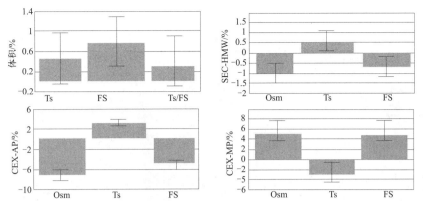

体积(N=11; DF=7; R^2=0.74); 高聚物百分比(N=11; DF=7; R^2=0.83); 酸性峰百分比(N=11; DF=7; R^2=0.98);
主峰百分比(N=11; DF=7; R^2=0.92), 置信度为0.95
其中: Ts表示降温时间, FS表示补料策略, Osm表示渗透压

(a) 因子与响应变量之间的相关系数图

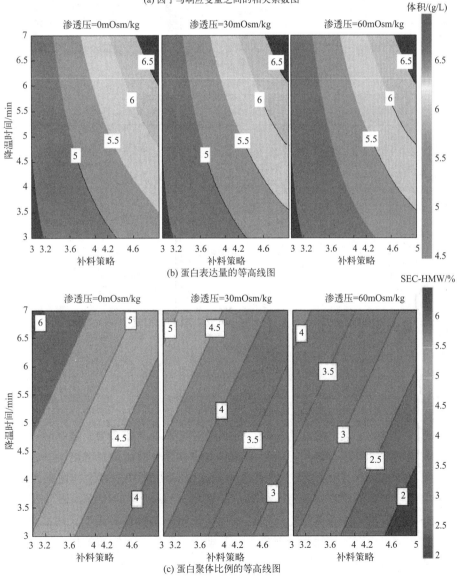

(b) 蛋白表达量的等高线图

(c) 蛋白聚体比例的等高线图

图 4-46

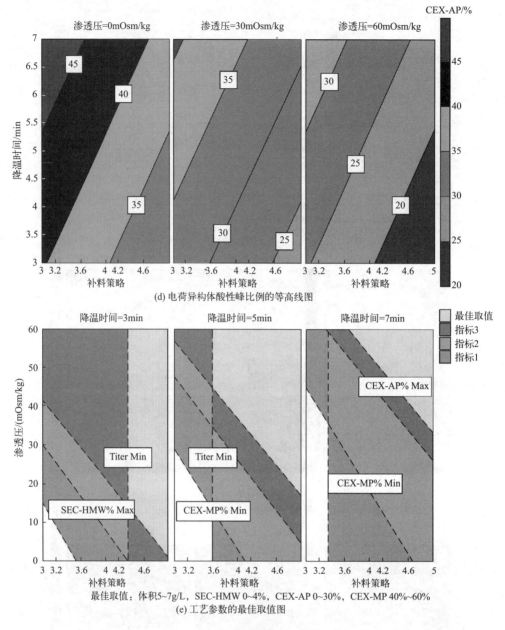

(d) 电荷异构体酸性峰比例的等高线图

最佳取值：体积5~7g/L，SEC-HMW 0~4%，CEX-AP 0~30%，CEX-MP 40%~60%

(e) 工艺参数的最佳取值图

图 4-46　ANOVA 数据分析结果

　　细胞培养过程是一个动态变化的过程，可通过对培养基中葡萄糖、氨基酸和维生素等营养物质的代谢情况进行监测及分析，从而设计并优化各组分的比例及浓度，将营养物质维持在适当的水平，以满足细胞生长和产物表达的需求。相比非消耗型营养物（无机盐离子），实时检测快速消耗型营养物更为关键。根据消耗速率/生成速率的计算，通过在培养过程中补入快速消耗型营养物，如氨基酸等，可更好地实现细胞的稳态培养。代谢流分析（MFA）因能反映代谢网络中各支路的流量分配关系，有助于了解各营养物质的代谢情况，也成为培养基开发的重要工具。

　　此外，计算机辅助设计的遗传算法、基于基因组学和蛋白质组学的技术也被用于细胞培养基的开发与优化。如通过配基化合物的微阵列对细胞表达的受体进行目标识别。针对检测到的受体在培养基中添加相应的配基，从而避免了随机测试的盲目性。

3. 基于缩小模型的工艺研究

习惯上，通过经验或数学最大优化模型法，或基于菌体的比生长速率、糖比消耗速率及产物的比生产速率等动力学（曲线）方法，进行发酵或细胞培养工艺研究。

为了缩短工艺研发周期并降低工艺放大试验风险，能够将未来生产系统中采用的微生物发酵或细胞培养过程纳入实验室工艺研究是应当优先考虑的。为此，引入将规模化细胞培养过程的按比例缩小模型发酵装置进行工艺研究，并配置工业规模发酵罐采用的传感器、控制器和驱动器等构成的控制系统。这对制造偏差、工艺过程了解、提高工艺的稳定性都非常重要。

缩小微生物发酵和细胞培养工艺时需要考虑的一些要点包括：

① 现行的生产工艺来建立缩小模型工艺。

② 尽可能使用符合 GMP 要求的材料，包括主细胞库和工作细胞库样品。

③ 培养基和补料的灭菌时间要与生产规模匹配，在某些情况下，可以延长加热时间以确保灭菌对培养基没有影响，保证灭菌前后培养基的质量变化在两个规模上是一致的。

④ 使用相同大小和形状的摇瓶（带有挡板的或不带挡板的），以及孵育条件（振荡速度、摇动等）。

⑤ 保持规模之间相同的种子培养和生产发酵的接种比例。

⑥ 操作参数（pH、温度、背压、溶氧［DO］设定点等）应与生产工艺中的特定参数相同，确保溶氧的校准是合适的。

总通气速率应按照比例系数进行缩小，以确保发酵过程中二氧化碳的清除速率是相似的。总体氧含量的控制策略应与生产规模使用的策略相同（比如级联顺序，或者采用背压控制策略等）。对于小规模，可选择最高的搅拌，以尽可能地模仿大规模上的功率输入限制。这些都可以通过理论计算或者设备的设计来实现。

⑦ 所有组分的加入顺序在两个规模上应该相同，且两种规模应具有相同的补料速率和补料时间，以确保所有成分的保存时间都在相同的历史范围之内。

⑧ 消泡策略或者消泡剂使用总量应与其规模相匹配。消泡剂的使用通常会随着规模的增加而使用量也增加，因为表观气体速率会变高。

⑨ 确保对所有的 DO 探针、pH 计、分光光度计进行良好的校准，并且与其规模相匹配。

需要监控的一些关键性能参数包括：生长曲线和最终的 DO、生长速率、表达量、固含量、补料/酸碱用量、营养成分谱、时间（总种子接种时间、主要的发酵时间等）、遗传稳定性、细胞活力和产品质量等。

开发小规模模型的一个重要考虑因素是确定哪些工艺参数决定了大规模工艺参数或与大规模工艺关系无关。调整小反应器与比例相关的变量，以适应不同的比例。例如，容器的几何形状，从而使工艺过程可与大规模反应器相媲美。通常，与尺度无关的变量（例如，温度和 pH）可以与大规模变量相匹配，而无须进行调整。搅拌和气体传输速率是两个与反应器大小比例有关的变量，必须对其进行评估，以在可行时在两个比例之间提供可比的气体混合和物质传递。

按比例缩小反应器的搅拌速度参数设定的典型方法是基于功率：体积比（P/V）输入

和大规模反应器的搅拌桨。计算流体动力学（CFD）也可用于研究不同搅拌速率的混合特性。评估和测定氧气传质系数（K_{La}）的研究对于了解按比例缩小模型系统的气体传递特性（与全尺寸模型相比）非常重要。还应研究其他气体（例如氮气以去除 CO_2，气泡类型和孔径）有关的氧气气泡类型，确定可实现氧气和 CO_2 去除效率的有效传质的最佳工艺设计。

按比例缩小模型具有证明其与大规模工艺流程相当的性能，并且可以提高工艺模型所生成数据的可信度。为了验证这种模型的质量，工艺过程工程师通常使用统计两面测试（TOST）来证明等效性。使用 TOST 评估代表生长、代谢和生产力的关键工艺过程参数的数据点，以确定缩小模型和大规模反应器工艺过程在统计上是否相等。在 TOST 分析中，无效假设指出两组均值之间的差等于或大于预定义参数的公差极限。如果统计证据很强，则无效假设无效，并且确定两组在统计上是等效的。

当观察到特定工艺参数数据点的不等效性时，在确定该数据点确实不可比之前，首先要研究该不等效性的理由，以找出潜在的根本原因。除了细胞培养过程的性能指标外，还对关键质量属性（CQA）进行了分析，以分析从工艺运行中收集的纯化产品。TOST 统计方法可用于评估 CQA，也可采用比较简单的方法，将按比例缩小模型生成的样品 CQA 与为大规模产品建立的接受范围和标准进行比较。

按比例缩小模型可以用于原辅料筛选以及 GMP 条件下工艺的评估和鉴定，以用于后期的生产实施。还执行以合格的尺度缩小的过程模型表征研究，以改善细胞培养过程的一致性。通常，培养工艺的研究使用大规模的研究是不切实际的。因此，从合格的按比例缩小模型中收集的工艺参数结果可作为大规模放大的预测指标。

三、分离纯化工艺研究

分离纯化工艺是生物制药的关键工艺，生物药物的种类十分繁杂。具体的分离纯化方法要根据目的物的理化性质与生物学性质和具备的实验条件而定。认真参考前人经验可以避免许多盲目性，少走弯路。对于抗生素等小分子药物，在完成前处理和提取后，进一步的分离纯化所用工艺与化学合成小分子药物的几乎相同。

1. 分离纯化早期使用方法的选择

在分离纯化的早期，由于提取液中的成分复杂，目的物浓度较稀，与目的物理化性质相似的杂质多，被分离的目的物难以集中在一个区域，不宜选择分辨能力较高的纯化方法。因此，早期采用萃取、沉淀、吸附等一些分辨力低、负荷能力大的方法较为有利。这些方法多兼有分离、提纯和浓缩作用，为进一步分离纯化创造良好的基础。但具备特异性高分辨力的亲和色谱法、纤维素离子交换色谱法、连续流动电泳和等电聚焦等，在一定条件下也可用于从粗提取液中分离制备小量目的物。

2. 各种分离纯化方法的采用程序

生物活性物质的分离都是在液相中进行，分离方法主要以物质的分配系数、分子量大小、离子电荷性质及数量和外加环境条件的差别等因素为基础，而每一种方法又都在特定条件下发挥作用。因此，不宜在相同或相似条件下连续使用同一种分离方法，且分离方法的交叉使用对于除去大量理化性质相近的杂质是较为有效的。如，某些杂质在各种条件下的电荷性质可能与目的物相似，但其分子形状、大小与目的物相差较大；而另一些杂质的分子形状与大小可能与目的物相似，但在某条件下与目的物的电荷性质又不同。在这种情况下，先用分子筛、离心或膜过滤法除去分子量相差较大的杂质，然后，在一定 pH 值和离子强度范围下，使目的物变成合适的离子状态，便能有效地进行色谱分离。当然，这两种步骤的先后顺序反过来应用也会得到同样的效果。在安排纯化方法顺序时，还应考虑有利于减少工序、提高效率，如在盐析后采取吸附法，必然会因离子过多而影响吸附效果，如增加透析除盐，则使操作大大复杂化。如倒过来进行，先吸附，后盐析，就比较合理。

对于未知物，通过各种方法的交叉应用，有助于进一步了解目的物的性质。当条件改变时，连续使用一种分离方法是允许的，如分级盐析和分级有机溶剂沉淀等。

分离纯化中期，由于某种原因，如含盐太多、样品量过大等，一个方法一次分离效果不理想，可以连续使用两次，这常见于凝胶过滤与 DEAE-C 色谱。在分离纯化后期，杂质已除去大部分，目的物十分集中，重复应用先前几步所用的方法，对进一步确定所制备的物质在分离过程中其理化性质有无变化，验证所得的制备物是否属于目的物有着重要作用。

在分离操作的后期应避免产品的损失，主要损失途径是器皿的吸附、操作过程样品液体中的残留、空气的氧化和不可预知的因素。在后期纯化工序中，为防止制备物在稀溶液中的变性，保持样品溶液有较高的浓度是有益的；有时加入一些电解质以保护生化物质的活性，减少样品溶液在器皿中的残留量。

3. 抗体的分离纯化工艺研究

一般地，抗体分离纯化分为粗分离和精细纯化阶段。在不同的纯化阶段可根据目标产物选择其纯化工艺。如在超滤方式中，不同孔径的超滤膜对应不同大小物质的分离操作，主要对酶、多糖、抗生素、蛋白质等制药成分进行分离。在浓缩与脱盐过程中，主要是利用超滤技术将蛋白质与酶的浓度提升到 $10\%\sim50\%$，使其收回率不低于 95%，在提高浓度的同时，加工小分子杂质以及硫酸铵等物质脱掉。目前，除聚合物外，至少有 80% 的药物可以通过高效液相色谱技术完成目标物质的分离纯化。抗体纯化过程中常见的杂质及其性质见表4-9。下面以抗体药物为例，进行生物药物分离纯化研究的介绍。

表 4-9　抗体纯化过程中常见的杂质及其性质

	主要杂质	分子大小	等电点	疏水性
工艺相关杂质	宿主细胞蛋白	近 75% 处于 25~75kDa	近 70% 小于 6.0	部分疏水性
	宿主细胞核苷酸（DNA）	10~100kDa，≤500nm	$pK_a < 2$	与介质骨架存在吸水性吸附
	脱落蛋白 A	Native PrA,42kDa rPrA,34.3kDa SuRe,27kDa	Native PrA,pI5.1 rPrA,pI4.5 SuRe,pI4.9	PrA 疏水性小于 mAb；PrA-mAb 复合物疏水性大于 mAb
	内毒素	单体 10~20kDa 聚集体 1000kDa,0.1μm	PI3.1,高聚体内毒素,特别是分子量达百万的,电荷不外露,不带电荷或带较少的电荷	含有疏水性类酯 A
	培养基成分（如胰岛素、甲硫氧嘧啶、消泡剂和重金属等）	—	—	—

主要杂质		分子大小	等电点	疏水性
产品相关杂质	聚集体	大于单体	与单体相同但较单体带有更多的电荷	强于单体
	降解片段	小于目标分子	—	—
	电荷变体	与单体相当	与单体接近	与单体接近
	疏水变体	与单体相当	与单体接近	与单体接近
潜在杂质	一般通过模型病毒进行验证	X-MuLV,80～110nm SV40,40～50nm MMV,18～24nm PRV,150～200nm Roo3,50～70nm	X-MuLV,pI5.8 SV40,pI5.4 MMV,pI6.2 PRV,pI7.4～7.8 Roo3,pI3.9	—

抗体的分离纯化是将抗体与工艺相关杂质和产品相关杂质分离，且将潜在内源病毒样颗粒和外源病毒进行灭活去除，最终得到高纯度、低潜在危害的产品。工艺相关杂质包括培养基成分、培养过程中的添加物、细胞、细胞碎片、宿主细胞蛋白（host cell protein，HCP）、宿主细胞核酸及亲和蛋白 A 色谱脱落的配基等；产品相关杂质包括蛋白降解片段、聚集体、异构体及电荷变体等；潜在病毒主要是宿主细胞自身的内源性病毒样颗粒（virus-like particle，VLP）及工艺过程中可能引入的外源病毒，主要杂质及其性质见表4-9。

（1）纯化柱类型选择　根据不同的蛋白特性，有 4 种纯化柱类型可以选择（表4-10）。在纯化过程中，需要考虑到回收率、分辨率、速度和容量等因素，每种不同的纯化技术都会有不同的表现。可以根据样品的性质来进行正确的选择和组合。

表 4-10　常见纯化柱类型

蛋白特性	技术
电荷	离子交换(IEX)
大小	凝胶过滤(GF)
疏水性	疏水性相互作用(HIC)
	反相作用(RPC)
生物识别(特异性配基)	亲和性(AC)
电荷,特异性配基或疏水性	扩张床吸附(EBA),根据离子交换、亲和性或者疏水性

（2）样品准备与预处理的工艺　样品准备是最单调耗时的步骤，其主要目标是在合适溶剂中尽可能地移除杂质以及尽可能地进行病毒灭活。样品准备会由于重组蛋白质的可溶与否而截然不同。如从包涵体中回收蛋白质的第一步是细胞裂解。细胞裂解通常应用超声、高压匀浆或研磨，提高能量、流量以及增加时间会促使细胞碎片减少。

为了减少细胞碎片的量，还要进行预处理。例如，在高压匀浆之前加热和酶的预处理可使杆菌释放热稳定酶。假丝酵母和酵母的酶预处理改良了细胞破碎效果，低压匀浆降低了时间、能量消耗，减少了细胞碎片。包涵体洗涤和细胞破碎的整合也可减少下游步骤。如预处理后使得匀浆既在低压下进行又减少了在下游过程中包涵体洗涤的步骤，因为包涵体在破碎过程中被释放和洗涤。对盐酸胍敏感的可溶的重组蛋白质在高压匀浆下可以从细胞中释放而不需要预处理。

（3）色谱纯化

① 明确目标蛋白的相关信息。设定目标，包括蛋白量、纯度、杂质种类；收集信息，明确目标蛋白氨基酸序列、分子量、等电点（pI）、280nm的理论消光系数。起始物料信息如表4-11所示。

表4-11　常见的起始物料信息

细胞定位	方法
细胞质	细胞破碎、澄清
周质	渗透压休克或冻融法
包涵体	离心、包涵体溶解、包涵体复性
分泌到培养基	浓缩和澄清
膜	制备膜并溶解膜蛋白

② 分析方法的选择。根据目的蛋白的特性，选择不同的分析方法，如表4-12所示。

表4-12　常见目标蛋白检测方法

特性/性质	技术
大小、检测纯度	SDS-PAGE、分析型
鉴定、蛋白酶解	免疫印迹、MS(质谱法)
聚集体、不均一性	GF、IEF(免疫电泳)
稳定性，pH，离子强度	生物活性
浓度	消光系数、比色法定量蛋白
活性/功能	酶反应，其他技术

③ 分离方法的选择。通常要根据蛋白质的特殊性质而选择不同的分离方法，如：

a. 离子交换法（IEX）：等电点处于极端区域（pI≤5或pI≥8）的重组蛋白应首选IEX进行分离，这样很容易除去几乎所有的杂蛋白。

b. 亲和色谱（AC）：重组蛋白特异性的配体、底物、抗体、糖链等都是首选亲和色谱纯化的重要条件，原则是它们与目的蛋白之间的解离常数（$10^{-8} \sim 10^{-4}$ mol/L）应在合适的范围内。

c. 疏水（HIC）和反相色谱：根据蛋白质的疏水性差异进行分离的。

④ 凝胶过滤色谱（GF）：根据蛋白质的分子量进行分离。

然而，每一种方法都有分辨率、处理量、速度和回收率之间的平衡。

a. 分辨率：由选择的方法和色谱介质生成窄峰的能力来完成。当杂质和目的蛋白性质相似时，在纯化的最后阶段分辨率是选择色谱方法的重要考量标准。

b. 处理量：指在纯化过程中目标蛋白的上样体积和浓度等。

c. 速度：在初纯化中是重要因素，此时杂质如蛋白酶必须尽快去除。

d. 回收率：随着纯化的进行渐趋重要，因为纯化产物的价值在增加。

纯化问题所涉及的具体步骤最终取决于样品的性质。但也有共同可参考的阶段，其中，捕获阶段的目标是澄清、浓缩和稳定目标蛋白；中度纯化阶段的目标是除去大多数量大的杂质，如其他蛋白、核酸、内毒素和病毒等；精制阶段的目标是除去残余的痕量杂质和必须去除的杂质。

在三阶段纯化策略中每一种方法的适用性见表 4-13。

表 4-13 三阶段纯化方法的适用性

技术	主要特点	捕获	中度纯化	精制	样品起始状态	样品最终状态
离子交换法（IEX）	高分辨率 高容量 高速度	★★★	★★★	★★★	低离子强度 样品体积不限	高离子强度或 pH 改变 样品浓缩
疏水色谱（HIC）	分辨率好 容量好 高速度	★★	★★★	★	高离子强度 样品体积不限	低离子强度 样品浓缩
亲和色谱（AC）	高分辨率 高容量 高速度	★★★	★★★	★★	结合条件特殊 样品体积不限	洗脱条件特殊 样品浓缩
凝胶过滤色谱（GF）	高分辨率 （使用 Supedex）		★	★★★	样品体积(＜总柱体积的 5%)和流速范围有限制	缓冲液更换(如果需要) 样品稀释
反向色谱（RPC）	高分辨率		★	★★★	需要有机溶剂	在有机溶剂中, 有损失生物活性的风险

注：★的个数表示方法适用性的高低。★代表低级适用性,★★代表中级适用性,★★★代表高级适用性。

基于上述表格，需要注意：

① 通过组合各种方法使纯化步骤之间的样品处理减至最少，以避免需要调节样品。第一个步骤的产物的洗脱条件应适于下一个步骤的起始条件。

② 硫酸铵沉淀是捕获阶段的理想方法。

③ GF 很适宜在有浓缩效应的方法（IEX、HIC、AC）后使用，凝胶过滤对上样体积有限制，但不受缓冲液条件的影响。

④ 在捕获阶段选择对目标蛋白具有最高选择性或/和处理量的方法。

在对目标蛋白的性质了解甚少的情况下，可采用 IEX-HIC-GF 的方法组合作为标准方案。在目标蛋白耐受的情况下，可以考虑采用 RPC 方法用于精制阶段。

（4）纯化工艺过程的控制 由于生物药物具有生物学活性，生产过程复杂，生产周期长，产品需低温、无菌等，这意味着疫苗生产过程复杂，存在较高的质量问题风险。在生产和研究过程中，一些被忽视的副作用（如致瘤性）逐渐凸显出来，来自 PAT（在线监测技术）的实时检测数据具有"实时质量保证"的作用。通过类似于统计过程控制图（SPC）或其他方式来判断一个工艺是否稳定于有效的控制中。例如：过程能力与过程性能分析以及相应的过程能力指数 CPK 和过程性能指数（PPK）、过程监控等都是常见的分析数据的方法。将科学的基于风险的方法应用于产品、工艺研发和生产中，可以使生产资源得到更清晰的优化。

色谱纯化方法设计应基于目的蛋白和杂蛋白的物理、化学和生物学方面性质的差异，尤其重要的是表面性质差异，例如表面电荷密度、对一些配基的生物学特异性、表面疏水性、表面金属离子、糖含量、自由巯基数目、分子大小（分子量）和形状，pI 和稳定性等。选用的方法应能充分利用目的蛋白和杂蛋白间的上述差异。对重组蛋白的纯化可以手动或者用自动色谱系统完成。

蛋白依照它们自身性质的不同进行色谱技术分离。融合标签使重组蛋白能够用亲和色谱获得纯化，这种色谱技术是基于能够捕获融合标签的方法而设计的。这样，一些不同的重组蛋白如果具有相同的亲和标签就能够通过相同的亲和色谱方法获得纯化。同样，亲和标签可以使不同的重组蛋白使用同样的检测方法检测。这样，带有亲和标签的蛋白可以简单方便地操作，在很多情况下，这些蛋白可以用商品化的色谱柱仅通过一步纯化得到。表达、纯化和检测通常使用组氨酸标签以及 GST 标签融合蛋白的方法。无论对于有标签蛋白或无标签蛋白，当有更高级别纯度的要求时，多步纯化就成为必需。

① 色谱纯化的准备。用于色谱纯化的样品应该是澄清的，并且没有颗粒物。在色谱前，净化样品的简单步骤可以避免堵塞柱子，减少强力清洗柱材的过程，并且能延长柱材的使用寿命。

② 蛋白稳定性。多数案例中，纯化后蛋白的生物活性仍需保留。在纯化过程中，保持目的分子的生物活性也是一个优势，因为目的分子的检测通常依赖于它的生物学活性。样品组分的变性通常导致沉淀或者非特异吸附的增强，这两种情况都会降低柱子的功能。因此，最好检测样品的稳定极限并且在纯化过程中不超出这些极限。下面列出的清单可作为这类检验的基础：

a. 以 1 个 pH 单位为步长，在 pH 2～9 之间检验蛋白对 pH 变化的稳定性。

b. 以 0.5mol/L 为步长，在 0～2mol/L 氯化钠和 0～2mol/L（NH$_4$)$_2$SO$_4$ 之间（包括缓冲试剂）检验蛋白对盐浓度变化的稳定性。

c. 以 10℃为步长，在 4～40℃ 之间检验蛋白对温度变化的稳定性。且要至少在冷室和室温（22℃）检测。

③ 样品净化。离心和过滤是净化样品的标准技术，并且在处理少量样品时经常使用。离心能够除去大部分的块状物，比如细胞碎片。使用离心机的冷冻功能，在冷室中储存转子（或者在离心机中提前预冷转子）。

如果离心后样品仍然不清澈，则需用滤纸或者 5μm 的滤膜作为第一步过滤，用表 4-14 中列出的滤膜作为第二步过滤。

④ 对于小体积样品或者容易吸附在滤膜上的样品，10000g 离心 15min。对于细胞破碎物，40000～50000g 离心 30min。对于血清样品可以在离心后通过玻璃纤维进行过滤，以除去残留的脂类。

⑤ 过滤。过滤能够除去块状物质。由醋酸纤维素或 PVDF 材料制成的滤膜能够非特异性结合最少量的蛋白。在色谱前的样品准备过程中，需要选择一个孔径和色谱柱介质相对应的滤膜（表 4-14）。

表 4-14 选择滤膜的孔径

孔径/μm	色谱介质粒径/μm
1	≥90
0.45	30 或 40
0.22	3、10、15（无菌过滤）

试跑一次柱子以确定蛋白的回收率。有些蛋白可能非特异地结合在滤膜上。在确定实验方案前需要检查一下滤膜的容量。

⑥ 脱盐和更换缓冲液。脱盐柱适合多种不同的样品体积，并且能够快速地在一步中除去低分子量的杂质，同时将样品转移到正确的缓冲液环境中。如果脱盐是色谱的第一步，则需要净化样品。建议在脱盐前离心和（或）过滤样品。

透析和离心超滤/浓缩也是脱盐和（或）更换缓冲液的替代方法，但脱盐柱的使用速度使其成为一个吸引人的选择。有时，通过简单的方法就可以实现条件的改变，比如稀释（降低离子强度）、增加硫酸铵的浓度或滴定来达到所需 pH 值以支持疏水作用色谱（HIC）等。在实验室规模上，如果过滤或离心后的样品已经足够澄清，可能可以省略更换缓冲液或脱盐步骤。对于亲和色谱或者离子交换色谱，通常只需调整样品的 pH 值，必要时也需要调整样品的离子强度。

脱盐能够快速地处理小量或者大量体积的样品，需要时可在纯化步骤前及纯化步骤间使用（注意额外的步骤会降低产率，脱盐也会稀释样品）。脱盐能够除去分子量大于 5000 的蛋白中的盐。

如果需要挥发性的缓冲液，使用 100mmol/L 的醋酸铵或 100mmol/L 的碳酸氢铵。

（5）检测和定量　优化纯化实验方案时需要对目的蛋白进行检测和定量。对于过量表达的蛋白而言，它自身的高浓度就可以用来在色谱过程中检测目的蛋白。但是在这种情况下，在制备的最后一步仍需要对蛋白的身份进行验证。特异地检验有标签蛋白的方法，可以通过活力或免疫方法检验标签的存在，或者简单地测定标签的光谱学性质。当带有同一标签的很多表达克隆用高通量平台构建好后，特异性的标签检验方法就显得尤为重要。特异性检验目的蛋白可以通过功能检测、免疫检验、质谱的方法来实现。SDS-聚丙烯酰胺凝胶电泳（SDS-PAGE）是检验蛋白纯度的关键方法。目的蛋白条带的表观分子量可以通过比对同时分析的分子量标准进行确定，随后有关蛋白身份的验证也应该能得到。优化纯化蛋白实验方案也需要功能检测来评估目的蛋白的完整性。总体上：

有标签蛋白的相对产量经常可以通过测定在 280nm 的紫外吸收得到（适用于组氨酸标签和 GST 标签蛋白），由于在一步纯化后的纯度很高，大多洗脱下来的蛋白都可以认为是目的蛋白。这时需要目的蛋白的摩尔吸光系数，它可通过氨基酸组成进行理论计算得到。蛋白的产量也可以通过标准的显色方法得到（比如 Lowry 法，BCATM 蛋白测定法，Bradford 法等）。

如果可以制定一个标准曲线，用免疫分析也可给蛋白定量。这种情况下，只要有纯蛋白作为标准，就不需要纯化标签蛋白。因此，这些技术可以用来在开发实验方案时定量。当仅需要一个简单的有或没有的答案时，免疫分析技术也可以用来筛选很多样品（如从色谱运行中测试组分）。

（6）蛋白表达的评估　低于最优水平的目的蛋白表达可以根据问题产生的原因通过不同的方法进行改进。如果在提取物中没检测到目的蛋白，则可能意味着插入片段被克隆进了一个错误的开放阅读框中。确保编码蛋白的 DNA 序列被克隆到载体上合适的开放阅读框是很重要的。

目的蛋白的产量低则可能是表达时的培养条件没有得到优化。这时需要检查细胞系的影响、培养基的组成、培养温度、诱导条件。提取条件对不同的标签蛋白会有所不同。

一般来讲，在大肠杆菌系统中，当诱导后的培养物 600nm 的吸光值达到 1 时，将 5～10μL 培养物上样到胶孔中，高表达量的蛋白就可以通过考马斯亮蓝显现。对于其中没有转化的大肠杆菌和转化了空载体的大肠杆菌，则应该平行进行电泳，分别用来作阴性对照和阳性对照。如果一个蛋白在全部细胞提取物中存在而不在净化后的裂解物中存在时，可能表示它存在于包涵体中。有些标签蛋白在 SDS-PAGE 上可能会被细菌中分子量近似的蛋白掩盖，这时就可以用免疫印迹检测这些蛋白：用 SDS-PAGE 电泳诱导细胞的分离，然后，将蛋白转移到硝酸纤维素或者 PVDF 膜上，再用抗组氨酸或抗 GST 或直接抗目的蛋白的抗体进行检测。如果目的蛋白在裂解后的沉淀里，则需要进行富集；另一种选择是把产品分泌出去或加一个有稳定作用的标签。若目的蛋白吸附在细胞碎片上，则需要尝试用不同的离子强度或 pH 值使其解离。但是，对复杂蛋白质用单一的色谱方法纯化是不够的，需要不断选择试用。

由于生物药物研发过程始终存在生物安全问题，对生物药物尤其是生物技术药物工艺研发来说，减少人对生物制药系统的污染、生物及生物药物对人的毒害是至关重要的。为此，宜采用自动化和智能化生物实验室——融合机器人（机械手）、自动化技术、人工智能和生物技术的自动化工作站，实现对不同类型、不同场景生物制药工艺实验研究的自动化操作，以确保生物制药工艺研究工作的安全和高效。

习题与思考题

1. 工程菌发酵工艺与一般微生物发酵工艺的主要差异有哪些？

2. 简述生物活性物质分离纯化的主要原理。

3. 动物细胞大规模培养的方法有哪些？各自的特点是什么？

4. 简述在抗体纯化工艺研究中常用的研究方法。

5. 设计一个发酵工艺析因实验，以产物的特性（如总产量、质量、纯度等）作为主要目标和因变量。

6. 发酵工艺需要监控的关键参数有哪些？

7. 使用 2L 生化反应器模拟 2000L 发酵罐时，各操作参数进行规模缩小时应采取的策略有哪些？

8. 简述含组氨酸标签重组蛋白分离纯化的流程。

9. 图 4-47 是利用两种离子交换剂（E1，E2）分离 3 种蛋白质（P1，P2，P3）的滴定曲线，请说明 E1 和 E2 是何种类型的离子交换剂，并用流程框图表示该工艺流程。

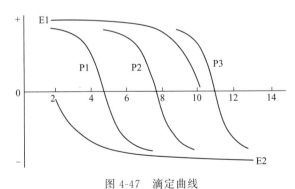

图 4-47　滴定曲线

10. 从亲和沉淀的机理和分离操作的角度出发，简述亲和沉淀纯化技术的优点。

参考文献

[1]   吴梧桐. 生物制药工艺学 [M]. 北京：中国医药科学技术出版社，2015.

[2]   熊宗贵. 发酵工艺原理 [M]. 北京：中国医药科学技术出版社，2000.

[3]   郭葆玉. 基因工程药学 [M]. 上海：第二军医大学出版社，2000.

[4]   周国安. 生物制品生产规范与质量控制 [M]. 北京：化学工业出版社，2004.

[5]   Gary Walsh. Industrial biochemistry programme [M]. 北京. 化学工业出版，2006.

[6]   Michael Levin. Pharmaceutical process scale-up [M]. New Jersey：Metropolitan Computing Corporation East Hanover，2006.

[7]   刘亚光，方正之，姚文兵. 遗传密码扩充技术在蛋白质研究中的应用进展 [J]. 中国生化药物杂志，2011，32（4）：329-331.

[8]   Gary Walsh. Biopharmaceutical benchmarks 2018 [J]. Nat Biotechnol，2018，36（12）：1136-1145.

[9]   郭慧，徐卓. 固相微萃取技术在制药和生物医学分析中的当前发展和未来趋势 [J]. 中国医药指南，2019，17（13）：292-293.

[10] 王东升，朱新梦，杨晓芳，等. 生物发酵制药 VOCs 与嗅味治理技术研究与发展 [J]. 环境科学，2019，40（4）：1990-1998.

[11] Nicolas Heigl，Bernhard Schmelzer，Franz Innerbichler，et al. Statistical quality and process control in biopharmaceutical manufacturing-practical issues and remedies [J]. PDA J Pharm Sci Technol，2021，75（5）：425-444.

第五章

生物制药典型工艺实例

生物药物是以生物材料（生物体、生物组织或其成分：组织、细胞、细胞器、代谢物、排泄物等）为原料，综合利用物理学、化学、生物化学、生物技术和药学等学科的原理和方法制造的一类用于预防、治疗和诊断的制品。通常是利用细胞株培养过程生产特定代谢产物，包括细胞株筛选构建、扩增、规模化培养、目标产物分离、纯化等工艺操作过程。近年来，以动物细胞培养为主的生物药物产品快速发展，目前利用合成生物学技术对微生物菌株或动物细胞高效表达系统构建取得快速发展，一次性反应器、过程 PAT 技术等正在应用于细胞培养过程，细胞培养蛋白表达量已经普遍超过 5g/L 以上。因此，高表达细胞株构建、细胞株稳定性、工艺过程控制、反应器放大培养、下游纯化等会影响产品质量。日光、空气、湿度、温度、时间及微生物，药学人员的素质，药品因素等会影响药品质量。本章介绍典型的生物药物生产工艺，包括微生物药物、疫苗和抗体药物等，系统展示生物制药方法和技术在生物药物生产过程中的应用。

第一节 青霉素钾盐生产工艺

一、概述

青霉素 G 钾盐（benzylpenicillin potassium）的化学名称为（$2S,5R,6R$）-3,3-二甲基-6-(2-苯乙酰氨基)-7-氧代-4-硫杂-1-氮杂双环［3.2.0］庚烷-2-甲酸钾盐（CAS：113-98-4）。从青霉菌培养液中提取得到的七种成分中，只有青霉素 G（benzylpenicillin，penicillin G）的含量最高，其基本母核为 β-内酰胺环和噻唑烷环并联组成的 N-酰基-6-氨基青霉烷酸，其侧链上的 R 基可为不同基团取代（图 5-1）。

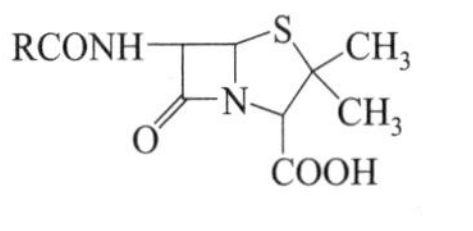

图 5-1 青霉素化学结构式

青霉素钾盐或钠盐为白色粉末或结晶，无臭或微臭，味微苦，有引湿性。在水中极易溶解，在乙醇中略溶，在脂肪油或液体石蜡中不溶。本品不稳定，在酸、碱、氧化剂等条件下，迅速失去活性。其水溶液在室温放置也容易失效。产品性质及质量标准见表 5-1。

表 5-1　青霉素 G 钾盐产品性质及质量标准

	《中国药典》2020 版二部标准	分析检测方法(标准)
外观	白色结晶或结晶性粉末	参照《中国药典》第四部 凡例 十五条
溶解度	二甲基甲酰胺或甲酸胺中易溶,在乙醇中微溶,在水中极微溶解	参照溶出度测定法(《中国药典》附录 Ⅹ C 第一法)
纯度	24.0%～27.0%	分子排阻色谱法(附录 Ⅵ H)测定
含量	每 1mg 的效价不得少于 1180 青霉素单位	参照高效液相色谱法(《中国药典》附录 Ⅴ D)测定
酸碱度	pH 值 5.0～7.5	依法测定(《中国药典》附录 Ⅵ H)
水分	5.0%～8.0%	水分测定法(《中国药典》附录 Ⅷ M 第一法)
内毒素	<0.25EU	依法检查(《中国药典》附录 Ⅺ E)
微生物限度	无菌	依法检查(《中国药典》附录 Ⅺ H)

青霉素 G 的特点是抗菌作用强,用于各种球菌和革兰氏阳性菌,但缺点之一是化学性质不稳定,在酸、碱条件下或 β-内酰胺酶存在下,均易发生水解和分子重排,使 β-内酰胺环破坏而失去抗菌活性。金属离子、温度和氧化剂可催化上述分解反应。

1. 青霉素 G 钾盐的历史

1929 年,英国医生 Fleming 首先发现青霉素,他在查看实验室工作台上已接种葡萄球菌的平皿时,发现一只平皿被霉菌所污染,污染物邻近细菌明显遭到溶菌。他把这种霉菌放在培养液中培养,结果培养液有明显的抑制革兰氏阳性菌的作用。英国谢菲尔德大学病理学家弗洛里实现对青霉素的分离与纯化,并发现其对传染病的疗效,与英国生物化学家钱恩共获 1945 年诺贝尔生理学或医学奖。

1945 年 Brotzu 发现头孢菌素,1962 年头孢菌素 Ⅰ 成功应用于临床,出现了第一代头孢菌素。由于青霉素在使用中陆续被发现有过敏反应、耐药性、抗菌谱窄以及性质不稳定等缺点,世界各国花费巨大财力对青霉素的结构进行改造。从 20 世纪 60 年代起,一系列广谱、耐酸、耐酶的半合成青霉素类不断被推上临床。同时头孢菌素类抗生素也飞速发展,到 20 世纪 90 年代已有第二代、第三代和第四代头孢菌素大量上市。

2. 国内外市场现状

20 世纪 90 年代,青霉素的国内外市场行情一直很好,销售保持强劲的发展势头。1993 年我国出口青霉素工业盐仅为 1600t,1994 年猛增至 3000t,增幅高达 87.5%,1996 年又增加到近 4000t。目前出口量已占国内总产量的 35%～40%,但仍然难以满足国际市场的需求。目前,工业盐每 10 亿单位售价依然稳定在 22 美元,其钠盐和普鲁卡因青霉素售价为 34～35 美元,其钾盐为 33 美元,且产品供不应求。近五年,经过几轮价格和市场大战,青霉素产品生命周期已走出快速发展期,进入成熟期的后半部分。目前整个产业主要发展特点为:

① 利润低:青霉素属于传统医用抗生素,成品药定价低,利润不高,医药流通环节、终端的医院和诊所对产品应用兴趣不高。

② 应用风险大:青霉素会引起患者过敏反应,一旦发生过敏,如果抢救不及时,可能会引起患者休克性死亡,因此一般的医院和诊所不愿意使用青霉素。

③ 产能过剩:青霉素原料药在国内产能一直处于过剩的状况,近年来国际企业也纷纷

对我国青霉素药品出口进行限制，另外也受到印度等国家激烈的竞争。

随着新医改和新社区合作医疗等惠民政策的实施，在我国未来医药行业"黄金十年"等大好宏观环境的情况下，青霉素类药品规模将会进一步扩大。其中复方制剂的青霉素市场增长速度要略高于整个青霉素的增长速度，在青霉素中的比重将也会有所提高。

3. 生产工艺方法

青霉素的常见制备方法主要有：微生物发酵、化学全合成、化学半合成及浓缩法等。天然青霉素和半合成青霉素生产方法完全不同。

（1）微生物发酵法　青霉素 G 生产可分为菌种发酵和提取精制两个步骤。

① 菌种发酵。将产黄青霉菌接种到固体培养基上，在 25℃ 下培养 7～10 天，即可得青霉菌孢子培养物。用无菌水将孢子制成悬浮液接种到种子罐内已灭菌的培养基中，通入无菌空气、搅拌，在 27℃ 下培养 24～28h，然后将种子培养液接种到发酵罐已灭菌的含有苯乙酸前体的培养基中，通入无菌空气，搅拌，在 27℃ 下培养 7 天。在发酵过程中需补入苯乙酸前体及适量的培养基。

② 提取精制。将青霉素发酵液冷却，过滤。滤液在 pH 2～2.5 的条件下于萃取机内用醋酸丁酯进行多级逆流萃取，得到丁酯萃取液，转入 pH 7.0～7.2 的缓冲液中，然后再转入丁酯中，将此丁酯萃取液经活性炭脱色，加入成盐剂，经共沸蒸馏即可得青霉素 G 钾盐。

（2）化学半合成法　以 6-APA（6-氨基青霉烷酸）为中间体与多种化学合成有机酸进行酰化反应，可制得各种类型的半合成青霉素。6-APA 是利用微生物产生的青霉素酰化酶裂解青霉素 G 或 V 而得到。酶反应一般在 40～50℃、pH 8～10 的条件下进行。近年来，酶固相化技术已应用于 6-APA 生产，简化了裂解工艺过程。6-APA 也可从青霉素 G 用化学法来裂解制得，但成本较高。侧链的引入系将相应的有机酸先用氯化剂制成酰氯，然后根据酰氯的稳定性在水或有机溶剂中，以无机或有机碱为缩合剂，与 6APA 进行酰化反应。缩合反应也可以在裂解液中直接进行而不需分离出 6-APA。

（3）青霉素浓缩法　利用青霉素特异性地杀死野生型细胞、保留营养缺陷型细胞的方法。青霉素能抑制细菌细胞壁的合成，从而能杀死生长繁殖中的细菌，但不能杀死停止分裂的细菌。在只能使野生型生长而不能使突变型生长的选择性液体培养基中，野生型被青霉素杀死，而突变型则不被杀死，从而淘汰野生型，使突变型得以浓缩。可适用于细菌和放线菌，是营养缺陷型突变体筛选的常用方法之一。

二、生产工艺原理与过程

1. 工艺原理

青霉素 G 生产可分为菌种发酵和提取精制两个步骤。

青霉素生产菌在合适的培养基、pH、温度和通气搅拌等发酵条件下进行生长并合成青霉素，在发酵过程中需间歇或连续补加前体及适量的培养基等以促进青霉素的生产。

青霉素分子结构中有一个酸性基团（羧基），青霉素的 $pK_a=2.75$，因此利用工艺条件的改变，将其酸化至 pH 2.0 左右，青霉素即成游离酸。这种青霉素酸在水中溶解度小，但易溶于醇类、酮类、醚类和酯类。利用游离酸易溶于有机溶剂的原理，采用溶剂萃取法将其从一种液相（如发酵溶液）转入另一种液相（如有机溶剂）中去，以达到浓缩和提纯的目的。同时，还可利用青霉素羧基与碱金属所生成易溶于水的盐这一特性，采用水溶液与有机溶剂进行萃取，实现青霉素的反复转移而达到提纯、浓缩、脱色及共沸蒸馏后析出结晶的目的。结晶经过洗涤、干燥等得到青霉素产品。比如，青霉素钾盐在醋酸丁酯中溶解度很小，利用此性质，在二次丁酯萃取液中加入醋酸钾乙醇溶液，青霉素钾盐就结晶析出，反应如图5-2所示。

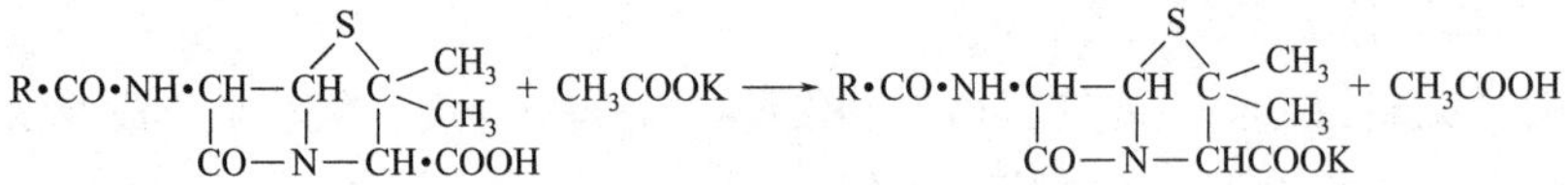

$$R \cdot CO \cdot NH \cdot CH - CH \overset{S}{\underset{CO-N-CH \cdot COOH}{\left\langle \begin{array}{c} CH_3 \\ CH_3 \end{array} \right.}} + CH_3COOK \longrightarrow R \cdot CO \cdot NH \cdot CH - CH \overset{S}{\underset{CO-N-CHCOOK}{\left\langle \begin{array}{c} CH_3 \\ CHCH_3 \end{array} \right.}} + CH_3COOH$$

图 5-2　青霉素萃取反应过程

2. 工艺过程

（1）工艺概述

① 发酵工艺。

a. 生产孢子的制备。将砂土孢子用甘油、葡萄糖和蛋白胨组成的培养基进行斜面培养后，移到大米或小米固体培养基上，于25℃培养7天，孢子成熟后进行真空干燥，并以这种形式低温保存备用。

b. 种子制备。种子制备时以每吨培养基不少于200亿孢子的接种量接种到以葡萄糖、乳糖及玉米浆等为培养基的一级种子罐内，于27℃±1℃培养40h左右，控制通气量为$3m^3/(m^3 \cdot min)$，搅拌转速为300～350r/min。一级种子长好以后，按10%接种量接种到以葡萄糖及玉米浆等为培养基的二级种子罐内，于25℃±1℃培养10～14h，便可作为发酵罐种子。培养二级种子时，控制通气量范围为每分钟的气体量为培养液体积的1倍到5倍，平均为$3m^3/(m^3 \cdot min)$，搅拌转速为250～280r/min。

c. 发酵生产。以葡萄糖、花生饼粉、麸质水、尿素、硝酸铵、硫代硫酸钠、苯乙酰胺和碳酸钙为培养基。发酵阶段的工艺一般要求见表5-2。

表 5-2　青霉素发酵的一般工艺要求

操作变量	要求水平	操作变量	要求水平
发酵罐容积	150～200m³	发酵液pH值	6.5～6.9
装料率	80%	初始菌丝浓度	1～2kg(干重)/m³
输入机械功率	2～4kW/m³	补料液中葡萄糖浓度	约500kg/m³
空气流量	30～60m³/(m³·h)	葡萄糖补加率	1.0～2.5kg/(m³·h)
空气压力(表压)	0.2MPa	发酵液中铵氧浓度	0.25～0.3kg/m³
发酵罐压(表压)	0.035～0.07MPa	发酵液中前体浓度	1kg/m³
液相体积传氧系数(K_{La})	200h⁻¹	发酵液中溶氧浓度	>30%饱和度
发酵液温度	25℃	发酵周期	180～220h

注：空气流量为标准状态下的空气流量。

发酵时的接种量约为20%，发酵温度先期为26℃，后期为24℃，通气量为0.8～1.2m³/(m³·min)。搅拌转速为150～200r/min。为了使发酵前期易于控制，可从基础料中抽取部分培养基另行灭菌，待菌丝稠密不再加油时补入，即为前期补料。发酵过程中必须适当加糖，并补充氮、硫和前体。加糖主要控制残糖量，前期和中期残糖量在0.3%～0.6%范围内。

发酵过程的 pH 值，前期 60h 内维持 pH＝6.8～7.2，以后稳定在 pH＝6.5 左右。具体的发酵时间长短通常是基于期望：

a. 累计产率（发酵累计总产量与发酵容积及发酵时间之比值）最高；

b. 单产成本（发酵过程的累计成本投入与累计总产量之比值）最低；

c. 发酵液质量最好（抗生素浓度高，降解产物少，残留基质少，菌丝自溶少）。

但这三个方面在发酵过程中的变化往往不同步，须根据生产综合考虑、取舍，然后适当的折中。

② 提取工艺。由于青霉素性质很不稳定，整个提取过程应在低温、快速、严格控制 pH 值下进行，注意对设备清洗消毒以减少污染，尽量避免或减少青霉素效价的破坏损失。

a. 发酵液预处理和过滤。发酵液放罐后，首先要冷却。青霉素菌丝较粗，一般过滤较容易，目前采用鼓式过滤及板框过滤。为了加快滤速，可利用菌体作为板框压滤机中的助滤剂。必要时在过滤前用硅藻土等介质作铺层，再加些絮凝剂如十五烷基溴代吡啶（PPB）等，进行二次过滤。

菌丝体长度为 $10\mu m$，采用鼓式真空过滤机过滤，滤渣形成紧密饼状，容易从滤布上刮下。滤液 pH 6.2～7.2，蛋白质含量 0.05％～0.2％。需要进一步除去蛋白质。

改善过滤和除去蛋白质的措施：用硫酸调节 pH 至 4.5～5.0，加入 0.07％溴代十五烷吡啶，0.7％硅藻土为助滤剂。再通过板框式过滤机过滤，滤液澄清透明。然后，进行萃取。

b. 萃取。青霉素的提取采用溶剂萃取法。在 pH 2 左右时青霉素是游离酸，溶于有机溶剂，在 pH 7 左右时青霉素是盐而溶于水。将发酵滤液酸化至 pH 7 后加相当于发酵滤液体积 1/3 的醋酸丁酯，混合后以碟片式离心机分离。为提高萃取效率将两台离心机串联使用，进行二级对向逆流萃取，得一次醋酸丁酯提取液。然后以 1.3％～1.9％ $NaHCO_3$ 在 pH 6.8～7.1 条件下将青霉素从醋酸丁酯提取到缓冲液中。然后调 pH 至 2.0 后，再一次将青霉素从缓冲液转入醋酸丁酯中去，其方法同上。得到二次醋酸丁酯提取液。萃取需在低温（10℃以下）条件下进行，在设备上常用冷盐水（夹层或蛇管）进行冷却，以降低温度。同时加入 PPB 破乳化。

③ 精制工艺。

a. 脱色和脱水。用水洗涤，以除去无机酸和硫酸根，再用活性炭脱色。丁酯萃取液中残留水分会降低成品收率，用－18～20℃冷盐水冷却，使水成为冰而析出，水分可降至 1.0％以下。

b. 结晶。青霉素钾盐在醋酸丁酯中溶解度很小，在二次丁酯萃取液中加入醋酸钾-乙醇溶液，青霉素钾盐就结晶析出。然后采用重结晶方法，进一步提高纯度，将钾盐溶于 KOH 溶液，调 pH 至中性，加无水丁醇，在真空条件下，共沸蒸馏结晶得纯品。

c. 洗涤干燥。用丁醇和乙酸乙酯分别洗涤晶体，进行干燥。常用的干燥方法有减压干燥、喷雾干燥、气流干燥、冷冻干燥等。

（2）工艺过程流程　工艺流程大致如下：配料、发酵、过滤、提取、结晶、干燥、包装。其工艺流程框图见图 5-3、工艺流程图见图 5-4。

（3）工艺操作过程说明

① 发酵工艺。

a. 种子发酵岗位。接种前必须对接种管道进行灭菌，灭菌与大罐灭菌同时进行。操作时，打开生产罐接种口通大气的阀门，由种子罐阀门站或底部通入蒸汽，使蒸汽经过

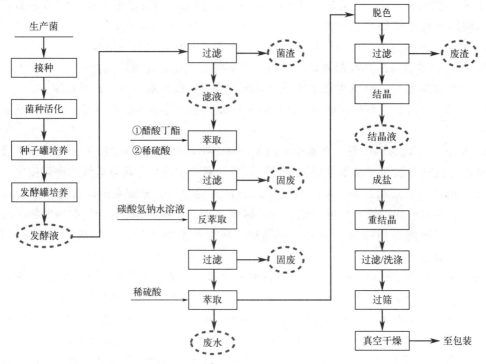

图 5-3 青霉素钾盐生产工艺流程框图

种子罐出料管和接种管道通到大罐接种口，排入大气，这样约 20min 后，关小蒸汽，但仍保持少量出汽，直等到大罐内发酵液冷到 35℃ 以下才关闭接种口通大气的阀门，并关闭蒸汽阀。然后，打开接种阀通发酵罐，关闭种子罐的阀门，并关闭蒸汽阀，用无菌空气将种子培养液压入发酵罐，加入 12%～15% 种子液，接种操作应在 0.5h 内完成。如果种子罐的气压突然下降，则表示料液已经排完，因为这时空气直通到生产罐中，调控大罐中的压力升高。

接种后关闭接种阀，仍打开通大气的阀门。种子罐与接种管道要及时清洗，排除残余料液。接种操作时应该注意种子罐的气压不要超过 0.2MPa 表压，以防泄漏等事故发生，同时要注意生产罐培养基冷却到预定温度后，冷却水仍在敞开，造成培养基冷却过度。

b. 发酵岗位。青霉素发酵中采用补料分批操作法。开搅拌器，设定搅拌转速为 180～200r/min。调整进气及排气阀门，控制罐压为 0.07MPa 左右。打开进料阀门，加入 12%～15% 种子液。调节进气阀和排气阀大小一般是加菌种前开度 37，排气开度 30（排气比进气低 5～7），使溶氧不少于 30%，泡沫高度不高于 35cm。

在整个发酵过程的前期，泡沫主要是花生饼粉和麸质水引起的；当此阶段泡沫多时，可采用间歇搅拌，不能多加油，否则会影响菌体的呼吸代谢。当中期有产生大量泡沫时，常添加天然油脂，如豆油、玉米油等消泡，应当控制其用量并要少量多次加入；必要时可略为降低空气流量，但搅拌应开足，否则会影响菌的呼吸。发酵后期尽量少加消泡剂。

适时打开补糖阀，开度为 50 左右最好，控制发酵液中残糖浓度为 5kg/m³；开启硫铵阀，开度最好为 10 左右，控制发酵液中硫酸铵浓度为 0.25kg/m³。加过菌种之后，因发酵罐温度会上升，需要开大冷却水阀门，流加冷却水维持发酵罐温度在 25℃ 左右，控制进气和排气量。

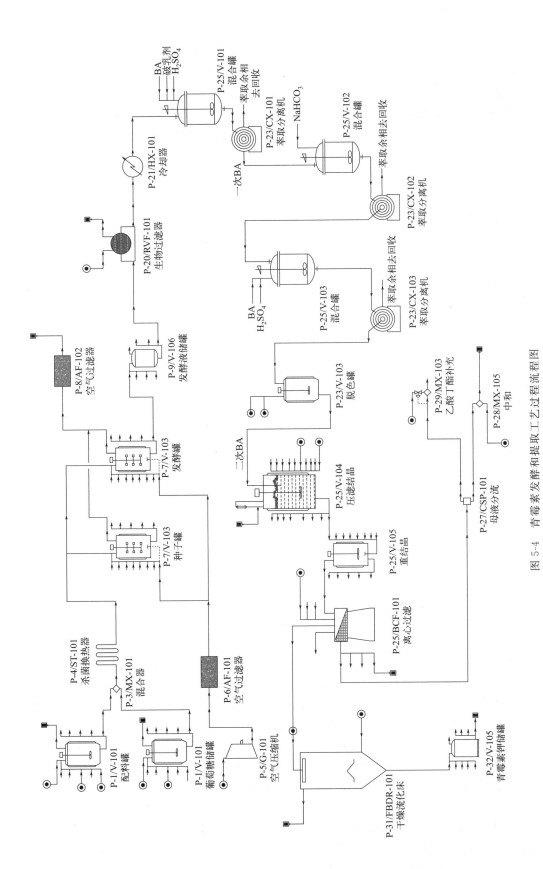

图 5-4 青霉素发酵和提取工艺过程流程图

根据"镜检"判断，在自溶期即将来临之际，迅速关闭所有的进料阀、排气阀、进气阀及搅拌器等。点击出料阀，待罐重变为 0 时，关闭出料阀，整个发酵工艺结束。

② 提取工艺。

a. 预处理岗位。将发酵液移至预处理罐中，向发酵液中一次加入 10% 磷酸二氢钠、硫酸锌及絮凝剂（如明矾）沉淀蛋白，然后经过真空转鼓过滤（以负压作为推动力）或板框过滤，在工作压力的作用下，滤液透过滤膜或其他滤材，经出液口排出。滤渣则留在框内形成滤饼，从而达到固液分离的目的。

b. 萃取岗位。

（a）一次萃取。打开混合罐搅拌器，计下罐重。向混合罐中添加醋酸丁酯，添加量为罐重的 1/3。打开硫酸阀，调节 pH 至 2.8～3.0，往分离器注液，2000r/min 速度下离心 10min，除去沉淀物冷却至 10℃ 以下。然后，打开搅拌器和碳酸氢钠阀门，向发酵液中添加是其 3～4 倍的碳酸氢钠溶液，调节 pH 到 6.8～7.2，关闭阀门。反萃取 10min，往分离器注液，2000r/min 的速度下离心 5min，将两者进行分离。

（b）二次萃取。打开搅拌器，重复一次萃取操作步骤，加入稀硫酸调节 pH 至 2.8～3.0，向分离器注液，2000r/min 速度下离心 10min，除去沉淀物冷却至 10℃ 以下。然后，打开萃取相回收阀及脱色罐进料阀门，控制液体在容器内的高度，使其达到总液位的 80% 左右。

③ 精制工艺。

a. 脱色岗位。打开搅拌器，在二次萃取液中加入活性炭 150～350g/10 亿单位，脱色 10min 左右，用石棉过滤板过滤。

b. 结晶、抽滤、干燥岗位。启动结晶罐搅拌器，打开门阀，加入醋酸钾乙醇溶液。观察青霉素的浓度，及时关闭门阀。打开冷却水阀，控制结晶罐温度为 5℃。打开真空过滤机进行抽滤，回收母液。待结晶罐中液体排尽后，关闭各个阀门，停止结晶罐搅拌器。取出晶体，打开洗涤罐，搅拌洗涤 10min。将洗涤后的晶体用真空干燥剂干燥 20min，工艺结束。

三、生产工艺影响因素

在青霉素的生产工艺过程中，不论是培养基的制备环节，还是发酵环节，其中所涉及的工艺指标都会影响青霉素的生产效率。

1. 影响发酵产率的因素

（1）基质浓度　在分批发酵中，常常因为前期基质浓度过高，对生物合成酶系产生阻遏（或抑制）或对菌丝生长产生抑制（如葡萄糖合成的阻遏或抑制，苯乙酸的生长抑制），而后期基质浓度低限制了菌丝生长和产物合成，为了避免这一现象，在青霉素发酵中通常采用补料分批操作法，即对容易产生阻遏、抑制和限制作用的基质进行缓慢流加以维持一定的最适浓度。由于即使是超出最适浓度范围较小的波动都将引起严重的阻遏或限制，使生物合成速度减慢或停止，因此，这里必须特别注意的是葡萄糖的流加。

目前，糖浓度的检测尚难在线进行，故不是依据糖浓度控制葡萄糖的流加，而是间接地根据 pH 值、溶氧或 CO_2 释放率予以调节。

（2）温度　青霉素发酵的最适温度随所用菌株的不同可能稍有差别，但一般认为应在 25℃ 左右。温度过高将明显降低发酵产率，同时增加葡萄糖的维持消耗，降低葡萄糖至青霉素的转化率。对菌丝生长和青霉素合成来说，最适温度是不一样的。一般地，前者略高于后者，故有的发酵过程在菌丝生长阶段采用较高的温度，以缩短生长时间；到生产阶段后便适当降低温度，以利于青霉素的合成。

（3）pH值　青霉素发酵的最适pH值一般认为在6.5左右，有时也可以略高或略低一些，但应尽量避免pH值超过7.0，因为青霉素在碱性条件下不稳定，容易加速其水解；而低于6.0则代谢异常，青霉素产量显著下降。

在缓冲能力较弱的培养基中，pH值的变化是葡萄糖流加速率高低的反映。过高的流加速率会造成酸性中间产物的积累，使pH值降低；过低的加糖速率不足以中和蛋白质代谢产生的氨或其他生理碱性物质代谢产生的碱性化合物，而引起pH值上升。

（4）溶氧　对于好氧的青霉素发酵来说，溶氧浓度是影响发酵过程的一个重要因素。当溶氧浓度降到30％饱和度以下时，青霉素产率急剧下降，低于10％饱和度时，则造成不可逆的损害。溶氧浓度过高，说明菌丝生长不良或加糖率过低，造成呼吸强度下降，同样影响生产能力的发挥。溶氧浓度是氧传递和氧消耗的一个动态平衡点，而氧消耗与碳能源消耗成正比，故溶氧浓度也可作为葡萄糖流加控制的一个参考指标。

（5）菌丝浓度　发酵过程中必须控制菌丝浓度不超过临界菌体浓度，从而使氧传递速率与氧消耗速率在某一溶氧水平上达到平衡。青霉素发酵的临界菌体浓度因菌株的呼吸强度（取决于维持因数的大小，维持因数越大，呼吸强度越高）、发酵通气与搅拌能力及发酵的流变学性质而异。呼吸强度低的菌株降低发酵中氧的消耗速率，而通气与搅拌能力强的发酵罐及黏度低的发酵液使发酵中的传氧速率上升，从而提高临界菌体浓度。

（6）菌丝生长速度　用恒化器进行的发酵试验证明，在葡萄糖限制生长的条件下，青霉素比生产速率与产生菌菌丝的比生长速率之间呈一定关系。当比生长速率低于$0.015h^{-1}$时，比生产速率与比生长速率成正比，当比生长速率高于$0.015h^{-1}$时，比生产速率与比生长速率无关。因此，要在发酵过程中达到并维持最大比生产速率，必须使比生长速率不低$0.015h^{-1}$。这一比生长速率称为临界比生长速率。对于分批补料发酵的生产阶段来说，维持$0.015h^{-1}$的临界比生长速率意味着每46h就要使菌丝浓度或发酵液体积加倍，这在实际工业生产中是很难实现的。事实上，青霉素工业发酵生产阶段控制的比生长速率要比这一理论临界值低得多，却仍然能达到很高的比生产速率。这是由于工业上采用的补料分批发酵过程不断有部分菌丝自溶，抵消了一部分生长，故虽然表观比生长速率低，但真比生长速率却要高一些。

（7）菌丝形态　在长期的菌株改良中，青霉素产生菌在沉没培养中分化为主要呈丝状生长和结球生长两种形态。前者由于所有菌丝体都能充分和发酵液中的基质及氧接触，故一般比生产速率较高；后者则由于发酵液黏度显著降低，使气-液两相间氧的传递速率大大提高，从而允许更多的菌丝生长（即临界菌体浓度较高），发酵罐体积产率甚至高于前者。

2. 影响萃取的因素

（1）pH值　pH值会影响青霉素的分配系数和选择性。一般情况下，青霉素在pH 5.0时最稳定；pH 2.0左右时，青霉素在醋酸丁酯和醋酸戊酯中的溶解度比水中的溶解度大40倍以上；而pH 7.0时，青霉素在水中的溶解度则大186～235倍。许多学者对其进行了研究，已详细考察了不同pH条件下水溶液的温度对青霉素降解半衰期的影响，如图5-5所示。公认的青霉素稳定区间是在pH 5～8，在pH 6.0最为稳定，在酸性或碱性条件下降解都很快。将该数据进行曲线拟合可以得到不同温度下青霉素降解半衰期与水溶液pH的关系曲线（图5-6）。由图5-6可见，在pH值一定的条件下，温度越低青霉素越稳定。因此工厂都采用低温操作，萃取在 pH 2.0、温度 5℃下进行。这既增加了能耗，也增加了乳化的可能性。温度、pH 对青霉素萃取率的影响见图 5-7。

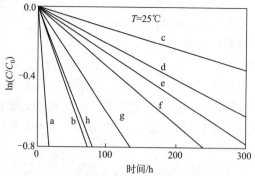

图 5-5　水中青霉素降解与 pH 的关系（25℃）

a—pH 4.0；b—pH 5.0；c—pH 6.0；d—pH 6.25；e—pH 6.5；f—pH 7.0；g—pH 8.0；h—pH 9.0

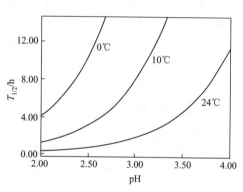

图 5-6　青霉素降解半衰期与 pH 的关系

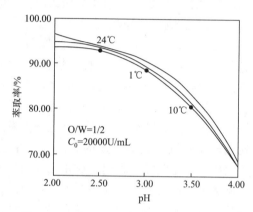

图 5-7　温度、pH 对青霉素萃取率的影响

反萃取时 pH 值的调控极为重要，只有在中性时，青霉素以盐的形式存在，转移才能较为完全。如果碱性稍强，不但许多有机酸杂质转移到水中影响青霉素的质量，而且青霉素极易被分解。反萃取中青霉烯酸含量与萃取和反萃取时 pH 值有关，研究表明，反萃取液中青霉烯酸含量随萃取时 pH 值升高而降低，随反萃取时 pH 值升高而升高，表 5-3 所示，pH 值不仅影响分配系统且影响选择性。

表 5-3　不同 pH 值下萃取和反萃取时，反萃取液中青霉烯酸含量 G_c

序号	反萃取 pH 值	萃取 pH 值		
		2.0±0.2	3.0±0.2	4.0±0.2
		G_c*（相对单位）		
1	6.0	1.30	1.00	0.14
2	7.0	1.63	1.2	0.35
3	8.0	2.50	1.75	0.43

* 萃取时 pH 为 3.0，反萃取时 pH 为 6.0，得到的反萃取液中青霉烯酸含量为 1。

（2）浓缩倍数　浓缩倍数对选择性也有很大影响。乙酸丁酯用量越多，萃取越完全，提取率也越高。但某些杂质如色素含量也会越高，而且溶剂消耗量提高会大幅度提高生产成本，特别是给浓缩增加工作量。在生产中，从滤液萃取到醋酸丁酯时，浓缩比一般为1.5～2.5倍。从乙酸丁酯反萃取到水相时，浓缩比一般为3～5倍。反复几次萃取，当浓缩比达到10倍时，浓度可以达到结晶要求。

（3）温度　青霉素及其盐类在高温下稳定性大大降低，24℃和0℃时，稳定性相差10倍以上；整个萃取过程通常在低温（≤10℃）下进行。在保证萃取效率的前提下，尽量缩短操作时间，减少青霉素的破坏。

四、"三废"处理与生产安全

由于微生物和生物活性物质等生物因子的大量使用，生物制药过程中存在生物因子扩散、溢洒或泄漏等生物安全隐患，如微生物本身的潜在毒力对人类和环境形成伤害的风险，造成生物危害。因此，在操作菌种活化、一级种子及二级种子发酵等过程中，工作人员需要使用适宜的个体防护用品避免或减轻危害程度，同时要养成良好的卫生习惯，不在作业场所吃饭、饮水、吸烟，坚持饭前漱口、班后洗浴、清洗工作服等，避免有害物质从呼吸系统、消化道和皮肤进入人体。

青霉素发酵过程释放的臭味会引起头晕、头疼、恶心、呼吸道以及眼睛刺激等症状，长期吸入可能导致隐性过敏，产生抗生素耐药性。因此，需要通过围场操作、屏障隔离、定向气流、有效消毒及灭菌等措施，确保生物类危险废物不会对人员和环境造成伤害。另外，其提取分离精制工艺过程会产生醋酸丁酯、硫酸等和有机物废水及残渣等，需要经过脱硫脱氮处理，将有机物分解成无毒的可排放的物质。

第二节　疫苗生产工艺

一、概述

疫苗泛指所有用减毒或杀死的病原生物（细菌、病毒、立克次体等）或其抗原性物质所制成的，能诱导机体产生抗体的生物制品。

疫苗是预防和控制传染病最经济、有效的手段，疫苗接种是通过诱导机体产生保护性免疫应答来预防和控制人类和动物疾病的常规方法。1796年，英国科学家Edward Jenner开创了世界上最早的弱毒活病毒疫苗——牛痘疫苗的应用，随之出现了来自病原体的灭活疫苗和来自病毒或细菌的减毒疫苗，也就是通常所说的第一代疫苗；但存在潜在的致病性的风险。随着现代分子生物学、基因工程、单克隆以及超滤分离等技术的发展，产生了以天然或重组成分为主的、效果明确、无致病作用的亚基疫苗，即第二代疫苗。它是利用病原体的某一部分通过基因工程克隆而制得的疫苗。比如，结核杆菌核糖体亚单位疫苗和乙肝病毒表面抗原亚单位疫苗等，但其生产过程因要获得单一蛋白的分离纯化而工艺复杂、成本高，发展受限。在20世纪90年代后，发现细胞免疫在某些疾病如癌症等治疗中具有比体液免疫更重要的作用，由此形成了新一代疫苗的设计策略——尽可能同时调动细胞和体液两个免疫系统以获得最佳结果，产生了比第二代更具优势的第三代疫苗——核酸疫苗。

根据技术路线的不同，可将人用疫苗分为灭活疫苗、重组蛋白疫苗、多糖疫苗和病毒载体疫苗、活体重组疫苗以及核酸疫苗（DNA和RNA疫苗）等。

1. 疫苗的基本成分

疫苗的基本成分包括抗原、佐剂、防腐剂、稳定剂、灭活剂及其他或其他活性成分。其中可作抗原的生物活性物质有：灭活病毒或细菌、活病毒活细菌通过实验室多次传代得到的减毒株、病毒或菌体提取物、有效蛋白成分、类毒素、细菌多糖、合成多肽等。抗原应能有效地激发机体的免疫反应，包括体液免疫或细胞免疫，产生保护性抗体或致敏淋巴细胞，从而对同种细菌或病毒的感染产生有效的预防作用。

2. 疫苗制备的基本过程

疫苗因种类不同，其制备方法也不相同，但总的来讲，经典疫苗制备的基本过程包括：选择适宜的培养基或细胞进行菌、毒株大量繁殖，收集培养物，提纯，半成品检定，稀释，分装，成品鉴定。基因工程技术使得疫苗研制方法发生了革命性的变化，加速了新疫苗的开发速度，制备疫苗的方法更加多样化。但疫苗制备必须保证疫苗的基本性质即免疫原性、安全性和稳定性的原则是不变的。传统疫苗的制备工艺过程如图 5-8 所示。

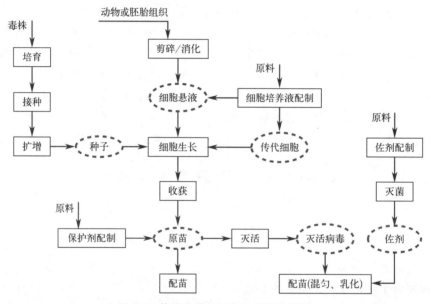

图 5-8　传统疫苗的制备工艺流程框图

二、流感裂解疫苗概述

流感疫苗是用来预防流行性感冒病毒引起的流行性感冒（简称流感）的疫苗，适用于任何可能感染流感病毒的健康人，每年在流行季节前接种一次，免疫力可持续一年。流感疫苗主要分为裂解病毒疫苗和灭活疫苗，流感疫苗的成分主要是刺激能产生抗流感病毒的免疫力的物质。四价流感病毒裂解疫苗包含甲型 H1N1、甲型 H3N2、乙型 Yamagata 系（By）、乙型 Victoria 系（Bv）四种流感病毒抗原成分，三价流感病毒裂解疫苗包含甲型 H1N1、甲型 H3N2、乙型 Victoria 系（Bv）三种流感病毒抗原成分，不包括乙型 Yamagata 系（By）流感病毒抗原成分。四价流感病毒裂解疫苗包含上述两种甲型和两种乙型共四种流感病毒抗原成分，可涵盖更多的流感流行型，用于预防病毒引起的流行性感冒。

流感裂解疫苗是用世界卫生组织（WHO）推荐并经国务院药品管理部门批准的甲型和

乙型流行性感冒（简称流感）病毒株裂解制得，根据《中国药典》（2020 版）规定有效成分为当年使用的各型流感病毒株血凝素，以血凝素标示量为质量控制指标。产品规格为各型流感病毒株血凝素应为 15μg（7.5μg）的 0.5mL/支或 1.0mL/支（预充式注射器）。流感裂解疫苗性质及质量标准见表 5-4。

表 5-4　流感裂解疫苗性质及质量标准

检验项目	某公司标准	分析检测方法
外观	微乳白色液体	参照《中国药典》2020 版第四部 凡例 十五条
澄清度	澄清，无异物	参照澄清度检查法（通则 0902）
pH	6.5～8.0	参照《中国药典》2020 版附录 Ｖ Ａ
血凝素含量	每 1mL 中各型流感病毒株血凝素含量应为配制量 80%～120%	采用单向免疫扩散试验测定血凝素含量
游离甲醛含量	<50μg/mL	参照《中国药典》2020 版附录 Ⅵ L
硫柳汞含量	<100μg/mL	参照《中国药典》2020 版附录 Ⅶ B
蛋白质含量	<400μg/mL	参照《中国药典》2020 版附录 Ⅵ B 第二法
卵清蛋白含量	<500ng/mL	采用酶联免疫法
抗生素残留量	<50ng/剂	采用酶联免疫法
细菌内毒素含量	<20EU/mL	依照《中国药典》2020 版附录 Ⅻ E 凝胶限度试验
异常毒性	无	依法检查（《中国药典》2020 版附录 Ⅻ F）
微生物限度	无菌	依法检查（《中国药典》2020 版附录 Ⅻ A）

1. 流感疫苗发展历史

20 世纪 40 年代，为了有效预防和控制流感，降低流感对人类社会的发展及经济危害，流感疫苗成功问世。随着科技不断发展，目前，人们使用的流感疫苗主要分为流感灭活疫苗和流感减毒活疫苗。1935 年第一支灭活流感疫苗问世，灭活流感疫苗是人们通过培养流感病毒获得相应的病原体后，通过一定的技术手段将其灭活，通过后续一系列生产工艺，制成灭活流感疫苗。现行流感疫苗含有 2 个亚型甲型流感病毒抗原（H3N2 和 H1N1）和 1 个乙型流感病毒抗原。目前，非活性流感疫苗一共有三类的产品制剂，一种是将整个病毒用甲醛去除活性，做成全病毒疫苗；一种是化学药物打破已经去除活性的病毒，再纯化其脂肪包被成分，其上面就会有病毒血球凝集素（即 H 抗原）与神经氨酸酵素（即 N 抗原）等两种最重要的抗原成分，即裂解病毒疫苗；第三种是亚单位疫苗，指对裂开的病毒片段进行各种制备工艺，进一步减少病毒中其他蛋白的含量，得到亚单位的疫苗。目前市面上的流感疫苗，大部分为裂解病毒疫苗。2003 年，美国核准第一支鼻喷剂型活性减毒流感疫苗上市，英国、芬兰等国家相继推荐接种鼻喷流感减毒活疫苗。从西班牙流感至今流感病毒的发现与疫苗的发展见图 5-9。经过近 90 年的发展，流感疫苗的形式已有多种，主要可分为基于鸡胚的全病毒灭活疫苗、裂解疫苗、亚单位疫苗及减毒活疫苗和基于 MDCK 细胞的裂解疫苗。

2. 流感疫苗的市场需求

全球疫苗行业集中度较高，四价流感疫苗全球销售额第六，已超过 26 亿美元。目前，全球流感疫苗的主要生产厂商是赛诺菲巴斯德、GSK、Seqirus 和阿斯利康，其中赛诺菲占主导地位，赛诺菲四价流感疫苗销售额位居全球疫苗销售额前十。

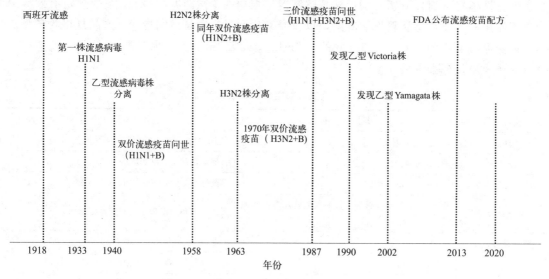

图 5-9　流感病毒与对应流感疫苗的发展历程

国内流感疫苗市场集中度不断提升，已批准上市的流感疫苗有三价灭活流感疫苗（IV3）、四价灭活流感疫苗（IIV4）和三价减毒活疫苗（LAIV3）。其中 IV3 包括裂解疫苗和亚单位疫苗，IIV4 目前仅有裂解疫苗，LAIV3 为减毒疫苗。在目前国内的流感疫苗市场中，已出现由四价流感疫苗替代三价流感疫苗的发展趋势。如：2020 年，我国获批签发流感疫苗的企业共有 11 家，合计批签发 5751.99 万剂。其中，获批签发三价流感疫苗的企业有 9 家，合计批签发 2393.77 万剂；获批签发四价流感疫苗的企业有 5 家，合计批签发 3358.23 万剂。

3. 生产工艺方法

按生产工艺灭活流感疫苗分为鸡胚流感疫苗和细胞培养流感疫苗，以鸡胚为基础的生产系统已经被应用了六十多年，且大部分流感疫苗是用鸡胚细胞来生产的。

目前最常使用的流感疫苗生产基质为 9～11d 日龄的鸡胚，其生产工艺一般为合格的单价流感病毒种子悬液接种至鸡胚内，接种后的鸡胚送入恒温的孵化器进行孵育，再经过 12～18h 的冷藏降温、从鸡胚中收获含活病毒的尿囊液（被吸入密闭容器）、病毒浓集纯化及灭活、加入裂解剂或使全病毒还原成亚单位颗粒、纯化裂解的病毒、需要时添加防腐剂和稳定剂、浓缩无菌过滤、形成单价裂解病毒浓缩液，然后，再通过精准配比，制成三价或四价疫苗等多价疫苗。

三、流感病毒裂解疫苗的生产工艺

1. 生产工艺原理

流感疫苗是流感单价病毒经过大量培养后，选择适当的裂解剂和裂解条件将单价病毒原液进行裂解，然后去除裂解剂和病毒自身的核酸与大分子蛋白，保留抗原有效成分 HA 和 NA 以及部分 M 蛋白和 NP 蛋白，再通过混合、过滤、分装制得。其中，流感病毒裂解疫苗单价原液的生产是流感疫苗生产过程中的关键步骤，能够直接影响流感疫苗的质量与安全。

2. 工艺过程

流感病毒裂解疫苗的基本生产过程为：

鸡胚孵化→接种前检测→流感病毒接种鸡胚→病毒培养→收获病毒→澄清过滤→浓缩→梯度离心→纯化→裂解及超滤→除菌过滤→合并→分装→包装入库→签发放行→冷链配送。

其工艺流程框图如图 5-10 所示。

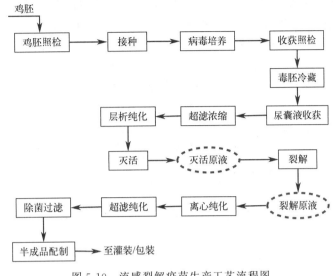

图 5-10　流感裂解疫苗生产工艺流程图

3. 工艺操作说明

（1）生产用鸡胚　毒种传代和制备用的鸡胚应来源于 SPF 鸡群。疫苗生产用鸡胚应来源于封闭式房舍内饲养的健康鸡群，并选用 9～11 日龄无畸形、血管清晰、活动的鸡胚。将合格的鸡胚经 35～40℃消毒液消毒后传送至病毒接种间等待病毒接种。

（2）毒种

① 名称及来源。生产用毒种为 WHO 推荐并提供的甲型和乙型流感病毒株。

② 种子批的建立。应符合"生物制品生产检定用菌毒种管理规程"规定，以 WHO 推荐并提供的流感毒株代次为基础，传代建立主种子批和工作种子批，至成品疫苗，总传代不得超过 5 代。

③ 病毒滴度。采用鸡胚半数感染（EID_{50}）剂量法检查，病毒滴度应不低于 6.51g EID_{50}/mL。

④ 血凝滴度。采用血凝法检测，血凝滴度应不低于 1：160。

⑤ 毒种保存。冻干毒种应于－20℃以下保存；液体毒种应于－60℃以下保存。

（3）单价原液的制备

① 病毒接种和培养。于鸡胚尿囊腔接种经适当稀释的工作种子批毒种（各型流感毒株应分别按同一病毒滴度进行接种），置 33～35℃培养 48～72h。一次未使用完的工作种子批毒种不得再回冻继续使用。

② 病毒收获。筛选活鸡胚，置 2～8℃冷胚一定时间后，收获尿囊筛选活鸡胚，置 2～8℃冷胚一定时间后，收获尿囊液于容器内。逐容器取样进行尿囊收获液检定。

③ 尿囊收获液合并。每个收获容器检定合格的含单型流感病毒的尿囊液可合并为单价病毒合并液体。

④ 病毒灭活。应在规定的蛋白质含量范围内进行病毒灭活。单价病毒合并液中加入终

浓度不高于200pg/mL的甲醛，置适宜的温度下进行病毒灭活。灭活到期后，每个病毒灭活容器应立即取样，分别进行病毒灭活验证试验，并进行细菌内毒素含量测定（也可在纯化后或纯化过程中加入适宜浓度的甲醛溶液进行病毒灭活）。

⑤ 浓缩及纯化。单价病毒合并液经离心或其他适宜的方法澄清后，采用超滤法将病毒液浓缩至适宜蛋白质含量范围。超滤浓缩后的单价病毒合并液可采用柱色谱法或蔗糖密度区带离心法进行纯化，采用蔗糖密度区带离心法进行纯化的应用超滤法去除蔗糖。纯化后取样进行蛋白质含量测定。

⑥ 病毒裂解。应在规定的蛋白质含量范围内进行病毒裂解。向纯化后的单价病毒合并液中加入适宜浓度的裂解剂，在适宜条件下进行病毒裂解。

⑦ 裂解后纯化。采用柱色谱法或蔗糖密度区带离心法以及其他适宜的方法进行病毒裂解后的再纯化，采用蔗糖密度区带离心法进行纯化的应用超滤法去除蔗糖。

⑧ 除菌过滤。纯化的病毒裂解液经除菌过滤后，可加入适宜浓度的硫柳汞作为防腐剂，即为单价原液。

（4）半成品配制　根据各单价原液的血凝素含量，将各型流感病毒按同一血凝素含量进行半成品配制（血凝素配制量可在30～36μg/mL范围内，每年各型流感病毒株应按同一血凝素含量进行配制），可补加适宜浓度的硫柳汞作为防腐剂，即为半成品。

（5）分装、包装　配制好的半成品在分装车间灌装成为疫苗，再经包装线装盒装箱成为成品。

四、生产工艺影响因素

1. 病毒培养工艺影响因素

由于病毒吸附于细胞表面是一个随机事件，显然提高MOI（感染复数）有利于增大病毒与宿主细胞的吸附概率以及相同时间内的病毒感染率。但是一味地提高MOI并不一定能获得高病毒产量。已有文献显示，尽管高MOI条件下感染初期病毒生产速率高于低MOI，但是随着时间推移其病毒产毒能力逐渐下降，呈现"代次效应"，最终收获的病毒滴度反而不如后者。因此，病毒培养在整个疫苗生产工艺中最为重要，其影响因素主要有：

（1）鸡胚的接种方式和毒种浓度　鸡胚接种时可以用机器接种和手工接种，手工接种又可以分为连续流接种和注射器接种。

表5-5　不同的接种方法产生污染率的比较

接种的方法	机器接种		手工接种			
接种用具			连续流接种		注射器接种	
毒种浓度/(g/mL)	0.001	0.002	0.001	0.002	0.001	0.002
第一批污染率/%	9	10	3	4	7	8
第二批污染率/%	8	11	4	5	8	9
第三批污染率/%	8	16	3	5	8	10

通过表5-5中的数据可以看出，机器接种较手工接种污染率高，用注射器接种较用连续流接种污染率高，可能是机器接种时的接种针头更换的频率较低，用注射器接种时操作人员可能接触到注射器内部，增加了污染的概率。不同接种方法对毒种的稀释程度也不一样，如

连续流接种，毒种的浓度为 0.001g/mL 时鸡胚的成活率最高，污染率最低。

（2）鸡胚消毒方法的选择 鸡胚收获前的消毒液可以选用酒精、新洁尔灭、苯酚，或者先用酒精喷洒等待其晾干，然后再用新洁尔灭喷洒，或者先用酒精等待其晾干，然后用苯酚喷洒。如表 5-6 所示，通过对收获液无菌的观察结果可以看出，直接用新洁尔灭灭菌效果最好，而且节省时间，提高效率。

表 5-6　不同消毒方法比较

消毒方法	只用酒精	只用新洁尔灭	只用苯酚	先新洁尔灭后酒精	先新洁尔灭后苯酚
第一批无菌瓶数	5	7	6	5	7
第二批无菌瓶数	5	7	6	5	6
第三批无菌瓶数	6	10	6	6	6

（3）鸡胚收获时间 病毒在鸡胚上生长繁殖的好坏，其影响因素较多，如鸡胚的强弱、温度、湿度和培养时间等。其中收毒时间是影响抗原效价的主要原因之一。如表 5-7 所示，在 24～96h 内，收毒时间与抗原效价成正比，但超过 96h，其抗原效价不变。

表 5-7　收毒时间与抗原效价的关系

收毒时间/h	24	48	72	96	120	144
抗原效价	0	2×	4×	16×	16×	16×

2. 灭活工艺影响因素

目前，常用的灭活剂是甲醛，合适的甲醛浓度可以使流感病毒失去繁殖能力和毒性，并同时保持其原有的抗原性和免疫原性。甲醛的浓度越高，脱毒速率越快，但同时抗原的损耗也就越多。如表 5-8 所示，每种浓度的甲醛溶液都可以使病毒液丧失活性，但病毒液的效价随着甲醛浓度升高而降低。用甲醛灭活时间长，一般需要在 37～39℃ 处理 24h 以上，使用浓度一般为 0.1%，其灭活效果易受温度、pH 值、浓度、是否存在有机物、病原体的种类和含氮量等因素影响。

表 5-8　不同浓度甲醛溶液对流感病毒液灭活后效价

甲醛浓度/%	0.1	0.15	0.2	0.25	0.3
病毒效价	2^8	2^7	2^4	2^4	2^5

3. 裂解工艺影响因素

常用的裂解剂有吐温 80、十六烷基三甲基溴化铵、曲拉通 TritonX-100、乙醚等，使用最多的是曲拉通 Triton X-100，资料显示，曲拉通 Triton X-100 的浓度、蛋白质含量及裂解时间对流感病毒裂解效果均有影响。如表 5-9 和表 5-10 所示，裂解浓度及裂解时间直接影响裂解效果。随着裂解剂浓度的增大及裂解时间的延长，血凝素回收率急剧上升后又迅速下降。一方面，过量的裂解剂会导致裂解过度；另一方面，裂解剂使用量过大，裂解液黏稠度加大，在去除裂解剂过程中，超滤膜表面形成沉淀，容易产生浓差极化现象，使溶剂透过通量下降。不同浓度的裂解剂均可导致有效成分血凝素的损失，裂解剂浓度在 0.7%（体积分数）时为最佳浓度。资料显示，对不同时段的裂解样品进行观察，病毒初步裂解时，样品大部分处于完整病毒颗粒未裂解状态，表面开始膨胀，随着时间的延长，病毒排列逐渐稀疏；裂解时间在2h时，电镜形态上呈现出包膜包裹核蛋白的球形颗粒；裂解时间过长时，大量病毒包膜破裂并溶解，核衣壳溢出，血凝素片段出现过小甚至碎裂现象，不利于蛋白提取，故裂解时间不能太长。

表 5-9　不同裂解剂浓度对 BV 型流感病毒裂解的结果

试验号	裂解剂体积分数/%	纯度(蛋白质含量/血凝素含量)	血凝素回收率/%	纯度平均值	血凝素回收率平均值/%	电镜结果
1	0.5	4.73	71.75			
2	0.5	4.51	79.23	4.73	71.75	视野中可见完整病毒
3	0.5	4.95	64.27			
4	0.7	3.33	80.04			
5	0.7	3.27	82.00	3.27	82.00	全部裂解,可见均匀颗粒
6	0.7	3.21	83.96			
7	1.0	3.79	61.46			
8	1.0	3.95	59.98	3.87	61.46	全部裂解,可见均匀颗粒
9	1.0	3.87	62.94			

表 5-10　不同裂解时间对 BV 型流感病毒裂解的影响

试验号	裂解时间/h	纯度(蛋白质含量/血凝素含量)	血凝素回收率/%	纯度平均值	血凝素回收率平均值/%	电镜结果
1	1	4.17	71.75			
2	1	4.25	70.11	4.17	71.75	视野中可见完整病毒
3	1	4.09	73.39			
4	2	3.86	82.96			
5	2	3.88	82.00	3.88	82.00	全部裂解,可见均匀颗粒
6	2	4.00	81.04			
7	3	3.80	79.34			
8	3	3.38	74.16	3.59	76.75	全部裂解,可见均匀颗粒
9	3	3.59	76.75			

4. 病毒的纯化工艺影响因素

在流感疫苗的规模化生产中，流感病毒的纯化至关重要，而离心是病毒纯化最常使用的方法，主要为蔗糖密度梯度离心，可较好地除去试验样品中的杂质蛋白。在流感病毒纯化过程中，离心时间、样品量和蔗糖用量影响纯化效果。在蔗糖浓度固定时，其离心力越高，收获的目的蛋白纯度越好。离心力的数值可能在数万克到十几万克之间，大部分疫苗生产厂家采用的离心力为 98648g。影响纯化效果的因素中，离心时间影响最大，其次是样品量和蔗糖用量，上样速度对病毒纯化结果影响最小。离心时间影响流感病毒分离效果及区带的负载，这不仅与上样体积有关，同时也与样品蛋白浓度相关。

五、"三废"处理与生产安全

疫苗生产检验生物安全防护条件应达到疫苗生产企业生物安全三级防护要求的，其疫苗生产检验过程中涉及活病原微生物操作的生产车间、检验用动物房、质检室、污物处理、活毒废水处理设施以及防护措施等，需要符合应达到《实验室　生物安全通用要求》（GB 19489）中 BSL-3 实验室相关要求。特别是，可能接触或含有活毒的固体废物，需要高压灭菌，高压灭菌器应为生物安全型或有专门的排水、排气生物安全处理措施。其主体应安装在易维护的位置，与围护结构的连接之处应可靠密封。应对灭菌效果进行监测，以确保达到相关要求。由于生产废水中通常含有病原性微生物，如细菌、病毒等，须经消毒灭菌处理后才能排入污水处理系统，需要设活毒废水处理系统处理防护区排水，且该系统应与生产规模相匹配，并设有备用处理装置。活毒废水处理系统应设置在独立的密闭区域且与室外大气压的压差值（负压）应不小于 20Pa。该区域应设置独立的人流、物流通道及淋浴间，其排风应设可进行原位消毒灭菌和检漏的高效过滤器。应定期对活毒废水处理系统消毒灭菌效果进行监测，以确保达到安全要求。

第三节　阿达木单抗生产工艺

一、概述

阿达木单抗（adalimumab）为抗人肿瘤坏死因子（TNF-α）的人源化单克隆抗体。分子式 $C_{6428}H_{9912}N_{1694}O_{1987}S_{46}$，CAS 号：331731-18-1。阿达木单抗结构示意如图 5-11 所示。阿达木单抗最初由英国 Cambridge Antibody Technology（CAT）与美国雅培公司联合研制。阿达木单抗通过特异性结合可溶性肿瘤坏死因子-α（tumor necrosis factor-α，TNF-α），阻断其与细胞表面受体 p55 和 p75 相互作用，从而有效抑制 TNF-α 诱导的多种病理效应。另外，阿达木单抗还可与跨膜 TNF-α 结合，通过 Fcγ 受体结合的抗体依赖细胞介导的细胞毒作用（antibody-dependent cell-mediated cytotoxicity，ADCC）和补体依赖的细胞毒作用（complement dependent cytotoxicity，CDC），诱导细胞凋亡等效应，清除部分致病靶细胞。先后被美国和欧盟批准用于类风湿关节炎、强直性脊柱炎等自身免疫性疾病的治疗。

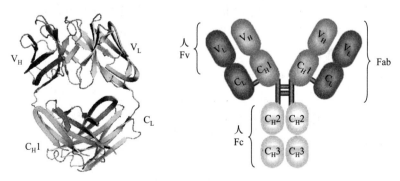

图 5-11　阿达木单抗结构示意图

本品的分子量（M_r）为 1.48×10^5，根据《中国药典》规定的单抗药物的质量控制指导方法，IgG 单体、高分子量物质（HMWS）和低分子量物质（LMWS）、N-糖基化水平、唾液酸含量作为质量控制指标。产品规格为 40mg（0.8mL）/瓶 或 40mg（0.8mL）/支（预充式注射器）。阿达木单抗产品性质及质量标准见表 5-11。

表 5-11　阿达木单抗产品性质及质量标准

检验项目	某公司标准	分析检测方法
外观	无色澄明液体,可带轻微乳光	参照《中国药典》第四部 凡例 十五条
澄清度	澄清	参照澄清度检查法(通则 0902)
渗透压摩尔浓度	240～360mOsmol/kg	依法检查(《中国药典》Ⅴ H)
蛋白质含量	4.6～5.5mg/mL	依法测定(《中国药典》附录Ⅵ B第二法)
蛋白质 A 残留量	<蛋白质总量的 0.001%	用酶联免疫吸附法(通则 3429)测定
外源性 DNA 残留量	每 1 支/瓶应不高于 100pg	依法检查(《中国药典》附录Ⅸ B第一法 通则 3407)
宿主细胞蛋白质残留量	<蛋白质总量的 0.01%	采用酶联免疫法(通则 3429)测定
细菌内毒素	每 1mg 应小于 1EU	依照《中国药典》附录 ⅫE 凝胶限度试验
纯度	>95%	电泳法参照《中国药典》附录Ⅳ C 高效液相色谱法参照《中国药典》附录Ⅲ B
pH	6.5～7.5	依法检查(《中国药典》附录Ⅴ A)

1. 阿达木单抗的历史

阿达木单抗（商品名：修美乐 Humira）系由美国雅培公司开发，采用中国仓鼠卵巢细胞系表达制备的首个重组全人源化 IgG1κ 型单克隆抗体，由 2 条重链和 2 条轻链组成，共含 1330 个氨基酸，每条重链 Fc 部分相同糖基化位点含有典型的 N-端连接糖链。阿达木单抗研发始于剑桥抗体技术（Cambridge Antibody Technology，CAT）与 BASF 生物研究公司的联合研究，CAT 使用噬菌体展示技术获得结合 TNF-α 表位的全人抗体 D2E7；1998 年 BASF 开始针对类风湿关节炎的Ⅰ期临床试验，2001 年雅培制药（Abbott）收购 BASF 的制药业务，2002 年，雅培公司向 FDA 提交申请全人抗体 D2E7 用于治疗类风湿性关节炎。2013 年艾伯维（Abbvie）从雅培公司拆分，并生产阿达木单抗。

2. 国内外市场现状

阿达木单抗于 2002 年在美国注册上市，2003 年在欧盟注册上市，现已在 90 多个国家和地区上市，批准用于包括类风湿性关节炎（rheumatoid arthritis）、银屑病关节炎（psoriatic arthritis）、强直性脊柱炎（anky-losingspondylitis）、克罗恩病（Crohn disease）、斑块银屑病（plaque psoriasis）和溃疡性结肠炎（ulcerative colitis）、幼年特发性关节炎（juvenile idiopathic arthritis）、儿童克罗恩病（Crohn disease pediatric）、特定类型葡萄膜炎（specific types of uveitis）、影像学阴性中轴脊柱炎（nr-axSpA）等多种适应证。阿达木单抗于 2010 年在中国上市，先后获批用于类风湿性关节炎、强直性脊柱炎和银屑病 3 种适应证，并于 2020 年获批新增克罗恩病、幼年特发性关节炎、儿童斑块银屑病和葡萄膜炎 4 种适应证。目前已在全球 90 多个国家上市，其疗效和安全性得到了广泛的验证，近十年长期位于年全球销售额的榜首，年销售额近 200 亿美元。

3. 生产工艺方法

抗体药物的原液生产大体可分为上游细胞培养和下游纯化2个阶段。其中，上游细胞培养步骤一般为：细胞复苏及摇瓶扩增→反应器扩增培养→反应器大规模细胞培养→细胞液收获。

目前，阿达木单抗生产主要采用中国仓鼠卵巢癌细胞（Chinese Hamster Ovary cell, CHO）规模化培养技术，通过目的基因合成-载体构建-转染-筛选-鉴定流程确定生产用稳定细胞株。

① 细胞复苏及摇瓶扩增：从种细胞库中取出存有工作种子的冷冻管，水浴化冻复苏种细胞，在局部 A 级洁净层流保护下的细胞接种间将种细胞接入加入培养液的摇瓶中，进行细胞培养。培养到设定密度后进行细胞摇瓶扩增培养。

② 细胞反应器扩增培养：将接种间的摇瓶细胞接入 WAVE 波浪式生物反应器，随后在各级生物反应器中进行逐级放大培养，在培养过程中连续检测反应器内的温度、罐压、溶氧量、pH 值、搅拌及通气等参数。

③ 反应器大规模细胞培养：将反应器扩增细胞种子接入细胞大规模培养反应器中，进行培养。在培养过程中连续检测反应器内的温度、罐压、溶氧量、pH 值、搅拌及通气等参数，根据工艺要求进行补料及各个工艺参数的调整，使各个参数在设定范围内，直到滴度达到目标值，然后进行细胞液收获。

④ 细胞液收获：一般通过深层过滤或离心和深层过滤弃掉细胞和细胞碎片，收获细胞培养上清液。

下游纯化步骤一般为：蛋白捕获→病毒灭活→精纯→病毒过滤→超滤浓缩→除菌过滤→原液暂存。

通过粗纯化、中度纯化和精细纯化三步纯化，将细胞培养上清液中存在的一些产品相关杂质包括目标分子的变异体、聚集体、由于不同翻译后修饰产生的产品变异体或降解产物，以及与工艺过程相关的杂质包括宿主细胞蛋白、宿主 DNA、化学添加剂或残留培养基成分除去。

首先，采用蛋白 A 亲和色谱凝胶将收获后的培养液进行高效捕获目标蛋白，去除大部分的杂质蛋白；然后，降低 pH 孵育进行病毒灭活；再经过色谱纯化、过滤等，得到粗纯液。最后，将粗纯液经过超滤浓缩和缓冲液交换后，加入蛋白稳定剂和赋形剂制成原液，分装入储存袋或者储存桶内待检。

通常，细胞复苏及摇瓶扩增、纯化操作工序在 C 级洁净区；细胞反应器扩增和反应器大规模培养工序因采用的是密闭操作，设在 D 级区域。

二、生产工艺原理与过程

1. 工艺原理

（1）表达阿达木单抗的 CHO 细胞构建原理　如图 5-12 所示，通过 DNA 重组技术，根据阿达木单抗重链和轻链氨基酸序列，构建含抗体基因的表达载体，将含有重链和轻链编码基因的表达载体转染于 CHO-K1 宿主细胞中，通过抗性压力筛选和有限稀释筛选，检测细胞抗体产量，筛选出 5~8 个表达量最高的克隆并重复筛选，最终获得表达量最高的细胞。

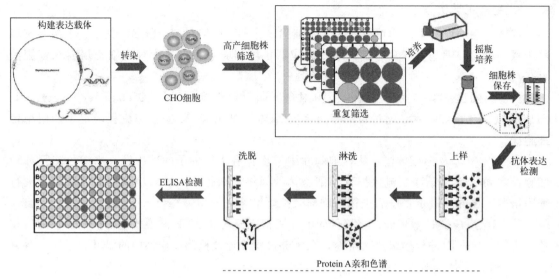

图 5-12　阿达木单抗细胞株构建与筛选

（2）CHO 细胞培养工艺原理　利用 CHO 细胞具有准确的转录后修饰功能、产物分泌特性、重组基因高效扩增和表达能力、悬浮生长、较好耐受剪切力和渗透压能力等特性，在一次性反应器内采用流加培养方式，实现 CHO 细胞的高密度培养和产物抗体高效表达。

（3）分离纯化工艺原理　根据阿达木单抗 IgG 的结构特点，利用金黄色葡萄球菌蛋白 A（Protein A）对抗体的高亲和力，可以与 IgG 的 Fc 片段结合，实现抗体捕获；并采用阳离子色谱去除抗体药物多聚体等，阴离子色谱去除内毒素、HCP 以及宿主 DNA 等，实现抗体纯化。

2. 工艺过程

（1）工艺概述

① 细胞培养。从细胞库取出表达 IgG1 的 CHO 细胞，培养基包括基础培养基和补料培养基，基础培养基由 CD Forti CHO：M20A＝1：（0.5～1.5）组成，补料培养基由 F001S：F001B＝（5～15）：1 组成。基础培养基中接种，初始接种密度为（3～7）×10^5 cells/mL，在温度 36～38℃培养 12～36h 后，根据基础培养基中葡萄糖的浓度，加入补料培养基，通过流加培养方式，控制葡萄糖浓度和其他物质水平稳定。发酵过程培养参数 pH 7.0±0.2，溶氧 30%～50%，初始转速 60～100r/min，表层通气量为 0.2～1lpm，细胞密度达到（12～18）×10^6 cells/mL 时，培养温度降至 33～34℃，培养 10～15d 后，终止发酵，得到阿达木单抗细胞培养液。

② 分离纯化。将细胞悬液经过深层过滤获得上清液，经过滤后采用蛋白 A 亲和色谱，通过优化洗脱缓冲液等条件，提高目的蛋白纯度；低 pH 孵育灭活病毒，经过阳离子交换色谱、除病毒过滤等步骤，去除病毒、内毒素、高聚体、电荷异构体等杂质，制得高纯度的重组抗 TNF-α 全人源单克隆抗体，再经超滤换液、除菌过滤等，达到检定规程要求，获得抗体原液。

（2）工艺过程流程　从种细胞库中取出细胞，通过 WAVE 反应器和一次性生物反应器进行细胞扩增和规模化培养，如图 5-13 所示，对细胞培养液收获后，进行目标蛋白捕获，经病毒灭活、精纯、过滤、超滤浓缩等操作，制备抗体蛋白原液并暂存。

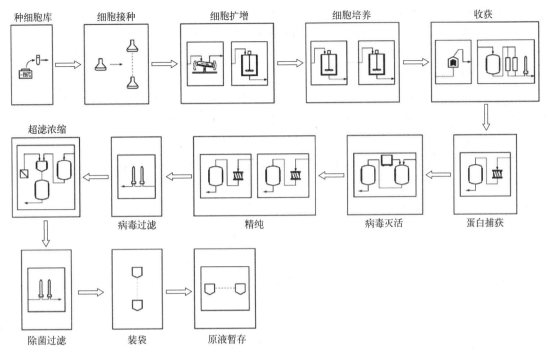

图 5-13　基于模块化装置生产阿达木抗体原液的工艺流程示意图

（3）工艺操作说明

① 细胞复苏与传代。将种子放置在恒温的水浴锅中，一般温度控制在 35℃ 左右，预热 30min，将工作细胞库细胞进行解冻复苏，根据工艺要求控制解冻时间，然后将解冻细胞加入培养基中，离心分离后转入摇瓶（如 250mL）中，进行摇瓶传代。注意控制 CO_2 浓度、培养温度、培养时间等因素，同时也要根据工艺的要求控制接种的密度、控制细胞活率等。将上述的复苏种子细胞按照一定的密度稀释至新摇瓶（如 500mL/2000mL）中，控制温度、CO_2 浓度、溶氧浓度、培养时间、摇床摇摆速度、pH 等因素，逐渐扩增细胞数量至满足一级种子罐的接种要求。

② 扩增培养（亦称种子培养）。

a. 一级种子培养。将摇瓶种子细胞按照一定的密度接种到一级种子罐（如 20L）内，控制温度、CO_2 浓度、溶氧浓度、培养时间、搅拌速度、pH、培养基等因素，逐渐扩增至细胞数量满足二级种子罐的要求。

b. 二级种子培养。将一级种子按照一定的密度接种到二级种子罐（如 50L）内，控制温度、CO_2 浓度、溶氧浓度、培养时间、搅拌速度、pH、培养基等因素，逐渐扩增至细胞数量满足三级种子罐的接种要求。

c. 三级种子培养。将二级种子按照一定的密度接种到三级种子罐（如 100L）内，控制温度、CO_2 浓度、溶氧浓度、培养时间、搅拌速度、pH、培养基等因素，逐渐扩增至细胞数量满足细胞发酵培养的接种要求。

③ 细胞大规模培养（亦称生物反应器细胞培养）。种子扩增后，细胞要进入生物反应器进行大规模培养，注意控制温度、CO_2 浓度、溶氧浓度、培养时间、搅拌速度、pH、培养基等因素。细胞培养结束后，可采用离心分离或澄清过滤等方法去除细胞及细胞碎片。

④ 蛋白捕获。阿达木单抗纯化阶段通过澄清深层过滤去除细胞和碎片，采用蛋白 A 亲

和色谱捕获分离培养收获液中抗体，先用含 NaCl 的 Tris-HCl 缓冲液进行冲洗，随后采用含 NaCl 的乙酸钠-乙酸缓冲液进行淋洗，再采用乙酸钠-乙酸缓冲液进行洗脱。

⑤ 病毒灭活。通过柠檬酸或 Tris 溶液将洗脱样品的 pH 调节至 3.5 左右，在 18～26℃下静置 2～4h 进行病毒灭活。

⑥ 阴离子交换色谱。采用 POROS 50HQ 阴离子填料，步骤包括预平衡、平衡上样、平衡、再生、平衡、保存。预平衡液为含 NaCl 的乙酸钠-乙酸缓冲液（pH 5.0）；平衡液为乙酸钠-乙酸缓冲液（pH 5.7）。

⑦ 病毒过滤和超滤。采用纳滤的方法除病毒，之后将样品进行超滤换液，得到阿达木单抗原液。

三、生产工艺影响因素

为了满足质量需求同时获得高产量的抗体，优化培养操作参数是至关重要的。物理参数（例如温度、转速）、化学参数（例如，pH、渗透压、溶氧和二氧化碳以及代谢物水平）和生物参数（例如，细胞浓度、活力、细胞周期、线粒体活性以及 NADH 和 LDH 水平）都能显著影响抗体质量。

抗体高效表达、结构稳定性是抗体生产工艺控制的关键，通过表达载体改造和优化，获得重组抗 TNF-α 全人源单克隆抗体的高效表达和结构稳定，采用分批补料式培养和组合分离纯化，防止交叉污染、病毒污染，保证产品质量。同时在传统批次生产工艺中，由于物料涉及中间储存和检测过程，利用过程 PAT 技术对培养过程进行参数监控，实现工艺稳定控制；同时连续生产工艺已开始在抗体生产过程进行应用。

1. 细胞培养工艺的影响

（1）培养基　培养基的存放条件、配制过程、配制好后的储存条件、放置时间都会对细胞培养有一定影响，尤其是储存条件和放置时间。无动物来源的培养基也可以减少培养基批次间的不稳定性，以及减少病毒污染的风险。

（2）工艺操作参数　培养温度、pH、溶氧、二氧化碳浓度、搅拌转速、通气量、开始补料时机、补料频率、补料量都会对细胞生长、抗体表达量以及抗体质量有影响。阿达木单抗生产过程，葡萄糖浓度控制是影响抗体生产以及副产物积累的重要因素。Domjan 等建立了基于在线拉曼光谱的葡萄糖浓度实时监测和动态补料策略，通过手动或自动补料，将葡萄糖和谷氨酸限制在低水平浓度，减少了乳酸、氨等抑制物的积累，为 CHO 细胞生长提供了有利的培养环境，有效提高了阿达木单克隆抗体的表达浓度。见图 5-14。

2. 分离纯化工艺的影响

（1）蛋白捕获　收获阶段的收获方式，离心时的转速、料液进入速度和排渣速率，以及深层过滤时的过滤介质选型、载量和流速均会对收率和某些杂质的去除产生影响。亲和纯化是对细胞培养液中的抗体进行捕获浓缩的第一步，可通过预洗液的选择、洗脱缓冲液 pH 值和电导率的参数优化等，有效去除抗体聚体和降解片段，提高亲和纯化纯度。表 5-12 为不同填料亲和色谱结果，通过在洗脱液（20mmol/L 柠檬酸-Na_2HPO_4）中添加 PEG8000 进行洗脱去除抗体聚体、降解片段，可以提高单体的得率。

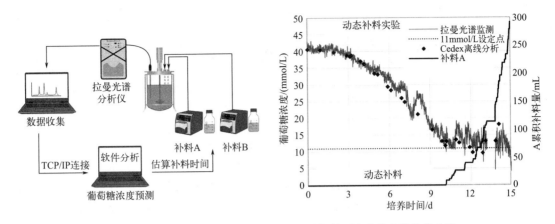

图 5-14 基于在线拉曼光谱技术动态补料控制阿达木单克隆抗体表达

表 5-12 不同填料亲和色谱对阿达木单抗纯度的影响

填料类别	洗脱条件	得率 /%	单体得率 /%	SEC 纯度/%		
				聚体	单体	降解
高流速琼脂糖骨架	pH 3.9+PEG 3.4%	66.08	92.35	3.6	95.7	0.8
高度交联琼脂糖骨架	pH 3.9+PEG 3.4%	62.33	88.02	2.4	96.7	0.9

（2）色谱参数 影响抗体质量的纯化参数有很多，如色谱柱的装填效果（柱效），各步色谱的载量、流速、洗脱方式，过滤的载量、流速等。如以 Capto adhere 和 Capto adhere ImpRes 色谱填料为例，考察不同色谱洗脱条件对阿达木单抗蛋白纯度和回收率的影响，如表 5-13 所示。

表 5-13 不同色谱柱和洗脱条件对阿达木单抗蛋白纯度和回收率的影响

序号	条件	上样前纯度	流穿样品纯度	回收率
1	Capto adhere,pH/盐:7.1/0.5mol/L NaCl，上样 50mg/mL 填料	95.29%	99.2%	92.09%
2	Capto adhere,pH/盐:7.7/0.35mol/L NaCl，上样 80mg/mL 填料	95.86%	99.26%	93.10%
3	Capto adhere,pH/盐:7.9/0.3mol/L NaCl，上样 90mg/mL 填料	95.69%	99.04%	91.53%
4	Capto adhere ImpRes,pH/盐:7.9/0.3mol/L NaCl，上样 90mg/mL 填料	95.69%	99.52%	89.71%

四、"三废"处理与生产安全

阿达木单克隆抗体生产过程使用的盐酸等属于易燃、易爆液体，应储存于专门的危险品区；生产过程产生的废培养基、实验耗材等固废，含活性废水及固体废水在高温灭菌不彻底的情况下，可能存在导致病原体污染环境的生物安全风险问题。但抗体生产过程不涉及活病毒和活性病原微生物等有害物质，生物安全风险较低。车间员工应有严格的防护措施和安全操作规程，在进出车间、实验室等区域时进行消毒并做好防护工作。

第四节　CAR-T 细胞治疗产品生产工艺

一、概述

CAR-T 细胞疗法（Chimeric Antigen Receptor T-Cell Immunotherapy Antigen Receptor T-Cell，中文叫嵌合抗原受体 T 细胞），如图 5-15 所示，能识别肿瘤特异性抗原的 scFv 片段，通过基因工程改造，使之与铰链区、跨膜区以及与 T 细胞活化相关的胞内信号域（如 CD3-ζ、CD28、4-1BB 等片段）融合在一起组成一种人造跨膜片段。然后将该基因片段通过慢病毒或逆转录病毒基因转导方式转染患者外周血中提取的 T 细胞，即成为表达嵌合抗原受体的 T 细胞，随后通过体外扩增培养，达到临床需求的细胞数量即可回输患者，以发挥抗肿瘤功能。

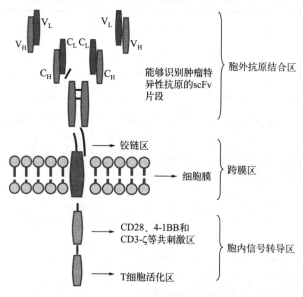

图 5-15　CAR-T 细胞结构模型

急性淋巴细胞白血病（acute lymphocytic leukemia，ALL）是一种起源于骨髓的淋巴细胞异常增殖的恶性疾病。ALL 是儿童中最常见的急性白血病（占病例的 80%），用于治疗 B 细胞来源的急性淋巴细胞白血病（B-ALL）的 CAR-T 细胞药物（诺华公司的 Kymriah）是全球首个获批的 CAR-T 细胞药物，其于 2017 年被美国 FDA 批准用于治疗 25 岁以下难治/复发 B-ALL 患者。CAR-T 细胞产品（注射液）性质及质量标准见表 5-14。

表 5-14　CAR-T 细胞产品（注射液）性质及质量标准

检验项目	某公司标准	分析检测方法
外观	白色至红色的细胞混悬液	参照《中国药典》2020 版第四部 凡例 十五条
规格	68mL/袋	参照免疫细胞治疗产品研究与评价技术指导原则
目标剂量	每千克体重 2.0×10^{6} 个抗 CD19 CAR-T 细胞	细胞计数法,参照免疫细胞治疗产品研究与评价技术指导原则
无菌检查	阴性	参照《中国药典》2020 版无菌检查法和支原体检查法
细菌内毒素	工艺规定范围	参照《中国药典》2020 版鲎试剂凝胶法

1. 急性淋巴细胞白血病 CAR-T 疗法历史

CAR 分子的结构最早于 1987 年由以色列科学家 Zelib Eshhar 教授提出，然而 CAR-T 疗法真正被大众所关注是在 2011 年前后由宾夕法尼亚大学（University of Pennsylvania）的研究者们针对慢性淋巴细胞白血病（chronic lymphocytic leukemia，CLL）开展的临床试验结果展现出强大的抗肿瘤效应。随后与费城儿童医院（Children's Hospital of Philadelphia，CHOP）合作针对儿童 B-ALL 的临床试验中同样展现出极高的疗效。其中"明星"患者艾米丽就是在这期间接受的 CAR-T 治疗，至今已长达 10 年持续疾病缓解。随后诺华公司收购了该细胞产品，2015 年到 2017 年间，在其开展的关键临床研究中，75 例接受 CD19-CAR T 细胞输注的患者中，81%的患者达到缓解；基于 CD19-CAR T 细胞强大的抗白血病疗效，FDA 批准了诺华的 Kymriah 上市用于治疗 25 岁以下难治/复发 B-ALL 患者。Kymriah 患者自身体内收集并提取出 T 细胞，进行遗传改造，使 T 细胞表达靶向并杀伤带有 CD19 抗原的白血病细胞。当这些 T 细胞改造完成后，就会被输注回患者体内，继而杀死癌细胞进行治疗。

2. 国内外市场现状

嵌合抗原受体 T 细胞疗法产品最早于 2017 年获得批准，为诺华的 Kymriah 疗法和 Kite Pharma 的 Yescarta 疗法，二者销量构成了全球的 CAR-T 治疗市场绝大部分规模，全球 CAR-T 治疗市场规模由 2017 年约 1000 万美元发展至 2020 年 11 亿美元，复合增长率为 379.13%。

2021 年，中国首个获得批准的 CAR-T 产品（复星凯特-益基利仑赛注射液）上市，适应证为用于治疗二线或以上系统性治疗后复发或难治性大 B 细胞淋巴瘤成人患者，包括弥漫性大 B 细胞淋巴瘤（DLBCL）非特指型、原发性纵隔 B 细胞淋巴瘤（PMBCL）、高级别 B 细胞淋巴瘤和滤泡淋巴瘤转化的 DLBCL，预估当年 CAR-T 治疗的市场规模约为 2.1 亿元人民币，鉴于中国癌症人数的攀升、医疗可支付水平的提高以及医药环境监管的完善，预计 2021 年至 2025 年将以复合增长率 148.52%发展，预计将于 2025 年达到 80.1 亿元人民币。

急性淋巴细胞白血病是儿童最常见的血液系统恶性肿瘤。Kymriah 是美国 FDA 批准的第一个 CAR-T 细胞疗法，目前在全球 30 个国家上市，有超过 350 个认证的治疗中心。Kymriah 已被批准的适应证包括：①治疗复发或难治性急性淋巴细胞白血病（r/r ALL）儿童和年轻成人（年龄至 25 岁）患者；②治疗复发或难治性弥漫性大 B 细胞淋巴瘤（r/r DLBCL）成人患者。CAR-T 细胞疗法是目前最具前景的肿瘤治疗方式之一。全球范围内注册的关于免疫疗法的临床研究项目已经超过 7000 例，其中在我国进行已超过 500 例。

3. 生产工艺方法

常见的 CAR-T 细胞疗法生产工艺方法如图 5-16 所示，先从患者收集外周血单核细胞（PBMC），利用磁珠技术分离和富集 T 细胞；采用 T 细胞受体（Signal 1）和 CD28、4-1BB 或 OX40 等共刺激信号对 T 细胞激活；使用病毒载体系统进行 CAR 基因转移，实现 CAR 在 T 细胞上的表达；采用生物反应器技术实现体外 CAR-T 细胞扩增，提高细胞密度，达到治疗所需剂量；以及最后的末端制剂工艺和冷冻保存，整个制造周期一般需要 2~4 周。

① 外周血单核细胞（PBMC）分离：无菌条件下获取外周血血样，通过密度梯度的原理将单个核细胞与其他细胞进行分离，分离后的细胞通过反复洗涤去除密度梯度液。

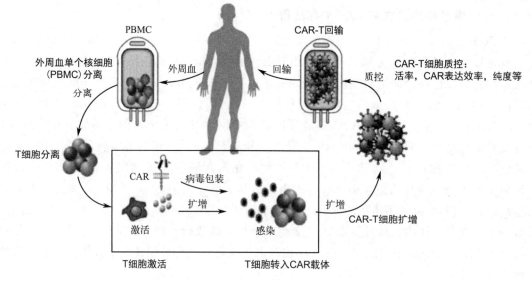

图 5-16　常见的 CAR-T 细胞的制备工艺方法

② T 细胞分离：通过磁力分选原理，将带有 T 细胞特异性抗体的微小磁珠与上一步分离获得的 PBMC 细胞混合，利用磁场将 T 细胞与其他免疫细胞进行区分。

③ T 细胞激活：在分离得到的 T 淋巴细胞悬液中，添加能够刺激 T 细胞活化的试剂（如 CD3 抗体，或 CD3/CD28 磁珠等），并同时加入支持 T 细胞生长的细胞因子，帮助 T 细胞活化和扩增。

④ CAR-T 细胞制备：用携带 CAR 基因的重组慢病毒感染上述活化的 T 淋巴细胞，并将这些细胞在合适的生长条件下继续培养扩增，以达到临床使用数量。

⑤ CAR-T 细胞收集和质量控制：待细胞数量达到临床使用需求后，收集 CAR-T 细胞，并采用相应的溶剂将细胞重悬。重悬后的细胞冻存于 −150℃ 以下的低温中，同时对这些细胞进行质量检测，达到质量放行标准后运输至医院进行回输操作。

二、生产工艺原理与过程

1. 工艺原理

针对 CD19 靶点的 CAR-T 细胞疗法的工艺原理：利用基因修饰技术对 T 细胞进行遗传改造，使其表达 CAR 基因。靶点为人白细胞分化抗原 19（CD19），通过体外对基因改造后的 T 细胞进行扩增，获得满足治疗要求的细胞数量。

（1）T 细胞分离与激活原理　如图 5-17 所示，血液中各有形成分的相对密度存在差异，利用相对密度为 1.077、近于等渗的 ficoll-hypaque 混合溶液（又称淋巴细胞分层液）做密度梯度离心时，各种血液成分将按照密度重新聚集，血浆和血小板由于密度较低，故悬浮于分层液的上部；红细胞与粒细胞由于密度较大，故沉于分层液的底部；PBMC 密度稍低于分层液，故位于分层液界面上，这样就可获得 PMBC。外周血中分选获得 T 细胞采用免疫磁珠法，方法是基于细胞表面抗原能与连接有磁珠的特异性单抗相结合，在外加磁场中，通过抗体与磁珠相连的细胞被吸附而滞留在磁场中，无该种表面抗原的细胞由于不能与连接着磁珠的特异性单抗结合而没有磁性，不在磁场中停留，从而使细胞得以分离。

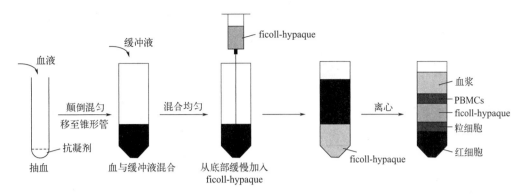

图 5-17　血液中 T 细胞分离流程

T 细胞激活常用 CD3/CD28 抗体偶联磁珠，该磁珠为 $4.5\mu m$ 的超顺磁珠，与细胞大小相匹配，同时偶联抗 CD3 和 CD28 抗体，可以提供 T 细胞激活与扩增所需的主要信号和协同刺激信号。T 细胞通过结合免疫磁珠上的抗 CD3 和抗 CD28 抗体，磁珠可以提供 T 细胞活化和扩增所需的初级和共刺激信号。被激活的 T 细胞可产生 IL 2（白细胞介素 2）、GM-CSF（粒细胞巨噬细胞刺激因子）、IFN γ（干扰素 γ）和 INF α（肿瘤坏死因子 α）等细胞因子，使得 T 细胞获得增殖信号，在外界添加的细胞因子共同配合下开始大量扩增。

（2）载体制备工艺原理　CD19 CAR 质粒载体采用大肠杆菌进行规模化质粒制备。制备过程通常包括细菌发酵、细菌裂解、质粒粗纯、质粒精纯、过滤分装等步骤。细菌发酵：主要是通过对细菌的扩增帮助质粒大量复制，提升质粒总量；细菌裂解：主要是通过破碎菌体，将质粒从大肠杆菌中释放出来；质粒粗纯：主要是将细菌裂解后的碎片、胞内蛋白质、细菌基因组等大颗粒杂质与质粒进行初步分离；质粒精纯：是进一步将 RNA、开环质粒、断裂基因组片段与超螺旋质粒进行分离；过滤分装：是将最终的质粒产品进行无菌化并分装在无菌容器中。

慢病毒载体制备通常采用转染方法，将 CD19 CAR 基因质粒和辅助慢病毒包装的辅助质粒同时转染到 HEK293T 细胞，在 HEK293T 细胞中包装成完整的慢病毒颗粒。之后通过收获培养上清液并进行纯化、浓缩及除菌过滤后得到慢病毒浓缩液。

（3）CAR-T 细胞灌流培养工艺原理　灌流培养工艺是一种补加新鲜培养基的同时排出废液的培养方式，相比于一般的补液培养方式，灌流培养过程中培养基成分浓度变化更小，可提供对细胞稳定且有利的生长环境，细胞培养效果更好，且可以在培养体积不增加的情况下达到大量扩增细胞数量的效果。

2. 工艺过程

（1）工艺概述　CAR-T 细胞治疗产品生产过程主要包括质粒载体的制备、病毒/载体制备、CAR-T 细胞制备三个部分。质粒制备和病毒载体工艺布局需要严格分区，如图 5-18 所示。

① 质粒载体的制备：从工作种子库中取一支或者几支菌种，复苏后逐级扩大培养后进行质粒提取，经纯化及除菌过滤后成为无菌质粒载体。

② 病毒载体的制备：从工作细胞库中取出一支或者几支冻存细胞，复苏合并后在适当的培养设备中逐级扩大培养，再加入适当比例的质粒载体转染细胞后继续进行培养，收获培养上清液并进行纯化、浓缩及除菌过滤后成为无菌病毒载体悬液。

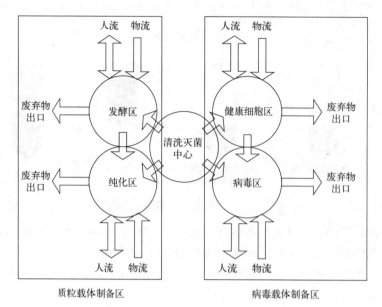

图 5-18　CAR-T 细胞质粒载体和病毒载体制备工艺布局示意图

③ CAR-T 细胞的制备：将采集的细胞进行单核细胞的分离，再进行 T 细胞的分选、活化和转染，最后进行 CAR-T 细胞的扩增、收集、洗涤及制剂。

（2）工艺过程流程

① CD19 CAR 质粒载体构建与培养。利用分子克隆技术，将 CD8 穿膜信号肽、anti-CD19 CAR 等合成基因链接到慢病毒骨架质粒中，构建 CD19 CAR 质粒载体，转入大肠杆菌进行规模化质粒制备。规模化质粒制备对质粒组成的载体、启动元件、基因组编辑等技术进行优化，对重组大肠杆菌的培养条件（葡萄糖浓度、高蛋白氮源浓度、乙酸副产物浓度等）和高密度培养的流加-批培养（fed-batch）模式等进行优化，建立高质量的 CAR-T 细胞治疗质粒制备体系，超螺旋 DNA 质粒含量在 95% 以上。

② 病毒载体的制备与培养。将 CD19 CAR 质粒转染到 HEK293T 细胞，完全培养基培养 48h 后收集培养液，收获培养上清液并进行纯化、浓缩及除菌过滤后得到慢病毒浓缩液。

③ CAR-T 细胞的制备。将采集的细胞进行单核细胞的分离，再进行 T 细胞的分选、活化和病毒转染，获得 CAR-T 细胞，采用灌流培养，维持细胞密度在 1×10^6 cells/mL 左右，扩增时间 10～12 天。最后进行 CAR-T 细胞的收集、洗涤及制剂。

（3）工艺操作说明　CAR-T 生产工艺复杂、要求高，要求在尽可能短的时间内完成抽血、分离、激活、转染、扩增、制剂、放行、给药等生产过程；同时产品个性化强，需要模块化生产，产品规模小，生产全过程需要无菌控制，防止不同产品之间的交叉污染。

① 外周血单核细胞（PBMC）分离。无菌条件下取外周血血样，外周血 2000r/min 离心，收集上层自体血浆，余下血液加入 0.01mmol/L PBS 缓冲液按 1：1 稀释吹打均匀，利用淋巴细胞分离液分离单个核细胞，用 PBS 缓冲液洗涤细胞，加入人淋巴细胞分离液的离心管离心。

② T 细胞分离。将细胞沉淀用含 10% 的自体血浆的 GTT551 无血清培养基重悬，按照美天妮公司商品化试剂盒的操作说明，从外周血单个核细胞中分离 T 淋巴细胞，T 细胞分离纯度平均约为 85% 或以上。

③ T 细胞激活。在分离得到的 T 淋巴细胞悬液中，添加 CD3/CD28 抗体偶联磁珠激活 T 淋巴细胞，其中 CD3/CD28 抗体偶联磁珠激活 T 淋巴细胞的比例为 1∶1，培养体系中添加重组人 IL-2，细胞培养激活。将细胞置于 5% CO_2 培养箱中培养。

④ CAR-T 细胞制备。用携带 CD19-CAR 的重组慢病毒感染 T 淋巴细胞，病毒感染后 14 天，用有限稀释法筛选阳性克隆细胞株，并用 CFSE 染色法检测细胞增殖率。

⑤ CAR-T 细胞扩增。采用灌流培养工艺，通过调节灌流速率，提高细胞培养密度至 10×10^6 cells/mL 以上。

三、生产工艺影响因素

1. 单个核细胞（PBMC）分离

分离关键质量控制是获得尽可能多的 T 细胞，同时将粒细胞、红细胞等对后续细胞生产有影响的杂质去掉。以单核细胞分离层、单核细胞分离率、所需时间，以及细胞收集率等指标确定密度分离的离心条件，评价细胞存活率，确定从大量血液中规模化分离大量单个核细胞的分离条件。表 5-15 为不同离心时间和转速对 PBMC 分离效率的影响。

表 5-15　离心时间及离心转速对 PBMC 分离效率的影响

离心时间/min	转速/(r/min)	PMBC 层厚度/mm	细胞数	细胞存活率/%
15	1500	2	8.58×10^6	77.5
	1700	3	2.52×10^6	79.5
	2000	3	1.33×10^7	74.0
30	1500	4	7.68×10^7	91.5
	1700	3	5.60×10^7	79.5
	2000	3	4.16×10^7	72.0

2. T 细胞激活质量

T 细胞的激活通过 T 细胞受体（Signal 1）和 CD28、4-1BB 或 OX40 等共刺激信号（Signal 2）产生主要的特异性信号来实现。对 CAR-T 细胞制备质控关键单元 T 细胞激活，以 CD3/CD28 抗体偶联的超顺磁微珠，例如 Dynabeads，是目前 T 细胞活化最广泛使用的平台。需要考察特异性抗体磁珠筛选、磁珠比例等对 PBMC 细胞激活的影响，提高 T 细胞激活水平。表 5-16 为不同 PBMC 细胞与磁珠比例对细胞活力的影响。

表 5-16　不同 PBMC 细胞与磁珠比例对细胞活力的影响

PBMC 细胞与磁珠的比例	细胞活力/%
3∶1	70
1∶1	60
1∶3	55

3. 质粒扩增质量

质粒扩增需要对重组大肠杆菌的培养条件（葡萄糖浓度、高蛋白氮源浓度、乙酸副产物浓度等）和高密度培养的流加-批培养模式等进行优化，培养条件会影响高质量的 CAR-T 细胞质粒质量,超螺旋 DNA 质粒含量在 95% 以上。

4. 细胞培养密度

细胞通常采用灌流培养工艺,灌流培养基、灌流速率等是细胞生长密度控制的关键因素。同时定期观察细胞生长情况、形态变化、数目及增殖情况。

根据细胞状态和临床治疗需要,培养至细胞数量达到要求,各项检测合格,包括:无菌检测、内毒素检测、细胞活力、细胞表型等指标。通过设置不同灌流速度,控制灌流体积,如表 5-17 所示,可以看出灌流速度明显影响细胞密度、存活率等关键指标。

表 5-17 不同灌流速度对细胞密度的影响

灌流速度(400~1000mL/d)				灌流速度(600~1800mL/d)			
灌流参数	细胞密度/$\times 10^6$/mL	存活率/%	扩增倍数	灌流参数	细胞密度/$\times 10^6$/mL	存活率/%	扩增倍数
第一天灌流 400mL	1.05	92.3	1	第一天灌流 600mL	1.07	84.6	1
第二天灌流 1000mL	2.57	94.2	2.46	第二天灌流 1800mL	3.05	90.1	2.85
第三天收获	7.22	97.2	6.91	第三天收获	7.83	94.8	7.31

四、"三废"处理与生产安全

CAR-T 细胞治疗产品属于个体定制的 T 细胞产品,每个患者的 CAR-T 细胞作为单独批次生产,作为活细胞,生产制备过程保证全程无菌,防止支原体等感染。生产过程主要的废液包括 T 细胞分选的血浆残留液、质粒扩增培养的发酵液、T 细胞培养换液等,需要进行单独收集和处理;在核心操作区内的废液需要灭活后方可以拿出,以免发生微生物及交叉污染。

B-ALL 细胞治疗产品生产过程具有严格的质量控制体系,对供者材料采集、生产制备、质量控制、放行质检全过程采取特殊控制措施,主要有:

① 对产品及从供者材料的接收直至成品储存运输的全过程进行风险评估,制订相应的风险控制策略,以保证产品的安全、有效和质量可控。

② 建立生物安全管理制度和记录,具有保证生物安全的设施、设备,预防和控制产品生产过程中的生物安全风险,防止引入、传播病原体。

③ 在供者材料运输、接收及产品生产、储存、运输全过程中监控产品或生产环境的温度及操作时限,确保在规定的温度和时限内完成相应的操作。

④ 产品生产全过程应当尤其关注防止微生物污染或交叉污染,包括载体的生产过程可能对产品带来的交叉污染,以及不同载体生产过程中可能存在的交叉污染等。

⑤ 从供者材料采集到患者使用的全过程中,产品应当予以正确标识且可追溯,防止混淆和差错。

2022 年国家药监局在《药品生产质量管理规范-细胞治疗产品附录(征求意见稿)》中明确要求从事细胞产品生产、质量保证、质量控制及其他相关人员(包括清洁、维修人员)应当经过生物安全防护的培训,尤其是预防经供者材料传播传染病病原体的相关知识培训,所有培训内容应符合国家关于生物安全的相关规定。生产期间,未按规定采取有效的去污染措施,从事载体生产的人员不得进入细胞产品的生产区域,接触含有传染病病原体供者材料的人员不得进入其他生产区域。

由于篇幅的限制，且大部分流感疫苗是用鸡胚细胞来生产的，故本章仅介绍了鸡胚法流感疫苗生产工艺，其他疫苗生产工艺主要的差异在繁殖病毒的细胞或工程菌的培养，相关工艺在本章第一节、第三节和第四节有所体现。近年来细菌糖工程这一研究方向的再次兴起，使得无细胞蛋白合成系统（CFPS）生产设计聚糖和糖缀合物作为疫苗和治疗方法逐渐成为可能，它将呈现基于 CFPS 和酶催化糖基化反应生产疫苗的新工艺。

习题与思考题

1. 青霉素提取工艺中采用了哪些单元操作？

2. 在青霉素萃取过程中，pH 是如何影响提取效果的？

3. 对于生物类制品，如疫苗等如何保障其生产过程对环境的无害性？

4. 请给出制备单抗药物的基本工艺流程（框图），你认为哪个或哪些工序是制备单抗药物的关键？为什么？

5. 什么是血液制品，怎样对血液制品进行质量控制？

6. 简述 CAR-T 细胞治疗产品的生产工艺，并指出它与其他生物药物生产工艺的异同点。

7. 以国内已报批上市的单抗或 CAR-T 细胞药物任一品种，调研文献资料、专利等，介绍其生产工艺要点与操作过程中的 EHS，明确生产过程的工程关键技术并分析国内外抗体或细胞药物生产技术存在的差异。

课外设计作业

1. 设计抗 2019-Covid 病毒的灭活疫苗、腺病毒载体疫苗、重组蛋白疫苗、核酸疫苗以及减毒流感病毒载体疫苗中任何一类疫苗的生产工艺并描述主要的工艺要点与操作过程中的 EHS。

2. 设计气管炎疫苗生产工艺流程并描述主要的工艺要点与操作过程中的 EHS。

要求：① 4～5 人一组，一周内完成。

② 查阅文献资料，在有可能的情况下，到相关生物制药企业的生产车间参观，收集素材和相关信息等。

③ 作业 1 取其中任一类型疫苗为对象进行设计即可，设计作业 1 和 2 任选一。

参考文献

[1] 告野牟，江一帆. 青霉素及抗生素的提取 [J]. 国外医药：抗生素分册，1989，10（2）：86-92.

[2] 齐香君. 现代生物制药工艺学 [M]. 北京：化学工业出版社，2010.

[3] 应喜平. 青霉素 V 发酵工艺探讨 [J]. 中国医药杂志，2001，32（5）：203-204.

[4] 张伦. 青霉素市场前景分析 [J]. 中国制药信息，2004（11）：29-32.

[5] Douma R D, Jonge L P D, Jonker C T H, et al. Intracellular metabolite determination in the presence of extracellular abundance: application to the penicillin biosynthesis pathway in Penicillium chrysogenum

[J]. Biotechnol Bioeng，2010，107 (1)：105-115.

[6] Kleijn R J，Liu F，Winden W A V，et al. Cytosolic NADPH metabolism in penicillin-G producing and non-producing chemostat cultures of Penicillium chrysogenum [J]. Metabolic Engineering，2007，9 (1)：112-123.

[7] 张敬书，赵艳丽，赵立强，等. 优化青霉素发酵带放再培养工艺 [J]. 内蒙古石油化工，2010，36 (9)：113-114.

[8] 宋杨，刘曦，李林. CAR-T 细胞治疗产品工程设计要点分析 [J]. 中国医药工业杂志，2020，51 (1)：125-129.

[9] Jaroentomeechai T，Stark J C，De Lisa M P，et al. Single-pot glycoprotein biosynthesis using a cell free transcription-translation system enriched with glycosylation machinery [J]. Nature Communications，2018，9：2686.

第六章

中药制药工艺技术与研究

　　中药制药工艺学是制药工艺学的分支，它研究的是中药工业生产的过程规律和解决单元工艺技术及其质量控制问题。其研究内容包括中药制造原理、工艺过程、生产操作和质量控制方法，讨论影响中药味性、中药质量以及生产成本的工艺因素。简而言之，通过对工艺原理和法规约束下的工业生产过程的研究，制订生产工艺规程，实现中药生产过程最优化。

　　中药是指在我国中医药理论指导下使用的药用物质及其制剂。中药生产一般经由中药材的前处理、有效成分的提取、分离纯化、浓缩、干燥和制剂等工艺过程操作而实现。与天然药物提取生产不完全相同，其前处理通常采用炮制加工以改变或增强中药的性味。因此会出现一种药材因炮制工艺方法的不同而有不同的性味，用于不同疾病的治疗。生产过程必须根据药材的加工方法、有效部位、成分等的特性，在受控的条件下进行，通常对中药材尺度、加工温度、时间、生产设备及生产条件等均有不同的要求。因此，中药制药工艺包含工艺路线、工艺操作步骤和工艺条件三个层次。

　　中药制药的工艺路线设计、工程技术参数设计以及质量控制的指标选择等都必须依据中药制剂处方药材所含活性成分的性质和特点进行确定。只有深刻领会中医药理论对中药制剂处方的论述，明确处方中药物的君、臣、佐、使的配伍关系和特点，在制药工艺及过程设计过程中才能优先考虑君臣药的重要地位，确保原处方的质量和临床疗效。

第一节　中药制药工艺路线的设计与选择

一、工艺路线设计的文献准备

　　在研究工艺路线之前，首先，进行中药相关法律法规、典籍以及人用经验等调查研究，并写出文献总结和研究方案，然后才开始工艺研究工作。在进行文献查阅时，要系统查阅，分类整理，并写出该药物的文献综述。以中药复方制剂为例，文献综述的内容大致包括以下5个方面：

　　① 所研发中药的处方分析。中药处方分析常称为方解，即论证其君、臣、佐、使。

　　② 药物的药理和临床试验数据。具体地，需要进行人用经验调研，包括药理作用、药

物代谢及其特点以及适应证、临床治疗效果、毒性和副作用，剂型、剂量和用法，以及与其他药物相比较的优缺点。

③ 制备工艺。典籍记载以及国内外文献已公开发表的各种原药材基源、炮制加工方法、提取和制备的工艺路线。

④ 工艺影响因素。有效成分的寻找和筛选，有关制备工艺过程中的提取、分离、浓缩、干燥的技术条件、影响因素和操作方法及重要设备的情况。

⑤ 原药材、中间体和最终产品的质量标准和分析方法。对于新药或新产品，因文献上尚无规定的质量标准，应拟定分析研究项目。

另外，对于经典名方制剂的开发，国家中医药管理局 2018 年发布的《古代经典名方中药复方制剂简化注册审批管理规定》规定，其制备方法要与古代医籍记载基本一致，除汤剂可制成颗粒剂外，剂型应当与古代医籍记载一致。而对于中药配方颗粒或天然产物（结构明确的单一有效成分）的制备，文献综述的内容不包括方解，其余相同或相近。

在系统收集文献资料时，除第二章化学制药工艺学中所列出的数据库之外，还常用到中国中医药数据库等。

二、中药制药工艺路线的设计要求

中药制剂既有传统的口服制剂、外用膏剂，也有现代注射剂，虽然它们的活性成分不像化学药物那样结构明确单一，但是，同样是依靠其原药中主要的活性化合物发挥作用的。中药主要是基于君臣佐使原理组配而成的方剂，因此，中药制药主要是从基于方剂混配中药材中提取有效成分（部位）的混合物，再利用此混合物的浓缩物加工成制剂的生产（或制备）过程。此类制药过程与混装制剂过程的技术原理几乎相同。但是，其前段是从天然产物获取混合有效成分（部位）的过程，即获取中药活性成分的过程，属于中成药的原料药生产工艺过程。在此过程中会使用毒性大的原料、乙醇等高挥发性有机溶剂，并有固体废渣和废液产生。因此，在中药制药工艺路线设计时，不仅要考虑浸提混合有效成分的质量，而且也要考虑原料来源、生产成本以及健康、安全和环境问题。

1. 药品质量

在中药制药工艺路线设计时，应根据研制品种所治病证的需要，依照原料性质（主要是所含有效成分的理化性质）和剂型决定其工艺路线。首先，要做到的是确保浸提物以及最终浓缩物（浸膏）中有效成分（部位）的（标识）含量、杂质限度等符合药典要求，并要做到批次间的质量一致性，以满足医疗用药质量要求。对中药制剂来说，理想的工艺路线能实现不同批次间所含成分的恒定性，即无论是活性成分含量还是特征成分的含量及其相互比例都是恒定的。

中药材是由多种化学成分构成的复杂体系，其特点是化学成分种类繁多、结构多样，其有效成分含量受种质资源、生长环境、栽培与加工方式以及采收期等多种因素的影响，而会出现波动、差异。因此，在分析产品质量的时候，需要与指纹图谱进行比对，同时，要关注重金属离子等杂质的超标问题。另外，对植物源中药材需要关注农药残留以及浸提物因富含多糖而易染菌变质，对动物源中药材需要关注抗生素残留以及病原微生物，以及由此导致药品变质乃至用药不良反应事件。

2. 原料来源与成本

基于中药活性药物成分（API）的中药材选择的基本原则为：①品种和药用部位及其性

味和关键活性成分明确；②药材产地、采收期明确，药材来源可追溯；③药材炮制等预处理工艺已确定；④（药材、饮片和提取物等）指纹图谱显示完整、杂质在限度内；⑤药材、饮片来源需要是商业化、供应稳定的。

传统中药强调野生道地药材，它是依靠产地确保其原料品质的，即确保其有效成分及含量。由于野生资源有限，转而通过人工种植或养殖以满足中药制药对药材量的需求，并能使药材的成本大大降低，比如，人工牛黄。其中，对涉及濒危野生动植物的中药材，应当符合国家有关规定；当因稀少而难以获取，或因国内外野生动植物保护法而不得采用时，可选用含有相同活性成分的不同品种药材替代，比如，用水牛角替代犀牛角，等等。

因此，在中药制药工艺中，需要建立适当的分析检测方法对原药材或饮片的品质进行监控，并根据原药材或饮片中杂质对后续加工及最终产品质量的影响制订合理的限度要求。同时，要加强原药材或饮片供应商的审计，要求供应商按标准规范进行生产。

另外，通常中药浸提物的浓度较低，需要蒸发除去大量的水和/或乙醇等溶剂以获得浓缩物（浸膏）或干膏，需要采用合适的装置技术以尽可能降低能耗，降低浓缩分离操作成本。

3. 制药过程中的环境、健康与安全

中药提取工艺过程主要涉及源于动植物的原材料以及少量的矿物原料，提取有效成分后会留下含水或含乙醇等溶剂的药渣。中药渣因富含多糖等有机物而易腐败，导致环境污染；有的药材是高致敏或高毒性的，比如，石膏、附子等。因此，在设计和选择中药制药工艺路线时，同样要考虑其与环境、健康和安全的相互影响。

（1）环境　中药制药过程包括四个工序：前处理、有效成分提取、分离纯化、浓缩和干燥。其前处理包括净选、清洗、切片、炮制等操作，在此过程工艺中产生的主要污染是废水、粉尘和挥发性有机废气；在有效成分提取工艺过程会产生固体废物药渣、挥发性有机废气，其中，药渣储存过程产生的渗滤液为废液；在分离纯化工艺过程会产生蛋白质、黏液质与无机盐等杂质沉淀物以及大孔树脂和/或脱色剂等吸附剂构成的固体废物，还会释放挥发性有机废气以及浓缩废水；在干燥工艺过程除可能有挥发性有机废气产生外，还有粉尘产生，其中粉尘为提取的有效成分。

因此，工艺研发人员在工艺路线设计时，首先，选择高品质中药材为原料，以减少药渣等固废产生量，并避免或尽可能少地使用有机溶剂。其次，结合最终制剂工艺技术和产品质量要求对工序进行简化。比如，生产口服液用提取物，可以采用适当的浓缩比，或省去干燥工序，以减少三废产生点和量。另外，采用符合提取质量要求的饮片，免去前处理操作；或利用膜分离装置技术替代沉淀、吸附处理技术以减少因试剂和吸附材料的使用而产生的固体废物。

（2）职业卫生　在中药制药过程，其中药材或饮片中含有活性成分，接触和因粉尘的吸入均存在产生急性、亚急性变态反应损害及慢性蓄积引起的内分泌失调等损害的可能。其中，动物源中药材可能携带病原体、病毒，而存在致感染疾病的风险。

因此，在设计中药制药工艺路线时，应遵循质量优先的原则，对于动物源中药材的使用采用密闭操作的装置技术，以将职业健康风险控制在可接受范围。

（3）安全　中药制药过程，多数是物理变化过程。尽管不涉及化工危险工艺，但是存在燃烧、爆炸和生物安全等风险。由于会使用有机溶剂进行操作，比如，醇提、醇沉以及乙醇回收等操作，会释放可燃爆的乙醇蒸气；由于粉体化的中药材在加工过程中会产生可燃性粉

尘，故而有燃爆的危险。

为了提高浸提效率或浸提物有效成分的含量，采用超高压（超临界提取）装置技术时，存在爆炸以及泄压过程产生的次声波对人体伤害的危险；采用超声波、微波强化提取装置技术时，也会存在对人体伤害的风险。事实上，这些安全风险是对中药制药工艺路线设计的约束，具体可借鉴化学制药工艺路线设计的安全策略。

有些中药材内含有毒成分，比如，生川乌、生草乌、马钱子、巴豆、红粉等。另外，对于动物源中药材除了存在携带病原微生物带来的风险外，还存在与动物保护法以及宗教文化相冲突的风险。因此，最好从中药组方做起并在提取等加工过程加以管控。

在设计和选择中药制药工艺路线时，除了要考虑质量、成本、EHS 和知识产权等因素和法律法规问题外，还要考虑社会和文化因素的约束。

三、中药制药工艺路线的设计

1. 基于剂型和药材理化性质的工艺路线设计

当中药处方确定后，中药制药工艺路线的设计关键在于中药有效成分（活性部位）提取方法的选择与确认。通常，根据研制品种所治病证的需要，依照药料性质（主要是所含有效成分的理化性质）进行其前处理和提取分离方法的选择确定，然后，在此基础上确定工艺路线。在中药制药中，工艺路线的设计方法根据所要研发注册的新药种类不同而不同，总结起来大致可以按以下三类进行工艺路线设计。

（1）古代经典名方中药复方制剂　处方收载于《古代经典名方目录》且符合国家药品监督管理部门有关要求的中药复方制剂，成品形式多为汤剂。此外，除汤剂可制成颗粒剂外，其他剂型应当与古代医籍记载一致。根据国家中医药管理局 2018 年发布的《古代经典名方中药复方制剂简化注册审批管理规定》规定，此类中药复方制剂的制备方法要与古代医籍记载基本一致，即多为水煎煮工艺。一般情况下，其工艺路线多为：提取→过滤→浓缩→干燥等。

（2）单味中药提取物及其制剂　提取物及其制剂主要指的是从单一植物、动物、矿物等物质中提取得到的提取物及其制剂。一般情况下，其生产工艺路线多为提取→分离→浓缩→干燥等操作，为了提高提取率或生产效率，通常引入生产酶处理或传统炮制等预处理操作。所得提取物再通过一定的制备和成型工艺得到一定剂型。

除此之外，还有配方颗粒剂以及结构明确、组成单一的天然产物制剂。其中，中药配方颗粒是由单味中药饮片经水提、分离、浓缩、干燥、制粒而成的颗粒，在中医药理论指导下，按照中医临床处方配方后，供患者冲服使用，其临床疗效应当和相应饮片基本保持一致。中药配方颗粒是对中药饮片的补充，被纳入中药饮片管理范畴。

（3）现代中药复方制剂　现代中药复方制剂系指由多味中药饮片、提取物等在中医药理论指导下组方而成的制剂。中药复方制剂的工艺路线设计，根据各中药不同的特性，不同有效成分，不同剂型需要，会采取不同的工艺路线设计方法，中药复方制剂的制备工艺路线决定了该品种生产工艺的合理性。其生产工艺过程通常涉及：饮片炮制加工→提取→分离→浓缩（纯化）→干燥等操作单元。进一步地：

① 需要根据不同中药特性、不同处方及临床的需求采用不同的饮片炮制加工方法，因此，受性味的约束需要对复方中未经炮制的原单味药材炮制后才可投入生产。

② 需要根据复方中不同中药特性、不同有效成分的性质而采取不同的提取工艺，如单

煎、合煎、浸渍、渗漉、回流等。

③ 对于含有挥发油，需要分开提取（浓缩后）混料；对于"细料"，在其他成分提取（浓缩）后混料。

中药制剂的生产使用的溶剂多为水和乙醇。常用的基本路线为水提静置工艺路线、醇提静置工艺路线、水提醇沉工艺路线、醇提水沉工艺路线。无论何种工艺路线，都需要根据中药提取液的黏度、热稳定性和发泡性的差异，以及是否容易结垢等选择不同的浓缩方式。对于乙醇等有机溶剂的引入，必然会涉及乙醇等溶剂回收操作单元。

另外，经典名方和典籍中给的中药汤剂，因每批次的用料量少，炮制用的醋酸、乙醇等在提取熬制过程任其挥发至空气中；而大规模工业化生产时，大量的醋酸、乙醇等须回收（回用），故增加了回收操作单元。对于现代中药方剂无论是液体制剂还是固体制剂，多数会引入沉淀等分离纯化操作。

2. 结合用药安全和药效的工艺路线设计

除了依据剂型和药材的理化性质选用不同的前处理（炮制）、提取纯化、浓缩干燥方法组合而成的工艺路线外，还要结合药效和安全性研究结果，以及已有的文献报道，选择适宜的方法和工艺路线。

对来源于临床有效方剂的中药复方，一般可以但不限于从以下方面考虑：

① 临床用药经验。应考虑采用的工艺路线与临床用药（如医疗机构制剂等）工艺路线的异同，如采用与临床用药不同的生产工艺，一般宜与临床用药的工艺进行比较。

② 药效学试验依据或文献依据。药效学试验可以以临床用药形式（如汤剂）等为对照，选择适宜的药效模型和主要药效学指标，进行工艺路线的对比研究。

③ 药效物质基础的比较。如与临床用药形式（如汤剂）对照，从物质基础等方面进行比较。

在确保提取物的有效性的同时也要评价药物的安全性。一般可以但不限于从以下几方面考虑：前期临床用药时产生的不良反应、文献报道，采用药效试验对比不同工艺路线时动物的安全性指标，有毒、有害成分，单次给药毒性试验结果。因中药的主要药效活性物质受到物理因素、化学因素等的影响，可能发生氧化、水解等反应导致其降解形成杂质等有关物质或者发生发霉、变质，从而产生一系列不良反应。因此，我们在进行工艺研发和项目工程设计时，必须注意工艺路线的不合理可能引发的研发风险。

对口服中药液体制剂可以控制浓缩比，并增加过滤除杂工序，减去干燥工序。对中药注射剂来说，在制备或生产过程中，若不能将蛋白质和鞣质完全去除，将会引起不良反应；此外，研究表明，中药注射剂的部分安全隐患是由辅料引起的。因此，在中药注射剂的工艺路线中需要增加浓缩物溶解、过滤、除杂、吸附和柱分离纯化等工序，以及为了防止热氧氧化等而要采用的冻干工序。

四、中药制药工艺路线的评价与选择

1. 中药制药工艺路线的评价标准

一般地，一个合格的中药制药工艺路线至少要符合以下几方面：

① 药材来源丰富、质量可靠且符合法定（技术）标准。

② 尊重传统用药经验，以中医药理论为指导开展中药制药工艺设计。

③ 能够融合现代技术与方法且符合中药制药原理的先进提取分离技术，工艺水（溶剂）和能源耗用量低。

④ 工艺路线合理，产品质量有保证；工艺操作安全且符合环保要求，生产成本低，具备经济竞争力。

2. 中药制药工艺路线的选择

中药制药工艺路线的选择不仅会影响产品的生产成本，而且会影响产品质量的稳定性。因此，每种中药生产工艺的合理性取决于制备工艺路线的合理性。除利用中药饮片干料粉碎（挤压）混合制药工艺（利用含油或胶质）外，对于大多数中药制剂来说，一般是通过浸提去渣除杂获得有效成分进行后续加工的。而获取有效成分的工艺路线的选择通常是要基于上述常见具有明显生物活性物质的理化性质进行提取方法的选择与确认的。因此，在中药制药工艺路线选择时，在确保质量可实现的前提下，所用提取技术的合理性与先进性是至关重要的。

按照传统中药制备工艺，大多数中药都是采用煎煮方法，故在当今规模化生产中常常选用的是常规的工艺路线：

前处理→煎煮浸提→过滤→蒸发浓缩(→干燥)→包装

当其中有含芳香性挥发性油的中药材时，需要在煎煮过程中同步收集挥发蒸出的油，俗称精油；或采用水蒸气蒸馏法、冷压榨法、脂吸法或溶剂萃取法，先将含芳香性挥发性油的中药材单独处理以分出精油，然后将提出精油后的药材与其他饮片混料煎煮。为此，选择的工艺路线相应地为：

前处理→精油提取→煎煮浸提→过滤→蒸发浓缩(→干燥)→与精油混合→包装

对于含有易挥发、热氧敏感等成分的中药饮片，其提取工艺路线与上述基本相同。其变化在于浸提操作技术方法上，这类中药提取采用的是浸渍法、渗漉法、乙醇或乙醇水溶液回流提取法。并且，在浓缩/干燥收膏或制粉操作工序采用真空加热、喷雾干燥或低温冷冻干燥，以防止有效成分发生劣化，确保提取物质量稳定可靠。

对口服液乃至注射液的生产，可以控制浓缩比，免去干燥操作工序。这样不仅工艺路线缩短，而且能显著缩短提取物受热时间，使得产品质量有保证。液体制剂尤其是注射剂对提取物的品质要求高，通常在蒸发浓缩前后设有纯化操作。

虽然粉碎有利于有效成分的溶出，但多数情况下提高的幅度较小，且同时会增加树脂胶或多糖等无药效功能的成分的溶出。在实际生产操作中，常常可省去粉碎操作工序。

采用在线监测分析的提取分离系统装置与技术，连续提取装置和操作工艺技术，以及喷雾干燥和低温冷冻干燥等先进制药技术，不仅可以保证提取物的有效性和提取操作的高效率，而且能避免过长的受热等导致的氧化缩合等副反应发生，能够重现甚至优于传统中药分剂量和小剂量制药的品质。

第二节　中药制药工艺技术

广义上，中药制药工艺技术包括基于中药配伍原则方法的中药组方、满足性味要求的炮制和均质化（制剂前端技术）与制剂工艺技术。鉴于中药学科专业和药剂学科专业所涉及的知识领域,本节所讲的中药制药工艺技术主要指的是中成药的浸提浓缩物(浸膏和挥发油)的生产过程工艺技术。

一、中药炮制工艺技术

中药炮制是根据中医药理论,依照辨证施治用药的需要和药物自身性质,以及调剂、制剂的不同要求所采取的制药技术。中药炮制有助于降低或消除药物的毒性或副作用;改变或缓和药物的性能,增强药物联系;改变或增强药物作用的部位和趋向;便于调剂和制剂;有利于贮藏及保存药效;矫味矫臭,有利于服用;提高药物净度,确保用药质量。

《中国药典》(2020版)四部"通用技术要求"收载的"炮制通则"中,将中药炮制工艺分为净制、切制、炮炙和其他等。

(1) 净制 净制是中药炮制的第一道工序,是影响中药饮片质量的首要环节。经净制处理后的药材称为"净药材"。净制的目的主要有以下几方面:

① 除去杂质。除去泥沙杂质、虫蛀霉变品,保证临床用药的准确性。

② 除去非药用部位。药材在采收过程中往往残留有非药用部位,通过净制保证调配时剂量准确或减少服用时产生副作用。如去芦头、去心、去毛、去粗皮等。

③ 分离不同的药用部位。同一种药物由于入药部位不同往往有不同的临床作用,在净选加工时进行分离,使之更好地发挥应有疗效。如麻黄与麻黄根、莲子心与莲子肉、花椒与椒目等。

④ 大小分挡。在净选时结合药物的外形进行大小、粗细分挡,便于药物的软化和加热。如半夏、大黄、白术等。

(2) 切制 一般地,切片的过程为软化、切片、干燥。切制时,除鲜切、干切外,均须进行软化处理,其方法有:喷淋、抢水洗、浸泡、润、漂、蒸、煮等,亦可使用回转式减压润罐、气相置换式润药箱等软化设备。分别规定温度、水量、时间等条件,应少泡多润,防止有效成分流失,切后应及时干燥,以保证质量。

药材切制主要有以下几方面作用。

① 利于煎出有效成分。药材切制成饮片后,表面积增大,内部组织显露,饮片与溶剂的接触面增大,利于药物有效成分煎出,提高煎药效果。

② 利于进一步炮制。药材切成饮片后,炮制时便于药物受热均匀,利于控制火候;还利于辅料均匀接触和吸收,提高炮制效果。

③ 利于调配制剂。药材切成饮片后,体积适中,方便调配;制备液体剂型时,能提高浸出效果;制备固体剂型时,便于粉碎,并使处方中的药量比例相对稳定。

④ 便于鉴别真伪。药材切成饮片后,显露了药材的组织结构特征,易于识别;性状相似的药材,切成不同规格的片型,便于区别,防止混淆。

⑤ 方便药材贮运。药材切成饮片后,洁净度提高,一般含水量保持在7%～13%范围内,有利于密闭贮存,减少引起霉变、虫蛀等因素;同时,还有利于规范包装,保证药材质量,方便运输。

(3) 炮炙 炮炙是指取用净制或切制后的药物,根据中医药理论制定的炮制法则,采用规定的炮制工艺对原药材进行加工。炮炙方法有:一类为经加热处理,如炒制、煅制、蒸制、煮制、煨制等;另一类为加入特定辅料再经加热处理,如酒制、醋制、盐制、姜制、蜜制、药汁制等。另外,还有制霜、提净、水飞、干馏等炮制方法。

① 炒制。它是药物在适当温度与热能强度环境中，吸收热能而引起理化反应，其形、色、味、质等性状发生明显变化的过程。药物性状变化取决于药物的性质、炒制温度高低、热能强度大小等。对于固体辅料炒制，可能还伴随着辅料与药物的结合、辅料对药物的催化作用等而改变饮片的性状。为了使药物能迅速获得发生理化变化的热能，一般炒制前锅体需要预热。在炒制过程中要翻动或搅拌，以确保药物受热均匀，使其理化变化尽可能保持一致。药物炒制到一定程度后应快速脱离锅体，以防止药物的继续受热而使饮片性状发生过火现象。在固体辅料炒制中，一般是先投入辅料，待辅料炒制达到一定标准后，再投入药物，使药物迅速获得热能，同时辅料可以增加热传导面积、增强热能传递能力，保证药物炒制标准的均一性。

② 炙制。它是将净中药饮片加入一定量的液体辅料，拌匀闷润，待吸收后，置适宜预热容器内，文火加热拌炒至所需程度；或先将净饮片置适宜预热容器内，文火炒热，再喷洒定量液体辅料，继续加热拌炒至所需程度的炮制技术。炙制与加辅料炒制在操作方法上基本相似，但二者又有区别。加辅料炒制使用固体辅料，掩埋翻炒使药物受热均匀或黏附表面共同入药；而炙制则使用液体辅料，拌匀闷润使辅料渗入药物组织内部发挥作用。加辅料炒制的温度较高，一般用中火或武火，在锅内翻炒时间较短，药物表面颜色变黄或加深；炙制所用温度较低，一般用文火，在锅内翻炒时间稍长，以药物炒干为宜。

炙制根据所用辅料不同，可分为酒炙、醋炙、盐炙、姜炙、蜜炙、油炙等。药物吸入液体辅料经加工炒制后在性味、归经、功效、作用趋向和理化性质等方面均能发生某些变化，起到降低毒性、抑制偏性、增强疗效、矫臭矫味、使有效成分易于溶出等作用，从而达到最大限度地发挥疗效。

③ 煅制。它是将药物直接放于无烟炉火、马弗炉或适当的耐火容器内高温加热，或扣锅密封高温加热的方法。根据加热方式不同又可分为"明煅"和"暗煅"（闷煅、密闭煅）。有些药物煅红后，还要趁热投入规定的液体辅料中稍浸，称为煅淬。煅的目的是改变药物原有的性状，以满足临床应用。煅制能除去药物原有粒间的吸附水和部分硫、砷等易挥发物质，能使其成分发生氧化、分解等反应，减少或消除毒副作用，从而提高临床疗效或产生新的疗效。还能使药物在受热后，由于不同组分在各自方向上胀缩比例的差异，使其煅后出现裂隙，质地变得酥脆，易破碎，有利于调剂、制剂，有利于提高有效成分的煎出率。中药经高温煅制后发生物理状态和化学成分变化，质地变得酥松，易于粉碎，减少或降低副作用，利于煎出有效成分，增强疗效或产生新的药效，更加适应临床需要，从而最大限度地发挥疗效。

④ 蒸、煮、蒸煮炮制。这是一类既需用火加热，又需用水传热，有时还需加入某些液体辅料或固体辅料的炮制加工技术，属于"水火共制"法。蒸法是把药物置于蒸具内，加入规定的辅料，或不加辅料，于沸水锅上或直接通蒸汽进行蒸制。煮法是把药物直接置于清水或辅料中进行加热煮制。煮至符合规定要求时取出，干燥或进一步加工。药物被蒸煮的时间取决于药物形态、大小和装载方式，即体形小、比表面积大、松散装载的药物易于蒸煮透，反之则不易蒸煮透。蒸煮法是将净药材置于多量沸水中，浸煮短暂时间，取出，分离种皮的炮制技术。一般需除去或分离种皮的种子类药材多用蒸煮炮制技术。

⑤ 复制。它是将净选后的药材用一种或数种辅料，按照所用炮制方法的先后顺序，进行多次炮制的一类操作。多用于毒性药材的炮制，例如，天南星、半夏、白附子（禹白附）

的复制。炮制用白矾浸泡或煮制药物,多取其防腐、解毒,降低有毒药物的毒性,还能增强炮制品祛风痰、燥痰的作用。

⑥ 发酵、发芽。此类方法属于传统中药炮制技术与现代生物技术相结合的重要研究领域,是产生新成分、新饮片、创制新药的重要方式。发酵法与发芽法均系借助微生物和酶的作用,通过微生物的分解代谢与合成代谢,产生新的化学成分,进而改变中药的性能,增强或产生新的功效,能够扩大用药品种,以适应临床用药和制药工业的需要。二者不同点在于发酵法是借助环境中的微生物和酶来实现的,属于第一代生物技术,而发芽法是借助多种类、多数量的酶,使种子中的生物化学反应活跃,既有大分子物质的分解代谢,又有新物质的合成转化,如淀粉被 α-淀粉酶、β-淀粉酶、α-1,6-糖苷键的脱氢酶分解为糊精、麦芽糖和葡萄糖;也可以被淀粉磷酸化酶降解成葡萄糖-1-磷酸。脂肪在脂肪酶的作用下可被水解生成甘油和脂肪酸。蛋白质在蛋白酶的作用下可被分解成大小不等的多肽或氨基酸,多肽能够在肽酶作用下继续分解成氨基酸。在发酵和发芽的过程中均能产生新化合物,是制备新药的有效方法,二法均可使中药的物质基础发生改变,药性发生改变,产生新的疗效,扩大用药品种,也可为筛选高效新药提供重要的途径。

⑦ 制霜。它是中药去油制成松散粉末,或经渗透析出细小结晶,或用升华、煎熬制成粉渣的一类炮制技术。制霜法属于中药传统制药技术,是制备新饮片的方法之一。去油制霜是将富含油脂的果实、种子类药物,去除部分油脂,制成松散粉末的炮制方法。如巴豆、千金子、大风子、木鳖子、柏子仁、瓜蒌仁等可采用去油制霜法炮制。渗析制霜是药物经过加工析出细小结晶的方法,如西瓜霜的制备。渗析制霜的目的是制备新药,产生新的治疗作用。升华制霜是药物经加热升华,制得细小结晶的方法,如砒霜的制备。升华制霜的目的是纯净药物。

⑧ 烘焙、煨制。烘焙是将净选后的药物用文火直接或间接加热,使之充分干燥的炮制技术,包括烘和焙两种。烘是将药物置于近火处,或利用烘箱、干燥室等干燥设备,使药物所含水分徐徐蒸发,从而使药物充分干燥的炮制技术。焙则是将净选后的药物置于金属容器内,用文火进行短时间加热,并不断翻动,焙至药物颜色加深、质地酥脆为度的炮制技术。该法适用于某些昆虫类或动物药,如蜈蚣等。煨制是将净制或切制后的药物用湿面皮或湿纸包裹,或用吸油纸均匀地隔层分放,进行加热处理,或将其与麸皮同置炒制容器内,用文火加热至规定程度取出、放凉的炮制技术,如煨肉豆蔻。

⑨ 水飞。水飞是将某些不溶于水的矿物药、贝壳类药物经反复研磨,利用粗细粉末在水中悬浮性不同而分离制备成极细腻粉末的炮制技术。炮制的目的有去除杂质、洁净药物;使药物质地细腻,便于内服和外用,提高生物利用度;防止药物在研磨过程中粉尘飞扬、污染环境;除去药物中可溶于水的毒性物质(砷、汞)。

⑩ 干馏。干馏技术是将药物置于适宜的容器内,以火烤灼,使其产生汁液的炮制技术。炮制目的为制备新药物,扩大临床用药范围,以适应临床需要,如蛋黄油。

二、提取分离技术

中药传统提取方法主要有:药料水提取(水煮或水浸);药料醇提取(不同浓度醇,回流、渗滤及浸渍);药料"提油"(水蒸气蒸馏法和升华法),即提取药料中的挥发油。其中水煎煮法是最常用的方法。

提取工艺装置系统示意图如图6-1所示。

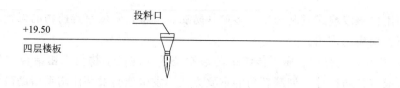

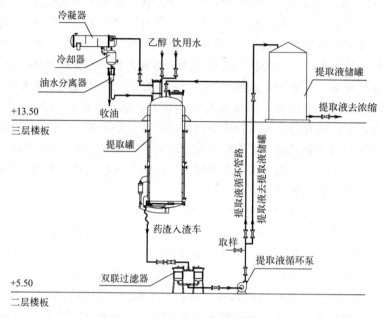

图 6-1 提取工艺装置系统示意图

中药现代提取方法包括超临界流体萃取法、膜分离技术、超微粉碎技术、中药絮凝分离技术、半仿生提取法、超声提取法、旋流提取法、加压逆流提取法、不同浓度的酸或碱水解、酶法、大孔树脂吸附法、超滤法、分子蒸馏法等。

1. 浸提分离技术

中药种类繁多，不同方法适用于不同类型或含不同性质的化学成分的中药材的提取。因此，要根据中药材的具体情况和不同浸提方法的适应性，选择合适的方法。

（1）煎煮法 煎煮法是用水作溶剂，将药材加热煮沸一定的时间以提取其所含成分的一种方法。适用于有效成分能溶于水，且对湿热较稳定的中药饮片，同时也是制备一部分中药散剂、丸剂、冲剂、片剂或提取某些有效成分的基本方法之一。

现煎煮法多采用多功能提取罐，多功能提取罐是一类可调节压力、温度的密闭间歇式提取或蒸馏等功能设备，目前中药生产中普遍采用此类设备。图 6-2 为多功能中药提取罐的示意图。

其特点是：可进行常压、常温提取，也可以加压、高温提取或减压低温提取；无论水提、醇提、提油、蒸制、回收药渣中溶剂等均能适用；采用气压自动排渣，操作方便，安全可靠；提取时间短，生产效率高；设有集中控制台，控制各项操作，大大减轻劳动强度，利于流水线生产。应指出的是，此罐也适合醇提和挥发油的提取。

（2）渗漉法 将药材粗粉置于渗漉器内，溶剂连续地从渗漉器的上部加入，渗漉液不断地从下部流出，从而浸出药材中有效成分的一种方法。该法适用于贵重药材、毒性药材及高浓度的制剂；也可用于有效成分含量较低的药材的提取。

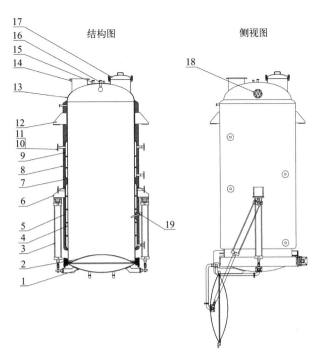

图 6-2 多功能提取罐（直筒型）

1—排渣门；2—凸形过滤网板；3—排渣门开启气缸；4—内筒体；5—下夹套；6—气缸支座；7—保温层；
8—外保温板；9—上夹套；10—蒸汽接管；11—法兰；12—罐体耳座；13—椭圆形封头；14—排汽口；
15—压力表座；16—旋转冲洗器；17—快开投料口；18—视镜；19—传感温度计座

　　渗漉时，溶剂渗入药材的细胞中溶解大量的可溶性物质之后，浓度增加、密度增大而向下移动，上层的浸取溶剂或稀浸液位置置换，造成良好的浓度差，使扩散较好地自然进行，故浸取效果优于浸渍法，提取也较完全，而且省去了分离浸取液的时间和操作。但存在类似乳香、松香、芦荟等非组织药材可能会因遇溶剂软化成团堵塞孔隙，使溶剂无法均匀地通过药材而不宜用渗漉等弊端。

　　除渗漉法外还有重渗漉法、加压渗流法和逆流渗法。重渗漉法是将浸取液重复用作新药粉的溶剂，进行多次渗流以提高浸取液的浓度。由于多次重渗漉，溶剂通过的粉柱长度为各次渗漉粉柱高度的总和，故能提高浸出效率。加压渗漉法是对粉柱施加压力，以克服溶剂及浸出液通过粉柱的阻力，提高浸出效率。逆流渗漉法是利用液柱静压，使溶剂自底向上流，由上口流出渗漉液的方法。由于溶剂是借助于毛细管力和液柱静压由下向上移动，因此对药材粉末浸润渗透比较彻底，浸出效果好。

　　渗漉工艺装置系统示意图如图 6-3 所示。

　　渗漉法属于动态浸出，即溶剂相对药粉流动浸出，溶剂的利用率高，有效成分浸出完全，故适用于贵重药材、毒性药材及高浓度制剂，也可用于有效成分含量较低的药材的提取。但对新鲜的及易膨胀的药材、无组织结构的药材不宜选用；渗漉法不经滤过处理可直接收集渗漉液；因渗漉过程所需时间较长，不宜用水作溶剂，通常用不同浓度的乙醇，故应防止溶剂的挥发损失。

　　（3）浸渍法　在一定温度下，用定量的溶剂将药材浸泡一定的时间，以提取中药饮片中成分的一种方法。浸渍法是简便且最常用的一种浸取方法，除特殊规定外，浸渍法在常温下

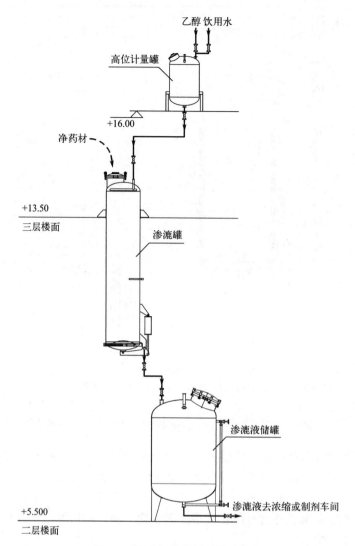

乙醇 饮用水

高位计量罐

+16.00

净药材

+13.50

三层楼面

渗漉罐

渗漉液储罐

+5.500

二层楼面

渗漉液去浓缩或制剂车间

图 6-3　渗漉工艺装置系统示意图

进行，制得的产品在不低于浸渍温度下能较好地保持其澄清度。适用于黏性药物、无组织结构的药材、新鲜及易膨胀的药材、价格低廉的芳香性药材。

　　在浸渍过程中，浓度差是影响扩散的重要因素。为加速扩散可采取搅拌或使溶剂循环流动等措施。当扩散达到平衡时，药渣中总要吸附一部分浸液，为回收药渣中的浸液，需压榨药渣，特别在用较少的溶剂浸取较多的药材时，压榨药渣取其浸液，对提高浸取量更为重要。浸渍的时间不是统一的，应根据具体情况而定。当浸取液的含量达到稳定时，不需延长时间，否则浪费时间，降低工效。为了提高浸渍效果，减少成分损失，可采用多次浸渍法。

　　浸渍法所用的主要设备为浸渍器和压榨器，前者为药材浸渍的盛器，后者用于挤压药渣中残留的浸出液。工业生产中常用的浸渍器为不锈钢罐、搪瓷罐，亦有采用陶瓷者。浸渍器下部有口，为防止药材残渣堵塞出口，应设有多孔的假底。假底上铺滤布，供放置中药饮片和过滤用。浸渍器上部有盖，以防止浸提溶剂挥发损失和防止异物污染。有时还在浸渍器上附加搅拌器以加速浸出效果。若容量较大，难以搅拌时，可在下端出口处装离心泵，将下部浸出液通过离心泵反复抽至浸渍器上端，起到搅拌作用。为了便于热浸，有时在浸渍器内安装加热用蒸汽蛇管。

浸渍法中，药渣所吸附的药液浓度总是和浸出液相同，浸出液的浓度愈大，由药渣吸附浸液所引起的成分损失就愈大。除采用重浸渍法可以减少浸出成分的损失外，还可采用压榨法，将药渣的压榨液与滤液合并、静置、滤过后使用。小量生产时可用螺旋压榨机，大量生产时宜采用水压机压榨。

浸渍法适用于黏性药物、无组织结构的药材、新鲜及易于膨胀的药材、价格低廉的芳香性药材。不适于贵重药材、毒性药材及高浓度的制剂，因为溶剂的用量大，且呈静止状态，所以溶剂的利用率较低，有效成分浸出不完全。即使采用重浸渍法，加强搅拌，或促进溶剂循环，也只能提高浸出效果，不能直接制得高浓度的制剂。另外，浸渍法所需时间较长，不宜用水作溶剂，通常用不同浓度的乙醇，故浸渍过程中应密闭，防止溶剂挥发损失。

浸取效率较低，不适于贵重药材、毒性药材及高浓度的制剂。故对贵重的和有效成分含量低的药材的浸取，或制备浓度较高的制剂，可采用重浸渍法或渗漉法。

（4）水蒸气蒸馏法　它是应用相互不溶也不起化学反应的液体，遵循混合物的蒸气总压等于该温度下各组分饱和蒸气压（即分压）之和的道尔顿定律。以蒸馏的方法提取有效成分适用于具有挥发性，能随水蒸气蒸馏而不被破坏，与水不发生反应，又难溶或不溶于水的化学成分的提取、分离，如挥发油的提取，还可用于某些小分子生物碱和某些小分子的酚性物质，如麻黄碱、牡丹酚等成分的提取。

水蒸气蒸馏不是加工植物芳香油应用最广泛的一种方法，但它可以应用于根、茎、枝叶、果、种子以及部分花类药材中芳香油的提取。操作方法是：将药材的粗粉或碎片浸泡润湿后，直火加热蒸馏或通入水蒸气蒸馏，也可在多功能式中药提取罐中对中药饮片边煎煮边蒸馏，中药饮片中的挥发性成分随水蒸气蒸馏而带出，冷凝后分层，收集挥发产品。该法适用于具有挥发性，能随水蒸气蒸馏而不被破坏，难溶或不溶于水的化学成分的提取和分离，如挥发油的提取。该法具有水中蒸馏、水上蒸馏和水气蒸馏三种方法。

① 水中蒸馏法。把药材完全浸在水中，使其与沸水直接接触，把芳香油随沸水的蒸汽蒸馏出来。此法适用于细粉状的药材及遇热易于结团的中药材，如杏仁、桃仁和芳香植物玫瑰花、橙花等。

② 水上蒸馏法。将中药饮片放在一个多孔的隔板上，下面放水与中药饮片相隔10cm左右，用蒸汽夹层或蒸汽蛇管加热，使水沸腾，蒸汽通过中药饮片将挥发油蒸出。此法最适合草本植物类的中药材和叶类的挥发油的蒸馏。

③ 水汽蒸馏法。亦称高压蒸汽蒸馏法，它与水上蒸馏法的不同之处在于，它使用较高压力的蒸汽［一般为0.4～0.6MPa（表压）］，因此蒸汽温度较高，可增加蒸馏速度，蒸汽量可随需要用进气阀任意调节，控制蒸馏速度。但是蒸汽温度较高，饮片中水分不足使油细胞壁的膨胀和油的扩散作用不完全，所以应补充饮片的水分；一般在蒸馏罐底部除喷入高压蒸汽外，再另加蒸汽蛇管，用以加热油水分离后的水，同时达到增加高压蒸汽湿度与回收溶解于水中芳香油的目的。

目前绝大部分植物的芳香油均用此法蒸馏。本法有一个特点，即在最初阶段饮片渐热而蒸汽冷凝，之后蒸汽可以过热（蒸汽从锅炉内的高压通到压力较低的蒸馏罐，蒸汽膨胀而趋于过热）。

（5）超临界流体萃取技术　在一定温度条件下，应用超临界流体作为萃取溶剂，利用程序升压对不同成分进行分步萃取的技术，称为超临界流体萃取技术。

物质处于其临界温度（T_c）和临界压力（p_c）以上的单一相态称为超临界流体（super critical fluid, SF），它具有气液两相的双重特点，能将中药中的某些成分提取出来，并且体系温度和压力的微小变化可导致溶解度发生几个数量级突变，从而实现不同极性物质的分离。提取完毕后恢复到常压和常温，溶解在超临界流体中的成分立即以溶于吸收液的液体状态与气态的超临界流体分开，从而达到萃取的目的。

中药提取常用超临界 CO_2 作为萃取剂，由于 CO_2 的临界温度（T_c）为 31.06℃，接近室温，同时 CO_2 的临界压力（p_c）为 7.39MPa，比较适中，其临界密度为 $0.448g/cm^3$，在超临界溶剂中属较高的，而且 CO_2 性质稳定、无毒、不易燃易爆、价廉。本技术适用于低极性、低沸点、低分子量成分的提取，无溶剂残留；对极性大、分子量过大的物质，如苷类、多糖类成分等则需添加夹带剂（如乙醇等）。但超临界萃取设备投入大，运行成本高。

（6）半仿生提取技术　半仿生提取法（SBE 法）是将整体药物研究法与分子药物研究法相结合，从生物药剂学角度，模拟口服给药及药物经胃肠道转运的原理，为经消化道给药的中药制剂设计的一种新的提取工艺。具体做法是，先将药材用一定 pH 的酸水提取，再以一定 pH 的碱水提取，提取液分别滤过、浓缩，制成制剂。这种提取方法可以提取和保留更多的有效成分，缩短生产周期，降低成本。

半仿生提取法符合口服给药经胃肠道转运吸收的原理，具有能体现中医临床用药的综合作用特点。但目前该方法仍沿袭高温煮法，长时间高温煎煮会影响许多有效活性成分，降低药效。因此，将提取温度改为接近人体的温度，同时引进酶催化，使药物转化成人体易接受的综合活性混合物是其应用发展方向。

2. 压榨分离技术

压榨法又称为榨取法。压榨是用加压方法分离液体和固体的一种方法，它是天然产物的重要提取手段之一。压榨法在药物提取生产中也是常见的。例如，月见草油就是以压榨法从月见草的种子中得到的，又如药用蓖麻油、巴豆油、亚麻仁油也都是以压榨法制取的。

在中药材谷芽、麦芽、酒曲中含淀粉酶类有效成分，可以用湿压榨法制取。从中药栝楼鲜根、天花粉所提取的引产药物天花粉蛋白也是用压榨法制得的。中药材中以水溶性酶、氨基酸、蛋白质等为主要有效成分的药物都可以用这种方法制取。含水分高的新鲜中药材，如山药、秋梨、桑葚、生姜、大蒜、沙棘等，都可以用榨汁的方式制备其有效成分提取物。例如，秋梨膏就是用压榨法从藕和秋梨获取榨汁，与另外 6 种中药水煎剂合并浓缩制成的。有许多中药中的有效成分对热是很不稳定的，这类药物用加热浸出、浓缩所制备的提取物的质量是难以稳定的，而用湿冷压榨法制备比较理想。

3. 浸提分离过程强化技术

（1）物理场效应强化技术

① 超声协助提取技术。利用超声波（频率＞20kHz）具有的机械效应、空化效应及热效应，通过增大介质分子的运动速度，增大介质的穿透力以提取中药有效成分的一种技术。超声波的空化作用在加速植物有效成分溶出的同时，机械振动、乳化、扩散、击碎、化学效应等超声波的次级效应也能加速要被提取化合物的扩散释放并加快与溶剂的充分混合，从而提高提出物的得率。

超声协助提取技术具有提取过程不需要加热，提取物有效成分含量高，溶剂用量少，不影响有效成分的生理活性等优点。可以用于替代现有的水提取和乙醇提取方法，可以与膜分离技术结合实现低温提取浓缩过程。

② 微波协助提取技术。微波是一种频率在 300MHz～300GHz 的电磁波，它具有波动性、高频性、热特性和非热特性四大基本特性，微波萃取技术是一种新型的萃取技术。它是利用微波场中介质的偶极子转向极化与界面极化的时间与微波频率吻合的特点，促使介质转动能力跃迁，加剧热运动，将电能转化为热能。在萃取物质时，在微波场中，吸收微波能力的差异使得基本物质的某些区域萃取体系中的某些组分被选择性加热，从而使得被萃取物质从基体或体系中分离，进入到介电常数较小、吸收能力相对差的萃取剂中。

从细胞破碎的微观角度看微波萃取是高频电磁波穿透萃取媒质，到达被萃取物质的内部，微波能迅速转化为热能使细胞内部温度快速上升，当细胞内部的压力超过细胞壁承受能力，细胞破裂，细胞内有效成分自由流出，在较低的温度下溶解于萃取媒质，再通过进一步过滤和分离，获得萃取物。

与传统的加热法相比，微波加热是能量直接作用于被加热物质，空气及容器对微波基本上不吸收和反射，可从根本上保证能量的快速传导和充分利用，具有选择性高、操作时间短、溶剂耗量少、有效成分得率高的特点。微波协助萃取已应用于生物碱类、蒽醌类、黄酮类、皂苷类、多糖、挥发油、色素等成分的提取，研究表明，与常用的水煎法、索氏提取法和超声提取法相比，微波萃取法的提取率最高，且提取速度最快。这主要是微波可直接造成细胞组织的破坏。但是，在中药生产领域微波协助提取技术暂未获得行业和监管部门的认可。

（2）生物酶协助提取技术　由于大部分中药材有效成分往往包裹在由纤维素、半纤维素、果胶质、木质素等物质构成的细胞壁内，因此，在药用植物有效成分提取过程中，当存在于细胞原生质体中的有效成分向提取介质扩散时，必须克服细胞壁及细胞间质的双重阻力。而选用适当的酶（如水解纤维素的纤维素酶、水解果胶质的果胶酶等）作用于药用植物材料，可以使细胞壁及细胞间质中的纤维素、半纤维素、果胶质等物质降解，破坏细胞壁的致密构造，减小细胞壁、细胞间质等传导屏障，从而减少有效成分从胞内向提取介质扩散的传导阻力，有利于有效成分的溶出。并且对于中药制剂中的淀粉、果胶、蛋白质等杂质，也可针对性地选用合适的酶给予分解除去。因此酶法不仅能有效地使中药材中的有效成分溶出，同时还能有效地除去杂质。

在提取金银花绿原酸时，通过增加纤维素酶解工艺，能显著提高金银花提取物得率和绿原酸得率，最大可使绿原酸得率提高 25.97%。将纤维素酶用于黄连小檗碱、穿心莲内酯的预处理，黄连小檗碱的收率可从 2.51% 提高到 4.23%，穿心莲内酯的收率则可从 0.25% 提高到 0.32%。

由于中药材品种不同，其有效成分有很大的差异，因此，不同的中药材需按提取物的理化性质选择不同种类的酶来进行提取，同时，在应用的过程中还应注意酶的活性会受 pH 值、温度、酶的浓度及酶解作用时间等诸多因素的影响。

三、分离纯化与浓缩技术

1. 分离纯化技术

（1）沉淀去杂分离　此法是将被分离物溶于某种溶剂中，再加入另外一种溶剂或试剂，使某种或某些成分析出沉淀，而其他成分保留在溶液中经过滤后达到分离的一种方法。可以使杂质沉淀析出，也可使欲得成分沉淀析出。

沉淀分离是在溶液中加入溶剂或沉淀剂，通过化学反应或者改变溶液的 pH 值、温度、压力等条件，使待分离物以固相物质形式沉淀析出的一种方法。能否将分离物从溶液中析出，主要取决于待分离物的溶解度或溶度积，关键在于选择适当的沉淀剂和控制条件，沉淀的目的在于通过沉淀使目标成分实现浓缩和去杂质，或是将已纯化的产品由液态变成固态。

　　① 溶剂沉淀。溶剂沉淀是在有机化合物（如蛋白质、酶、多糖、核酸等）水溶液中加入有机溶剂（如乙醇、丙酮等）后，显著降低待分离物质的溶解度，从而将其沉淀析出的一种方法。其机理在于待分离物质在溶液中化学势发生变化造成溶解度的下降。该方法优点在于选择性好、分辨率高，因为一种有机化合物往往只能在某一溶剂狭窄的浓度范围内沉淀，溶剂易除去易回收，但条件控制不当容易使待分离物质（如蛋白质）变性。

　　② 盐析沉淀。盐析法是在中药水提液中加入无机盐至一定浓度，或达饱和状态，可使某些成分溶解度降低，从而与水溶性大的杂质分离。盐析的常用无机盐有氟化钠、硫酸钠、硫酸镁、硫酸铵等。例如黄藤中提取掌叶防己碱，三颗针中提取小檗碱在生产上都是用氯化钠或硫酸铵盐析制备。有些成分如原白头翁素、麻黄碱、苦参碱等水溶性较大，在提取时，亦往往先在水提取液中加入一定量的食盐，再用有机溶剂提取。

　　盐析沉淀条件中，中性盐的合理选择至关重要，根据离子促变序列，多价盐类的盐析效果比单价的效果好，阴离子的效果比阳离子好。

　　除溶剂沉淀和盐析沉淀去杂分离技术之外，还有添加某种化合物与溶液中的待分离物质生成难溶性的复合物，从而从溶液中沉淀析出的沉淀剂沉淀方法，主要有金属离子沉淀、酸及阴离子沉淀、非离子型聚合物沉淀、均相沉淀法、等电点沉淀、变性沉淀和絮凝沉淀等。

　　在中药有效成分提取中，通过沉淀去杂分离能去除杂质，提高产品纯度，减少固形物量，增大固体制剂的剂型选择灵活度。在液体制剂中有提高澄明度、增加稳定性的作用。推广应用时应加强对超滤液预处理和适用于中药系统超滤操作工艺相应的配套装置研究。

　　(2) 色谱分离技术　　色谱分离技术又称色谱法或色层法，是从中药提取物中获取高含量有效成分或单一分子药物的有效分离方法。在提取、分离得到有效成分时，往往含有少量结构类似的杂质，不易除去，也可利用色谱法除去杂质得到纯品；对于结构相似、理化性质相似的几种成分的混合物可用色谱法将它们分开。

　　由于中药有效成分类型不同，性质各异，所以选择色谱条件是不同的。一般生物碱的分离可选用硅胶或氧化铝柱色谱，对于极性较高的生物碱可用分配色谱，而对季铵型水溶性生物碱也可用分配色谱或离子交换色谱；苷类的色谱分离往往决定于苷元的性质，如皂苷、强心苷，一般可用分配色谱或硅胶吸附色谱；挥发油、甾体、萜类包括萜类内酯，往往首选氧化铝及硅胶色谱；黄酮类化合物、鞣质等多元酚衍生物可用聚酰胺吸附色谱。或利用大孔树脂，通过物理吸附从水溶液中有选择地吸附，从而实现分离提纯。大孔树脂为一类不含交换基团的大孔结构的高分子吸附剂，具有很好的网状结构和很高的比表面积。有机化合物根据吸附力的不同及分子量的大小，在树脂的吸附机理和筛分原理作用下实现分离，其应用范围广，使用方便，溶剂用量少，可重复使用，同时理化性质稳定，分离性能优良，目前在我国制药行业和新药研究开发中广泛使用。

　　另外，化学制药过程常用的蒸馏精馏、结晶等分离纯化技术也会应用在中药提取物的分离纯化过程中。比如，毒芹总碱中的毒芹碱和羟基毒芹碱的蒸馏分离，前者沸点为 166～167℃，后者为 226℃，可利用其沸点的不同通过分馏法分离；还有挥发油也常用蒸馏或精馏的方法分离。

2. 蒸发浓缩技术

浓缩是低浓度溶液通过除去溶剂（包括水）变为高浓度溶液的过程。常在提取后和干燥/混配前进行。由于中药提取液性质复杂，有的很稀、有的太黏、有的易产生大量泡沫、有的易结垢析晶、有的对热敏感，因此，应根据药液性质和浓缩程度的要求选择适宜的浓缩方法。中药提取液的浓缩方法有常压浓缩、减压浓缩、薄膜浓缩、多效浓缩等。

除了对一些大分子多糖和酶等的提取液，因高温会导致结构破坏和活性的丧失，而需要采用膜分离脱除水等小分子，或低温冷冻干燥浓缩工艺以外，一般情况下，为获得浸膏，常采取加热蒸发浓缩工艺。

蒸发浓缩过程必须具备两个基本条件，一是浓缩过程中应不断地向溶液供给热能使溶液沸腾；二是要不断地排除浓缩过程中所产生的溶剂蒸气，否则蒸气压力的不断上升将使溶液不能达到沸腾状态，导致浓缩过程无法正常进行。蒸发浓缩过程自身的一些特性如下。

① 浓缩液的沸点升高。当被蒸发的溶液含有非挥发性溶质时，根据拉乌尔定律，在相同温度下，溶液的蒸气压低于纯溶剂的蒸气压，即在相同压力下，溶液的沸点要高于纯溶剂的沸点。这样，当加热蒸汽温度一定时，溶液蒸发时的传热温差要小于蒸发溶剂时的传热温度差，溶液的浓度越高这种效应就越发显著。

② 浓缩液理化性质的改变。在浓缩过程中，被浓缩液体的物理、化学特性会随着溶液浓度的改变而发生变化，溶液在浓缩过程中常常会出现析出结晶、产生泡沫、成分在高温下分解或变性、黏度增高、腐蚀性增大等现象，这些都会不同程度地影响浓缩过程的进行。

③ 浓缩过程中的结垢现象。蒸发是伴随着气、液两相之间沸腾传热的一个复杂过程，浓缩操作需要借助于蒸发换热设备蒸发器来完成，但是蒸发器在运行过程中往往存在着不同程度的壁面结垢现象，从而导致浓缩过程中出现传热不良的问题。在传热壁面上形成热导率很小的垢层不仅使传热速率下降，液体流动阻力增加，能耗增加，而且还将影响设备的安全和使用寿命。

④ 能量的循环使用。溶液在蒸发时需要消耗大量的蒸汽作为热能的来源，同时在蒸发的过程中又可以产生大量的二次蒸汽，因此，蒸发过程中二次蒸汽潜热的循环利用，是浓缩过程的特点之一。

（1）蒸发浓缩工艺技术　蒸发浓缩按照蒸发操作过程中所采用的压力的不同，分为常压浓缩和减压浓缩；按照浓缩过程中溶液在蒸发器内产生循环流动的不同原理分为自然循环和强制循环浓缩；按照浓缩过程中进出料的方式不同，分为间歇浓缩和连续浓缩。常压蒸发浓缩主要用于耐热药剂的制备。减压浓缩是根据降低液面压力使液体沸点降低的原理来进行的，有时也称真空浓缩。真空蒸发时冷凝器和蒸发器溶液侧的操作压力低于大气压，同时用真空泵抽出系统中的不凝性气体。

常压浓缩是药液在常压下的蒸发浓缩。被浓缩液体中的有效成分应是耐热的，常压浓缩多采用倾倒式夹层锅，设备投资较小，一些剂型如煎膏剂、胶剂等及医院制剂应用较多。应加强搅拌（避免表面结膜），并应室内排风（抽走生成的大量水蒸气），该法耗时较长，易使成分水解破坏。

减压浓缩是在密闭的容器内，抽真空使液体在低于一个大气压下蒸发浓缩。此法压力降低，溶液的沸点降低，能防止或减少热敏性物质的分解，因而常用于一些不耐热的药物溶液的浓缩，可用于大量连续生产流浸膏和浸膏。可利用二次蒸汽作为加热热源，能减少加热器的热损失。但是，存在溶液沸点下降使黏度增大，导致传热系数下降，对传热过程不利的缺点。

（2）减压蒸发装置技术　薄膜蒸发是使药液沿加热管表面快速流动时形成薄膜，药液成膜状已有巨大表面，药液被加热至剧烈沸腾又产生大量泡沫，又以泡沫表面为更巨大的蒸发面进行的蒸发浓缩。其特点是：①浸提液的浓缩速度快，受热时间短；②不受液体静压和过热影响，成分不易被破坏；③能连续操作，可在常压或减压下进行；④能将溶剂回收，重复使用。所以，膜式蒸发器适用于蒸发处理热敏性物料，现已成为国内外广泛应用的、较先进的蒸发器械，主要有升膜式蒸发器、降膜式蒸发器、升-降膜式蒸发器、刮板式薄膜蒸发器、离心薄膜蒸发器等。其中，降膜蒸发比升膜蒸发具有更多的优点，是目前广泛采用的一种装置技术。

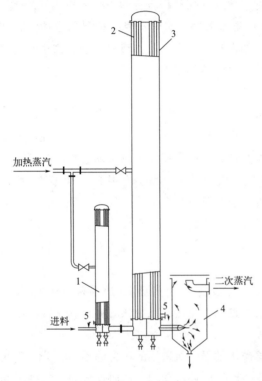

图 6-4　升-降膜式蒸发器

1—水冷壁；2—下降管；3—上升管；

4—蒸发室；5—冷凝水

① 升-降膜式蒸发器。在中药提取液浓缩操作工艺中，常常会看到利用升-降膜式蒸发器的蒸发装置技术：浓缩将同一蒸发器的加热管分成两程，溶液先以升膜式进行蒸发，再以降膜式进行蒸发。升降膜蒸发器具有如下特点：符合物料的要求，初进入蒸发器，物料浓度较低，容易达到升膜的要求。物料经初步浓缩，浓度较大，但溶液在降膜式蒸发中受重力作用还能沿管壁均匀分布形成膜状；经升膜蒸发后的汽液混合物进入降膜蒸发，有利于降膜的液体均匀分布，同时也加速物料的湍流和搅动，以进一步提高降膜蒸发的传热系数；用升膜来控制降膜的进料分配，有利于操作控制；将两个浓缩过程串联，可以提高产品的浓缩比，降低设备高度。

② 多效蒸发器。按照蒸发过程中所产生的二次蒸汽能否作为另一蒸发器的加热蒸汽进行循环使用分为单效浓缩和多效浓缩，这与蒸发器结构功能结合才可实现。

在蒸发生产中，二次蒸气的产量较大，且含大量的潜热，故应将其回收加以利用，若将二次蒸气通入另一蒸发器的加热室，只要后者的操作压强和溶液沸点低于原蒸发器中的操作压强和沸点，则通入的二次蒸气仍能起到加热作用，这种操作方式即为多效蒸发。对于水煎煮提取的中药水溶液，常常采用多效浓缩；而对醇提中药溶液，多数采用的是单效浓缩操作。

多效蒸发浓缩是将前效的二次蒸汽作为下一效加热蒸汽的串联蒸发操作。根据能量守恒定律，低温低压（真空）蒸气含有的热能与高温高压含有的热能相差很小，而汽化热反而高。在多效浓缩中，每一个蒸发器被称为一效。通入加热新鲜蒸汽的蒸发器被称为第一效，用第一效的二次蒸汽作为加热源的蒸发器被称为第二效，依次类推。

除了蒸发浓缩技术外，现代膜浓缩技术也是中药浓缩操作可选用的技术。其过程可同时进行分离、提纯和浓缩，常温操作，不使用有机溶剂及化学处理，设备简单、操作方便、流程短、耗能低，也是最容易为传统中药生产工艺所接受的现代技术。

3. 中药提取液的干燥

干燥是利用热能除去含湿的固体物质或膏状物中所含的水分或其他溶剂，获得干燥物品的工艺操作。目前常用的干燥设备有滚筒式干燥器、烘箱、喷雾干燥器、沸腾干燥器、减压干燥器及微波干燥器等，但是中药提取液常用的干燥方式多为烘干法、喷雾干燥、减压干燥和冷冻干燥。

① 烘干法。将湿物料摊放在烘盘内，利用热的干燥气流使湿物料水分汽化进行干燥的一种方法。由于物料处于静止状态，所以干燥速度较慢。常用的有烘箱和烘房。

② 喷雾干燥。流态化技术用于液态物料干燥的较好方法。它是将液态物料浓缩至适宜的密度后，使雾化成细小雾滴，与一定流速的热气流进行热交换，使水分迅速蒸发，物料干燥成粉末状或颗粒状的方法。因是瞬间干燥，特别适用于热敏性物料；产品质量好，能保持原来的色香味，易溶解，含菌量低；可根据需要控制和调节产品的粗细度和含水量等质量指标。

③ 减压干燥。又称真空干燥。它是在密闭的容器中抽去空气减压而进行干燥的一种方法。其特点是适于热敏性物料，或高温下易氧化，或排出的气体有使用价值、有毒害、有燃烧性等；干燥的温度低，干燥速度快；减少了物料与空气的接触机会，避免污染或氧化变质；产品呈松脆的海绵状，易于粉碎；挥发性液体可以回收利用。但生产能力小，间歇操作，劳动强度大。其主要是利用装置系统去实现真空干燥技术的，比如，真空旋转干燥器、真空耙式干燥器和带式真空干燥器等。

④ 冷冻干燥。将被干燥液体物料冷冻成固体，在低温减压条件下利用冰的升华性能，使物料低温脱水而达到干燥目的的一种方法，故又称升华干燥。其特点是物料在高度真空及低温条件下干燥，故对某些极不耐热物品的干燥很适合，如天花粉针；能避免药品因高温分解变质；干燥制品多孔疏松，易于溶解；含水量低，一般为 $1\% \sim 3\%$，有利于药品长期贮存。但冷冻干燥需要高度真空与低温，耗能大，成本高。按照冷冻方式主要分为间壁冷冻和冷流体（液氮、液体 CO_2）直接冷冻，其中直接冷冻可以实现中药浸膏连续冷冻干燥。

四、中药提取过程的质量控制技术

中药材是中药制剂生产的起始原料。药材天然产物的自然属性决定了其具有质量波动较大的特点。传统中药制剂大多采用饮片直接投料的方式生产，饮片的质量波动被直接带入制剂中，成为不同批次中药制剂质量差异较大的重要原因，一定程度上影响了中药临床疗效的稳定发挥。

为了保持批间质量的稳定可控，《中药注册分类及申报资料要求》和《已上市中药药学变更研究技术指导原则》明确中药处方药味可经质量均一化处理后投料。均一化指标主要是中药制剂关键质量属性中与药用物质相关的定量指标，如有效成分、指标成分、大类成分的含量；浸出物量；指纹图谱；制剂成型对物料理化性质的要求；生物活性等。鼓励采用同时测定多个成分的方法，鼓励采用反映药品质量的新技术、新方法，如：基于人工智能的不同级别饮片配料技术、指纹图谱技术。

第三节　中药制药工艺研究

一、中药制药工艺研究的"三三制"原则

1. 中药制药工艺研究的三前提

研究任何一种中药制剂或新中成药工艺，均应明确确定"三前提"，即病症、处方、剂型。首先，应明确欲防治的病症，并应选好证型；既为目标亦是目的，治疗目的应明确。其次，应拟定好处方，古人称组方如布阵，选药如用兵，即谓遣药。近年亦提倡处方药味应少而精，即用药精良、配伍严谨。最后，选择好适宜的剂型，即依照临床用药要求和辅料性质，处理好两方面的统一协调关系，确定最佳药物剂型。

2. 中药制药工艺研究的"三层次"

中药制药工艺以中药制剂为主要目标和目的制药工艺，分为工艺路线、工艺步骤（单元操作工序）、工艺条件三个层次。

当中药处方确定后，参照本章第二节中的设计方法进行中药制药工艺路线选定，然后，就要进行包括工艺步骤与工艺条件研究在内的制药工程研究。如粉碎过程中单独粉碎、混合粉碎、"串油"、"串料"及过筛等，其条件如粉碎机性能、药粉细度与筛网号等；再如水煮次数，过滤、浓缩等步骤，其条件如加水倍数、煎煮时间、滤口滤材、浓缩温度等。通常需要经过工艺的小试和中试研究后才能确定合理的工艺路线，优选出最佳的工艺步骤与工艺条件，以保证质量标准以及后续毒理、药理实验顺利进行，更要保证临床验证的疗效及大批生产的产品质量。

二、前处理研究

药材前处理方法包括：净制、切制、炮炙、粉碎、灭菌等。饮片炮制研究应遵循临床应用的饮片炮制工艺，符合中药复方制剂研究设计的需要，符合相关技术要求。根据具体药物特点、剂型和制剂设计等要求，如需对饮片进行粉碎、灭菌等前处理，应选择合适的方法、设备、工艺条件和参数，确定相关质量控制要求。

在炮制工艺研究中，一般都会涉及炮制温度、炮制时间和炮制辅料用量等。如：炒制过程中两个关键的因素就是火力和火候。其中火力实际为炮制温度的研究，是药物炮制过程中所用热源释放出的热量大小、火的强弱或温度的高低。火候是指药物炮制的时间和程度。可根据药物内外特征的变化和附加判别方法进行判断。炮制火力火候，到目前为止，都需要专业的技术工人的职业经验判断，很多没有客观的参数指标。因此，现代炮制研究一般都会针对这些方面，采用正交或者响应曲面法进行最佳炮制工艺研究。

（1）炮制温度和时间研究　在炒法、炙法以及煅法等炮制方法中，都涉及炮制温度和时间。加热炮制的目的一般为增强药效成分的溶出来增强疗效，或降低毒性成分含量来降低毒性。因此炮制温度和时间对提高疗效、抑制偏性的作用至关重要。温度较低或时间较短，有效成分难以溶出完全，或毒性成分不能破坏；温度较高或时间较长，则药效成分被破坏，而失去应有效应。

含氮生物碱的有机化合物在加热过程中可能会发生醚键断裂开环、转化生成氮氧化物和

异型生物碱。如马钱子中的士的宁和马钱子碱加热可转化为氮氧化合物。研究发现，士的宁氮氧化合物和马钱子碱氮氧化物的毒性仅为士的宁以及马钱子碱的约 1/10 或 1/15，其药理作用与马钱子碱相近。故而马钱子现代炮制工艺为砂烫马钱子或油炸马钱子，降低了中药的毒性，而且保留了其药理活性。当温度在 230～240℃、时间为 3～4min 时，士的宁转化了 10%～15%，马钱子碱转化了 30%～35%，而士的宁和马钱子碱的异型和氮氧化合物含量最高。如果低于该炮制温度和小于该炮制时间，士的宁则不易转化成异型和氮氧化物，士的宁减少甚微；如果高于该炮制温度和延长炮制时间，士的宁、马钱子碱，连同生物碱的异型和氮氧化合物等大部分成分将一同被破坏成无定形的产物。

（2）炮制辅料研究　中药炮制辅料，是指在炮制时能发挥辅助作用的液体和固体物料，它可通过增强主药疗效、降低毒性、改变药性等方式影响中药饮片的品质。中药炮制辅料根据其形态可分为固体和非固体：固体辅料（常温下呈固体状态的炮制辅料），如稻米、豆腐、白矾、滑石粉、朱砂、伏龙肝等；非固体辅料（常温或经加热后可以流动的液体辅料），如炮制用黄酒、米醋、蜂蜜、盐水、姜汁、胆汁等。

《中国药典》2020 年版"炮制通则"中对炮制方法的步骤、常用辅料的使用量，以及部分临用现制的辅料的制法做出了规定。目前药典收载的大豆油、滑石粉、碱石灰等可兼作炮制辅料，可借用其标准作为炮制用辅料标准。另外，还有本身为常用中药且又作为炮制辅料使用的"药辅兼用"品种，如滑石粉、蜂蜜、白矾、氯化钠等；及饮片本身制备的药汁，如甘草汁、吴茱萸汁、姜汁、黑豆汁等少数品种。以上辅料类型中少量品种制定了其对应的质量标准，如蜂蜜规定了蜂蜜的来源，在性状项下规定为半透明、带光泽、浓稠的液体，呈现白色至淡黄色或橘黄色至黄褐色，检查项有相对密度、酸度、杂质（淀粉和糊精）、5-羟甲基糠醛限度等，含量测定项有还原糖测定。但大多数辅料没有明确的技术要求也没有质量标准。而辅料的来源、制备工艺、理化性质、品质等变换可能对中药炮制品的质量具有显著的影响，为探究不同炮制辅料对炮制工艺的影响，应积极开展药用辅料标准工作，提高药用辅料标准水平，确保药品安全。

（3）中药粉碎粒度大小研究　从理论上讲，药材粒径越小，成分浸出率越高。但是，粉粒过细，会给滤过带来困难。实际制备时，对全草、花、叶及质地疏松的根及根茎类药材，可直接入煎或切段、厚片入煎；对质地坚硬、致密的根及根茎类药材，应切薄片或粉碎成粗颗粒入煎；对含黏液质、淀粉较多的药材，不宜粉碎而宜切片入煎，以防煎液黏性增大，妨碍成分扩散，甚至焦化糊底。

三、提取工艺研究

中药复方制剂成分复杂，为尽可能保留药效物质、降低服用量、便于制剂等，一般需要经过提取、纯化处理。提取、纯化技术的合理、正确运用与否直接关系到药物疗效的发挥和药材资源的利用。中药复方制剂提取纯化、浓缩干燥研究过程中应围绕药物有效性和安全性，注重中医组方配伍理论和临床传统应用经验（如合煎、分煎、先煎、后下等），关注组方药味相互作用以及饮片、中间体/中间产物和制剂的量质传递，并考虑规模化生产的可行性，及安全、节能、降耗、环保等要求。

1. 提取分离工艺研究

（1）中药提取分离技术方法筛选研究　中药提取分离工艺研究是在针对特定的中成药的制药工艺路线初步确定后，对采用的工艺技术与方法，应进行科学、合理的试验设计和优化的技术开发研究。中药在守正的同时鼓励应用新技术新方法，但对于新建立的方法，应进行方法的合理性、可行性研究。

首先，在充分理解中药复方制剂的传统应用方式的基础上，考虑饮片特点、有效成分性质以及剂型的要求，关注有效成分、有毒成分、浸出物的性质和其他质量属性的量质传递，选用提取技术方法。

对于结构致密、质地坚硬的矿物药和贝壳类药物，其有效成分较难煎出，通常打碎后先煎；对于毒性药物，当久煎能达到解毒、去毒或降低毒性的目的时，通常单独先煎；气味芳香、含挥发油较多及不耐热者药物久煎能使其气味耗散，药效降低甚至丧失，通常后下煎煮，其中，含挥发油成分的常常采用先蒸馏提取；对于粉末类、带有刺激性绒毛类及煎煮后使汤剂变黏稠的种子类药物直接水煎可使药液浑浊、黏稠，刺激强、不便于服用，通常包煎。另外，对于价格昂贵，用量较少的药物通常另煎，提高疗效，减少不必要的浪费。这些仅是基于经验的选择，更科学的是结合经验的基础上进行验证或筛选后确定。

在提取技术方法确定后，进行提取工艺研究。其中，提取技术是要与提取溶剂筛选结合进行选择的。对于提取溶剂则应尽量避免选择使用一、二类有机溶剂，且尽可能采用水、乙醇或乙醇水溶液、醋酸或醋酸水溶液作溶剂。

由于中药复方制剂中成分的复杂性，其中各类成分结构不同、性质各异，故应在充分考虑纯化的必要性和适宜性的基础上，再进行分离纯化法的筛选和工艺研究。一般地，中药提取后，先采用筛网分离、离心分离、膜分离等去渣除杂，然后，依据中药传统用药经验或根据药物中已确认的一些有效成分的存在状态、极性、溶解性等作出是否有必要进行纯化操作的判断，再选择适宜的纯化法。通常采用的是常规色谱分离纯化，通过选用硅胶、氧化铝、聚酰胺、活性炭、大孔吸附树脂等色谱材料确定合适的纯化技术。

同时，在进行具体品种的提取分离技术方法评价试验与选定的过程中，要结合可能选用的生产设备确定操作单元，并依此固定工艺流程。

（2）提取与纯化工艺影响因素与工艺优化研究　在完成中药提取分离技术方法筛选和工艺流程固定研究工作后，围绕固定工艺流程中的操作单元开展工艺影响因素与工艺优化研究。工艺影响因素研究，即通常所说的工艺条件研究，要尽可能明确产品质量与工艺参数以及工艺参数与物料性质等的关系，确定关键工艺参数及范围。

① 中药提取工艺影响因素与优化。中药提取通常采用成熟公认的技术方法，根据所采用的提取方法与设备，考虑影响因素的选择和提取参数的确定。一般地，需对溶剂、提取次数、提取时间等影响因素及生产设备、工艺条件进行选择，优化提取工艺。

工艺参数的确定应有试验依据，说明试验方法、考察指标、验证试验等。工艺参数范围的确定也应有相关研究数据支持。如采用煎煮工艺提取，研究过程中可能需要考虑浸润时间、煎煮用水量、煎煮次数、煎煮时间、药材粒径等因素产生的影响。也可以针对方剂中各饮片进行有效成分溶出度与药材粒度、浸润时间和温度以及加水量等的关系的研究。以最难溶活性成分浸提参数为基准，或以不产生活性成分结构破坏的参数为基准。

工艺的优化应采用准确、简便、具有代表性、可量化的综合性评价指标与合理的方法，在预试验的基础上对多因素、多水平进行考察，尽可能采用同时测定多个成分的方法。在确定主要影响煎煮工艺的因素后，需要采用优选的方法，通常用正交试验确定3～4个因素。如加水倍数、浸泡时间、煎煮时间、煎煮次数，同时对各因素选择3个水平，进行正交试验，结合煎出液中的能够进行含量测定的成分，以确定最佳的工艺。如采用渗漉工艺提取，需要考察渗漉容器的型号、药材的粉碎度、渗漉液的流出速度、渗漉液的收集量以及温度等因素，确定最佳的工艺。

② 中药提取物纯化工艺影响因素与优化。根据纯化的目的、拟采用方法的原理和影响因素选择纯化工艺。一般应考虑拟保留的药效物质与去除物质的理化性质、拟制成的剂型与成型工艺的需要以及与生产条件的桥接。

如采用硅胶色谱法分离，研究过程中可能需要考虑色谱柱的制备如加样硅胶装柱方法、色谱过程中溶剂的选择、洗脱剂流速、装样量等因素；超临界分离工艺，需要考察压力、萃取温度、萃取时间、CO_2 流量、原料粒度、装填量、夹带剂等因素，确定最佳的工艺。

2. 浓缩与干燥工艺研究

（1）中药提取物浓缩/干燥技术方法筛选研究　大分子多糖和酶等中药提取液，可能因高温会导致结构破坏和活性的丧失，需要采用膜分离脱除水等小分子，或采用低温冷冻干燥浓缩方法处理。一般情况下，为获得浸膏同时提高生产效率常采取加热蒸发浓缩方法处理。因中药提取液性质复杂，有的很稀、有的太黏、有的易产生大量泡沫、有的易结垢析晶、有的对热敏感，而乙醇等有机溶剂还应回收，所以常根据药液性质和浓缩程度的要求选择适宜的浓缩方法，如常压浓缩、减压浓缩、薄膜浓缩、多效浓缩等。

热稳定性高的药液可选择在一个大气压下采用倾倒式夹层锅进行蒸发，但该法耗时较长，易使某些成分破坏，工业化生产中较少选用。为防止或减少热敏性物质的分解，增大了传热温度差，提高了蒸发效率，有利于蒸发顺利进行，特殊溶剂回收可选择减压浓缩。水提液的浓缩一般选择减压真空浓缩；含有乙醇等特殊溶剂、需要在减压及较低温度下使药液得到浓缩的一般选择减压蒸馏。

目前中药提取物常用的干燥方式多为烘干法、喷雾干燥、减压干燥和冷冻干燥。喷雾干燥是流态化技术用于液态物料干燥的较好方法，特别适用于热敏性物料。减压干燥是在密闭的容器中抽去空气减压而进行干燥的一种方法，适于产能要求低，热敏性或高温下易氧化，或排出的气体有使用价值、有毒害、有燃烧性等物料。冷冻干燥是将被干燥液体物料冷冻成固体，在低温减压条件下利用冰的升华性能，使物料低温脱水而达到干燥目的的一种方法，适用于某些极不耐热物品的干燥。

浓缩与干燥的方法和程度、设备和工艺参数等因素都直接影响物料中成分的稳定，应结合制剂的要求对工艺条件进行研究和优化。应研究浓缩干燥工艺方法、主要工艺参数，工艺参数范围的确定应有相关研究数据支持。

（2）中药提取物浓缩/干燥工艺影响因素与工艺优化研究　中药生产过程的不稳定性可能会引起物质基础的变化，从而对药品安全性、有效性和质量可控性带来影响。浓缩与干燥的方法和程度、设备和工艺参数等因素都直接影响物料中成分的稳定，应结合制剂的要求对工艺条件进行研究和优化。依据物料的理化性质、制剂的要求，影响浓缩、干燥效果的因素，选择相应工艺，使所得产物达到要求的相对密度、含水量等，以便于制剂成型。

中药提取物浓缩/干燥工艺影响因素与工艺优化要基于制剂的剂型和生产需要。中药提取物含水（或溶剂）量不同，其形态也不一样，不同剂型药物在生产中需要的中药提取物可能是干提取物（或固体提取物）、液体提取物（提取液）、软提取物（浸膏或流浸膏）等。即蒸去部分或全部溶剂，调整浓度至规定标准而成的制剂。具体提取物浓缩/干燥成哪种形态，可根据所要生产的成品剂型来确定，比如口服片剂、颗粒剂、粉剂、丸剂等可选择提取成干提取物（一般为粉状），以便于生产需要。成品为口服液、膏剂、贴剂、涂抹剂、喷雾剂等可以提取为液体提取物（提取液）或软提取物（浸膏或流浸膏）。没有固定为某种形态具体根据生产需求来定。

中药提取物浓缩/干燥工艺影响因素与工艺优化要基于提取液的理化性质。由于中药提取液性质复杂，有的很稀、有的太黏、有的易产生大量泡沫、有的易结垢析晶、有的对热敏感，因此，应根据药液性质和浓缩程度的要求选择适宜的浓缩方法。除了对一些大分子多糖和酶等的提取液，因高温会导致结构破坏和活性的丧失，而需要采用膜分离脱除水等小分子，或采用低温冷冻干燥浓缩工艺以外，一般情况下，为获得浸膏，常采取加热蒸发浓缩工艺。

浓缩工艺中，常压蒸发常用于非热敏性药液的蒸发，减压蒸发常用于含热敏性成分药液的蒸发；薄膜蒸发常用于蒸发速度要求快、受热时间短、成分稳定性要求高的药液的蒸发；多效蒸发常用于非热敏性药液且生产效率要求高的提取液蒸发。干燥方式中，物料处于静止状态，干燥速度要求不高的可以选择烘干法，使用烘箱和烘房。热敏性物料、产品质量要求高需要控制和调节产品的粗细度和含水量等质量指标的物料，可将液态物料浓缩至适宜的密度后，使雾化成细小雾滴，与一定流速的热气流进行热交换，使水分迅速蒸发，可以选择喷雾干燥。热敏性物料，或高温下易氧化，或排出的气体有使用价值、有毒害、有燃烧性等物料，或干燥的温度低，干燥速度快，减少了物料与空气的接触机会，避免污染或氧化变质物料，或产品需要呈松脆的海绵状，易于粉碎，挥发性液体需要回收利用物料可以选择减压干燥。极不耐热物料的干燥，将被干燥液体物料冷冻成固体，在低温减压条件下利用冰的升华性能，使物料低温脱水而干燥，即采用冷冻干燥方法。

中药提取物浓缩/干燥工艺影响因素与工艺优化要基于产品质量稳定考察浓缩/干燥工艺中工艺参数。基于物料中产品质量关键物质控制参数（如指标性成分转移率），在选定的浓缩/干燥工艺中，根据设备的实际性能，重点考察浓缩时控制蒸汽压力、真空度、温度、时间。如在部分配方颗粒干燥工艺中，通过因素试验，考察辅料量、浸膏相对密度、进料温度、进料速度、进风温度、出风温度对干膏粉质量的影响，以确定最佳的喷雾干燥参数。

由于中药是依据前人中医药理论经验演变而来的，其工艺路线是传统中医用自身经验或指导病人（家属）单剂量或转移至作坊多剂量加工路径，中药制药工艺主要是物理过程，通常经过前处理（洗切烘干）、饮片炮制、提取、分离纯化、制剂等过程；但不是所有的炮制都是物理过程，也许其煎煮提取过程也存在化学反应。

中药制药工艺研究要以质量标准、药效试验、疗效检验来衡量，此谓"三因果"。其一质量标准的方法易建立，水平标准高，可控程度大；其二药效试验结果显著，具有较好的量效关系；其三疗效检验证明确实安全有效，一般应强于阳性对照药。这是研究的目标，更是研究目的。对于中药浸膏以及单一成分或多组分有效部位提取物的工艺研究，我们不能仅机械地理解为溶解-扩散的物理分离过程，而应将基于中医药理论赋予药物性、味的方法纳入工艺研究中。

<hr />

习题与思考题

1. 何为中药制药工艺学？

2. 在中药制药工艺路线研究中，进行工艺路线设计依据的原则有哪些？为什么说中药制药工艺路线设计的关键是提取技术的选择？

3. 简述中药材炮制工艺中切制的目的。

4. 常用的中药提取技术有哪些？各有何特点。

5. 常用的中药分离纯化与浓缩技术有哪些？各有何特点？

6. 简述中药提取物浓缩/干燥技术方法的筛选原则。

7. 简述单味中药配方颗粒浸膏提取浓缩工艺中采用的主要工艺方法及参数如何筛选与优化。

8. 对于含有芳香油的现代中药复方制剂用浸膏的生产工艺设计，请简述选用工艺方法及关注工艺参数的理由，并给出必要的说明。

课外设计作业

结合已学的化学和药学等的基本原理，对任一中药材的炮制方法的科学性进行分析，并给出工业生产的炮制工艺。

要求：① 4～5 人一组，一周内完成。

② 查阅文献资料，在有可能的情况下，到相关中药制药企业的生产车间参观，收集素材和相关信息等。

③ 提交论文报告并作课堂交流。

参考文献

[1] Teo C C，Chong W P K，Ho Y S . Development and application of microwave-assisted extraction technique in biological sample preparation for small molecule analysis [J] . Metabolomics，2013，9（5）：1109-1128.

[2] 程之永，唐旭东，万斌 . 中药有效成分常用提取新工艺研究进展 [J] . 中国现代中药，2015，17（5）：418-423.

[3] 殷明阳，刘素香，张铁军，等 . 复方中药提取工艺研究概况 [J] . 中草药，2015，46（21）：3279-3283.

[4] 蔡宝昌 . 中药炮制工程学 [M] . 北京：化学工业出版社，2011.

[5] 国家药典委员会 . 《中华人民共和国药典》[S]（2020 版）. 北京：中国医药科技出版社，2020.

[6] Wu J，Wu X，Wu R，et al. Research for improvement on the extract efficiency of lignans in traditional Chinese medicines by hybrid ionic liquids：as a case of Suhuang antitussive capsule [J] . Ultrasonics Sonochemistry，2021，73：105539.

[7] Kumar M，Dahuja A，Punia S，et al. Recent trends in extraction of plant bioactives using green technologies：a review [J] . Food Chemistry，2021，353：129431.

[8] Liu L. A rapid and efficient strategy for quality control of clinopodii herba encompassing optimized ultrasound-assisted extraction coupled with sensitive variable wavelength detection [J] . Molecules，2022，27.

[9] 詹娟娟，伍振峰，尚悦，等 . 中药浸膏干燥工艺现状及存在的问题分析 [J] . 中草药，2017，48（12）：2365-2370.

[10] 关志宇，刘星宇，姜晟，等 . 中药连续化生产的必要性与可行性探讨 [J] . 中草药，2022，53（12）：3573-3580.

[11] 程翼宇，张伯礼，方同华，等 . 智慧精益制药工程理论及其中药工业转化研究 [J] . 中国中药杂志，2019，44（23）：5017-5021.

[12] 石国琳，徐冰，林兆洲，等 . 中药质量源于设计方法和应用：工艺建模 [J] . 世界中医药，2018，13（3）：543-549.

第七章

中药和天然药物加工典型工艺实例

中药种类繁多，质地、性味、理化性质以及产地等差异较大，其有效成分的提取与制剂生产工艺不尽相同。其中，中药提取多数是水提取或有机溶剂乙醇提取，常常会受工艺因素或非工艺因素的影响，涉及特殊溶剂乙醇的使用和高温高压或低温等高风险工艺操作。工艺因素包含提取次数、提取时间、乙醇用量及乙醇的浓度等，非工艺因素包括中药材和中药饮片的大小和形状、煎煮容器大小及传热方式等。但对中成药和中药提取物的生产来说，其通常要经过中药原料炮制加工、中药提取、浓缩、干燥、粉碎、混合和制剂加工等几个基本单元操作实现，也就是说，其工艺流程差别不大。为此，本章通过介绍典型的中成药、中药配方颗粒、中药指标性单体成分生产工艺来展现中药制药原理、制药技术与工艺的实际应用全貌。

第一节　疏风解毒胶囊用浸膏生产工艺

一、概述

疏风解毒胶囊源于百年家传秘方"祛毒散"，处方中含有大量性味苦寒的药物，成分味道极苦、有刺激性气味，故选择胶囊剂型。本品主要用于急性上呼吸道感染属风热，症见发热、恶风、咽痛、头痛、鼻塞、流浊涕、咳嗽等。《中国药典》（2020 年版）一部疏风解毒胶囊处方包含：虎杖、连翘、败酱草、柴胡、马鞭草、板蓝根、芦根、甘草等中药材。

制剂采用微粉硅胶、糊精（1∶1）混合作为辅料，用量约为成品的 20%，混合均匀后加入处方量的疏风解毒中药提取浓缩的稠膏中，混匀，真空干燥（真空度 0.08～0.09MPa），粉碎，得干粉，将挥发油喷入药粉，过筛，混匀，装胶囊。

疏风解毒胶囊产品性质及质量标准见表 7-1。

表 7-1 疏风解毒胶囊产品性质及质量标准

检验项目		《中国药典》2020 版一部标准
性状		本品为硬胶囊,内容物为深棕色至棕褐色的颗粒或粉末;气香,味苦
鉴别	虎杖薄层色谱鉴别	应与虎杖对照药材、大黄素对照品相同
	连翘高效液相色谱测定特征图谱	应呈现与连翘苷对照品主峰保留时间相同的色谱峰
	甘草薄层色谱鉴别	应与甘草对照药材、甘草苷对照品相同
检查	水分	不得过 9.0%
	质量差异	应不得过 0.52g±0.52g×10%,超出装量差异限度的不得多于 2 粒,并不得有 1 粒超出限度 1 倍
	崩解时限	应在 30min 内全部崩解
	微生物限度	需氧菌总数应不得过 10^3 cfu/g
		霉菌和酵母菌总数应不得过 10^2 cfu/g
		大肠埃希菌每 1g 应不得检出
		需氧菌总数应不得过 10^3 cfu/g
含量测定	高效液相色谱测定连翘苷	本品每粒含连翘以连翘苷($C_{27}H_{34}O_{11}$)计,不得少于 0.20mg
	高效液相色谱测定虎杖	本品每粒含虎杖以虎杖苷($C_{20}H_{22}O_8$)计,不得少于 3.0mg

1. 疏风解毒胶囊的历史

源于"祛毒散"的疏风解毒胶囊是从湖南湘西民间老中医捐献的家传秘方演变而来的。该方在湘西民间流传百年,主要用于治疗伤风、白喉、腮腺炎、扁桃体炎等病。原方由虎杖、连翘、败酱草、马鞭草、隔山消、甘草六味药物组成。1991 年该方经湖南医科大学、湖南医科大学附属第二医院按传统中医学理论重新组方,去掉隔山消,增加了板蓝根、柴胡、芦根 3 味药材,作为院内制剂使用。其方解如下:

① 虎杖。蓼科植物虎杖 Polygonum cuspidatum Sieb. et Zucc. 的干燥根茎和根。其主要成分为蒽醌类衍生物,如大黄素、大黄素甲醚、大黄酚、大黄素甲醚-8-葡萄糖苷等,芪类化合物,如白藜芦醇及其苷白藜芦醇苷;其味苦微涩、性微寒,功能祛风、除湿、解表、攻诸肿毒,止咽喉疼痛,为君药。

② 连翘。木犀科植物连翘 Forsythia suspensa (Thunb.) Vahl 的干燥果实。其主要成分为:木脂体及其苷、苯乙醇苷、五环三萜、黄酮及挥发油等;其性凉味苦,功能清热、解毒、散结、消肿,具有升浮宣散之力、能透肌解表、清热祛风,为治疗风热的要药。

③ 板蓝根。十字花科植物菘蓝 Isatis indigotica Fort. 的干燥根,其主要成分为生物碱类、喹唑酮类生物碱、芥子苷类化合物、含硫类化合物、有机酸、甾体化合物等,其味苦性寒,功能清热解毒;与连翘共为臣药。

④ 柴胡。伞形科植物柴胡 Bupleurum chinese DC. 的干燥根。主要成分为柴胡皂苷、挥发油、柴胡多糖、黄酮类、植物甾醇和有机酸等,其性凉味苦,功能和解表里。

⑤ 败酱草。为败酱科败酱属植物黄花败酱 Patrinia scabiosaefolia Fisch. 的带根全草。主要成分为齐墩果酸、常春藤皂苷元等。其味辛苦、微寒,功能清热、解毒、善除痈肿结热。

⑥ 马鞭草。马鞭草科植物马鞭草 Verbena officinalis L. 的干燥地上部分。主要成分为环烯醚萜类糖苷类、苯丙酸类糖苷、黄酮类成分、有机酸类成分、糖类、甾醇类、挥发性成

分，其性味凉苦，功能清热解毒、活血散瘀，能治外感发热、喉痹。

⑦ 芦根。禾本科植物芦苇 *Phragmites communis* Trin. 的干燥根茎。主要成分为氨基酸、脂肪酸、甾醇、生育酚、多元酚、木质素、丁香醛、松柏醛、香草酸、阿魏酸等，其味甘寒，能清降肺胃，生津止渴，治喉痛。与柴胡、败酱草、马鞭草共为佐药。

⑧ 甘草。豆科植物甘草 *Glycyrrhiza uralensis* Fisch. 的干燥根和根茎。主要成分为三萜皂苷类、黄酮类、生物碱类、多糖类、萜类化合物、醛、酸和羧酸及其同系物等，养胃气助行药，并调和诸药，为使。

以上诸药配伍能直达上焦肺卫，祛风清热，解毒散结，切合上呼吸道感染风热症风热袭表，肺卫失宣，热毒结聚之病机。

2003 年至 2004 年，由中国中医科学院西苑医院牵头，联合多家医院对疏风解毒胶囊进行Ⅲ期临床试验。研究表明，疏风解毒胶囊对急性上呼吸道感染疗效确切，安全性高。由于疏风解毒胶囊具有疏风清热、解毒利咽等作用，治疗急性上呼吸道感染属风热证，症见发热、恶风、咽痛、头痛、鼻塞、流浊涕、咳嗽，疗效确切、机制明确，2009 年疏风解毒胶囊作为清热解毒类创新中成药上市。

在临床治疗感冒的中成药里，临床循证 Cochrane 系统评价表明疏风解毒胶囊是具有循证医学证据且证明有效的药物。近年来，本品先后被国家《新型冠状病毒感染的肺炎诊疗方案》（第四、五、六、七、八版）《中医药治疗流感临床实践指南（2021）》《流行性感冒诊疗方案》《甲型 H1N1 流感诊疗方案》《人感染 H7N9 禽流感诊疗方案》《社区获得性肺炎中医诊疗指南》列为推荐用药，疏风解毒胶囊已经成为治疗流感、上呼吸道感染、新型冠状病毒感染等方面重要的基础治疗药物。近年来，科研人员通过对比"疏风解毒配方颗粒"和中国上市药物疏风解毒胶囊有效物质成分，从指纹图谱出发，对疏风解毒颗粒不同剂量配方对标疏风解毒胶囊有效物质成分集，进行八味药材配方颗粒剂量化研究确立最终的配比，获得欧盟相关机构认可，中药第一次以药品身份参与到德国以及全欧洲的新冠肺炎患者救治。

2. 国内外市场现状

中医药已经传播到世界 183 个国家和地区，有 86 个国家和中国签订了中医药相关合作协议，中药国际化进程步伐加快已经是共识。但值得注意的是，中医药出海步伐加快的同时，中药类产品的出口情况却一直不理想。由于文化背景和理论体系的差异，中医药的科学内涵尚未被国际社会广泛接受，特别是在西医占主流的欧美社会，中医药更被视为西医的补充，多数中成药走出国门后，也只能摆在保健品甚至食品的货架上，无法获得药品的"身份证"，也就无法真正进入西方的主流社会。同时近九成的传统中成药产品说明书描述中，不良反应、禁忌、注意事项均不明确，很难能让一个不同文化背景、无中药常识的西方人接受和服用。

从长远来看，中医药走向世界，进入国际市场是发展的必然趋势。中医药有自己独特的体系和作用机制，从实际经验来看，成分清楚、疗效明显、作用机制清晰、有大量国际科研论文支撑的中成药在走出去上更有优势。利用现代先进技术手段将中医药研究成果呈现出来，传播出去，标准对接、科研先行也已经成为推动中医药走出去的业内共识。

2019 年，中药配方颗粒配制的疏风解毒颗粒药房制剂在欧盟 27 个成员国实现销售，但中成药暂未实现上市销售许可。

3. 提取工艺方法

疏风解毒胶囊生产提取方法使用水蒸气蒸馏法、煎煮法、回流法等常规中药提取工艺方法。

虎杖、板蓝根中含有一定量的蒽醌类成分，采用回流法以乙醇提取有效成分，乙醇浸提药材成分，浸提液被加热，溶剂馏出后又被冷凝流回浸出器中浸提药材，这样周而复始，直至有效成分提取完全，提取滤液浓缩收集浸膏。柴胡、连翘含有一定量挥发油，为使药物的物质基础保留，利用挥发油的挥发性，采用水蒸气蒸馏法预提取挥发油，药渣与其他水提药材合并继续提取收集滤液；败酱草、马鞭草、芦根、甘草中有效成分能溶于水，且对湿热稳定，用水作溶剂，采用将其与水蒸气蒸馏法提取后的柴胡、连翘药渣合并加热煮沸一定的时间的煎煮法提取所含成分，两法提取滤液合并混合浓缩成浸膏。

二、生产工艺原理与过程

用70％乙醇回流提取虎杖、板蓝根粗颗粒，滤液浓缩得醇提浸膏。用水蒸馏提取柴胡、连翘挥发油，然后，药渣与败酱草、马鞭草、甘草、芦根混合煎煮得滤液，与水蒸馏提取的柴胡、连翘提取滤液混合浓缩得浸膏。以上提取浓缩浸膏混合干燥得干浸膏。

1. 工艺原理

"祛毒散"与多数传统中药一样采用的水煎煮加工制作的。本品疏风解毒胶囊是利用中药材浸提制取的稠膏与辅料（糊精/二氧化硅＝1∶1）混匀，经干燥、粉碎后与挥发油混合（干法）制粒，最后灌装制得胶囊。

理论上，其稠膏也是可以通过加水煎煮浸提工艺操作生产的。但是，虎杖中的大黄素等蒽醌类衍生物和白藜芦醇与板蓝根中的 β-谷甾醇酯类化合物等都是难溶于水的，而它们以及虎杖和板蓝根中的其他活性成分均在乙醇中有良好的溶解性。为此，将此2味中药材混装后用乙醇（回流）浸提，可最大量提取其全部的活性成分。

连翘和柴胡等药材中含有挥发油，可与水共沸而蒸出，会在后期多效（真空）蒸发浓缩操作中损失。为此，采取水浸提预先分出其挥发油，然后，在干法制粒阶段将其加入，从而能避免挥发油的流失，使之可足量保持在成品中；它是中药"先煎后下"制药工艺原理的一种体现。

2. 中药提取工艺过程

（1）工艺概述 按照1000粒疏风解毒胶囊含虎杖450g、连翘360g、板蓝根360g、柴胡360g、败酱草360g、马鞭草360g、芦根270g、甘草180g原药材处方量倍增配料。

虎杖、板蓝根粉碎成粗颗粒，加5倍量70％乙醇加热回流提取2h，滤过。药渣再加3倍量70％乙醇加热回流提取1h，滤过，滤液合并，回收乙醇并减压浓缩（真空度0.06～0.07MPa）至相对密度为1.35～1.40（60℃）的稠膏，备用。

连翘、柴胡加7倍量的水，加热回流提取挥发油4h，分取分层的挥发油约1mL，备用。药渣和药液粗滤，滤液离心分离，上清液和药渣分别保存备用。

其余败酱草等四味与柴胡、连翘提取挥发油后药渣合并，加水煎煮提取二次，第一次加18倍量水提取2h，第二次加12倍量水提取1h，粗滤，滤液离心分离，两次提取的上清液与柴胡、连翘提取挥发油后的上清液合并，减压浓缩（真空度0.06～0.07MPa）至相对密度为1.35～1.40（60℃）的稠膏，备用。

取糊精、二氧化硅各50g，混匀，加入上述水提浓缩稠膏与醇提浓缩稠膏中，充分搅拌均匀，真空干燥（真空度0.08～0.09MPa，温度70～80℃），粉碎得干膏粉。加辅料干法制粒，喷挥发油，装入胶囊即得。

（2）工艺过程流程

① 工艺流程框图。根据上述工艺操作说明，按操作单元表述的疏风颗粒胶囊提取工艺流程用框图表述如图 7-1 所示。

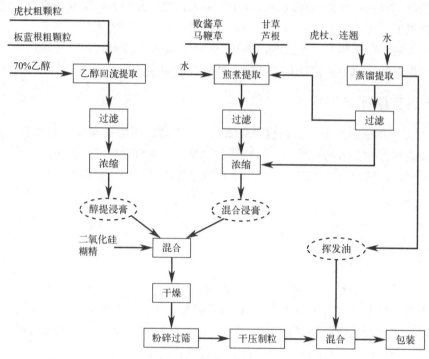

图 7-1　疏风解毒胶囊用提取物生产工艺流程框图

由图 7-1 可见，其中既有提取到浓缩的一般工艺过程，又有先煎后下传统中药制作工艺方法的体现。在实验室进行工艺研发时，柴胡/连翘提取挥发油后的药渣因投料量不大，而容易转移到煎煮提取罐或蒸煮器中；但工业化生产投料量大是难以简单转移的，且此时的药渣仍是生产过程中的原料，不能通过排渣口排出。

② 工艺过程流程图。图 7-2 是带控制点的疏风解毒颗粒提取物生产工艺流程图（PID图），其中干燥采用的带式真空干燥装置技术。图中不包括制粒和喷挥发油的操作，其中隔断表示的是洁净控制区。

（3）工艺操作说明

① 生产前检查。各岗位开工前需检查厂房、设备、容器具的清洁状况；有"清场合格证"且无上批生产的遗留物或无与本批生产无关的物料；设备仪器完好、已清洁；计量器有校验合格证且在有效期内；生产指令和相关记录齐全；操作间环境符合生产、安全要求。生产前检查符合要求，经 QA 确认后，方可进行生产操作。

② 配料称量。按生产指令 AGV 自动投料小车自净料库领取物料（如按 75 万粒成品物料量折算），并根据生产进度进行投料。

③ 提取。操作人员按"提取岗位标准操作规程""$6m^3$ 多功能提取罐标准操作规程"进行操作。煎煮前，核对提取罐编号、物料的名称、物料数量，确认无误后，与配料称量岗位操作人员办好交接手续方能生产。

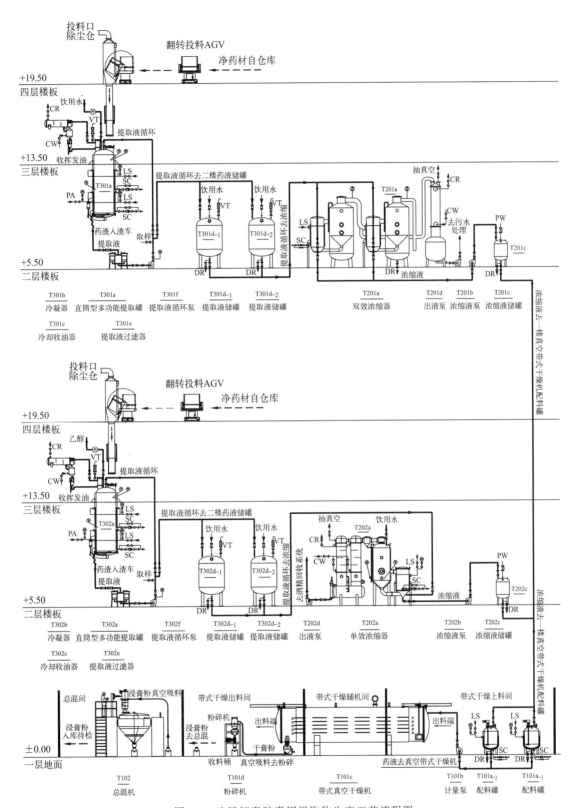

图 7-2　疏风解毒胶囊用提取物生产工艺流程图

a. 醇提浸膏提取。虎杖粗颗粒、板蓝根粗颗粒投入 T302a 提取罐。投料结束后，用 70%乙醇第一次加 5 倍量加热回流提取 2h，滤过；药渣再加 3 倍量 70%乙醇加热回流提取 1h，滤过，在第一次提取液减压浓缩过程中加入第二次提取液继续减压浓缩。提取过程中要注意温度及压力的变化，蒸汽压力≤0.25MPa，罐内压力≤0.03MPa，醇提沸腾温度控制在（80.0±5.0）℃，沸腾温度达到后每 30min 记录一次上述参数。

b. 挥发油提取。连翘、柴胡药材称量后装入纱布袋中，投入 T301a 提取罐。投料结束后，加 7 倍量的水加热回流提取挥发油 4h，分取分层的挥发油备用，药液滤过，收集备用。提取过程中要注意温度及压力的变化，蒸汽压力≤0.25MPa，罐内压力≤0.03MPa，水提沸腾温度控制在（100.0±2.0）℃，沸腾温度达到后每 30min 记录一次上述参数。提取结束后，将柴胡、连翘纱布袋从罐内提出，与马鞭草、败酱草、甘草、芦根四味药材混合提取。

c. 混合浸膏提取。马鞭草、败酱草、甘草、芦根四味药材与柴胡、连翘提取挥发油后药渣合并提取，共分 6 罐提取。其中，马鞭草、败酱草、甘草、芦根按照每个药材总数量分成 6 份投入各提取罐内，柴胡、连翘提取挥发油后药渣均分成 6 份投入各提取罐内。

投料结束后，加水煎煮两次，第一次加 15 倍量水煎煮 2h，滤过，滤液真空浓缩，第二次加 11 倍量水煎煮 1h，滤过，在第一次提取液减压浓缩过程中加入第二次提取液继续减压浓缩。药渣按"废弃物管理规程"处理。提取过程中要注意温度及压力的变化，蒸汽压力≤0.25MPa，罐内压力≤0.03MPa，水提沸腾温度控制在（100.0±2.0）℃。沸腾温度达到后每 30min 记录一次上述参数。

④ 浓缩。

a. 醇提浸膏浓缩。将虎杖粗颗粒、板蓝根粗颗粒醇提提取液用外循环真空浓缩器（T202a）回收酒精并浓缩至相对密度为 1.10～1.20（60℃）的浓缩液，浓缩液泵连续出料入浓缩液储罐（T202c）内，后转入真空带式干燥机配料罐（T101a）。

b. 混合浸膏浓缩。柴胡、连翘提油液离心提油后，上清液用双效浓缩器（T201a）减压浓缩至相对密度为 1.05～1.15（60℃）的浸膏，转入浓缩液储罐（T201c）备用。柴胡、连翘渣及败酱草等提取液用双效浓缩器（T201a）进行浓缩。浓缩时，一效温度控制在（75±5）℃，二效温度控制在 70～75℃，控制蒸汽压力≤0.1MPa，真空度控制在 0.05～0.08MPa，浓缩至相对密度为 1.10～1.20（60℃）的浓缩液。

⑤ 干燥/粉碎。取糊精、二氧化硅混合物与醇提浸膏、混合浸膏按比例倒入配料罐（T101a）内混合 10min 后，继续搅拌，干燥时按"真空低温液体连续干燥机标准操作规程"操作。干燥温度 60～80℃，真空度 0.080～0.100MPa，干燥过程中每小时检查一次温度、真空度。干燥后物料粉碎要达到 24 目要求，装入双层药用低密度聚乙烯袋中，称量，张贴物料标签，转入总混岗位。计算收率。

⑥ 总混。岗位操作人员核对所领物料信息（品名、批号、数量），确认无误后，与粉碎过筛岗位完成物料交接手续，方可进行总混。总混时，按照"混合机标准操作规程"进行操作，将混合机的转动频率调至 20Hz，总混时间为 30min。总混结束后，放料，请验，物料用双层药用低密度聚乙烯袋装袋，称重，密封，张贴物料标签。

然后，将此总混物料挤压成颗粒，再整粒；并在整粒过程中，将（3）②提取的挥发油喷入混合制得用于胶囊充填的疏风解毒颗粒。

上述工艺是在操作工艺影响因素研究的基础上优化并验证形成的，其中提取工艺是产品生产的技术关键。

三、提取工艺影响因素

1. 挥发油提取操作筛选与时间扫描

在工艺路线设计时，对中药饮片是否有挥发油的判断是必需的。为了确定在设计的提取工艺路线中是否有必要进行挥发油的提取，通常采用水蒸煮提取挥发油的实验来进行判定。

① 考察马鞭草、败酱草挥发油的含量，通过挥发油提取实验，所得结果如表 7-2 所示。

表 7-2 马鞭草、败酱草提取挥发油实验结果

药材名称	投生药量/kg	提取时间/h	分层挥发油量/mL	蒸馏液情况
马鞭草	3	5	无	无乳化
败酱草	3	5	约 0.1	轻微乳化

上述结果表明，干燥马鞭草几乎得不到分层的挥发油，蒸馏液无微乳化现象。败酱草干品中挥发油的含量约 0.1mL，含量极少，蒸馏液有微乳化现象，故在本工艺中对上述两味药不提取挥发油。

② 考察连翘、柴胡挥发油的含量，通过挥发油提取实验，所得结果如下：

称取连翘、柴胡各 300g，加入 4.2L 水，用挥发油提取器加热回流提取挥发油，从药材煮沸开始回流起计时，每半小时记录一次流出液中的油量，结果见表 7-3。

表 7-3 连翘、柴胡挥发油提取量表

项目时间/h	0.5	1.0	1.5	2.0	2.5	3.0	3.5	4.0	4.5	5.0	5.0 以后
得油量/mL	0.12	0.35	0.43	0.52	0.60	0.65	0.70	0.75	0.76	0.77	0.77

上述结果表明，连翘、柴胡提取挥发油前 4h 得到了分层明显的含油流出液，共得挥发油约 0.75mL，得率为 0.13%，有必要进行挥发油的提取操作。且在第 4h 后仅得到 0.02mL 分层挥发油，延长提取操作时间不再有价值。故连翘、柴胡的挥发油提取操作采用 4h。

2. 虎杖/板蓝根的醇提工艺影响因素

根据提取工艺路线设计，虎杖、板蓝根拟采用乙醇提取。考虑到可能影响乙醇提取效果的因素主要有饮片大小、提取的次数、提取时间、乙醇用量及乙醇的浓度等五个因素。为了便于正交试验设计，减少考察因素，故首先对虎杖、板蓝根药材粒度及乙醇提取次数分别单独进行考察，然后，再采用正交试验法对乙醇用量、浓度及提取时间三个因素以干浸膏得率、大黄素转移率为考察指标进行考察，优选虎杖、板蓝根乙醇提取的最佳工艺技术条件。

(1) 工艺参数对乙醇提取虎杖/板蓝根的影响

① 粉碎对醇提的影响。《中国药典》（2020 年版）规定虎杖多为圆柱形短段或不规则厚片，长 1~7cm，直径 0.5~2.5cm。板蓝根呈圆柱形，稍扭曲，长 10~20cm，直径 0.5~1cm。药材体积均较大，对所含有效成分的提取率可能有影响，但粒径过小的易板结。结合经验，选择经破碎的粗颗粒药材（约 4mm×4mm）与原饮片比较。

板蓝根、虎杖采用 70% 乙醇为溶剂提取三次（4 倍，1.5h；3 倍，1h；3 倍，1h），滤过，滤液合并，回收乙醇至最小体积，水浴蒸干，再于 85℃ 左右干燥至恒重，紧密测重，并测定干浸膏中大黄素含量，按下式计算干浸膏得率与大黄素转移率，结果见表 7-4。

$$干浸膏得率 = \frac{干浸膏重量}{生药量} \times 100\%$$

$$虎杖大黄素的转移率 = \frac{干浸膏中大黄素的含量 \times 干浸膏重量}{虎杖药材中大黄素的含量 \times 虎杖生药量} \times 100\%$$

表 7-4 虎杖、板蓝根粉碎与不粉碎 70%乙醇提取结果比较

项目	不粉碎	粉碎	变化
干浸膏得率/%	16.44	20.81	4.37
大黄素含量/%	2.21	2.39	—
大黄素转移率/%	60.55	82.89	22.34

② 粗颗粒醇提次数的选择。采用与前面试验相同的提取溶剂、提取时间和加乙醇量，具体方法如下：称取虎杖 30g，板蓝根 24g，粉碎成粗颗粒，加 70%乙醇回流提取三次（4倍，1.5h；3 倍，1.0h；3 倍，1.0h），滤过，每次的醇提液分开浓缩、干燥、称重和测定大黄素的含量，计算干浸膏得率、虎杖中大黄素的得量和转移率。考察 70%乙醇每次提取的干浸膏得率和虎杖中大黄素的转移率，具体测定和计算方法同前，结果见表 7-5。

表 7-5 虎杖、板蓝根醇提次数结果分析表

次数结果	干浸膏得率/%	干浸膏得率占比/%	大黄素转移率/%	大黄素得量/g	大黄素得量占比/%
第一次	12.05	57.79	49.81	0.1614	60.00
第二次	7.24	34.73	29.08	0.0942	35.03
第三次	1.56	7.48	4.13	0.0134	4.97

上述结果表明，虎杖和板蓝根 70%乙醇前两次提取合并的干浸膏得率与大黄素转移率占三次提取合并的 92%以上。结合能耗和生产效率等综合因素分析，故虎杖和板蓝根醇提次数采用两次为宜。

（2）虎杖/板蓝根乙醇提取工艺优化 取虎杖和板蓝根，粉碎成粗颗粒，以乙醇浓度、加乙醇量、提取时间为考察因素，每个因素选择三个不同的水平，回流提取两次，在平行操作条件下，按 $L_9(3^4)$ 表进行正交试验，以醇提干浸膏得率和虎杖中的大黄素转移率综合评分为实验优选指标，优选最佳提取工艺。因素水平见表 7-6。

表 7-6 虎杖、板蓝根乙醇提取因素水平分析表

水平因素	A 乙醇浓度/%	B 乙醇量/倍	C 时间/h
1	50	6(3.5+2.5)	1.0+1.0
2	70	8(5+3)	1.5+1.0
3	95	10(6+4)	2.0+1.0

取虎杖 30g，板蓝根 24g，粉碎成粗颗粒，置回流提取装置中，按正交设计加乙醇回流提取两次，滤过，合并滤液，滤液回收乙醇至小体积，转移到已知质量的蒸发皿中，水浴蒸干，再于 85℃左右干燥至恒重，精密称重。

正交实验方案、结果及方差分析见表 7-7 和表 7-8。

表 7-7　正交实验方案、结果

水平序号	A（乙醇浓度）	B（乙醇量）	C（时间）	D（空白）	结果			
					干浸膏得率 Y_1 /%	大黄素含量 /%	大黄素转移率 Y_2 /%	综合评分 Y /%
1	1	1	1	1	17.62	1.22	35.83	26.73
2	1	2	2	2	21.24	1.05	37.17	29.21
3	1	3	3	3	22.09	1.17	43.08	32.59
4	2	1	2	3	18.31	2.34	71.41	44.86
5	2	2	3	2	19.22	2.48	79.44	49.33
6	2	3	1	1	18.97	2.40	75.88	47.43
7	3	1	3	2	11.90	3.35	66.44	39.17
8	3	2	1	3	12.14	3.09	62.52	37.33
9	3	3	2	1	12.86	3.26	69.87	41.37
I	88.53	110.76	111.49	117.43				
II	141.62	115.87	115.44	115.81				
III	117.87	121.39	121.09	114.78				
IV	29.51	36.92	37.16	39.14	综合评分公示：$Y=0.5Y_1+0.5Y_2$			
V	47.21	38.62	38.48	38.60				
VI	39.29	40.46	40.36	38.26				
R	17.70	3.54	3.20	0.88				
S	471.49	18.84	15.52	1.19				

表 7-8　结果方差分析表

方差来源	离差平方和	自由度	方差	F 值	显著性
A	471.49	2	235.75	392.92	＊＊
B	18.84	2	9.42	15.70	
C	15.52	2	7.76	12.93	
误差 e	1.19	2	0.60		

注："＊＊"为有极显著性差异。

查 F 发布临界值表：$F_{0.05}(2,2)=19.00$，$F_{0.01}(2,2)=99.00$。

从方差分析结果可知：A 因素有非常显著差异（$P<0.01$），B、C 因素差异不显著（$P>0.05$），极差 $R_B>R_C$，故影响实验结果的主次因素顺序为 A＞B＞C；A 因素中 $A_2＞A_3＞A_1$，选择显著因素的最好水平为 A_2；B 因素中 $B_3＞B_2＞B_1$，C 因素中 $C_3＞C_2＞C_1$，因 B 因素、C 因素没有显著性差异，为次要因素，可根据节省能耗的原则和考虑 B、C 因素与 A_2 水平的搭配来选择，从正交试验结果表可以看到，B 因素取 B_2 水平，C 因素取 C_3 水平与 A_2 水平搭配，醇提干浸膏得率和大黄素的转移率都较高，故 B 因素选择 B_2，C 因素选择 C_3，得到较优试验方案为 $A_2B_2C_3$。

即第一次加 70% 乙醇 5 倍量，回流提取 2.0h，第二次加 70% 乙醇 3 倍量，回流提取 1.0h 为虎杖、板蓝根醇提取的优化工艺操作参数。

3. 败酱草等药材混装水提取工艺影响因素

按提取工艺路线设计，取连翘、柴胡、败酱草、马鞭草、芦根、甘草合并，加水提取，以加水量、提取时间及提取次数为考察因素设计 3 个水平，在平行操作条件下，按 $L_9(3^4)$

表进行正交试验，以总干浸膏得率、连翘中连翘苷的转移率综合评分为实验优选指标，优选最佳提取工艺。因素水平见表 7-9。具体方法如下：取连翘 40g、柴胡 40g、败酱草 40g、马鞭草 40g、芦根 30g、甘草 20g 合并，按正交试验设计加水提取（每次提取前先称重，煮沸到规定时间前 10min 再称重并补加水到原质量，再煮沸 10min），粗滤，滤液离心分离，取上清液合并，减压浓缩至小体积，转移到已知质量的蒸发皿中，水浴蒸干，再于 85℃ 左右干燥至恒重，精密称重。正交实验方案、结果及方差分析见表 7-10。

$$干浸膏得率 = \frac{干浸膏重量}{生药量} \times 100\%$$

$$连翘苷的转移率 = \frac{干浸膏中连翘苷的含量 \times 干浸膏重量}{连翘药材中连翘苷的含量 \times 连翘生药量} \times 100\%$$

表 7-9 因素水平分析表

水平 因素	A 加水量/倍		B 时间/h	C 次数/次
1	22	12,10 10,7,5	2	2
2	26	15,11 12,8,6	3	3
3	30	18,12 14,9,7	4	2

表 7-10 正交实验方案、结果及方差分析

水平 序号	A （加水量）	B （时间）	C （次数）	D （空白）	结果			
					干浸膏得率 Y_1 /%	连翘苷含量 /%	连翘苷转移率 Y_2 /%	综合评分 Y /%
1	1	1	1	1	11.32	0.0315	55.06	33.19
2	1	2	2	2	11.21	0.0309	53.49	32.35
3	1	3	3	3	11.63	0.0317	56.93	34.28
4	2	1	2	3	11.79	0.0311	60.26	36.03
5	2	2	3	1	13.00	0.0347	69.66	41.33
6	2	3	1	2	13.08	0.0338	68.27	40.68
7	3	1	3	2	12.87	0.0350	69.55	41.21
8	3	2	1	3	13.92	0.0361	77.59	45.76
9	3	3	2	1	13.28	0.0353	72.39	42.84
Ⅰ	99.82	110.43	119.63	117.36				
Ⅱ	118.04	119.44	111.22	114.24				
Ⅲ	129.81	117.80	116.82	116.07				
Ⅳ	33.27	36.81	39.88	39.12				
Ⅴ	39.25	39.81	37.07	38.08	综合评分公示：$Y = 0.5Y_1 + 0.5Y_2$			
Ⅵ	43.35	39.27	38.94	38.69				
R	10.00	3.00	2.81	1.04				
S	152.21	15.36	12.22	1.64				

表 7-11　结果方差分析表

方差来源	离差平方和	自由度	方差	F 值	显著性
A	152.21	2	76.11	92.82	*
B	15.36	2	7.68	9.37	
C	12.22	2	6.11	7.45	
误差 e	1.64	2	0.82		

注："*"为有显著性差异。

查 F 发布临界值表：$F_{0.05}(2, 2) = 19.00$，$F_{0.01}(2, 2) = 99.00$。

从表 7-11 中的方差分析结果可知，A 因素有显著性差异（$P < 0.05$），B、C 因素没有显著性差异（$P > 0.05$），极值 $R_B > R_C$，故影响实验结果的主次因素顺序为 A > B > C；A 因素中 $A_3 > A_2 > A_1$，选择显著因素的最好水平为 A_3，B 因素中 $B_2 > B_3 > B_1$，C 因素中 $C_1 > C_3 > C_2$，故选 B_2、C_1，得到最佳提取方案为 $A_3 B_2 C_1$。

即第一次加水 18 倍量，提取 2h，第二次加水 12 倍量，提取 1h 为水提的最佳工艺条件。

疏风解毒胶囊制备工艺中，部分药材采用 70% 乙醇提取，提取液需回收乙醇。其回收方法需考虑减少乙醇的损耗，降低成本。由于 70% 乙醇的沸点在 85℃ 左右，为了降低水溶液浓缩及稠膏干燥的温度，防止有效成分的破坏，特别是热敏性成分的破坏，提高浓缩、干燥的效率，采用真空浓缩、真空干燥与常压浓缩、常压干燥方法分别制备产品进行比较，结果表明：真空浓缩、真空干燥方法制备的产品颜色浅，不粘罐壁，溶解性好，故确定水溶液及稠膏采用真空方法。

为了进一步考察各部分提取半成品稠膏得率及总稠膏得率以及操作的可行性，通过放大投料量，重复验证最佳工艺条件进行提取，结果见表 7-12。

表 7-12　最佳工艺重复试验结果表

项目	投料量/g	稠膏相对密度	稠膏得量/g	得率/%	挥发油量/mL	得率/%	纯干浸膏得量/g	纯干浸膏得率/%
醇提取	810	1.35	220	27.2			155	19.1
水提取	1890	1.38	430	22.8			271	14.3
合并	2700	1.37	650	24.1			426	15.8
挥发油提取	720				1.1	0.15		

结果表明：醇提稠膏得率为 27.2%，干浸膏得率为 19.1%，水提稠膏得率为 22.8%，干膏得率为 14.3%，总干浸膏得率为 15.8%。与正交试验的结果基本符合，即优选的最佳工艺技术条件较成熟，重复性好。

4. 非工艺因素

在中药提取中除上述中药提取温度、时间、次数、提取溶剂量等工艺因素影响提取效果，一些非工艺因素在工业大生产中通常也会对提取效果产生重要影响，所以，非工艺因素在工程化设计中必须引起足够的重视。

中药材和中药饮片的大小和形状会给工业化生产带来影响。中试大生产阶段使用的是较大型的提取罐，这种提取罐药液与药渣的分离是在罐内完成的，在提取罐的底部安装有过滤网，低目数的过滤网将会有部分药材透过滤网最终无法正常提取；高目数提取罐滤网，浸出操作后药材变得松软，药材颗粒间的间隙变小，药液与药渣分离困难甚至无法分离；粉末状药材和饮片药材量大，采用实验室包煎的方式并不利于药材的煎出；叶类或淀粉含量高的药材和饮片煎煮易煮烂，浸出液影响过滤，影响工业化生产。

煎煮容器的结构与大小产生的影响常常被忽略。在小试阶段，采用小尺度的煎煮容器，其各点温度差别微小，中药材和饮片中物质的迁移速率差别小。在中试阶段和工业化大生产阶段，因煎煮容器容积变大，且多利用提取罐筒壁夹套的热介质通过筒壁进行热传导，从罐壁到罐体的中心，从罐体的上部到罐体的底部，温度呈梯度分布，不是均匀的。通常，罐体的直径越大，这种现象越严重。这也是一些中成药品种现行质量标准中某些指标要求较高而实际生产难以达到的原因之一。为此，在本品生产中，采用的是 $3\sim6m^3$ 的提取罐。

四、"三废"处理与生产安全

在疏风解毒胶囊用原料稠膏的生产过程中，既有废固渣，也有废水和废气。其中，废固渣主要是中药提取物药渣和污水处理站污泥，各类固废分开储存；废水主要来自各个工序的清洗岗位，以及蒸发浓缩工序形成的含有少量的来自药材的挥发性成分和外加的乙醇等的废水；废气来自蒸发浓缩岗位的不凝气以及污水处理站废液厌氧过程中产生的氨、硫化氢等。

提取药效成分后的药渣不含高毒性成分和生物激素，按一般固废外运、焚烧或堆肥处理，或定期由处理单位进厂收集处理。对生产过程产生的废水，通常将含有药渣、原材料等的废水先通过格栅拦截大分子污染物后进入混凝气浮池投加混凝剂后再进行气浮处理，去除水中大部分不溶于水的有机物，随后将气浮处理后的废水与蒸发浓缩废水合并进行生化处理。废气采用水吸收、氧化等反应处理、活性炭吸附或生物膜处理（达标）排放。

生产过程中有乙醇回流提取操作，存在乙醇蒸气与空气形成爆炸性混合物的可能，乙醇遇明火、高热可引起燃烧爆炸等安全风险。要在防止设备和管道等的泄漏的基础上，在投料、物料转移及气体释放口或区域，设置强制排风与可燃气体监测报警装置和措施，并做好防静电处理。

第二节　板蓝根配方颗粒生产工艺

一、概述

板蓝根为十字花科植物菘蓝的干燥根。主要成分为：生物碱类、喹唑酮类生物碱、芥子苷类化合物、含硫类化合物、有机酸、甾体化合物等。板蓝根具有广谱抗菌作用，是抗菌消炎、止痛、退热的传统常用中药。此外，板蓝根内含有多种抗病毒物质，对感冒病毒、腮腺炎病毒、肝炎病毒及流脑病毒等有较强的抑制和杀灭作用。板蓝根中药配方颗粒是由单味中药饮片板蓝根经水加热提取、分离、浓缩、干燥、制粒而成的颗粒。在中医药理论指导下，按照中医临床处方，如板蓝根汤、板蓝根解毒汤、羌活胜风汤，调配后，供患者冲服使用。板蓝根配方颗粒产品性质及质量标准见表7-13。

表 7-13　板蓝根配方颗粒产品性质及质量标准

检验项目		板蓝根配方颗粒国家标准
性状		本品为淡黄棕色至黄棕色的颗粒;气微,味微苦
鉴别	板蓝根薄层色谱鉴别	应与板蓝根对照药材、精氨酸对照品相同
	板蓝根薄层色谱鉴别	应与板蓝根对照药材、(R,S)-告依春对照品相同
	板蓝根特征图谱鉴别	供试品色谱呈现 4 个与对照药材对应的特征峰,各特征峰与 S 峰的相对保留时间在规定值的 $\pm10\%$ 范围之内
检查	水分	不得过 8.0%
	装量差异	超出装量差异限度的颗粒剂不得多于 2 袋,并不得有 1 袋超出装量差异限度 1 倍
	粒度	不能通过一号筛与能通过五号筛的总和不得超过 15%
	浸出物	不得少于 15.0%
	微生物限度	需氧菌总数应不得过 10^3 cfu/g
		霉菌和酵母菌总数应不得过 10^2 cfu/g
		大肠埃希菌每 1g 应不得检出
含量测定	高效液相色谱测定(R,S)-告依春(C_5H_7NOS)	本品每 1g 含(R,S)-告依春(C_5H_7NOS)应为 $0.80\sim5.40$ mg

1. 配方颗粒的历史

中药配方颗粒是传统中药与时俱进的产物,是中药饮片的继承、发展和创新。相较传统饮片有携带、储存方便等众多优点。

日本是开展中药配方颗粒研究最早的国家之一,日本于 20 世纪 60 年代开始"汉方药"颗粒研究,开发了我国汉代张仲景《伤寒论》等收载的 210 个中药复方颗粒,在日本经方以水煎方式制作的汉方药,注册不需要进行动物药效、安全性和临床研究,只需提供工艺、标准等药学研究资料。

1993 年我国中药配方颗粒处于"试生产"阶段,广东一方制药有限公司是最早的生产试点企业。经过多年努力中药配方颗粒在质量控制方面取得了一定成果,市场占有率不断攀升,应用前景也愈加广阔,产品优势明显,市场不断扩容。

2021 年 11 月,中药配方颗粒结束多年的试点工作,正式实施备案制。截至 2021 年 12 月已经有 196 个品种标准进行公示,而中药配方颗粒常用品种约 400～600 种,新标准的配方颗粒还未进入放量期。

2. 国内外市场现状

单方中药配方颗粒已经被欧美等多个国家所接受,患者对于中药治疗的信心越来越强,中药配方颗粒已经成为中医药国际化的桥梁。日本汉方药的中药配方颗粒在中药饮片市场占比约为 60%,在国际上接受度较高,其中瑞士、中国、美国是日本汉方药主要的出口国,占据了全世界 90% 的中药市场销售份额。

随着国内中药配方颗粒质量标准完善,我国配方颗粒有望成为重磅产品参与国际市场竞争,中药配方颗粒有望成为中药国际化、国际市场竞争的必经之路。数据显示,国内自 2015 年起至 2019 年,中药配方颗粒行业市场规模由 143.6 亿元增长到 255.6 亿元,年复合增长率 15.5%，未来仍将持续快速发展，预计到 2025 年，行业规模将达到 600 亿元以上。

3. 提取工艺方法

国家药监局《中药配方颗粒质量控制与标准制定技术要求》中规定中药配方颗粒提取用溶剂为制药用水，不得使用酸碱和有机溶剂。

二、生产工艺原理与过程

中药配方颗粒是由单味中药饮片经水加热提取、分离、浓缩、干燥、制粒而成的颗粒。在中医药理论指导下，按照中医临床处方调配后，供患者冲服使用。

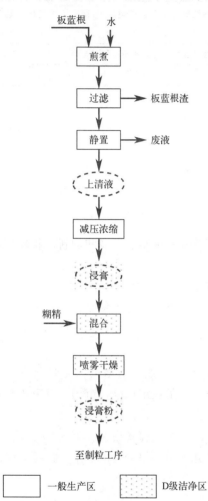

图 7-3　板蓝根配方颗粒用提取物生产工艺流程框图

1. 生产工艺原理

中药配方颗粒具备汤剂的基本属性，中药配方颗粒的制备，除成型工艺外，其余应与传统汤剂基本一致，即以水为溶剂加热提取，采用以物理方法进行固液分离、浓缩、干燥、颗粒成型等工艺生产。

中药配方颗粒应符合颗粒剂通则有关要求。除另有规定外，中药配方颗粒应符合《中国药典》现行版制剂通则颗粒剂项下的有关规定。根据各品种的性质，可使用颗粒成型必要的辅料，辅料用量以最少化为原则，辅料与中间体（浸膏或干膏粉，以干燥品计）之比不超过 1∶1。

2. 生产工艺过程

（1）工艺概述　将板蓝根饮片投入提取罐，加 11 倍量水煎煮两次，每次 1.5h，合并煎液，过滤，滤液静置 3h 以上，上清液减压浓缩至相对密度为 1.04～1.06（70℃）得浸膏。

然后，向浸膏中加入适量糊精，喷雾干燥，干膏粉经粉碎过 80 目筛，备用。然后，进入制粒工序，向过筛的干膏粉加入适量的糊精（调整物料量），混匀，干法制粒，包装，即得板蓝根配方颗粒。

（2）工艺过程流程

① 工艺流程框图。根据上述工艺操作概述，可将板蓝根配方颗粒用提取物生产工艺流程用框图表述，如图 7-3 所示。

由图可见，其中既有提取到浓缩/干燥的一般工艺过程，又有专门针对板蓝根浸膏喷雾干燥而增加的与环糊精预混合的工序。干燥后的浸膏粉进入混合制粒工序，未在此框图中标出。

② 工艺过程流程图。图 7-4 是带控制点的板蓝根配方颗粒用提取物生产工艺流程图（PID 图）。其中，浓缩采用的是蒸汽加热双效蒸发器；由于板蓝根浸膏引湿性强而难以选择合适的干燥设备，但通过预混入部分糊精使得板蓝根浸膏引湿性得到极大改善，因而最终采

用喷雾干燥装置技术进行板蓝根浸膏的干燥。另外，为了确保产品质量的均一性，设置了总混工序，图中隔断表示的是洁净控制区。

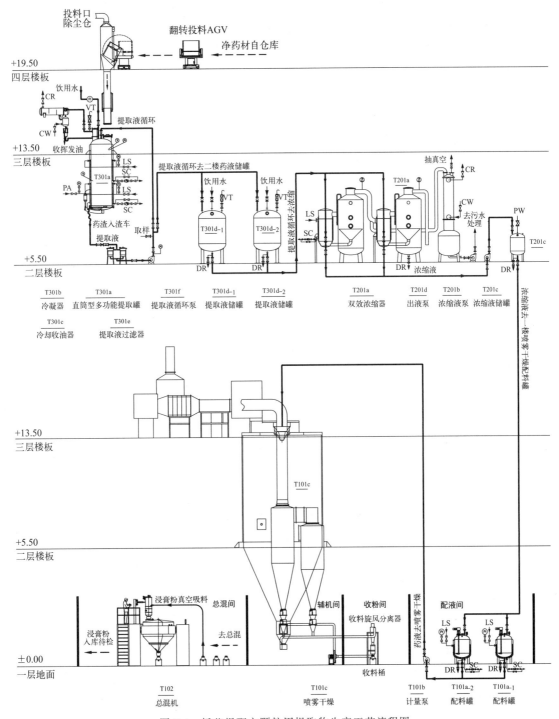

图 7-4　板蓝根配方颗粒用提取物生产工艺流程图

（3）工艺操作说明　生产流程：配料称量、提取、浓缩、收膏、干燥、过筛、总混、干压制粒、总混、颗粒分装。

① 生产前检查。各岗位开工前需检查厂房、设备、容器具的清洁状况;有"清场合格证"且无上批生产的遗留物或无与本批生产无关的物料;设备仪器完好、已清洁;计量器有校验合格证且在有效期内;生产指令和相关记录齐全;操作间环境符合生产、安全要求。生产前检查符合要求,经 QA 确认后,方可进行生产操作。

② 配料称量。按生产指令 AGV 自动投料小车自净料库领取物料,并根据生产进度进行投料。

③ 提取。操作人员按"提取岗位标准操作规程",使用 ZTQ-A3.0M 型直筒型多功能提取罐或 TQZ-6 型多功能中药材提取罐(T301a)操作。煎煮前,核对提取罐编号、物料的名称、物料数量,确认无误后,方能生产。

按物料质量加 11 倍量水煎煮两次,每次 1.5h,滤过,合并滤液,滤液静置 3h 以上。提取过程中应控制温度及压力,升温过程蒸汽压力≤0.25MPa,沸腾后蒸汽压力≤0.08MPa,罐内压力≤0.03MPa,沸腾温度控制在(102±2)℃,沸腾温度达到后每 30min 记录一次工艺参数。

④ 浓缩。将板蓝根提取液用 WZⅡ1000 型或 WZⅡ2000 型双效蒸发器浓缩。抽取上清液,浓缩至相对密度为 1.04~1.06(70℃)的浸膏,浓缩时控制蒸汽压力≤0.09MPa,一效真空度控制在 0.04~0.06MPa,温度控制在 75~85℃,二效真空度控制在 0.05~0.08MPa,温度控制在 60~75℃,30min 记录一次浓缩参数。浓缩液由浓缩液泵连续出料泵入浓缩液储罐(T201c)内,后转入喷雾干燥器配料罐(T101a)。

⑤ 干燥。取提取投料量 5% 的糊精加适量纯化水充分溶解,过 100 目筛,将过筛后的糊精混悬液与板蓝根浸膏按比例加入配料罐(T101a)内,打开搅拌装置,边加热边搅拌,搅拌 30min,加热至近沸。使用 LPG-300 型高速离心喷雾干燥机或 QZR-150 型高速离心喷雾干燥机操作,及时收集膏粉,密封,称量,计算收率。

⑥ 总混。使用混合机操作。调整设备转速,混合时间 20min,混合结束后,用药用聚乙烯薄膜袋包装,称量,计算物料平衡、出膏率及总收率,贴上物料标签。

三、提取工艺影响因素

中药配方颗粒的制备,除成型工艺外,其余应与传统汤剂基本一致,即以水为溶剂提取,以物理方法固液分离、浓缩、干燥、颗粒成型等工艺生产。中药饮片是中医药发挥临床疗效的重要药用物质,其安全性、有效性已得到广泛认可。中药配方颗粒是单味中药饮片的水提物,两者的临床疗效应当一致。为使中药配方颗粒能够承载中药饮片安全性、有效性,需要以标准汤剂为桥接,该标准汤剂为衡量中药配方颗粒是否与临床汤剂基本一致的物质基准。

1. 标准汤剂的制备

标准汤剂一般由不少于 15 批有代表性的原料,遵循中医药理论,分别按照临床汤剂煎煮方法规范化煎煮,固液分离,经适当浓缩制得或经适宜方法干燥后制得,测定其出膏率、有效(或指标)成分的含量及转移率等,计算相关均值,并规定其变异可接受的范围。

(1)药材浸泡时间 称取三批板蓝根饮片各 50g,置于砂罐中,加 200mL 水浸泡 2h,于不同时间点测定饮片吸水率。结果表明:板蓝根饮片加 2 倍量水,浸泡 60min,完全浸润,故煎煮前浸泡 60min 为宜。结果见表 7-14。

表 7-14　三批饮片不同时间点吸水率

浸泡时间/min	吸水率/%		
	2010181	2010182	2010190
15	72.03	80.03	60.02
30	96.04	108.04	108.04
45	116.05	136.05	140.06
60	124.05	152.06	144.06
90	124.05	152.06	144.06
120	124.05	152.06	144.06

（2）煎煮次数　根据标准汤剂制备的一般要求，结合临床实际用药习惯，煎煮次数确定为两次。

（3）加水量　板蓝根属于根类药材，且质地较为坚硬，根据标准汤剂制备的一般要求，结合其吸水率，同时参考《医疗机构中药煎药室管理规范》，因此将两次煎煮的加水量确定为 8 倍、7 倍。

（4）煎煮时间　板蓝根属于清热解毒类中药，根据标准汤剂制备的一般要求，不宜久煎，但考虑其质地较为坚硬，时间太短不利于成分溶出，因此将两次煎煮的时间确定为 30min。

综合以上因素，板蓝根标准汤剂的制备方法确定为：板蓝根 100g，加水 550mL，浸泡 60min，砂罐煎煮，武火煮沸，文火微沸 30min，过滤，药渣再加水 500mL，武火煮沸，文火微沸 30min，过滤，合并滤液，浓缩至相对密度为 1.03～1.05（70℃）的浸膏，冷冻干燥，即得。

取 15 批板蓝根饮片各 100g，按照上述已确定的板蓝根标准汤剂制备工艺，制备 15 批浸膏粉，检测水分、出膏率、特征图谱、(R,S)-告依春含量及转移率。

通过分析检测得出的 15 批浸膏性状及检测数据，得板蓝根标准汤剂性状为棕褐色粉末，检测量化指标数据分别为水分 3.0%～3.9%，出膏率 29%～34%，(R,S)-告依春转移率 81.56%～90.35%，(R,S)-告依春含量 3.3～4.0mg/g，特征图谱（图 7-5，图 7-6）符合产品国家标准要求。依据标准汤剂研究的一般要求及企业中间产品内控质量标准制订原则，在保证产品终产品质量合格的前提下，企业内控量化质量标准限量值数据指标可以在验证数据基础上上下浮动 80%～120%。

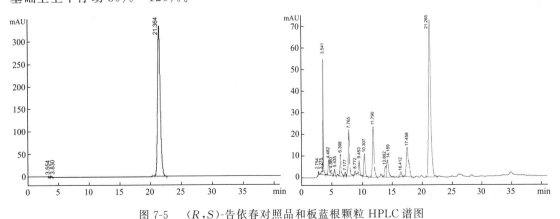

图 7-5　(R,S)-告依春对照品和板蓝根颗粒 HPLC 谱图

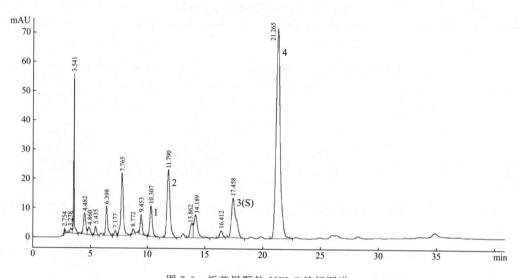

图 7-6　板蓝根颗粒 HPLC 特征图谱

峰 1—尿苷；峰 2—腺苷；峰 3（S）—鸟苷；峰 4—（R,S)-告依春

2. 板蓝根提取工艺影响因素

（1）提取工艺　为保证中药配方颗粒与传统汤剂物质基础的一致性，需对各环节生产工艺参数进行优选。对加水量、提取时间、提取次数进行考察，以出膏率、（R,S)-告依春的转移率为评价指标优选工艺参数。结果见表 7-15～表 7-17。

表 7-15　因素水平表

水平	因素		
	A 加水量/倍	B 煎煮时间/h	C 煎煮次数/次
1	7	1.0	1
2	9	1.5	2
3	11	2.0	3

表 7-16　正交设计方案、试验结果

试验号	因素				出膏率/%	含量转移率/%	综合/%
	A	B	C	D			
1	1	1	1	1	23.2117	65.7558	88.9675
2	1	2	2	2	33.8750	78.4487	112.3237
3	1	3	3	3	40.2633	87.2631	127.5264
4	2	1	2	3	33.6833	91.4059	125.0892
5	2	2	3	1	39.1583	93.8299	132.9882
6	2	3	1	2	26.7634	66.5932	93.3566
7	3	1	3	2	37.4433	95.2843	132.7276
8	3	2	1	3	27.5083	80.9167	108.4250
9	3	3	2	1	36.4934	105.0683	141.5617

续表

试验号		因素				出膏率/%	含量转移率/%	综合/%
		A	B	C	D			
出膏率/%	I	97.35	94.34	77.48	98.86			
	II	99.61	100.54	104.05	98.08			
	III	101.45	103.52	116.86	101.45			
	K_1	32.45	31.45	25.83	32.95			
	K_2	33.20	33.51	34.68	32.69			
	K_3	33.82	34.51	38.95	33.82			
	R	1.37	3.06	13.13	1.12			
	Q	9896.42	9908.25	10162.61	9895.70			
	S	2.80	14.63	269.00	2.08			
(R,S)-告依春转移率/%	I	231.47	252.45	213.27	264.65			
	II	251.83	253.20	274.92	240.33			
	III	281.27	258.92	276.38	259.59			
	K_1	77.16	84.15	71.09	88.22			
	K_2	83.94	84.40	91.64	80.11			
	K_3	93.76	86.31	92.13	86.53			
	R	16.60	2.16	21.04	8.11			
	Q	65369.17	64959.60	65816.42	65061.05			
	S	417.95	8.37	865.20	109.83			
综合评价/%	I	328.82	346.78	290.75	363.52			
	II	351.43	353.74	378.97	338.41			
	III	382.71	362.44	393.24	361.04			
	K_1	109.61	115.59	96.92	121.17			
	K_2	117.14	117.91	126.32	112.80			
	K_3	127.57	120.81	131.08	120.35			
	R	53.90	15.66	102.49	25.11			
	Q	126032.37	125585.10	127598.74	125671.71			
	S	488.31	41.05	2054.68	127.65			

表 7-17 方差分析结果

项目	方差来源	S 离差平方和	自由度	方差	临界值 F	显著性
出膏率/%	加水量	2.80	2	1.4	1.35	
	煎煮时间	14.63	2	7.32	7.03	
	煎煮次数	269.00	2	134.50	129.83	＊＊
	误差	2.08	2	1.04	1.00	
告依春转移率/%	加水量	417.95	2	208.98	49.93	＊
	煎煮时间	8.37	2	4.09	1.00	
	煎煮次数	865.20	2	432.60	103.37	＊＊
	误差	109.83	2	54.92	13.12	
综合评价/%	加水量	488.31	2	244.16	11.90	
	煎煮时间	41.05	2	20.53	1.00	
	煎煮次数	2054.68	2	1027.34	50.05	＊
	误差	127.65	2	63.83	3.11	

注:"＊"为有显著性差异,"＊＊"为有极显著性差异。

第七章 中药和天然药物加工典型工艺实例　245

结果分析：煎煮次数对出膏率有非常显著的影响，煎煮次数对 (R,S)-告依春的转移率有非常显著的影响，加水量对告依春的转移率有显著影响。

$R_C > R_A > R_B$，说明 C 因素的影响最为明显。

从 A 因素比较，$K_3 > K_2 > K_1$，选择第 3 水平，即加水量为 11 倍。

从 B 因素比较，$K_3 > K_2 > K_1$，但 $K_2/K_3 = 97.60\%$，考虑到成本因素，选择第 2 水平，即煎煮 1.5h。

从 C 因素比较，$K_3 > K_2 > K_1$，但 $K_2/K_3 = 96.37\%$，且 (R,S)-告依春转移率之 C 因素 $K_2/K_3 = 99.47\%$，考虑到成本因素，选择第 2 水平，即煎煮 2 次。

综合研究结果，同时对照板蓝根标准汤剂，最终确定提取工艺条件为 $A_3B_2C_2$，即加 11 倍量水，煎煮两次，每次 1.5h。

板蓝根提取液中含有大量糖类、蛋白质等大分子物质，不利于后续浓缩和干燥，将提取液放置 3h，可将上述物质大部分沉降下来，因此在浓缩前增加静置 3h 以上的工序，抽取上清液进行浓缩。

（2）浓缩工艺　取板蓝根饮片，按照已确定的提取工艺提取两次，两次药液合并，混匀后取 50mL，剩余药液分成三份，分别在 65℃、75℃、85℃，真空度 0.04～0.08MPa 的条件下浓缩，将药液浓缩至相对密度为 1.04～1.06（70℃）的浸膏，以 (R,S)-告依春为考察指标对减压浓缩条件进行考察。结果见表 7-18。

表 7-18　浓缩试验考察结果

浓缩温度/℃	(R,S)-告依春含量/(mg/g)	转移率/%
浓缩前	0.232	102.2
65℃	0.246	108.5
75℃	0.236	104.1
85℃	0.237	104.5

结果分析：浓缩温度对 (R,S)-告依春的含量基本无影响，考虑到生产实际，选择 (80 ± 5)℃的温度条件浓缩。

（3）干燥工艺　喷雾干燥具有干燥速度快、物料受热时间短、工序简单等优点，十分适合工业化大生产。通过单因素试验，考察辅料量、浸膏相对密度、进料温度、进料速度、进风温度、出风温度对板蓝根干膏粉质量的影响，以确定最佳的喷雾干燥参数。

① 辅料选择。板蓝根提取液喷雾干燥的粉末吸潮性极强，干燥过程中容易粘壁，考虑在喷雾干燥前在浸膏中加入适宜辅料以改善干膏粉的性质。配方颗粒为水溶性颗粒，不宜选用淀粉、微粉硅胶等难溶于水的辅料。糊精溶于热水，吸湿性小，且经济性好，因此选用糊精作为辅料。结果见表 7-19。

表 7-19　不同辅料量考察结果

糊精量 （按照提取的饮片量计算）	粘壁情况	膏粉性状	膏粉水分	膏粉溶化性
0%	粘壁较严重	浅棕褐色	3.5%	可溶于热水
10%	粘壁较轻	浅棕褐色	2.1%	可溶于热水
5%	粘壁较轻,锥体有粉	浅棕褐色	2.1%	可溶于热水

研究结果显示：板蓝根浸膏不加糊精粘壁较严重，当加入糊精量为5％时，粘壁较轻，锥体有粉，流动性尚可，且喷雾干燥较为顺利，综合各种因素，确定加入糊精的量为5％。

② 浸膏密度。浸膏密度越小越有利于喷雾干燥，但浸膏密度越小，喷雾干燥效率越低，因此对浸膏密度进行考察，以确定最佳密度。结果见表7-20。

表7-20 不同浸膏密度考察结果

浸膏相对密度	粘壁情况	膏粉性状	膏粉水分	膏粉溶化性
1.04(70℃)	无粘壁现象	浅棕褐色	3.3％	可溶于热水
1.06(70℃)	粘壁很少	浅棕褐色	2.1％	可溶于热水
1.08(70℃)	少许粘壁	浅棕褐色	4.5％	可溶于热水

研究结果显示：当浸膏相对密度为1.06（70℃）时，膏粉水分含量较低，且粘壁很少，因此确定浸膏的相对密度为1.04～1.06（70℃）。

③ 干燥工艺参数。

a. 进料温度。采用相对密度为1.06（70℃）的浸膏，对进料温度进行考察。温度对浸膏的黏度有很大影响，温度越高，黏度越小，越有利于喷雾干燥，但温度过高可能对物料成分产生影响，因此对进料温度进行考察，以确定最佳进料温度。结果见表7-21。

表7-21 不同进料温度考察结果

进料温度	粘壁情况	膏粉性状	膏粉水分	膏粉溶化性
80℃	少许粘壁	浅棕褐色	2.1％	可溶于热水
100℃	粘壁很少	浅棕褐色	2.2％	可溶于热水

研究结果显示：板蓝根不含挥发性成分，且干燥时间很短，不会对成分造成影响，因此确定进料温度为100℃。

b. 进料速度。进料速度越快，喷雾干燥效率越高，但进料速度过快，膏粉水分含量高，容易造成粘壁。因此对进料速度进行考察，以确定最佳进料速度。结果见表7-22。

表7-22 不同进料速度考察结果

进料速度/(r/m)	粘壁情况	膏粉性状	膏粉水分	膏粉溶化性
40	粘壁很少，锥体多粉	浅棕褐色	2.2％	可溶于热水
45	粘壁较多(集中在中下部)，塔底收料筒没有收到膏粉	—	—	—

研究结果显示：进料速度不宜超过40r/m。

c. 进风温度。进风温度越高，出风温度也就越高，温度过高一方面可能会影响药物成分，另一方面能耗过大，因此对进风温度进行考察，以确定最佳的进风温度。结果见表7-23。

表7-23 不同进风温度考察结果

序号	进风温度/℃	出风温度/℃	膏粉性状	膏粉水分	膏粉溶化性
1	170	99～102	浅棕褐色	2.4％	可溶于热水
2	175	98～104	浅棕褐色	2.2％	可溶于热水
3	180	105～108	浅棕褐色	2.1％	可溶于热水

研究结果显示：进风温度选择170～175℃较好，既能满足产品质量要求，也有利于节能降耗。

中药种类繁多、来源广泛，不同中药所含化学成分千差万别，且部分中药含挥发性、热敏性等成分，在临床上评价中药配方颗粒与传统汤剂的一致性无法实现，只能以"物质基础基本一致，临床疗效基本一致"为基本原则，对其物质基础进行一致性对比。实际生产过程中，应针对不同中药具体分析，结合其所含成分的理化性质，选择能代表其属性的质量指标，采取适宜的评价方法，制订符合工业化的生产工艺，确保中药配方颗粒与中药饮片的临床疗效基本一致。

四、"三废"处理与生产安全

1. "三废"处理

板蓝根配方颗粒用浸膏生成过程中的废水主要是清洗板蓝根的废水、清洗设备和地面等的间断清洗水，主要含泥沙以及少量的板蓝根碎屑等。故废水在车间出水口处经格栅过滤后，再经格网集中到沉淀池，经沉淀后，至厌氧和曝气处理，达标排放。

废渣主要来自板蓝根浸提后产生的板蓝根药渣，其中水分含量较大，还余留一定的营养成分。通常经过压榨送至生物质热电厂燃烧处理。有研究表明，其经白腐真菌发酵改性后可用于清除水中的重金属离子，也可作为药用真菌的培养基进行"双向发酵"生成功能性饲料添加剂。

板蓝根配方颗粒用浸膏生产过程中的大气污染物主要是清理过程产生的含尘废气等，采用布袋除尘器除尘，经水洗涤（塔）净化后排放。

2. 生产安全

虽然板蓝根鲜见有气短和皮疹等过敏反应，但长期或大剂量使用板蓝根肝脏会受损，引发上消化道出血、白细胞减少等损害。因此，在生产过程中，要控制板蓝根粉尘的释放量，以防止因吸入导致的过敏或蓄积中毒等职业伤害发生。

第三节　丹皮酚的提取工艺

一、概述

丹皮酚是丹皮的有效成分之一，并因此得名。其化学名是2-羟基-4-甲氧基苯乙酮（2′-hydroxy-4′-methoxy-acetophenone，CAS号：552-41-0），分子式为 $C_9H_{10}O_3$，分子量为166.18。

本品为白色或微黄色，且有光泽，熔点为49～51℃；微辣且有特殊的气味，极易溶于醇类，可溶于氯仿、丙酮、乙醚等有机溶剂，在热水中溶解性较好，可以与水共沸并随着水蒸气挥发出来；但是，不溶于冷水。

丹皮酚是脂溶性药物，容易透过生物膜而被生物吸收。口服丹皮酚的大鼠实验显示其在小肠吸收速率大小依次为空肠＞回肠＞十二指肠＞结肠，且药物浓度的下降与其循环时间呈线性关系，符合被动扩散机制，吸收主要集中在肠道的上部；在口服后短时间内就会完成脱

4-甲氧基和 5 位的羟基化及硫酸酯化而被代谢并产生作用。丹皮酚主要作用于中枢神经系统，达到明显的镇痛、镇静作用。能阻止炎症细胞的浸润，对大肠杆菌、枯草杆菌、金葡菌有明显的抑制作用。对平滑肌具有一定的解痉作用，能抑制胃液分泌，防止应激性溃疡。对毛细血管通透性升高，对组胺、5-羟色胺所致的皮肤血管反应有显著的抑制作用。低浓度时能显著提高外周血酸性-醋酸萘酯酶阳性淋巴细胞百分率和白细胞移动抑制因子的释放；并且能显著改善外周血中性粒细胞对金葡菌的吞噬作用，从而增强机体免疫功能。其适应证为：神经性疼痛（三叉神经痛、带状疱疹疼痛、腰椎间盘突出症引起的疼痛等）、肌肉痛、关节痛、风湿痛、神经痛、腹痛。也可以用于瘙痒症（皮肤瘙痒症、湿疹、过敏性荨麻疹、接触性皮炎）及免疫低下引起的各种疾病。

目前，丹皮酚主要用于发热、头痛、神经痛、肌肉痛、风湿性关节炎和类风湿性关节炎治疗的口服丹皮酚片剂和皮炎等治疗的外用丹皮酚软膏等的生产，还用于丹皮酚磺酸钠的合成。原料药丹皮酚的质量标准见表 7-24。

表 7-24　丹皮酚的质量标准

检验项目		丹皮酚国家卫生行业标准 WS-10001-(HD-0308)—2002
性状		本品为白色或微黄色的结晶或结晶性粉末；有特异臭，味微辣。本品在甲醇或乙醇中易溶，在热水中可溶解，在水中不溶。 本品的熔点为 48～51℃
鉴别	丹皮酚显色鉴别	(1)取本品约 5mg，加乙醇 1mL 溶解后，加重氮苯磺酸试液 0.5mL，摇匀，加碳酸氢钠试液 1 滴，渐显橙红色
	丹皮酚紫外分光光度法鉴别	(2)取本品加乙醇溶解，制成每 1mL 中约含 5mg 的溶液，照紫外分光光度法测定，在 314nm 和 274nm 的波长处有最大吸收，在 295nm 和 244nm 的波长处有最小吸收
	丹皮酚液相色谱鉴别	(3)在含量测定项下记录的色谱图中，供试品主峰的保留时间应与丹皮酚对照品峰的保留时间一致
	丹皮酚红外光谱鉴别	(4)本品的红外光吸收图谱应与对照的图谱一致
检查	溶液的澄清度与颜色	取本品 1.0g，加乙醇 10mL 溶解后，溶液应澄清，无色；如显浑浊，与 1 号浊度标准液比较，不得更浓；如显色，与棕红色 2 号或橙红色 2 号标准比色液比较，不得更深
	氯化物	取本品 0.5g，加水 30mL，加热溶解后，冷却，加稀硝酸 10mL，滤过，取滤液，依法检查，与标准氯化钠溶液 5.0mL 制成的对照液比较，不得更浓(0.01%)
	硫酸盐	取本品 1g，加水 25mL，振摇 10min，滤过，取滤液，依法检查，与标准硫酸钾溶液 3.0mL 制成的对照液比较，不得更浓(0.03%)
	有关物质	照高效液相色谱法试验。以十八烷基硅烷键合硅胶为填充剂；甲醇-水(50∶50)为流动相；检测波长为 275nm。理论板数按丹皮酚峰计算应不低于 2000。取本品，加甲醇制成每 1mL 中含 2mg 的溶液，作为供试品溶液；精密量取适量，加甲醇制成每 1mL 中含 0.02mg 的溶液，作为对照溶液。取对照溶液 20mL 注入液相色谱仪，调节检测灵敏度，使主成分色谱峰的峰高为满量程的 10%～30%；取上述两种溶液各 20mL，分别注入液相色谱仪，记录色谱图至主成分峰保留时间的 2 倍。供试品溶液色谱图中如有杂质峰，各杂质峰面积的和不得大于对照溶液主峰面积
	干燥失重	取本品，置五氧化二磷干燥器中减压干燥至恒重，减失重不得过 1.0%
	炽灼残渣	不得过 0.1%
	重金属	取炽灼残渣项下遗留的残渣，依法检查，含重金属不得过百万分之十
含量测定	高效液相色谱测定 2-羟基-4-甲氧基苯乙酮	本品为 2-羟基-4-甲氧基苯乙酮。按干燥品计算，含 $C_9H_{10}O_3$ 应为 98.0%～103.0%

1. 丹皮酚的历史

将含丹皮酚的牡丹根皮作为治病用药材的最早记载在《神农本草经》，迄今有两千多年的历史。除了毛茛科植物牡丹根皮外，萝藦科植物徐长卿（Cynanohum paniculatum (Bge.) Kitag.）的全草和白桦树的皮等中药材中也含有丹皮酚。徐长卿和牡丹皮的剂型早已突破了传统的汤剂改革后的剂型，基本满足了临床需要且疗效确切，未见明显毒副作用。

丹皮酚制剂始于 20 世纪 70 年代推出的用于治疗皮肤病的徐长卿冷霜，并于 1983 年开启了单用 5% 的丹皮酚霜剂。同期的日本学者已尝试研制丹皮酚的亲水性（O/W）软膏和吸收性（W/O）软膏用于在人体和大鼠的活体透皮实验。1978 年上海第一制药厂在《中草药通讯》[1978(7)：18] 报道了丹皮酚的化学合成工艺技术，而从中药材丹皮中大规模提取丹皮酚是在 1995 年前后开始出现的。

目前，丹皮酚的新剂型也正处于实验研究或进入新药临床评估阶段，但也存在一些不足，部分制剂为院内制剂。

2. 国内外市场

天然丹皮酚在国内市场销售量每年在 150t 左右，吨产品售价在 95 万～110 万元。本品主要用于乳膏剂、片剂和口腔药膜等制剂的生产，以及丹皮酚磺酸钠注射剂等的原料药的生产。除此之外，还用于高端美白面膜、洗发水、沐浴露和香皂、牙膏和口香糖等日用品的生产。另外，包括出口在内的丹皮年销售量在 5000t 左右，吨丹皮售价在 2 万～3 万元。

3. 提取工艺方法

天然丹皮酚主要是利用丹皮或其根须进行提取。不同产地的牡丹皮中丹皮酚的含量在 1.5% 到 2.5% 不等，相关文献报道的丹皮酚提取率一般在 1.5% 左右。丹皮酚的提取方法一般有：水中蒸馏法（即蒸馏法）、水蒸气蒸馏法、乙醇回流提取法和超临界 CO_2 萃取法。

① 超临界二氧化碳萃取法。本工艺方法具有提取温度低、时间短等优点。在 15～22MPa、35～52℃ 的提取条件下，2～3h 后其丹皮酚提取液为淡红棕色液体，冷藏后自动分层，上层为淡黄色液体，下层为淡红棕色固体；然后，重结晶得丹皮酚。

② 水蒸气蒸馏法。本工艺方法是目前广泛采用的丹皮酚提取分离法。本工艺方法与传统中药炮制方法相近，且可以与水提取丹皮多糖操作结合。具体做法为向丹皮中加入 10～15 倍量水，水蒸气蒸馏提取，收集 10 倍量馏分（或直至无乳白色液滴出现为止），馏出液经低温结晶、过滤得丹皮酚。滤渣加水提取丹皮多糖。

为了提高提取率和效率，常常会采用超声、微波，或用纤维素酶、SO_3 原位反应热破壁处理，并结合丹皮酚结晶后的滤液套用和/或加入适量的亚硫酸钠，有助于丹皮酚提取率的提升。需要指出的是，丹皮根须中丹皮酚的含量在 2% 到 3%，通常比丹皮中的要高。若仅从生产天然丹皮酚来说，可利用丹皮加工过程中被剔除的根须作为原料。

二、生产工艺原理与过程

1. 生产工艺原理

水蒸气蒸馏法利用的是丹皮酚能溶于热水并能与蒸馏水进行共蒸馏，而随着水蒸气一起馏出实现提取分离操作。它借助的是道尔顿定律——相互不溶也不起化学作用的液体混合物的蒸气总压，等于该温度下各组分饱和蒸气压（即分压）之和——构建的工艺技术方法。

又因其在冷水中是不溶的，溶于共沸馏出液的丹皮酚在冷却降温过程中因过饱和而析出结晶。因此，可以控制共沸流出液的降温速率控制丹皮酚的结晶粒度，也可以采用同步连续结晶。

另外，提取产率不仅会受到药材粒径、药材浸泡时间等因素的影响，而且因其挥发性等而与药材储存时间有一定的关系，需要加以关注。

2. 生产工艺过程

（1）工艺概述　传统水蒸气蒸馏提取丹皮酚，工艺过程为丹皮粉碎、水蒸气蒸馏、流出液冷却析晶、浸提液脱色提取丹皮多糖。

由于丹皮酚提取过程的障碍主要是细胞壁和其中的丹皮多糖带来的，为减少丹皮多糖的溶胀堵塞，在水蒸气蒸馏前用温水将多糖浸出，然后，用水蒸气蒸馏提取技术进行丹皮酚的提取，流出液经低温析晶，过滤，低温真空干燥得含量不低于 98.5% 的天然丹皮酚。

（2）工艺过程流程

① 工艺流程框图。根据上述工艺操作概述，可将丹皮酚提取工艺流程用框图表述，见图 7-7。由图可见，其中，有类似水蒸气蒸馏提取挥发油的操作，以及几乎与合成小分子药物的精、烘、包操作相同的低温结晶、过滤和干燥操作工序。

② 工艺过程流程图。图 7-8 是丹皮酚提取工艺流程图（PID 图），其中，浸润与蒸馏提取在同一多功能提取罐中进行，浸润分出丹皮多糖水溶液与蒸馏提取后蒸煮液合并至丹皮多糖浓缩或送至废水处理；馏出液经降温析出丹皮酚结晶，滤液返回可至蒸馏套用。需要指出的是此图没有给出前处理工艺操作。

（3）工艺操作说明

① 前处理。将来自仓库的牡丹皮经风选（机）净选除去石块、铁器、泥沙等机械杂质，送入破碎机进行破碎，得到 (0.2±0.05)cm 的丹皮细粒；备用。

② 配料称量。按生产指令 AGV 自动投料小车自净料库领取物料，并根据生产进度进行投料。

③ 水蒸气蒸馏提取。

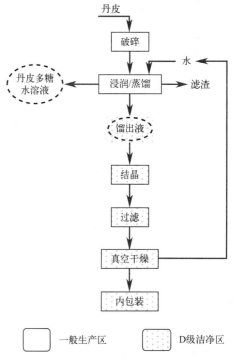

图 7-7　丹皮提取丹皮酚工艺流程框图

a. 操作人员按"提取岗位标准操作规程"，使用 TOZ-2 型多功能中药材提取罐（T301）操作。煎煮前，核对提取罐编号、物料的名称、物料数量，确认无误后，方能生产。

b. 在丹皮前处理完成之后，将丹皮细粒放入提取罐中，并加入 12 倍药材量的蒸馏水，升温至 40℃ 下浸泡 2h，而后将浸润液全部排出（或转移至中间储罐中）。

c. 向提取罐内加入 5 倍体积的纯化水，开启蒸汽阀，开始向夹套内供给蒸汽，待罐内沸腾后减小蒸汽阀开度，保持罐内的沸腾，通过调节冷凝器供给冷却水流量控制馏出液温度（30℃，不超过 40℃），馏出液通过保温管道进入洁净区结晶罐（T101）收集。至流出 8～10 倍丹皮量的冷凝液或无丹皮酚流出为止（2.5～3h），关闭蒸汽阀，结束蒸馏，排出丹皮渣。

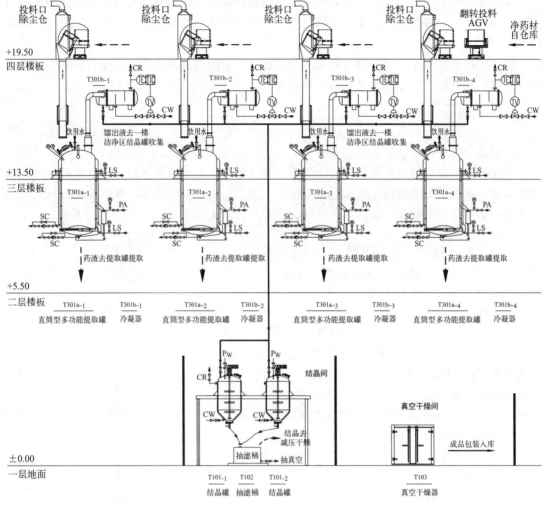

图 7-8 丹皮提取丹皮酚的生产工艺流程图

④ 结晶抽滤。

a. 结晶罐（T101，4m³）收集馏出液，打开冷却循环水，打开搅拌器，控制搅拌速度。降温至 4℃以下，过夜（12h）析晶，抽滤桶（T102）抽滤。收集滤饼去干燥。

b. 滤液返回至提取工序，其中，5 倍原丹皮量的滤液回流到提取水蒸气蒸馏罐，其余至丹皮浸润配水。

⑤ 减压干燥。将丹皮酚滤饼置于真空干燥箱（T103），在温度不高于 40℃、真空度不低于 −0.08MPa 下，进行真空干燥 24h，得高纯度丹皮酚。

三、提取工艺影响因素

1. 浸润时间

浸泡的主要目的是使溶剂能够渗透进入细胞，有利于后期的提取。但从图 7-9 可见，随着浸泡时

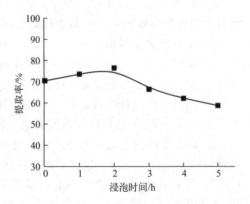

图 7-9 不同浸泡时间下丹皮酚的提取产率

间的延长，丹皮酚的提取产率先升高而后逐渐下降，甚至比不浸泡还低。且在丹皮浸泡时间为 2h 时，丹皮酚提取产率最高达到 76.4%。其主要的原因是随着浸泡时间的延长总糖不断溶解出来，会吸附于丹皮表面的空隙，妨碍丹皮酚的提取。

2. 丹皮颗粒的粒度

由图 7-10 可见，丹皮酚产率呈现先上升后下降的趋势，在颗粒粒径为 0.425mm 时，丹皮酚提取产率达到最大，为 84.69%。丹皮颗粒粒径越小，比表面积随之越大，因而增加了与溶剂的接触面积；同时颗粒粒径小使溶剂更容易渗透着进入药材的内部细胞，有效成分丹皮酚的传质相对变得更加容易。但是，颗粒粒径越小，颗粒之间因溶出的多糖而相互黏附的作用越大，导致颗粒吸附在一起形成团使得溶剂无法渗透进入药材内部，从而降低丹皮酚的提取产率。因此，丹皮的颗粒大小适度即可。

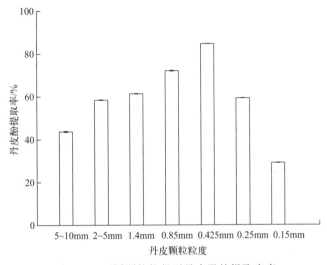

图 7-10　不同颗粒粒径下丹皮酚的提取产率

3. 蒸馏时间

不同蒸馏时间下的馏出液中丹皮酚的浓度结果见图 7-11。由图可见，在提取 2.5h 后馏出液浓度基本保持不变。换言之，蒸馏 2.5h 后提取完全。

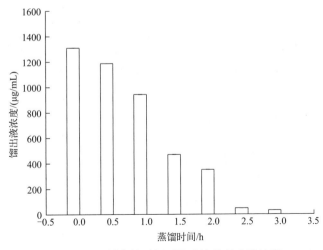

图 7-11　不同蒸馏时间下馏出液的丹皮酚浓度

优化的工艺条件下生产的结晶丹皮酚的 HPLC 图谱见图 7-12，丹皮酚含量高于 99%。

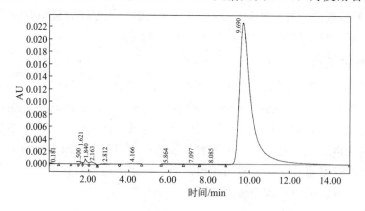

图 7-12　水蒸气提取丹皮酚的 HPLC 谱图

4. 非工艺因素

水蒸气蒸馏提取工艺利用的是共沸蒸馏技术方法，因此，缩短溶于热水中的丹皮酚至溶液界面、从界面经升汽管至换热器的行程，或缩短丹皮酚在提取罐中的停留时间，都能提高浸提效率以及产品得率和质量。由此可见，提取罐及其配置的管道结构均会对丹皮酚的提取有影响。

为此，可采用内置蒸汽直接加热和/或增加搅拌以提高扩散和传热效率，选用径高比大的提取罐和直径尽可能大的升汽管以缩短丹皮酚在提取罐中的停留时间，或在罐顶均匀配置多根升汽管也是有益的。另外，升汽管不宜过高。

四、"三废"处理与生产安全

1. 三废处理

天然丹皮酚的提取加工过程中，不仅有废水和废渣产生，也会有废气释放。废水来自丹皮前处理（净洗，主要含泥沙以及少量的丹皮碎屑等）、水蒸气蒸馏后留下的滤液和结晶过滤的滤液，以及清洗设备地面的间断清洗水。故废水在车间出水口处经格栅过滤后，再经格网集中到沉淀池，经沉淀后，至生化爆气处理后达标排入附近水体。

固废少部分来自前处理的破碎产生的粉尘，大多是水蒸气蒸馏后留下的滤渣。姚日生等利用篮状菌（*Talaromyces radicus*）HFY 与酵母菌联合发酵的产物粗蛋白含量最高达 33%、油脂含量达 5.88%、粗纤维含量 9.5%，经过与饲料标准进行对比证明此利用途径切实可行，可实现丹皮渣减量化和高值化的双提升。

丹皮酚生产的大气污染物主要是清理过程产生的粉尘气，以及在水蒸气蒸馏提取及结晶干燥过程中有含微量丹皮酚的废气排放。前者采用布袋除尘器除尘，用四氟乙烯覆膜滤料，将微小颗粒捕集净化。

为了减少三废的排放量，可将丹皮经水蒸气蒸馏后的滤液继续进行丹皮多糖的提取，滤液经树脂吸附脱色、醇沉、过滤、干燥制得丹皮多糖。降低废水的 COD 同时实现综合利用。对于提取丹皮多糖的丹皮，需要在风选后加清水清洗处理。

2. 安全与职业卫生防护

控制粉尘防止吸入，经过滤除尘，废气（水洗涤吸收）经活性炭吸附，精制烘干包装岗位净化空气不返回，经吸收吸附处理后排放。

需要注意的是，尽管中药浸膏的生产过程不是所有的岗位操作都要在洁净区完成，但是其主要成分是生物质，容易染菌变质。故其在投料前、各岗位开工前，需要检查厂房、设备、容器具的清洁状况：①有"清场合格证"，且无上批生产的遗留物或无与本批生产无关的物料；②设备仪器完好、已清洁，计量器有校验合格证且在有效期内。同时，生产指令和相关记录齐全，操作间环境符合生产、安全要求。在生产前检查符合要求，并经 QA 确认后，方可进行生产操作。

习题与思考题

1. 本章图 7-1 是疏风解毒胶囊用提取物生产工艺流程框图，请你指出该工艺可优化升级单元操作，并绘制出升级后的工艺流程框图。

2. 疏风解毒胶囊用提取物生产工艺中，因连翘和柴胡提取挥发油后的"药渣"需要再与马鞭草、败酱草、甘草、芦根四味药材混合煎煮提取，若连翘和柴胡投料量大，常常要按照处方配比从连翘和柴胡挥发油提取罐均分为 N 份投加到 N 台混合煎煮罐中，作为工艺工程师的你给出的解决方案如何？

3. 若要生产中药配方颗粒，在工艺研发过程要关注哪些问题？

4. 若提取的丹皮酚含量测定指标达不到产品质量标准规定的要求，你将如何解决？你设计的工艺流程如何？

课外设计作业

1. 结合已学的知识，自行设计现行版《中国药典》里某中药口服液用提取物生产工艺流程，用框图或带控制点的工艺流程图表示，并给予必要的说明。

2. 结合具体中药配方颗粒品种进行工艺流程设计并描述主要的工艺要点与操作过程中的 EHS。

要求：① 4～5 人一组，一周内完成。

② 查阅文献资料，在有可能的情况下，到相关中药制药企业的生产车间参观，收集素材和相关信息等。

③ 作业设计 1 和 2 任选一，药物由作业者自行选择确定。

参考文献

[1] 汤继辉，胡容峰，常宫 . 丹皮酚大鼠在体小肠吸收动力学研究 [J] . 中国实验方剂学杂志，2006，12 (12)：35-37.

[2] 武氏芳，刘琼云，史雯星，等 . 丹皮酚与丹皮酚微囊在大鼠小肠吸收的比较研究 [J] . 海峡药学，

2016，28（4）：16-18.

[3] Xie Ying，Zhou Hua，Wong Yuen-Fan，et al. Study on the pharmacokinetics and metabolism of pae-
onol in rats treated with pure paeonol and an herbal preparation containing paeonol by using HPLC -
DAD-MS method［J］. Journal of Pharmaceutical and Biomedical Analysis，2008，46：748-756.

[4] 国家药典委员会. 中华人民共和国药典［S］（2020 版）. 北京：中国医药科技出版社，2020.

[5] 上海第一制药厂. 合成丹皮酚［J］. 中草药通讯，1978（7）：18.

[6] 薛芬，戴华娟，王建中，等. 丹皮酚（2-羟基-4-甲氧基苯乙酮）的合成［J］. 上海第一医学院学报，
1984，11（4）：312-313.

[7] 王爱宝，唐希灿. 丹皮酚磺酸钠的镇痛、解热、消炎和毒性研究［J］. 中草药，1983，14（10）：26-
27，25.

[8] 吴欢，汪水玲，姚日生，等. 常压 SO_3 微热爆技术在丹皮酚提取中的应用［J］. 现代化工，2021，
41（5）：182-185；190.

第八章
制药工艺放大研究

现代制药工艺是在制药工业初期从天然产物中提取分离纯化工艺，到借助基于原料路线和化学合成方法生产分子药物的化学合成工艺，以及利用生物发酵和细胞培养生产结构复杂的抗生素和多肽、蛋白质和细胞等生物药物的生物转化工艺。

在第一章绪论中，我们依产量将制药工艺分为小试工艺、中试工艺和生产工艺。其中小试工艺指的是基于质量、安全、环保和成本，选择原辅料、工艺路线与技术方法和设备类型等，在实验室条件下考察步骤过程变化规律与工艺参数的影响。中试工艺指的是利用尺寸大于小试的设备装置对小试确定的技术方法和工艺参数进行评估与优化，为质控与进一步工程工艺放大提供数据和方法。而生产工艺则是在车间生产若干批质量不低于标准要求的产品后，确定的生产工艺流程和操作参数与规程，为工艺流程设计、车间设计和施工安装以及操作规程编制提供技术支持。

通过工艺放大研究确定起始物料、试剂的规格和标准及其供应商，制订中间体和成品的质量标准，确认 EHS 风险并提出安全控制与防护技术要求和三废处理技术方案，核算初步的技术经济指标，提出基于合成或提取工艺路线的整个工艺流程方案设计以及各单元操作的工艺规程。

第一节　工艺放大方法和约束因素

一、工艺放大的目的

由于仪器设备尺度的改变会带来制药过程的变化，并常常由此引起生产效率低于预期或产品质量的劣化等，为了保证注册登记的新药进入临床试验研究所需的用药量以及药品进入市场规模所需产量所需的技术支撑，需要利用容积为 10L 到 $1m^3$ 及以上的反应器或混合器及其对应的后处理用仪器设备进行工艺操作研究。

具体地，需要在新的基于大尺度设备的系统中，验证实验室小试工艺的可行性，研究并解决在小试工艺研究阶段尚未发现和/或难以解决的问题。进一步地，需要在小试工艺的基础上，探究设备装置尺度变大和结构变化等诸多因素对产物性能的影响并筛选出对产物性能影响显著的关键因素；并弄清楚通过何种手段才能达到或者接近实验室同一条件，而不是直接寻求新的条件。

所谓制药工艺放大研究指的是将为满足大规模生产药物而开展的基于动力学和操作安全的与基于质量保证和成本控制的中试和/或生产工艺研究。它是在小试工艺研究工作基础上开展的过渡试验研究以及在中型尺度和近生产投料量尺度下的装置中进行质量/EHS及效益与工艺操作关系的研究。在此研究阶段药物（药品）的"质量-工艺"参数空间被进一步优化并确定，与持续的过程验证程序相结合的"质量-工艺"参数空间是构成工艺鉴定和工艺验证的基础。

一般地，制药工艺放大研究的主要目的有：

① 建立稳定的制造规程为正式生产提供必需的工艺条件与参数，同时为临床前研究与临床试验的评价提供足量的合格产品。

② 拟定符合GMP要求的制造规程与检定规程，确保用于临床前试验和临床试验的受试药物具有完全一样的品质，以保证日后生产中的产品与供临床试验所用药品的品质相同。

二、工艺放大的一般方法

工艺放大通常是基于设备装置尺度放大的生产工艺开发方法，主要有：数学模型放大法，因次放大法中的相似放大法、经验放大法和基于计算流体力学流场模拟的放大法以及时间常数法。数学模型放大法是应用计算机技术的放大法，它是基于机理的模型放大方法，主要用于预测。

1. 相似放大法

相似放大法主要是应用相似原理进行放大，适用于中药提取以及结晶分离等物理过程放大。对于化学制药工艺或生物制药工艺放大，也可以通过相似性单一放大准则等进行放大。但是，涉及非均相反应的化学制药工艺和好氧发酵的生物制药工艺以及物料为高黏性或非牛顿流变特性等的化学或生物转化制药工艺的放大是难以胜任的。其中，细胞培养或好氧发酵的制药工艺的放大除了受供氧能力与混合均匀性的影响外，还受搅拌剪切易致细胞损伤的约束；且理论分析也证明，放大过程中也无法同时保证3个及以上参数一致。

因此，在设备放大基础上进行化学制药工艺或生物制药工艺放大试验时，要明确所着手的化学反应或生物发酵过程中哪些是必须重现的结果，并明确关键混合参数；再就是要通过一定规模的中试（至少几十升），掌握影响主要过程结果的主要变量。对于某个特定的化学反应过程或生物发酵过程，并非在放大时需要大槽与小槽的全部混合参数相同。

对于没有副反应的单一途径的化学反应来说，放大产生的风险不过是转化率下降。但对于有副反应的化学过程来说，如放大不当，造成局部过浓等现象，将导致产品质量下降。

对非均相反应而言，混合时间是影响反应的重要因素，放大时保持搅拌转速不变，对放大效果是可以有信心的，但是，在多数情况下是不现实的。传递过程原理知识告诉我们，如果保持转速不变，雷诺数随特征长度 D 成正比增加，而单位容积输入的能量则随 D^2 增加，这样，或者是放大倍数受到限制，或者是消耗的能量过大。因此，一般在放大时考虑延长混合时间。对于一级反应来说，反应的转化率仅与停留时间有关，而与混合时间无关。对于许多反应体系来说，混合时间常以秒计，停留时间则以分计或以时计，除非有的体系对混合非常敏感，或者反应器极大，否则延长混合时间不会造成明显的影响。

这里需要指出的是相似放大法虽有诸多不足，但它简单。而且，对于利用大尺度设备装置的工艺放大来说，它有清晰的物理意义。因此，既可以将之用于工艺放大研究前的设备选型设计与冷模试验，又可以作经验放大法的试验基础。有关相似放大方法的详细介绍可参见《制药工程原理与设备》等教材或《化学反应工程》等专著。

2. 经验放大法

经验放大法主要是凭借经验通过逐级放大（实验装置、中间装置、中型装置和大型装置）来摸索反应器、发酵罐或提取分离设备尺度和结构变化引起的过程和结果的特征变化。

当进行化学反应合成工艺放大时，由于反应体积的增大，物料的传输空间随之增大，也就是反应物分子的活动空间变大了，参加反应的分子碰撞的概率相应变小，使得放大反应在与实验室相同的时间内是达不到相同的反应转化率的。因而，常常延长反应时间来使反应进行得更加彻底。

当化学反应受动力学控制时，则需要采取一些手段来使得物料浓度变得更大一些，以使反应更进一步进行，如回流或蒸出部分溶剂等操作。同时，一般认为体积与反应器的特征尺寸（直径）的三次方成正比，传热面积与直径的平方成正比，往往会出现设备放大后的传热面积不够的问题，导致热量的传输开始变慢，从而出现影响产品质量甚至产品收率都要受很大影响的状况。而小试的反应器内物料投加量比较少，与外界的加热设施接触比较紧凑，其热量的传输比较快，只要控制得当，基本不会出现物料温度暴涨或者暴跌的情况。另外，因投料量大带来局部过浓，也会导致局部反应速度及反应选择性的变化而影响产品质量。

对于剧烈放热的化学反应，在实验室我们可以采取冰水浴等手段来保持热量平衡，但到了中试工艺放大时，通常采取滴加的方式来控制单位时间内热量的放出，保持温度的稳定，或加入惰性溶剂作为热的载体，来延缓温度的急剧上升。

在经验放大法中，可采取"步步为营"法，或"一竿子到底"法。"步步为营"法可以集中精力，对每步反应的收率、质量进行考核，在得到结论后，再进行下一步反应。"一竿子到底"可先看到产品质量是否符合要求，并让一些问题先暴露出来；然后，制订对策，重点解决。不论哪种方法，首先应弄清楚中试放大过程中出现的一些问题。这些问题是属于原料问题、工艺问题、操作问题还是设备问题。常用的方法与小试进行对照试验，以逐一排除各种变动因素。

3. 流场模拟放大法

通过借助计算流体力学（computational fluid dynamics，CFD）模拟可以实现大型生物反应器内复杂流场特性分析（图 8-1），成为联系宏观反应器放大设计与局部微观细胞生长环境变化和细胞生理代谢变化的重要工具方法。

近年来，更多工程实践关注于反应器内流场和细胞生理代谢特性之间的整合研究，从而确定两者之间的关系，并用于工艺放大。

反应器流场特性与细胞生理特性相结合的放大原理是：首先在以代谢流分析与控制为核心的实验室培养装置上进行研究，由此得到用于过程放大的状态参数或生理参数的变化趋势，获得影响反应器放大的关键敏感参数；在放大规模设备上进行反应器流场特性优化和结构设计，满足细胞生理代谢所需的状态，即反映细胞代谢流等生理参数变化趋势一致，就可以较好地克服放大过程中的问题，最终实现发酵过程的成功放大。

另外，在工艺放大研究中，操作工艺因设备装置尺度的变化而与小试工艺不尽相同，依然需要运用数理统计的方法进行某一操作工艺或个别工艺参数的优化。通常要在小试工艺基

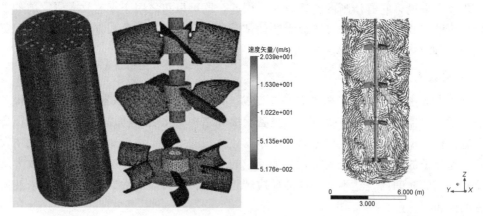

图 8-1 反应器 CFD 网格划分与速度矢量场模拟

础上，以最少的试验次数，最节省的人力、物力、财力，在最短的时间内合理地安排试验设计方案，并正确地进行数据分析，达到优化生产工艺的目的。这就需要正确地选择试验设计方案，利用试验设计得到各因素参数与产物性能之间的内在规律关系，以尽快找出生产工艺设计所要求的条件参数。

常用试验设计方法有析因设计、正交设计、均匀设计和星点设计。正交设计、均匀设计是用正交表、均匀表来安排试验，试验次数较少，使用方便，容易实现。星点设计对试验指标的分析较之上述设计更精确，其特点是通过试验设计组合，构造出各因素对效应值影响的效应面，以直接判断相应的效应范围并优化出各因素的最佳水平组合。星点设计通常和析因设计联合使用。

在过去 20 年里，监管机构的工作重心已从对生产路线的许可和通过适当方式确保产品的质量转移到了以改进工艺、产品认知及适当的风险评估为中心的方式，有了从通过测试决定质量到 QbD（质量源于设计）的根本性转变，审批人员更倾向于以知识、调控和稳定性为核心价值观的申报文件。

近年来，在制药过程工业兴起的反应分离耦合与连续流过程强化技术和工艺分析技术（PAT）等过程工程技术，以及快速发展的基于大数据、物联网与工艺仿真等的人工智能，为更有效地完成制药工艺的选择、开发和放大优化工作提供了新的工具技术。

我们可以借助 AI 将制药工艺小试实验数据与传递过程原理结合，建立工艺工程模型并借此进行生产工艺过程模拟与优化，提高工艺放大和生产过程的可靠性以及放大试验工作的安全性和有效性，降低放大风险、缩短研发周期。对于连续制药工艺放大研究来说，因其操作过程是连续并且要求质量是持续稳定的，操作过程必须是自动化的，而这需要建立数学模型或半经验数学模型与在线分析监测系统才能实现。

三、工艺放大的约束因素

1. 环保、安全和职业卫生对工艺的约束

环境保护、安全生产以及职业卫生的因素也是选择工艺路线时必须考虑的问题，必须认真贯彻执行国家关于安全生产和环境保护的政策和规定，重视制药厂的"三废"防治工作，以确保安全生产和操作人员在生产中的人身安全和健康。

由于 API 和生物活性分子或细胞生产过程中出现的许多废物都需要通过分离操作加以

除去，因而对产生废弃物的步骤应予以高度关注，尤其是对可能产生基因毒性杂质合成步骤或使用致病菌株（细胞）等的步骤需要密切关注。同时，需要结合杂质成分选用合适的分离工程技术以及环境控制工程技术，进行分离工艺研究；另外，可以利用在线监测技术（PAT）对原合成反应包括分散介质等在内的工艺条件进行筛选与优化研究，以减少或消除废物产生的数与量；还可结合在线监测技术（PAT）利用微通道等反应器进行连续化学制药工艺或利用一次性生物反应器及过滤装置进行化学制药工艺、生物制药工艺的研究开发，以消除或减少安全风险，并在保证质量的前提下提高生产效率。

进行药物合成或制备工艺放大研究时，首先要对原小试工艺过程中的副产物和产生的"三废"有初步的了解，然后，要着眼于不使用或尽量少使用易燃、易爆和毒害性大的原料，同时还要考虑中间体有无毒害性问题，且必须有消除或治理污染的相应技术措施。其次，如必须采用危险或有毒物质时，则需要考虑安全技术措施。在完成工艺放大研究后，要结合生产工艺，对工艺过程中副产物和"三废"的综合利用及处理提出初步解决方案。

当合成路线中有些反应需要在高温、高压、低温、高真空或严重腐蚀的条件下进行时，因为上述反应条件需要用特殊设备、特殊材质，就需要考虑设备结构和材料的问题。对生物药物和中药制药的工艺放大研究，要注意染菌对工艺过程的干扰或破坏，尤其是所用微生物、细胞等生物活体对环境产生的生物污染和对从业者构成的生物安全风险。

对于那些能够显著提高产率或能实现机械化、自动化、连续化操作，显著提高劳动生产率，有利于劳动保护和环境保护的反应，即便设备要求高些，技术复杂些，也应根据可能条件尽量予以满足。

2. 药品质量对工艺的约束

在工艺研究中，生产过程中药品质量的管理和产物质量控制的研究是药品生产中密切相关而又不同性质的两个方面。我国"药品管理法"规定，药品必须符合《中华人民共和国药典》以及相关药品标准。因此，药品生产需要有相应的质量标准和分析检测方法，为质控提供依据和为质检提供方法。

药品"安全、有效"的质量保证源于其生产过程中所用设备和工艺技术的"稳定、可控"。在国际人用药品注册技术要求协调会议（ICH）发布的指导原则：Q8（R2）制药研发、Q9质量风险管理、Q10药品质量管理体系，以及2012年5月10日发布的Q11原料药开发与制造（化学实体和生物技术/生物制品实体）中，推出以科学和风险为基础的质量源于设计（QbD）作为一种确保产品质量的强化方法——基于科学知识和质量风险管理的控制策略。要求明确原料药质量与材料属性（如原材料、起始物料、试剂、溶剂、加工助剂和中间体）和工艺参数的关系，风险评估包括制造过程中与原料药质量有关的功能评估、属性可检测性和影响程度等。例如，评估发现原料药或中间体中的一种杂质和原料药的客户品质保证（customer quality assurance，CQA）之间的存在关系时，应当考虑在原料药制造过程中除去该杂质或其衍生物。因为杂质有关的风险通常可以通过原料/中间体和/或下游步骤中的强大净化能力得以控制。重要的是要确定制造过程，明确杂质的形成过程（是否会发生杂质反应，以及其化学结构改变）和清除（是否通过结晶、萃取等除去杂质），以及它们之间的相互作用关系是否影响原料药的CQA，制造过程应在（工艺参数）设计空间通过多种工艺操作建立适当的杂质控制策略等，以确保工艺过程和原料药质量。而在传统的方法中，对工艺参数设定数据或者范围，原料药的控制策略通常是基于过程的重复性和测试，可以满足既定的验收-确认标准。

简而言之，对工艺与质量控制的研究，必须结合药品的生产过程技术及其质量、安全与稳定的要求，在前期药物发现与筛选阶段所形成的药物合成制备方法的基础上展开。具体地，通过实验室的小试和中试工艺研究来实现，为生产质量稳定的药品提供可靠和可操作的工艺技术，并为药品生产的工程设计与建设以及生产岗位操作提供依据。

第二节　制药工艺放大研究

工艺放大是由小试转入工业化生产的过渡性研究工作，通过中试放大试验和实验展开，对小试工艺能否成功地进入规模化生产至关重要。这些研究工作都是围绕着如何实现安全操作、质量稳定和形成批量生产等方面进行的。

一、工艺过渡试验研究

在找出工艺条件对合成或制备结果影响的基本规律后，重要的是要进行基于风险评估的质量控制和安全控制的工艺技术研究，一般可借助必要的控制试验——过渡试验来展开，以确定原辅材料以及设备条件、材质的最低质量标准，建立控制策略，从而为高质量药品的生产提供质量监控和保证体系。

1. 化学制药工艺过渡试验研究

（1）原辅料等的杂质及其含量扫描　以原辅料以及供应商生产的粗品或人工模拟粗品和回收料为对象，分别采用"一勺烩"工艺和优化的工艺合成原料药，观察反应现象，分析从原料引入的杂质到副产物、副反应产物以及溶剂和试剂、中间体的残留、痕量催化剂（尤其是重金属）和无机盐等；检测分离纯化所得合成品的纯度，确认最终产品的晶型。明确引起产品质量劣化的技术风险，制订原辅料的规格和技术标准，确定原料和中间体中各种杂质的最高允许限度。

（2）大气环境因素　在（对环境敏感的）合成反应体系中人为引入水汽和（含尘等）空气，观察反应现象，检测合成品的纯度；明确引起产品质量劣化的技术风险，规定反应器空间气体组成技术标准。

（3）反应器及管道材质干扰反应及质量的模拟　采用挂有工业反应器同质材料片的反应烧瓶进行合成，观察反应现象，检测合成品的纯度及挂片表面腐蚀或磨蚀度与状态；明确引起产品质量劣化和设备强度衰减的技术风险，为工艺设计的设备材质的选择提供依据。

（4）反应条件极限试验　首先，查阅手册、文献获取反应热数据，或利用化学反应式中化合物键能计算反应热，初步评价反应工艺安全风险。然后，利用辐射加热和液体介质加热评价恒温下反应热效应，利用外加气体制造高压、强热制造高温，利用超高投料比和快速进料制造局部过浓、过热反应和过快反应；利用两相流体或缓慢搅拌加料制造间隔流体体系，考察极端条件下的合成反应；明确引起产品质量劣化、设备强度衰减和环境污染的技术风险，结合药物质量标准要求，确定各种条件最高允许限度。利用尽可能低的搅拌速度初步模拟反应釜内的间隔流反应结果。改变搅拌速率及搅拌结构，从反应体系混合状态、温度以及组成的变化值，观测传质、传热效果以及反应对传质、传热强度的要求。

（5）搅拌的作用　在一定程度内，搅拌可强化传热和传质，良好的传热和传质是保证化学反应正常进行的必要条件。这不仅可以达到加快反应速率和缩短反应时间的目的，还可以避免或者减少由于局部浓度过大或局部温度过高而引起的某些副反应。搅拌对于互不混合的液-液相反应、液-固相反应、固-固相反应和气-液-固三相反应等尤为重要。工业化生产时可采用硅铁或球磨铸铁制成的齿式搅拌器、快桨式搅拌器等高效搅拌设备。其他如催化氢化反应使用的 Raney Ni、Pd/C 等催化剂，都需要有良好的搅拌装置。

2. 生物制药工艺过渡实验研究

生物制药技术从实验室到工业化生产的转移，一般需要经过中试。为了降低中试的技术风险，通常在中试前需要在实验室进行必要的过渡实验研究。

（1）杂菌污染试验　生物制药工艺过程中，由于存在杂菌污染、菌体自溶等，其中，杂菌污染必然会引起菌体生长缓慢，基质消耗减少，产物合成停止等。通过培养基灭菌工艺及条件试验（空白、接菌或细胞培养）获得培养基灭菌时间/温度临界点，采用不同净化级别的空气考察其对微生物发酵或细胞培养体系的影响，评价其染菌因素和风险概率。并利用经验或平台技术建立受噬菌体或支原体等污染的发酵液的消毒工艺。

在完成上述试验后，可从枸橼酸钠、草酸盐、三聚磷酸盐及抗生素等常用化学品中筛选合适的可抑制培养基中噬菌体生长繁殖的添加剂及添加量。

（2）基质饥饿/成分缺陷型发酵试验　由于发酵过程存在菌体自溶，并由此引起发酵液起泡，而这些均会对发酵过程产生危害。为此，需要人为制造基质饥饿，或采用接近微生物/细胞极限耐受温度、pH、盐浓度和底物浓度等恶化条件，诱发菌体自溶，并观察发酵液发泡情况。由此确定微生物发酵或动植物细胞培养的限度条件，找到最适宜的工艺条件（如培养基种类、培养温度、压力、pH 等）范围，以确保发酵过程正常进行，并为消除或减少发酵液泡沫产生量提供技术准备。

（3）设备选型与材料质量实验　在小试阶段，大部分实验是在小型玻璃仪器中进行的，但在工业生产中，物料要接触到各种设备材料，如微生物发酵罐、细胞培养罐、固定化生物反应器、多种色谱材料以及产品后处理的过滤浓缩、结晶、干燥设备等。有时某种材质对某一反应有极大影响，甚至使整个反应无法进行。如应用固定化细胞工艺生产 L-苹果酸时，因产品具有巨大腐蚀性，因此，在浓缩、结晶、干燥工段都需选用钛质设备。故在中试时，要对设备材料的质量及设备的选型进行实验，为工业化生产提供数据。

另外，对疫苗等生产过程中的原液冻融方式及预冻（快慢）对冻干制品生物活性等的影响需要评估，可采用一般箱式冷冻器进行冷冻和回温解冻试验，找到极限变温速率及温度上下限。

（4）种子扩培工艺优化

① 摇瓶培养工艺优化。生产用种子液需要镜检无杂菌污染，同时具有较好细胞活力和活细胞浓度（又叫菌体密度）。细胞处于对数生长期时具有良好的分裂能力，细胞分裂能力是考察种子液细胞活力的重要指标。当细胞处于对数生长期时，细胞的存活率基本达到100%，这个阶段活细胞的浓度可以通过检测菌体 OD_{600} 来评估，因此以种子液的活细胞浓度为主要考察对象，对各工艺参数进行考察及范围确定。

摇瓶培养关键质量属性是种子液细胞活力与活细胞浓度（又叫菌体密度）。它们主要受培养基成分、装瓶量、接种量、培养温度、转速及培养时间的影响。表 8-1 是摇瓶培养各个工艺参数对关键质量属性的影响分析。

根据表 8-1 的评估，将对摇瓶培养工艺中的培养基、培养温度、接种时菌体浓度进行详细工艺参数范围确定的实验。

表 8-1　摇瓶培养工艺参数影响风险评估

工艺参数	影响分析	是否关键	影响性能参数
培养基	培养基为菌体生长提供碳源、氨源、无机盐、生长因子等营养成分,不同培养基的使用对工艺有不同的影响	是	OD_{600}
培养基灭菌条件	高温短时间湿热灭菌可以彻底灭菌,并最大限度减少对营养成分的破坏。灭菌过程容易控制,不影响生产效率和产品质量	否	—
装瓶量	影响培养时的溶氧量。装瓶量过多将限制瓶内气液交换。$10\%\sim20\%$的装瓶量可满足其溶氧需求,不影响生产效率和产品质量	否	—
培养温度	影响菌株细胞活力和细胞浓度。影响生产效率	是	OD_{600}
转速	影响培养时的溶氧量。250r/min 转速即可满足其溶氧需求,不影响生产效率和产品质量	否	—
培养时间	影响菌体活细胞浓度。对数生长期菌体分裂快,活细胞数量持续增高,对数生长中后期达到峰值。按照生长曲线即可确认菌体活细胞浓度。影响小	否	—
接种时菌体浓度	影响菌株细胞活力和细胞浓度,影响生产效率	是	OD_{600}

② 种子罐工艺优化。种子罐培养是为了在摇瓶基础上进一步获得发酵罐用菌量,以缩短在发酵罐中的种子扩培时间。结合发酵培养的平台经验,制订种子罐初始培养基配方和初始生产工艺。

根据经验知识对种子罐培养的各个工艺参数进行影响性分析,然后,对影响大的工艺参数进行详细研究,制订控制策略,以开发稳定的生产工艺。根据表 8-2 的评估,将重点对种子罐培养工艺的接种量、培养温度、移种菌体浓度进行详细工艺参数范围确定的实验。

表 8-2　种子罐培养工艺参数影响风险评估

工艺参数	影响分析	是否关键	影响性能参数
接种量	影响种子罐培养时间、生产效率。对产品质量影响小	是	菌浓(OD_{600})生长曲线
培养温度	影响菌体生长速度、收获的菌体浓度、基质消耗与生产效率	是	菌浓(OD_{600})
pH	根据经验知识,种子罐不需要额外补料,基础培养基中带有 pH 缓冲体系,在该缓冲体系下的 pH 波动范围均不影响菌体生长。因此对工艺影响小	否	—
罐体压力	不影响产品质量,负压有可能存在染菌风险,但比较好控制,发酵过程维持正压 40～70kPa 就可以避免,对工艺影响小	否	—
溶氧	溶氧太低会导致菌体生长缓慢,乙酸生成,对发酵工艺造成一定的影响。维持在 DO≥50%,即可满足菌体生长需求。对产品质量、工艺影响小	否	—
移种菌体浓度(OD_{600})	影响移种菌体活力,生产效率。对产品质量影响小	是	菌浓(OD_{600})

由于小试反应器为置于恒温培养箱内的摇瓶或细胞培养袋,或为小发酵罐,它们的温度控制精准,大尺度发酵罐或培养器存在热累积或温度传感器的灵敏度不高的问题,需要人为制造绝热环境或无强制热交换的条件下进行发酵或培养操作,考察非常态下的热效应。

在此基础上，进一步优化工艺过程原辅料和产成品的分析检测方法与质量技术标准。

为了满足 IND 申报及相关法规要求，对于一些特殊产品，假如采用平台工艺不能生产出符合要求的临床样品，这时候需要对特定的问题（比如，聚体偏高、糖基化修饰以及原液颜色等）开展合适的工艺优化实验以提供针对性的解决方案。对于常规项目而言，细胞培养工艺研究的技术路线一般包括三轮研究，第一轮培养基筛选、第二轮工艺参数研究、第三轮工艺放大确认。

3. 中药制药工艺过渡实验研究

（1）原料产地和辅料的杂质及其含量扫描　以不同产地的原料以及供应商生产的原辅料为对象，分别进行前处理（炮制）、组方提取，检测提取物及其浓缩物的有效成分与其他成分含量，初步确认原料选择的产地或供应商，制订原辅料的规格和技术标准，确定原料和中间中各种杂质的最高允许限度。

（2）前处理设备及管道材质干扰反应及质量的模拟　中药的前处理中的炮制常常包含化学反应，存在接触表面腐蚀等问题。加入多片金属材料圆片与原料混合，观察炮制过程现象，检测饮片及试验金属片表面腐蚀或磨蚀度与状态；明确引起产品质量劣化和设备强度衰减的技术风险，为工艺设计的设备材质的选择提供依据。

（3）工艺操作条件极限试验　在复方中药提取工艺放大研究前，最好进行各药材在罐内分布均匀度对提取物质量的影响研究，人为制造不均匀混合投料提取；采用各药材依次集中投加进行煎煮提取，和各自独立煎煮提取再混合的方式，将其有效成分和指纹图谱与均匀混合投料提取物的进行比较，以确定药材投加混合的操作方式。但这常常是容易被忽视的。

中药提取和干燥工艺操作主要是物理过程，但其中有效成分多数是小分子物质，存在热氧降解或高温缩合等导致中药性味变化的化学反应，利用电加热和液体介质加热评价高温热效应。

另外，由于中药材多来自生物，易被微生物利用并产生污染，因此，要参照生物制药工艺进行微生物污染试验。

二、工艺放大研究前的工作

1. 工艺流程设计与单元设备选型

当小试工艺研究和过渡试验研究后，小试工艺被进一步优化，从而更加科学合理且具有可行性。作为一种建议，在工艺放大研究之前，要展开操作工序研究，随即优化操作方式。即根据小试合成（制备）步骤和生产过程常见操作方式，将小试制备过程分解或整合为工艺操作工序。

对于转化率低的合成反应工序，不仅要安排有溶剂回收、产品分离纯化工序及对应的设备，还要有原料回收工序及套用给料设施（中间罐及物料泵或其他输送设备等）。同时，通过对小试样品质量与原料的关系分析，决定是否引入原料精制处理等工序，优化工艺操作工序；对规模化生产设备的尺度效应进行工程分析，决定是否增加反应物料的预热或预混等辅助工序，确定工艺操作工序；并通过对小试合成工艺参数与过程现象的合理分析，决定合成制备过程（连续、半连续或间歇等）操作方式和投料顺序等。

然后，需要结合小试制备方法与装置进行工程分析，将实验室小试装置分解成工业生产过程的单元操作设备，初步确定设备类型-设备选型并进行放大设计。另外，对药物合成的非均相反应以及结晶工序，关键要解决搅拌的放大设计，对搅拌形式及搅拌器结构的选择与设计是至关重要的；对热效应明显（温度对反应的影响大或反应放热量大）的反应，传热面积的计算及换热方式的选择是关键。

在完成设备选型和设计后，主要针对药物合成或制备的反应器/发酵罐、提取罐等设备进行工程放大研究。第一步是进行冷模试验，评价搅拌混合分散效果，设计或选择合适的搅拌结构，初步确定搅拌电机功率（实现搅拌强度要求）；第二步是评价传热效率，考察现有（换热面积）设备的传热速率。在此基础上，结合工艺流程进行物料衡算，确定"三废"产生点源及初步的处理方案，并提出安全操作与防护等的要求。然后，再进行反应或提取分离（结晶）工艺放大研究。

2. 装置系统及其功能确认

① 装置系统密闭性检查与清洗。对设备及其管路系统，尤其是新安装和经改过的设备或久置不用的设备要进行吹扫、试压、试漏工作，然后，进行清洗。

② 装置系统可操作确认。加水或其他惰性流体联动试车。

生产条件的检查：蒸汽、油浴、冷却水和盐水是否通畅（观察或监测阀门开启后的前后温差），阀门开关是否符合要求。

③ 冷模实验。对化学反应合成反应器，利用反应介质进行试验。在搅拌下，观测均相、加水构成油水两相、加与固相成分的粒度密度相当的惰性颗粒构成流固两相的分散混合均匀状态，以及催化剂或难溶原料的沉积状况；对生物发酵（或细胞培养）要利用培养基进行试验，在搅拌及其转速不同的情况下，监测一定通气量下的溶氧量或气体分布状态；进行搅拌混合分散效果评价，设计或选择合适的搅拌结构，初步确定搅拌电机功率（实现搅拌强度要求）；然后，加热升温，观测升温速率与内外温差，进行传热效率的评价与现有设备换热面积的确认，并对现场仪表及控制系统进行确认与验证，为控温提出方案。

3. 工艺安全风险评估与试验准备

① 对新工艺在进行工艺放大实验研究之前，对化学合成反应工艺需要进行反应热检测评价和安全风险评估，对涉及病原菌或病毒的生物制药工艺需要进行生产安全风险评估，并依此开展工艺的 HAZOP（危险与可操作性）分析和工艺安全可靠性论证。

② 编制操作规程和安全规程，并对职工进行工艺操作培训、安全培训和劳动保护培训，尤其要讲清楚控制指标和要点，违反操作规程的危害和管道走向，阀门的进出控制，落实超出控制指标和突发事件的应急措施。

③ 做好应急措施预案和必要的准备工作，明确项目的责任人，组织好班次，骨干力量安排好跟班，明确职工和骨干与上级领导之间夜间沟通联络方法。

④ 做好设备的清洗和清场工作，确保不让杂物带入反应体系，防止产生交叉污染和确保有序地工作。

⑤ 根据工艺要求和试验的需要核定投料系数，计算投料量，做到原材料配套领用，质量合格，标志清楚，分类定置安放。

⑥ 计划和准备好中间体的盛放器具和堆放场所。

三、工艺放大研究

无论是新药评价，还是新药上市，都要求临床前研究与临床试验所用样品应采用同一工艺生产，尤其临床试验所用产品的制造工艺应与大规模生产最终上市产品的生产工艺一致，以确保上市产品的有效性与安全性。新药投产后，如生产工艺需要进行变更，应通过科学实验，获得可靠资料后，重新向药品监督管理部门申报工艺改进操作与质控标准。

工艺放大研究内容主要有：①工艺流程与各操作单元及物料转移方式的最后确定；②反应器尺度的确认及反应搅拌器型式与搅拌速度的考察；③生产工艺条件的研究；④安全生产与"三废"防治措施研究；⑤原辅材料、中间体质量标准的制订；⑥消耗定额、原料成本、操作工时与生产周期等的初步确定。

1. 化学制药工艺放大研究

对于化学制药工艺来说，工艺放大研究的重点是合成反应工艺操作条件。一般包括：配料比、反应物的浓度与纯度、加料次序、反应时间、反应温度与压力、溶剂、生物或催化剂、pH 值等。同时，要研究反应终点控制、产物分离与精制，以及过程回收的原辅料和中间体套用等对制备过程安全及产品质量的影响。在工艺放大中，可采用一切物理的、化学的或生物的手段，必要时可在一定范围内改变投料比甚至分散介质。

通常采用逐步提高加料量和滴加或分批加料的方式，考察反应过程的尺度效应，建立合成反应的过程与安全控制技术方案。并尽可能结合在线监测技术（PAT）对原合成反应包括分散介质在内等的工艺条件进行筛选与优化研究，以减少或消除废物产生的数与量。

针对热致安全风险高的原药生产工艺放大，最好采用基于微通道等反应器的连续流反应制药工艺设备装置。对于采用连续流反应工艺放大不在反应工艺本身，而是围绕连续反应的原料输送配置，以及出料后分离纯化的工艺所需的工程放大研究。

在小试工艺研究中，通常采用从溶剂中析出结晶后接真空干燥，以制备特定晶型和产品纯度的产品。在此过程中，有微量的高沸点的非结晶杂质会被脱除。但大规模生产采用真空干燥，会因大尺度致扩散阻力显著增大，而难以除去，使得产品质量难以保证。在确认有这种情况时，可以采用熔融结晶工艺进行分离纯化。它是根据熔融液中主要组分与各杂质的熔点差异而进行分离纯化。熔融结晶的分离纯化过程主要包括三个步骤：①降温结晶；②升温发汗；③熔化。降温结晶是指在外部冷却装置的作用下，使熔融液的温度按一定的冷却速率逐步降低至结晶终温，并保持一段时间以得到粗晶体。在晶体生长过程中，由于部分母液及杂质会被包藏在晶体之间，故而需要发汗操作来排出这些杂质。发汗过程是通过程序升温的方式来移除晶间包藏的母液和杂质而提纯粗结晶，好比排出"汗液"一样。最后的熔化过程是指升高温度使发汗后的高纯晶体熔化成液体，便于排出结晶器而收集产品。

另外，在药物合成反应的多数情况下，体系中的溶剂在反应前后没有明显变化；或有杂质与浓度的改变，但有小试分离回收实验证明回收的溶剂不影响产品的质量，则通常可直接回收并在原反应工序套用。即便如此，在工艺放大研究的同时，依然要在放大实验研究中进行再确认。

2. 生物制药工艺放大研究

在以细胞培养为主的生物制药工艺过程中，需要达到无菌、无污染等极高的条件。普遍采用一次性生物反应器系统，反应器规模在 2.5～2000L 工作体积，一次性生物反应器操作灵活，可以节约生物药制造过程中反复清洗、灭菌、消毒的过程，为制药企业节约了试错和生产的时间，满足产品工艺验证和核查，已广泛应用于不同细胞系的规模化培养。但由于抗体药物等细胞培养技术的逐渐成熟，需要降低单罐生产成本。目前，细胞培养也正从一次性生物反应器系统向不锈钢生物反应器系统发展，细胞培养装置已超过10000L的工作体积。

生物制药工艺放大关键是细胞规模化培养工艺技术，要求在工业规模反应器内实现发酵特性与实验小试规模反应器的发酵特性基本一致。也就是说，在大规模反应器上确定操作条件、操作方式等，以提供与小试工艺相似的细胞培养状态环境。然而，细胞培养过程是一个复杂的动态过程，细胞的生理状态随反应器内的底物供应、培养环境、代谢反应等实时发生变化。

对微生物的发酵或细胞培养来说，除了防止污染外，更多的是溶氧的保证。传统的基于单一放大准则的相似放大方法在发酵过程放大实际应用中碰到各种问题，其中主要体现在供氧能力与混合不均匀导致的放大效应。高的搅拌转速有助于提高K_{La}（氧气传质系数），促进氧传递，但同时会产生较大的剪切力，对细胞活性的维持产生不利的影响。也就是说，既要加大剪切促进溶氧，又要避免或使尽可能少的细胞被强力剪切致死。因此，耐剪切能力直接决定着该细胞株的可放大性。实际培养过程中，剪切力往往随着搅拌速度增加而增高，高剪切力会直接影响细胞生长、活率以及细胞直径，从而间接对表达量产生影响。因此，确定细胞最高耐受剪切力的范围，对于规避细胞发酵工艺可放大性方面的风险是极其必要的。

为此，在进行工艺放大试验时，将已选中的菌株/细胞株接种于生物反应器，使用控制变量法评估不同细胞株对于剪切力的耐受程度，培养参数除转速外保持不变，起始转速设置为80r/min，每3～4d在生物反应器上对细胞进行一次传代，同时提高20r/min的转速；在传代过程中检测细胞生产方面诸如活率、直径、活细胞密度等参数，待其生长出现活率下降、密度降低等现象时终止实验。依此开展发酵工艺放大试验的周期过长，且操作失误和染菌的风险大，效率低。

目前，较为合理的生物发酵工艺放大的方法是基于计算流体力学（CFD）模拟大型生物反应器内复杂流场特性分析的流场模拟放大法。这里结合$500m^3$生物反应器红霉素发酵工艺放大实例进行说明。

红霉素是重要的抗感染类药物，我国已成为世界红霉素原料药发酵生产的主要生产国和供应国，随着我国抗生素发酵企业参与国际市场竞争加剧，以及国际原料药生产向发展中国家转移，规模化生产过程设备趋向设备大型化、高效和自动化。

红霉素是典型的高好氧发酵过程，通过对红霉素发酵过程多参数相关分析发现（图8-2和图8-3），红霉素发酵前期0～40h为其最大好氧阶段，此阶段氧供应是影响红霉素发酵效率的关键因素；生理参数OUR前期最大值范围为40～60mmol/(L·h)，反复试验证实生理参数OUR可作为反应器放大的敏感控制参数。

为保证$500m^3$生物反应器生理参数OUR代谢趋势一致，反应器的氧传递能力作为反应器放大设计的关键考虑因素，根据时间常数分析法和工程设计理论计算红霉素发酵过程氧传递时间常数，对$500m^3$大型反应器几何尺寸、搅拌系统和换热系统进行理性设计（图8-4）。通过CFD方法获取反应器内的各项工程参数并进行分析验证（图8-5），从速度矢量图来看，反应器在底部均形成了较好的径向流场，而在上部形成较明显的轴向流场，流型稳定；从能

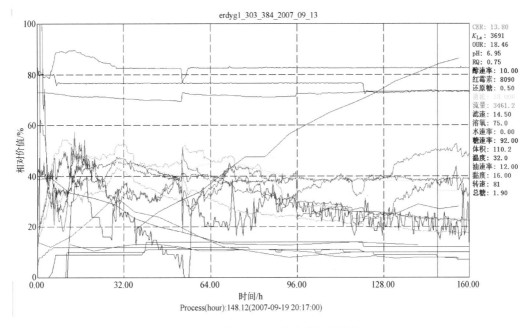

图 8-2　红霉素发酵过程多参数相关分析图

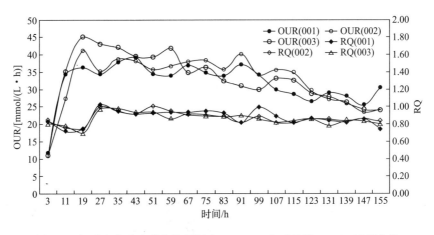

图 8-3　红霉素发酵生理参数摄氧率（OUR）和呼吸熵（RQ）过程曲线

量耗散率分布来看，反应器的能量耗散率较大的区域集中在空气入口和桨叶附近，而在桨叶排出区形成的能量耗散率最高，与理论一致；从气含率分布来看，反应器搅拌气体分散效果较好，气体从分布器进入底层搅拌后被迅速分散，反应器内整体气体分散比较均匀，确认设计方案满足红霉素发酵放大要求。

　　分别在 50L 小试规模、5000L 中试规模和 $500m^3$ 反应器上进行红霉素发酵工艺验证。从图 8-6 可以看出，不同规模反应器的生理参数 OUR 整体代谢趋于一致，$500m^3$ 反应器上红霉素 OUR 最高达到 46.8mmol/(L·h)，全程发酵转速在 100r/min 以下，溶氧控制在 25％以上；表明反应器供氧能满足红霉素发酵代谢需求，反应器达到设计目标。最终发酵结果表明，$500m^3$ 反应器的红霉素发酵效价和有效组分含量与 50L 小试规模及 5000L 中试规模结果相当（见表 8-3）。

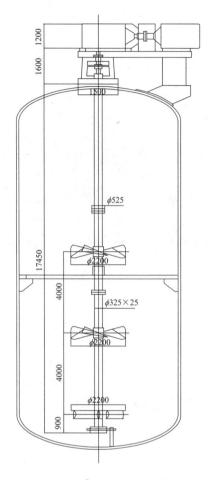

图 8-4 　500m³ 大型反应器结构设计

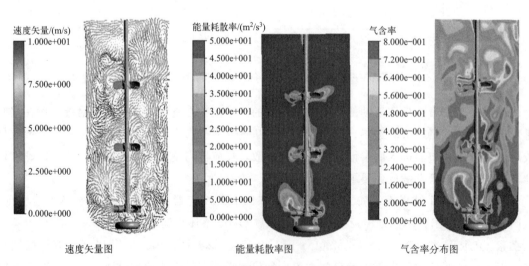

速度矢量图　　　　　　　　　能量耗散率图　　　　　　　　　气含率分布图

图 8-5 　500m³ 大型反应器 CFD 模拟及流场分析

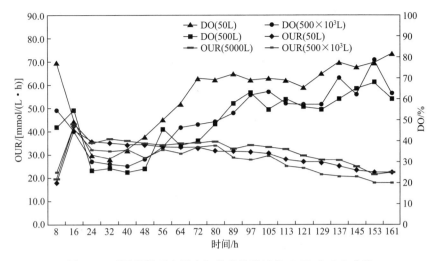

图 8-6　不同规模反应器中红霉素发酵过程 OUR 和 DO 曲线

表 8-3　不同反应器规模下红霉素效价和组分

反应器规模 /L	效价 /(μg/mL)	红霉素 A 组分 /(μg/mL)	红霉素 B 组分 /(μg/mL)	红霉素 C 组分 /(μg/mL)
50	9538	7251	294	530
5000	9435	7189	285	512
500000	9505	7222	313	469

对生物发酵产物的后处理除了采用传统的萃取吸附分离和膜分离工艺外,还有工业色谱分离工艺。其中,对单克隆抗体(mAb)的纯化优先采用多级分离组合工艺。具体地,先是蛋白 A 色谱的初始捕获,再经阳离子交换树脂结合和洗脱精制与阴离子交换树脂结合和洗脱或多峰收集的精制纯化。对于蛋白质类和多肽类药物的分离纯化工艺放大研究,主要集中在色谱柱的装填与流体分布和流速对纯化产品质量和生产效率的影响。

生物药物除了抗生素等小分子药物生产过程使用的溶剂会回收套用外,其他多肽和蛋白质类药物的生产过程的溶剂一般只回收但不套用。

3. 中药制药工艺放大研究

由于中药所含成分通常比较复杂,其质量的稳定均一需要通过生产全过程的质量控制来保证。中药生产过程的不稳定性可能会引起物质基础的变化,从而对药品安全性、有效性和质量可控性带来影响。因此,为了保持中药药品进入工业化生产阶段后药品的生产工艺与确证性临床试验用样品的生产工艺一致,以保证上市药品的质量与临床试验用样品一致,中药确证性临床试验用样品要求来源于中药的中试研究。

中药的提取工艺放大研究是指在实验室完成系列提取工艺研究后,采用与生产基本相符的设备和公用条件进行工艺研究的过程,以对实验室工艺合理性和稳定性作出验证并进行完善。中药提取从小试到中试,中试可以使用与小试不一致的提取方式,但是工业化大生产的提取方式必须与中试相一致。比如,中试用的是煎煮的分次提取方式,大生产时就不能用连续逆流,中试用的是浸渍提取方式,大生产时就不能用煎煮。

中药提取罐的放大事实上是中药工艺放大的关键,理论上,只要保证提取用水(溶剂)

量足够多的浸提过程是物理过程几乎可以无限放大。但现实有限定，单罐容积有上限（不超过 7m³）。因为是多组分（君臣佐使），有的是改变药物溶出量的，有的是乳化增溶的。仿古法煎煮提取时，不搅拌是符合的；罐容积过大，其传质尺度增大倍数巨大，不搅拌是无法做到古法煎煮效果的。但很少有人研究搅拌对中药质量的正反影响。

在中药提取中试的研究中，不应只重视获得提取实验数据，还应关注后续沉淀分离和浓缩干燥的工艺参数的优化。比如，中药的水提醇沉工艺过程中，醇沉前的浓缩液浓度的控制上限以及浓缩液进入乙醇溶液中搅拌分散时的流加速度；还要结合工业生产过程中药材投加及药渣排出的方式，进一步考察药材的形状和尺度对提取物质量和生产效率的影响。

四、工艺稳定性评价

在完成上述制药工艺放大研究后，结合小试工艺研究取得的工艺参数和先前确定的操作工序，确定生产工艺的基本流程，形成基于质量风险评估的中试工艺技术和符合 GMP 规范的原料药生产技术工艺包。一般的工艺包中有：车间设计用反应与分离工程基础数据、关键设备的选型或功能结构优化设计方案、制备技术、工艺过程流程以及工艺操作指南、车间生产安全操作技术指南和生产过程废弃物基本数据与处理技术方案等。然后，为了证明工艺的稳定性，会将工艺稳定性评价试验纳入工艺放大研究中，在优化的工艺基础上，通过连续不少于三批试验，以确认放大研究形成的工艺是稳定的、生产出的产品是符合预定标准及质量的。若在符合 GMP 规范要求的车间内进行合成、分离和精制等工艺操作，试生产满足临床试验要求的药物并得到连续三批稳定的结果。这样的试验能够同时得到工艺验证的结果，即"工艺的重现性及可靠性的证据"，从而证实放大后的工艺条件控制达到了预计要求并得到合格的产品。

因此，工艺稳定性评价的工作开展可参照工艺验证的规范要求进行。关于工艺验证的详细要求和方法，可参见药品生产质量管理工程等教材或专著。图 8-7 是 ASTM E 2500：2007《制药、生物制药生产系统和设备的规范、设计、验证标准指南》推荐的基于科学和风险评估的验证过程示意图。

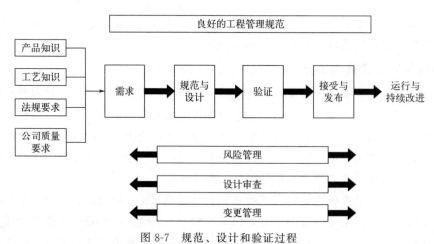

图 8-7 规范、设计和验证过程

工艺稳定性评价的技术要求和方法与工艺验证的相似，基于产品知识、工艺知识、法规和公司质量的要求，组建跨部门的职能团队，包括工艺研发、设计和车间设备安装技术人员商及设备供应商；制订包括应急预案和产品工艺规程、各个工序岗位的操作 SOP、批生产记录、清洁 SOP 及记录、设备的操作运行 SOP 和记录、检验 SOP 及记录等在内的试验方案与计划，并实施工艺稳定性评价。

首先，明确产品的关键质量属性、影响产品关键质量属性的关键工艺参数、常规生产和工艺控制中的关键工艺参数范围。然后，根据生产工艺的复杂性和工艺类别决定工艺的运行次数。一般地，通常采用连续的三个合格批次证明工艺操作的稳定性。但在某些情况下，需要更多的批次才能保证工艺的一致性（如复杂的原料药生产工艺，或周期很长的原料药生产工艺）。其中，对工艺稳定性试验过程的具体管控要求如下：

① 操作人员按生产工艺规程进行操作，生产工艺规程要对所要求的工作进行充分描述。

② 在考察工艺稳定性过程中，对所列出的关键工艺参数进行检查确认。

③ 根据工艺过程及产品质量标准确定的取样计划，合理安排人员进行生产产品的取样。

④ 生产工艺结束后，应按文件规定对产品进行成品检验，检验结果应符合成品质量标准，将统计结果记入测试数据表中。

⑤ 根据试验检验结果，对工艺试验结果的各步骤进行总结评价。

试验期间，重点考察的是影响质量的关键工艺参数，以证明每种原料药中的杂质都在规定的限度内，并与工艺研发阶段确定的杂质限度或者关键的临床和毒理研究批次的杂质数据相当；而与质量无关的参数（如与节能或设备使用相关的控制参数）暂时可不考虑。下面以化学原料药生产的典型操作单元的工艺稳定性考察试验为例作简单介绍。

① 合成反应。在起始物料的化学结构的基础上，经过多个步骤的化学反应，得到具有目标化合物结构的原料药粗品，再进行进一步的纯化，例如重结晶、脱色等，得到最终的原料药产品，这是几乎所有的化学合成与半合成原料药工艺模式。影响化学反应结果的参数通常包括：物料配比、加料顺序、反应温度、反应时间、压力、搅拌速率等。如图 8-8 所示。

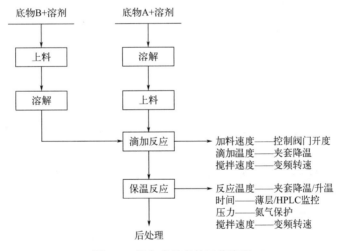

图 8-8　某合成反应的工艺流程

在试验过程中，应该对这些参数进行监控，保证所有的参数均在预期的控制范围内，当出现偏离情况时，应该进行偏差调查。通常判断工艺稳定性的结果符合预期的标准包括：a. 所有的控制参数均在预期的控制范围内；b. 产品/中间体质量符合预期的标准；c. 产品/中间体的收率符合预期。

② 过滤。过滤是原料药生产过程中实现固液分离和除杂的有效方式，试验过程中应该对相关的过滤工艺进行确认。在产品工艺开发和设备选型、设计时就应该充分考虑可能会对

过滤造成影响的因素，例如料液的黏度、压力、过滤介质的孔径和过滤面积等。

原料药生产中经常采用高温溶解、过滤，低温析晶的重结晶过程来实现产品的精制。在过滤过程中由于料液温度的降低，容易出现晶体析出，堵塞管道或过滤器的情况，这不仅影响生产进行，严重时可能导致整批次产品的报废。因此，事先做好管道和过滤设备的保温是必要的。并要建立适当的取样分析方法，对料液的过滤效果进行确认；例如，增加对过滤后料液的取样，测试其可见异物。另外，应该对相关的工艺参数进行监控和记录，例如，料液温度、过滤前后压力、流速，确保这些参数均在预期的标准范围内。

③ 结晶。原料药生产中经常采用的结晶方式有：冷却结晶、溶析结晶、蒸发结晶和熔融结晶等，尤以前两者应用较多。无论采用哪种结晶方式，影响结晶的主要因素是料液的过饱和度、温度和干扰。进行试验时，产品结晶的溶剂配比、溶剂添加速度、降温速度、养晶温度、养晶时间、搅拌速度等参数都已基于产品开发和工艺放大、试生产的数据和经验确定下来，但由于设备、生产规模及其他公用工程可能存在的变化，加上其他不可控因素的干扰，就必须在工艺验证过程中对结晶工艺的重现性和稳定性进行考察。

基于已经确定的结晶工艺，试验过程中应该保证这些参数都得到有效的控制。例如，物料配比、降温速度、析晶时间和温度、搅拌转速等。判断一个结晶工艺的重现性和稳定性的标准不仅包括上述各个参数应该在控制范围内，还包括结晶后产品的晶型、杂质水平等指标与既定的质量标准相符合，特殊情况下还应该包括产品的溶剂残留水平。因为有时在结晶过程中由于结晶速度过快，造成晶簇内部包裹溶剂，导致按相关工艺干燥后的产品的溶剂残留水平超标。因此，在制订结晶工艺稳定性评价方法、考察指标和合格标准时，应对工艺充分理解和熟悉，并有必要组成由产品开发部门和生产部门组成的技术团队，对相关的工艺控制措施、取样方法等进行讨论，以便确定一个科学有效的试验方案。

另外，在结晶过程中增加对母液中产品含量水平的监测也是考察结晶工艺的一个有效方法。例如，可以在产品析晶过程中每隔一定时间取样，过滤后测试母液中产品含量水平的变化，以确认既定的结晶时间的有效性。如当母液中产品含量在既定的时间范围持续一段时间后不再发生变化或变化很小，即可确定结晶时间是有效的。当然相关的检验方法也应该经过验证。如果过程涉及晶种的添加，添加的晶种本身不能对产品质量造成影响，例如，引入新的杂质。

④ 离心。在考察离心工艺时，应该主要关注离心效能和洗涤效能的确认。对离心设备本身的离心效能和洗涤效能的确认可能在性能确认时已使用模拟物料进行过确认，在工艺稳定评价阶段应该针对商业化生产规模的正式的产品生产对离心效能和洗涤效能的重复性和稳定性进行确认。

⑤ 干燥。原料药及其中间产品的干燥方式有真空干燥、热风循环干燥、喷雾干燥等；其中，影响产品干燥效果的参数主要有：温度、真空度、搅拌混合速度、抽气或热风循环速度、干燥时间等。在进行产品的干燥工艺稳定性考察时，除确认相关的工艺参数符合预期标准范围和产品质量，尤其是与干燥相关的质量指标（例如水分、溶剂残留）符合质量标准外，还应该对产品的干燥时间和干燥均一性进行确认。

a. 干燥时间。依据产品工艺开发和放大研究确定的干燥时间范围，在产品干燥一段时间后，每隔一定时间取样检测水分或溶剂残留等指标，如果产品特性允许适当延长干燥时间，可最后根据各个时间点取样样品的水分或溶剂残留水平，评价既定的干燥时间的有效性，包括：在既定时间范围内取样的产品水分或溶剂残留是否符合产品质量标准要求；在既定时间范围内产品的水分或溶剂残留的变化很小；产品其他可能因为干燥引起的指标符合质量标准，例如杂质。结合在线检测产品湿分含量的变化，最后依据产品的干燥曲线，确定合适的干燥时间。

另外，取样应有代表性，可以考虑采用多点取样混合检测或多点取样分别检测的方式。如果验证结果与预期参数范围有偏差，应进行调查确认是否对相关的工艺参数进行修订，并确定是否需要进行补充或重新验证。若产品有晶型要求，还应考虑干燥对晶型的影响。

b. 干燥均一性。一般是在产品干燥结束时，按照预先设计的取样点，参见图8-9 干燥均一性验证取样示意图所示，分别取样检测，最后计算 RSD 值，确认干燥的均一性。评价原料药干燥均一性质量指标通常有水分、溶剂残留、干燥失重等，应根据选择的评价指标确定合适的可接受 RSD 值。例如，当产品水分在 1.0%～4.0% 和当产品水分在 0.1%～1.0% 时，RSD 值的标准是不一样的。

⑤ 混合。一般来说，考察混合工艺的目的是确定一个最佳的混合时间，以保证产品质量的均一性。因此，通常需要根据混合均一性检验结果进行

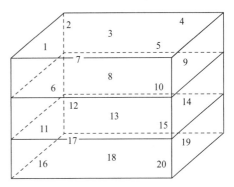

图 8-9　干燥均一性验证取样示意图

产品的混合时间的确认。其难点在于选择何种指标进行混合均一性的判断，以及均一性的判断标准与取样方法的制订。作为一种建议：结合产品本身质量特性、原料药用途等选择合适的指标作为混合均一性的评价依据。例如，用于口服固体制剂的原料药的混合，可选取与之密切相关的堆密度、松密度、粒度等指标在混合过程中多次多点取样；考察 2 个或更多的原料药品种的混合可以采用各混合产品的含量作为混合均一性的评价指标。取样应具有代表性，取样的方法和样品的保存应该与产品全检的取样保持一致。例如，由于原料药的包装数量一般都较少，可以选择在每个最小包装规格里取 1 个或多个样品；当包装数量很少（如 $n \leqslant 3$）时，也可以在包装前设置不同的取样点取样；最后检测相应的指标，计算 RSD 值，以确认产品质量的均一性。

在评价工艺稳定性的试验过程中，对工艺稳定性及产品质量造成重大影响的，应在调查原因后，重新进行试验。例如，如果出现工艺验证批的产率超出验证前制定的产率范围，应该结合实际情况，调查原因；如果 3 个批次之间产率的偏差（如超过 10%）较大，应考虑重新进行考察试验，以保证产品工艺的稳定。

第三节　生产工艺规程

在工艺放大研究的基础上制订生产工艺规程，也就是把生产工艺过程的各项内容归纳形成文件。工艺放大和生产工艺规程是互相衔接、不可分割的两个部分。一个药物可以采用几种不同的生产工艺过程，但其中必有一种是在特定条件下最为合理、最为经济又最能保证产品质量的。人们把这种生产工艺过程的各项内容写成文件形式即为生产工艺规程。

生产工艺规程是指导生产的重要文件，也是组织管理生产的基本依据，更是工厂企业的

核心机密。先进的生产工艺规程是工程技术人员、岗位工人和企业管理人员的集体创造，属于知识产权的范畴，可申请专利，以保护发明者和企业的合法利益。

随着科学的进步，生产工艺规程也将不断地改进和完善，以便更好地指导生产。更改生产工艺规程必须履行严格的审批手续。

一、生产工艺规程的主要作用

生产工艺规程是依据科学理论和必要的生产工艺试验，在生产工人及技术人员生产实践经验基础上的总结。由此总结制订的生产工艺规程，在生产企业中需经一定部门审核。经审定、批准的生产工艺规程，工厂有关人员必须严格执行。在生产车间，还应编写与生产工艺规程对应的岗位技术安全操作法。后者是生产岗位工人操作的直接依据和培训工人的基本要求。生产工艺规程的作用如下：

(1) 生产工艺规程是组织工业生产的指导性文件　生产的计划、调度只有根据生产工艺规程安排，才能保持各个生产环节之间的相互协调，才能按计划完成任务。如抗坏血酸（Vc）生产工艺中既有化学合成过程（高压加氢、酮化、氧化等），又有生物合成（发酵、氧化和转化），还有精制及钌催化剂制备、活化处理，菌种培育等，不同过程的操作工时和生产周期各不相同，原辅材料、中间体质量标准及各中间体和产品质量监控也各不相同，还需注意安排设备及时检修等。只有严格按照工艺规程组织生产，才能保证药品质量、保证生产安全，提高生产效率，降低生产成本。

(2) 生产工艺规程是生产准备工作的依据　化学合成药物在正式投产前要做大量的生产准备工作。要根据工艺过程供应原辅材料，应建立原辅材料、中间体和产品的质量标准，还有反应器和设备的调试、专用工艺设备的设计和制作等。如，制备次氯酸钠需要用液碱和氯气，加压氢气和 Raney 镍制备等，其中有不少有毒、易爆的原辅材料；又如，抗坏血酸生产工艺过程要求有无菌室、三级发酵种子罐、发酵罐、高压釜等特殊设备。这些原辅材料、设备的准备工作都要以生产工艺规程为依据进行。

(3) 生产工艺规程是新建和扩建生产车间或工厂的基本技术条件　新建和扩建生产车间或工厂时，必须以生产工艺规程为依据。首先，确定生产所需品种的年产量，其次是确定反应器、辅助设备的大小和布置，进而确定车间或工厂的面积；还有原辅材料的储运、成品的精制、包装等具体要求，最后确定生产工人的工种、等级、数量、岗位技术人员的配备，各个辅助部门如能源、动力供给等也都要以生产工艺规程为依据逐项进行安排。

二、生产工艺规程的基本内容

制订生产工艺规程目的是要保证生产的顺利进行，因此，必须考虑药品质量、生产率、"三废"治理措施、安全生产和劳动保护的措施，以减少人力和物力的消耗、降低生产成本，使其成为最经济合理的生产工艺方案。

生产工艺规程的内容包括：品名，剂型，处方，生产工艺的操作要求，物料、中间产品、成品的质量标准和技术参数及储存注意事项，物料平衡的计算，成品容器、包装材料的要求等。总之，制订生产工艺规程，需要下列原始资料和基本内容。

(1) 产品介绍　介绍产品名称、化学结构和理化性质，概述质量标准、临床用途和包装规格与要求等。包括：①名称（商品名、化学名、英文名）；②化学结构式，分子式、分子量；③性状（理化性质）；④质量标准及检验方法（鉴别方法、准确的定量分析方法、杂质检查方法和杂质最高限度检验方法等）；⑤药理作用、毒副作用（不良反应）、用途（适应证、用法）；⑥包装与贮存。

（2）原辅材料和中间体的质量标准　按岗位名称、原料名称、分子式、分子量、规格项目等列表。也可以逐项逐个地把原辅材料、中间体的性状、规格以及注意事项列出（除含量外，要规定可能产生和存在的杂质含量限度）。必要时应和中间体生产岗位或车间共同议定或修改规格标准。

（3）化学反应过程及生产工艺流程　按化学合成或生物合成，分工序写出主反应、副反应、辅助反应（如催化剂的制备、副产物的处理、回收套用等）及其反应原理。还要包括反应终点的控制方法和快速化验方法，标明反应物和产物的中文名称和分子量。

以生产工艺过程中的化学反应为中心，用图解形式把冷却、加热、过滤、蒸馏、提取分离、中和、精制等物理化学处理过程加以描述，形成工艺流程图。

（4）生产工艺过程　在制订生产工艺规程时应深入生产现场调查研究，特别要重视中试放大中的数据和现象。对异常现象的发现、处理及其产生原因要进行分析。生产工艺过程应包括：①原料配比（投料量、质量比和摩尔比）；②主要工艺条件及详细操作过程，包括反应液配制、反应、后处理、回收、精制和干燥等；③重点工艺控制点，如加料速度、反应温度、减压蒸馏时的真空度等；④异常现象的处理和有关注意事项，例如停水、停电，产品质量不好等异常现象。

若为生物合成工艺过程，则应对菌种的培育移种，保存、传代驯养，无菌操作方法，培养基的配制，异常现象的处理及产生原因等主要工艺条件加以说明。

（5）成品、中间体、原料检验方法　由中间体生产岗位和车间共同商定或修改中间体和半成品的规格标准。以中间体和半成品名称为序，将外观、性状、含量指标、检验方法以及注意事项等内容列表，同时规定可能存在的杂质含量限度。如抗坏血酸工艺规程中有发酵液中山梨酸的测定、山梨糖水分含量测定、古龙酸含量测定、转化母液中抗坏血酸含量测定等中间体化验方法，以及硫酸、氢氧化钠、冰醋酸、丙酮、活性炭、工业葡萄糖等原辅材料的化验方法等。

（6）技术安全与防火、防爆　制药工业生产过程除一般化学合成反应外，常包括高压、高温及生物合成反应，必须注意原辅材料和中间体的理化性质，逐个列出预防原则、技术措施及注意事项。如抗坏血酸的生产工艺过程应用的 Raney 镍催化剂应随用随制备，贮存期不能超过一个月，暴露于空气中便急剧氧化而燃烧；氢气更是高度易燃易爆的气体；氯气则是有窒息性的毒气，并能助燃。因此，要明确车间和岗位的防爆级别，列出各种原料的危险性和防护措施，包括熔点、沸点、闪点、爆炸极限、危险特征和灭火剂，并建立明确而细致的安全管理制度。

（7）资源综合利用和"三废"处理　包括废弃物的处理和回收品的处理。废弃物的处理：将生产岗位、废弃物的名称及主要成分、排放情况和处理方法等列表。回收品的处理：将生产岗位、回收品名称、主要成分及含量、日回收量和处理方法等列表，载入生产工艺规程。如抗坏血酸工艺规程应有硫酸钠、氧化镍、丙酮、苯、乙醇等母液或残渣的回收利用，或如何进行"三废"处理等。

（8）操作工时与生产周期　记录各岗位工序名称、操作时间（包括生产周期与辅助操作时间并由此计算出产品生产周期）。

（9）劳动组织与岗位定员　根据产品的工艺过程进行分组，每组由若干岗位组成，按照岗位需要确定人员职务和数量，如组长、技术员、班长、操作人员。

（10）设备一览表及主要设备生产能力 设备一览表的内容包括编号、设备名称、材质、规格与型号、数量和岗位名称等。

主要设备的生产能力以中间体为序，包括主要设备名称和数量、生产班次、每个批号的操作时间、投料量、批产量和折成品量、全年生产天数、成品生产能力。

（11）主要设备的使用与安全注意事项 例如，吊车起吊质量不准超过规定负荷，不用时必须落到地面，搪玻璃反应釜夹层压力不得超过 0.6MPa、压力容器的承受压力不得超过其允许限度等。

（12）生产技术经济指标 ①生产能力包括成品（年产量、月产量）和副产品（年产量、月产量）；②中间体，成品收率，分步收率和成品总收率，收率计算方法；③劳动生产率及成本，即全员和工人每月每人生产数量和原料成本、车间成本及工厂成本等；④原辅材料及中间体消耗定额。

（13）物料衡算 以岗位为序，加入物料的名称、含量、用量、折纯量；收得物料的名称、得量及组分；计算各岗位原料利用率，计算公式如下：

$$原料利用率＝(产品产量＋回收品量＋副产品量)/原料投入量×100\%$$

（14）附录 有关物理常数、曲线、图表、计算公式、换算表等，包括所用酸、碱溶液的密度和质量分数，收率计算等。

三、生产工艺规程的制订与修订

中试放大阶段的研究任务完成后，便可依据生产任务进行基建设计，遴选和确定定型设备以及非定型设备的设计和制作，然后按照施工图进行生产车间或工厂的厂房建设、设备安装和辅助设备安装等。经试车合格和短期试生产稳定后，即可着手制订生产工艺规程。

对于新产品的生产，一般先制订临时工艺规程，因为在试车阶段有时不免要做设备上的调整，待经过一段时间生产稳定后，再制订正式的工艺规程。

工艺规程是现阶段药物生产技术水平和生产实践经验的总结。按规定执行可保证安全生产并得到规定的技术经济指标和合乎质量标准的成品。因此，在生产过程中应遵照工艺规程的规定严格执行，不经批准，不得擅自更改。

生产工艺规程并非一成不变，随着新工艺、新技术和新材料的出现和采用，已制订的生产工艺规程在实践中常常会出现问题和遇到困难，或发现不足之处。因此，必须对现行生产工艺规程进行及时修订，编写新的工艺规程以代替原有的工艺规程。如我国抗坏血酸于1957年投产以来，先后进行了"液体糖氧化""高浓度发酵""单酮糖再酮化""发酵一勺烩""低温水解转化""两步发酵工艺"等一系列工艺革新，使抗坏血酸的收率从40%左右提高到70%以上。不仅简化了工艺，而且使生产成本降低很多。

制订和修改生产工艺规程的要点和顺序简述如下：

① 生产工艺路线是拟定生产工艺规程的关键。具体实施时，应该在充分调查研究的基础上多提出几个方案进行分析、比较、验证。

② 熟悉产品的性能、用途和工艺过程、反应原理，明确各步反应、工序和中间体的技术要求、技术条件和安全生产技术等，找出关键技术问题。

③ 审查各项技术要求是否合理，原辅材料、设备材质等选用是否符合生产工艺要求。如发现问题，应会同有关技术人员共同研究，按规定手续进行修改、补充或进行专家论证。

④ 规定各工序和岗位采用的设备流程和工艺流程，同时，考虑本厂现有车间平面布置和设备情况。

⑤ 确定或完善各工序或岗位技术要求及检验方法。

⑥ 审定"三废"治理和安全技术措施。

⑦ 编写生产工艺规程。

注意工艺操作规程的编写除了工艺本身以外，必然是与工程关联的，同时要与在线分析和自动或智能控制方法关联。它不仅与设备有关，还与涉及物料转移路径和转移方式的设备布置以及自动控制和人工智能系统有关。

综上可见，工艺放大试验研究是多学科和多个工程领域交叉的研究工作，需要结合工程思维、基于离散样本（统计）大数据的 AI 思维或网络思维等的科学新思维，需要由来自不同部门的专业技术人员和管理人员组成项目工作组，并由项目负责人带领工艺、设备、设计、仪表和分析技术人员与车间管理人员和工人一起配合完成。

习题与思考题

1. 何为制药工艺放大研究？

2. 小试工艺完成了 Pd/C 催化加氢合成某药物中间体（从第二章找），请问你如何进行工艺放大研究？

3. 某药物从乙醇溶液中结晶得到的晶型是Ⅰ型，而真空干燥无法将杂质 D 除尽，改为发汗结晶，产品纯度符合要求，但晶型却变为Ⅰ和Ⅲ型的混合体。针对此问题，你给出的解决方案如何，并给予必要的解释说明。

4. 制药厂为什么要制订生产工艺规程，如何制订和修订？

5. 制药工艺放大的目的是什么，主要研究内容有哪些？

6. 细胞培养反应器放大过程存在的难点？

7. 举例某一生物药物产品，分析其生产过程采用的放大方法。

参考文献

[1] 姚日生，梁世中，王淮. 制药工程原理与设备 [M]. 2 版. 北京：高等教育出版社，2020.

[2] 袁干军，姚日生，刘旭海. 药品生产质量管理工程 [M]. 北京：人民卫生出版社，2023.

[3] 中国医药企业管理协会等. 制药企业智能制造典型场景指南 [S]. 2022 版.

[4] 朱慧霞，王雅洁，邓胜松，等. 绳状青霉菌发酵产右旋糖酐酶的条件研究 [J]. 食品科学，2010，31 (19)：288-291.

[5] Zou X，Hang H F，Chu J，et al. Oxygen uptake rate optimization with nitrogen regulation for erythromycin production and scale-up from 50L to 372m^3 scale [J]. Bioresource Technology，2009，100：1406-1412.

[6] 谭鑫，李超，郭美锦. 用于红霉素生产的 500m^3 生物反应器的理性设计 [J]. 生物工程学报，2022，38 (12)：4692-4704.